WEKA

Kissing, im Januar 2024

Sicherheit durch Aktualität!

Sehr geehrter SIRADOS-Nutzer,

kompakt, handlich und zum Mitnehmen auf die Baustelle sind die Baupreishandbücher für 2024 neu erschienen. So erhalten Sie aktualisierte Preise sowie Zeitwerte für Bauleistungen.

Seit 40 Jahren dokumentiert SIRADOS die Preise für Bauleistungen aus aktuellen Bauprojekten. Interessen von Industrie und deren Verbänden bleiben dabei unberücksichtigt. Somit wird das deutsche Baupreisniveau herstellerneutral, objektiv und realistisch abgebildet.

Nutzen Sie unsere fundierte Datenbasis, um die Kosten für Bauleistungen schnell und sicher zu beurteilen.

Mit den neuen SIRADOS Ortsfaktoren 2024 haben Sie zudem die Möglichkeit, die Baupreise an ihr regionales Preisniveau von Stadt oder Landkreis anzupassen.

Ergänzend zum „Altbau" sind die Baupreishandbücher „Neubau", „Planerischer Tiefbau/GaLa" sowie „Gebäudetechnik" erhältlich.

Viel Erfolg!

Ihr

Falk Buhse

Falk Buhse
Chefredakteur SIRAI

W0386019

SIRADOS

Baupreishandbuch 2024

Altbau

WEKA

Universitätsbibliothek
in Kaiserslautern
ausgesondert ....
Datum ....

SIRADOS

Baupreishandbuch 2024

Altbau

ARB 077/087-Altbau, Handbuch

IMPRESSUM

Bibliografische Information der Deutschen Nationalbibliothek
Die Deutsche Nationalbibliothek verzeichnet diese Publikation in der Deutschen Nationalbibliografie; detaillierte bibliografische Daten sind im Internet über http://dnb.d-nb.de abrufbar.

1. Auflage Oktober 2000
Stand Januar 2024

© 2000–2024 by WEKA Media GmbH & Co. KG
Alle Rechte vorbehalten. Nachdruck und Vervielfältigung – auch auszugsweise – nicht gestattet.

Wichtiger Hinweis
Die WEKA Media GmbH & Co. KG ist bemüht, ihre Produkte jeweils nach neuesten Erkenntnissen zu erstellen. Deren Richtigkeit sowie inhaltliche und technische Fehlerfreiheit werden ausdrücklich nicht zugesichert. Die WEKA Media GmbH & Co. KG gibt auch keine Zusicherung für die Anwendbarkeit bzw. Verwendbarkeit ihrer Produkte zu einem bestimmten Zweck. Die Auswahl der Ware, deren Einsatz und Nutzung fallen ausschließlich in den Verantwortungsbereich des Kunden.

WEKA Media GmbH & Co. KG
Sitz in Kissing
Registergericht Augsburg
HRA 13940

Persönlich haftende Gesellschafterin:
WEKA Media Beteiligungs-GmbH
Sitz in Kissing
Registergericht Augsburg
HRB 23695
Vertretungsberechtigte Geschäftsführer: Jochen Hortschansky, Kurt Skupin

WEKA Media GmbH & Co. KG, Römerstraße 4, 86438 Kissing
Fon 0 82-33.23-40 80
Fax 0 82-33.23-74 00
service@sirados.de
www.sirados.de

Umschlag geschützt als Geschmacksmuster der WEKA Media GmbH & Co. KG
Satz: SIRADOS, Römerstraße 4, 86438 Kissing
Druck: Druckerei Steinmeier GmbH & Co. KG, Gewerbepark 6, 86738 Deiningen
Printed in Germany

UNIVERSITÄTSBIBLIOTHEK · KAISERSLAUTERN · UB

ISBN: 978-3-8111-0514-0

Hinweise zur Nutzung

In diesem Baupreishandbuch sind „Von-mittel-bis"-Preise für Bauleistungen im Wohnungsbau in EURO dokumentiert. SIRADOS dokumentiert seit 1984 die Baupreise durch die Auswertung von aktuellen Preisspiegeln und Ausschreibungsunterlagen. Ausgewählte Architekten, Planer und Bauunternehmen aus der gesamten Bundesrepublik stellen ihre Unterlagen dafür zur Verfügung. Mithilfe dieser Datenlieferanten kann SIRADOS das deutsche Baupreisniveau marktgerecht, objektiv und herstellerneutral abbilden.

Alle Preise sind **netto** und entsprechend VOB einschließlich Lohn und Material.

Der **Kurztext** dient der schnellen Suche einer Position. Der genaue Leistungsumfang ist nur aus der Langtextversion ersichtlich. Die **Preise** werden von uns gründlich recherchiert. Dem Anwender muss jedoch bewusst sein, dass eine Reihe von Einflussfaktoren die Preise verändern können. Unter anderem können folgende Faktoren zu **Preisabweichungen** (auch außerhalb unserer dokumentierten Preise) führen:

- die Art und Lage der Baumaßnahme
- die Menge der Einzelleistungen und die Gesamtgröße des Bauvorhabens
- der vorgegebene Zeitrahmen der Baumaßnahme
- die Auslastung von anbietenden Unternehmen sowie die örtliche Wettbewerbssituation
- die Witterungsverhältnisse beim Ausführungstermin

Neben den Baupreisen werden den Positionstexten die Erfahrungswerte als **Zeitwerte** für den Zeitbedarf der Leistung zugeordnet.

Seitenaufbau

000 Sicherheits- und Baustelleneinrichtung ❶ ❻

Baustelleneinrichtung allgemein	E	h	von	mittel	bis
Baustelleneinrichtung, Standard	psch		1.668,00	3.126,00	13.025,00
Baustelleneinrichtung vorhalten, Monat, EFH ❹	Mt		1.563,00	4.002,00	6.461,00
Baustelle räumen, EFH, einfach	psch		531,50	1.406,00	3.335,00
Vorbereitende Arbeiten ❷	**E**	**h**	**von**	**mittel**	**bis**
Gelände vorbereiten, Baustelleneinrichtung	m²	0,200	27,61	39,08	57,83
Gelände wiederherstellen, Baustelleneinrichtung räumen	m²	0,200	13,55	17,71	19,90
Einfriedungen schützen, Anlieger	m²	❺ 0,110	9,64	11,98	15,21
Vermessungspunkte schützen, kennzeichnen	St	1,500	74,50	96,91	123,00
Genehmigungen, Dokumentation	**E**	**h**	**von**	**mittel**	**bis**
Sicherheits- und Gesundheitsschutzplan (SiGe) erstellen	psch		130,30	192,80	265,80
Bestandsdokumentation, Baustelleneinrichtung	psch		521,00	1.199,00	2.084,00
Nutzung Öffentliche Verkehrsflächen, Baustelleneinrichtung ❸	psch		281,40	390,80	682,60
Genehmigung Halteverbotszone	psch		385,60	797,20	1.720,00
Gebühren, Anmietung Flächen	psch		3,91	5,16	6,20
Bautafeln	**E**	**h**	**von**	**mittel**	**bis**
Bautafel, Grundgerüst mit Schriftplatte, entfernen	St	4,500	182,40	328,30	588,80
Bautafel komplett, 2,00/3,00 m	St	7,000	1.251,00	1.928,00	2.710,00
Bautafel komplett, 6,00/3,00 m	St	10,000	2.919,00	3.908,00	4.950,00

000 Sicherheits- und Baustelleneinrichtung ❼ 57

❶ **Gewerk** mit Standardnummerierung, z.B. „000 Sicherheits- und Baustelleneinrichtung"

❷ **Titel**, z.B. „Vorbereitende Arbeiten"

❸ **Kurztext** der Leistungsposition, begrenzt auf 80 Zeichen

❹ **Einheit**, abgekürzt
Die Einheiten und ihre Abkürzungen für die Position entnehmen Sie bitte dem Abkürzungsverzeichnis.

❺ **Zeitwert** in Stunde/Person
Die angegebenen Zeitwerte sind Erfahrungsmittelwerte mit unterschiedlichen Kalkulationsanteilen für die Zeitplanung.

Besonders Positionen, die dem Bieter die Auswahl

bestimmter Baustoffe freistellen (z.B. bei Mauerwerk), können erhebliche Abweichungen aufweisen.

Wenn Sie die Zeitwerte entsprechend Ihren Bedürfnissen ändern, so beachten Sie bitte ergänzend zu den o.g. Punkten die Randbedingungen hierfür:

- Materialart
- Arbeitskräfteeinsatz
- Maschineneinsatz
- eingesetzte Technologie

6 **„Von-mittel-bis"-Baupreise** in EURO als Nettopreise; nach VOB inkl. Lohn und Material

7 **Fußzeile** mit Gewerk und Seitenzahl als Suchhilfe beim Blättern

Wir erheben mit diesem Nachschlagewerk keinen Anspruch auf Vollständigkeit. Es ist vielmehr ein Hilfsmittel für die tägliche Arbeit. Als solches kann es ingenieurmäßiges Denken nicht ersetzen und dem Nutzer die Verantwortung für die Kostenermittlung nicht abnehmen.

Die Preise dürfen nicht als wettbewerbsbeschränkende Preisempfehlung benutzt werden!

SIRADOS Ortsfaktoren

Ermittlung der Ortsfaktoren

Mit den überarbeiteten SIRADOS Ortsfaktoren für Städte und Landkreise für 2024 haben alle am Bau Beteiligten die Möglichkeit, die SIRADOS Baupreise wieder an das regionale Baupreisniveau anzupassen.

Die Baupreisfaktoren sind das Ergebnis von Berechnungen, die statistisch erhobene Marktdaten und wissenschaftliche Forschungsergebnisse im Zusammenhang bewerten.

Quelle dieser Berechnungen sind amtliche Bekanntmachungen von Bund und Ländern (destatis; https://www.destatis.de/DE/Service/Impressum/_inhalt.html) sowie speziellen Kennziffern aus Erhebungen nationaler Wirtschaftsindikatoren (Michael Bauer Research GmbH, Fürther Straße 27, D-90429 Nürnberg). Unter anderem werden als Kennziffern ab den SIRADOS Ortsfaktoren 2024 die Baupreisindizes des Basisjahrs 2015 eingesetzt.

Die SIRADOS Faktoren für Landkreise und Bundesländer aggregieren sich jeweils aus den SIRADOS Ortsfaktoren.

Übersicht über die SIRADOS Bundeslandfaktoren

Bundesland	Faktor
Baden-Württemberg	1,013
Bayern	1,049
Berlin	1,121
Brandenburg	1,007
Bremen	1,036
Hamburg	1,122
Hessen	0,998
Mecklenburg-Vorpommern	0,860
Niedersachsen	0,995
Nordrhein-Westfalen	1,004
Rheinland-Pfalz	0,928
Saarland	1,004
Sachsen	0,992
Sachsen-Anhalt	1,055
Schleswig-Holstein	0,976
Thüringen	1,077

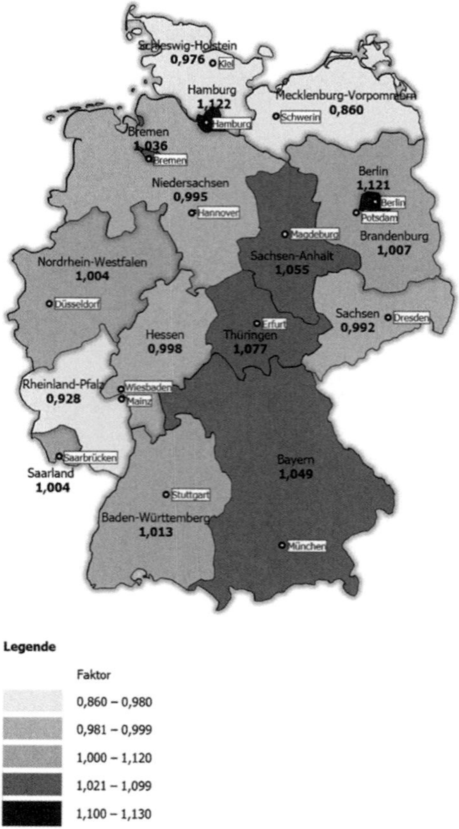
Schleswig-Holstein
0,976
Kiel
Hamburg
1,122
Hamburg
Mecklenburg-Vorpommern
0,860
Schwerin
Bremen
1,036
Bremen
Niedersachsen
0,995
Hannover
Berlin
1,121
Berlin
Potsdam
Magdeburg
Brandenburg
1,007
Sachsen-Anhalt
1,055
Nordrhein-Westfalen
1,004
Düsseldorf
Sachsen
0,992
Dresden
Erfurt
Hessen
0,998
Thüringen
1,077
Rheinland-Pfalz
0,928
Wiesbaden
Mainz
Saarbrücken
Saarland
1,004
Bayern
1,049
Stuttgart
Baden-Württemberg
1,013
München
Legende
Faktor
0,860 – 0,980
0,981 – 0,999
1,000 – 1,120
1,021 – 1,099
1,100 – 1,130

Die Ortsfaktoren in den einzelnen Bundesländern

Baden-Württemberg		**Faktor**
Allgemeiner Bundeslandfaktor		**1,013**
Kreisfreie Städte	**PLZ**	**Faktor**
Baden-Baden	76530–76534	1,060
Freiburg im Breisgau	79098–79117	1,043
Heidelberg	69115–69126	1,023
Heilbronn	74072–74081	1,103
Karlsruhe	76131–76229	1,065
Mannheim	68159–68309	1,050
Pforzheim	75172–75181	1,013
Stuttgart, Landeshauptstadt	70173–70619	1,112
Ulm	89073–89231	1,053
Landkreise		**Faktor**
Alb-Donau-Kreis		1,026
Biberach		1,032
Bodenseekreis		1,056
Böblingen		1,048
Breisgau-Hochschwarzwald		1,028
Calw		1,024
Emmendingen		1,023
Enzkreis		1,037
Esslingen		1,049
Freudenstadt		1,025
Göppingen		1,028
Heidenheim		1,019
Heilbronn		1,039
Hohenlohekreis		1,030

Landkreise	Faktor
Karlsruhe	1,031
Konstanz	1,034
Lörrach	1,060
Ludwigsburg	1,052
Main-Tauber-Kreis	1,014
Neckar-Odenwald-Kreis	1,011
Ortenaukreis	1,019
Ostalbkreis	1,028
Rastatt	1,028
Ravensburg	1,028
Rems-Murr-Kreis	1,044
Reutlingen	1,031
Rhein-Neckar-Kreis	1,035
Rottweil	1,032
Schwäbisch Hall	1,021
Schwarzwald-Baar-Kreis	1,027
Sigmaringen	1,013
Tübingen	1,026
Tuttlingen	1,036
Waldshut	1,042
Zollernalbkreis	1,027

Bayern **Faktor**

Allgemeiner Bundeslandfaktor	1,049

Kreisfreie Städte	PLZ	Faktor
Amberg	92224–92224	1,047
Ansbach	91522–91522	1,044

Kreisfreie Städte	PLZ	Faktor
Aschaffenburg	63739–63743	1,058
Augsburg	86150–86199	1,071
Bamberg	96047–96052	1,041
Bayreuth	95444–95448	1,036
Coburg	96450–96450	1,056
Erlangen	91052–91074	1,082
Fürth	90762–90768	1,054
Hof	95028–95032	1,021
Ingolstadt	85049–85057	1,071
Kaufbeuren	87600–87600	1,039
Kempten (Allgäu)	87435–87439	1,044
Landshut	84028–84166	1,077
Memmingen	87700–87700	1,059
München, Landeshauptstadt	80331–85540	1,295
Nürnberg	90402–90491	1,110
Passau	94032–94136	1,033
Regensburg	93047–93197	1,061
Rosenheim	83022–83026	1,055
Schwabach	91126–91126	1,069
Schweinfurt	97421–97424	1,030
Straubing	94315–94315	1,100
Weiden in der Oberpfalz	92637–92637	1,043
Würzburg	97070–97084	1,166

Landkreise	Faktor
Aichach-Friedberg	1,057
Altötting	1,041
Amberg-Sulzbach	1,027

Landkreise	Faktor
Ansbach	1,030
Aschaffenburg	1,046
Augsburg	1,055
Bad Kissingen	1,026
Bad Tölz-Wolfratshausen	1,070
Bamberg	1,030
Bayreuth	1,029
Berchtesgadener Land	1,026
Cham	1,019
Coburg	1,041
Dachau	1,078
Deggendorf	1,034
Dillingen a.d.Donau	1,038
Dingolfing-Landau	1,047
Donau-Ries	1,046
Ebersberg	1,096
Eichstätt	1,062
Erding	1,063
Erlangen-Höchstadt	1,070
Forchheim	1,050
Freising	1,063
Freyung-Grafenau	1,011
Fürstenfeldbruck	1,082
Fürth	1,062
Garmisch-Partenkirchen	1,178
Günzburg	1,037
Haßberge	1,021

Landkreise	Faktor
Hof	1,018
Kelheim	1,038
Kitzingen	1,031
Kronach	1,021
Kulmbach	1,032
Landsberg am Lech	1,067
Landshut	1,046
Lichtenfels	1,020
Lindau (Bodensee)	1,050
Main-Spessart	1,036
Miesbach	1,086
Miltenberg	1,030
Mühldorf a.Inn	1,044
München	1,120
Neuburg-Schrobenhausen	1,047
Neumarkt i.d.OPf.	1,039
Neustadt an der Aisch-Bad Windsheim	1,030
Neustadt a.d.Waldnaab	1,021
Neu-Ulm	1,049
Nürnberger Land	1,059
Oberallgäu	1,046
Ostallgäu	1,039
Passau	1,021
Pfaffenhofen a.d.Ilm	1,067
Regen	1,015
Regensburg	1,046
Rhön-Grabfeld	1,022

Landkreise	Faktor
Rosenheim	1,054
Roth	1,045
Rottal-Inn	1,028
Schwandorf	1,027
Schweinfurt	1,034
Starnberg	1,145
Straubing-Bogen	1,035
Tirschenreuth	1,017
Traunstein	1,044
Unterallgäu	1,041
Weilheim-Schongau	1,055
Weißenburg-Gunzenhausen	1,025
Wunsiedel i.Fichtelgebirge	1,021
Würzburg	1,042

Berlin **Faktor**

Allgemeiner Bundeslandfaktor		0,121
Kreisfreie Städte	**PLZ**	**Faktor**
Berlin	10115–14199	1,166

Brandenburg **Faktor**

Allgemeiner Bundeslandfaktor		1,007
Kreisfreie Städte	**PLZ**	**Faktor**
Brandenburg an der Havel	14770–14776	1,023
Cottbus	03042–03055	1,037
Frankfurt (Oder)	15230–15236	1,027
Potsdam	14467–14482	1,084

Landkreise	Faktor
Barnim	1,041
Dahme-Spreewald	1,041
Elbe-Elster	1,015
Havelland	1,039
Märkisch-Oderland	1,038
Oberhavel	1,048
Oberspreewald-Lausitz	1,025
Oder-Spree	1,035
Ostprignitz-Ruppin	1,017
Potsdam-Mittelmark	1,060
Prignitz	1,018
Spree-Neiße	1,028
Teltow-Fläming	1,034
Uckermark	1,019

Bremen **Faktor**

Allgemeiner Bundeslandfaktor		1,036
Kreisfreie Städte	**PLZ**	**Faktor**
Bremen	27568–28779	1,056
Bremerhaven	27568–27580	0,966

Hamburg **Faktor**

Allgemeiner Bundeslandfaktor		1,122
Kreisfreie Städte	**PLZ**	**Faktor**
Hamburg	20095–27499	1,164

Hessen		**Faktor**
Allgemeiner Bundeslandfaktor		**0,998**
Kreisfreie Städte	**PLZ**	**Faktor**
Darmstadt	64283–64297	1,022
Frankfurt am Main	60306–65936	1,094
Kassel	34117–34355	1,018
Offenbach am Main	63065–63263	0,984
Wiesbaden, Landeshauptstadt	55246–65207	1,072
Landkreise		**Faktor**
Bergstraße		1,021
Darmstadt-Dieburg		1,022
Fulda		0,993
Gießen		0,988
Groß-Gerau		1,006
Hersfeld-Rotenburg		0,986
Hochtaunuskreis		1,095
Kassel		0,999
Lahn-Dill-Kreis		0,997
Limburg-Weilburg		0,997
Main-Kinzig-Kreis		1,011
Main-Taunus-Kreis		1,066
Marburg-Biedenkopf		0,985
Odenwaldkreis		0,986
Offenbach		1,029
Rheingau-Taunus-Kreis		1,030
Schwalm-Eder-Kreis		0,994
Vogelsbergkreis		0,985
Waldeck-Frankenberg		0,987

Landkreise	Faktor
Werra-Meißner-Kreis	0,977
Wetteraukreis	1,018

Mecklenburg-Vorpommern **Faktor**

Allgemeiner Bundeslandfaktor		0,860
Kreisfreie Städte	**PLZ**	**Faktor**
Rostock	18055–18182	0,903
Schwerin, Landeshauptstadt	19053–19069	0,882

Landkreise	Faktor
Landkreis Rostock	0,872
Ludwigslust-Parchim	0,870
Mecklenburgische Seenplatte	0,867
Nordwestmecklenburg	0,869
Vorpommern-Greifswald	0,857
Vorpommern-Rügen	0,863

Niedersachsen **Faktor**

Allgemeiner Bundeslandfaktor		0,995
Kreisfreie Städte	**PLZ**	**Faktor**
Braunschweig	38100–38126	0,964
Delmenhorst	27749–27755	1,021
Emden	26721–26725	0,890
Oldenburg (Oldenburg)	26121–26209	1,055
Osnabrück	49074–49090	1,047
Salzgitter	38226–38259	1,029
Wilhelmshaven	26382–26419	1,029
Wolfsburg	38440–38448	1,079

Landkreise	Faktor
Ammerland	1,046
Aurich	1,024
Celle	1,037
Cloppenburg	1,019
Cuxhaven	1,038
Diepholz	1,048
Emsland	1,029
Friesland	1,036
Gifhorn	1,064
Goslar	1,025
Göttingen	1,032
Grafschaft Bentheim	1,020
Hameln-Pyrmont	0,918
Harburg	1,082
Heidekreis	1,032
Helmstedt	1,058
Hildesheim	0,920
Holzminden	1,024
Leer	1,014
Lüchow-Dannenberg	1,020
Lüneburg	1,044
Nienburg (Weser)	0,911
Northeim	1,034
Oldenburg	1,050
Osnabrück	1,037
Osterholz	1,052
Peine	1,043

Landkreise	Faktor
Region Hannover	0,988
Rotenburg (Wümme)	1,042
Schaumburg	1,040
Stade	1,056
Uelzen	1,029
Vechta	1,042
Verden	1,057
Wesermarsch	1,031
Wittmund	1,021
Wolfenbüttel	1,054

Nordrhein-Westfalen	**Faktor**
Allgemeiner Bundeslandfaktor	1,004

Kreisfreie Städte	PLZ	Faktor
Bielefeld	33602–33739	1,041
Bochum	44388–44894	1,035
Bonn	53111–53229	1,079
Bottrop	45966–46244	0,996
Dortmund	44135–58239	1,050
Duisburg	40210–40721	1,009
Düsseldorf	40489–47279	0,977
Essen	45127–45359	1,063
Gelsenkirchen	45879–45899	1,003
Hagen	58089–58256	1,012
Hamm	59063–59077	1,006
Herne	44623–44653	0,976
Köln	50667–51467	1,081

Kreisfreie Städte	PLZ	Faktor
Krefeld	40668–47839	1,035
Leverkusen	51371–51381	1,019
Mönchengladbach	41061–41239	1,032
Mülheim an der Ruhr	45468–45481	1,019
Münster	48143–48167	1,058
Oberhausen	46045–46149	1,011
Remscheid	42369–42899	1,005
Solingen	42651–42719	1,012
Wuppertal	42103–42857	1,034

Landkreise	Faktor
Borken	0,996
Coesfeld	1,018
Düren	0,994
Ennepe-Ruhr-Kreis	1,019
Euskirchen	0,998
Gütersloh	1,016
Heinsberg	0,986
Herford	0,999
Hochsauerlandkreis	1,004
Höxter	0,991
Kleve	0,987
Lippe	0,997
Märkischer Kreis	1,010
Mettmann	1,035
Minden-Lübbecke	0,999
Oberbergischer Kreis	1,003
Olpe	1,026

Landkreise	Faktor
Paderborn	0,995
Recklinghausen	0,998
Rhein-Erft-Kreis	1,019
Rheinisch-Bergischer Kreis	1,043
Rhein-Kreis Neuss	1,035
Rhein-Sieg-Kreis	1,022
Siegen-Wittgenstein	1,005
Soest	1,003
Städteregion Aachen	0,992
Steinfurt	0,998
Unna	0,999
Viersen	1,011
Warendorf	1,009
Wesel	1,007

Rheinland-Pfalz		**Faktor**
Allgemeiner Bundeslandfaktor		0,928
Kreisfreie Städte	PLZ	Faktor
Frankenthal (Pfalz)	67227–67227	0,942
Kaiserslautern	67655–67663	0,930
Koblenz	56068–56077	0,962
Landau in der Pfalz	76829–76829	0,953
Ludwigshafen am Rhein	67059–67071	0,936
Mainz	55116–55131	0,998
Neustadt an der Weinstraße	67433–67472	0,977
Pirmasens	66953–66955	0,922
Speyer	67346–67346	0,970

Univ.-Bibl. Kaiserslautern

Kreisfreie Städte	PLZ	Faktor
Trier	54290–54296	0,939
Worms	67547–67551	0,938
Zweibrücken	66482–66482	0,940

Landkreise	Faktor
Ahrweiler	0,950
Altenkirchen (Westerwald)	0,935
Alzey-Worms	0,952
Bad Dürkheim	0,977
Bad Kreuznach	0,942
Bernkastel-Wittlich	0,940
Birkenfeld	0,930
Cochem-Zell	0,939
Donnersbergkreis	0,936
Eifelkreis Bitburg-Prüm	0,932
Germersheim	0,953
Kaiserslautern	0,936
Kusel	0,927
Mainz-Bingen	0,985
Mayen-Koblenz	0,946
Neuwied	0,946
Rhein-Hunsrück-Kreis	0,947
Rhein-Lahn-Kreis	0,940
Rhein-Pfalz-Kreis	0,978
Südliche Weinstraße	0,958
Südwestpfalz	0,941
Trier-Saarburg	0,937
Vulkaneifel	0,940

Landkreise	Faktor
Westerwaldkreis	0,948

Saarland **Faktor**

Allgemeiner Bundeslandfaktor		1,004
Landkreise	**PLZ**	**Faktor**
Merzig-Wadern		0,989
Neunkirchen		0,997
Regionalverband Saarbrücken		1,003
Saarlouis		1,003
Saarpfalz-Kreis		1,021
St. Wendel		1,011

Sachsen **Faktor**

Allgemeiner Bundeslandfaktor		0,992
Kreisfreie Städte	**PLZ**	**Faktor**
Chemnitz	09111–09247	1,007
Dresden	01067–01465	1,045
Leipzig	04103–04357	1,036
Landkreise		**Faktor**
Bautzen		0,970
Erzgebirgskreis		0,964
Görlitz		0,959
Leipzig		0,983
Meißen		0,977
Mittelsachsen		0,970
Nordsachsen		0,972
Sächsische Schweiz-Osterzgebirge		0,974

Landkreise	Faktor
Vogtlandkreis	0,968
Zwickau	0,975

Sachsen-Anhalt **Faktor**

Allgemeiner Bundeslandfaktor		1,055
Kreisfreie Städte	**PLZ**	**Faktor**
Dessau-Roßlau	06842–06862	1,037
Halle (Saale)	06108–06132	1,053
Magdeburg, Landeshauptstadt	39104–39130	1,065

Landkreise	Faktor
Altmarkkreis Salzwedel	1,031
Anhalt-Bitterfeld	1,029
Börde	1,041
Burgenlandkreis	1,030
Harz	1,028
Jerichower Land	1,036
Mansfeld-Südharz	1,018
Saalekreis	1,040
Salzlandkreis	1,024
Stendal	1,018
Wittenberg	1,031

Schleswig-Holstein **Faktor**

Allgemeiner Bundeslandfaktor		0,976
Kreisfreie Städte	**PLZ**	**Faktor**
Flensburg	24937–24944	0,971
Kiel, Landeshauptstadt	24103–24159	1,004

Kreisfreie Städte	PLZ	Faktor
Lübeck	23552–23627	1,007
Neumünster	24534–24539	0,960

Landkreise	Faktor
Dithmarschen	0,981
Herzogtum Lauenburg	1,009
Nordfriesland	1,119
Ostholstein	0,995
Pinneberg	1,014
Plön	0,999
Rendsburg-Eckernförde	0,943
Schleswig-Flensburg	0,982
Segeberg	1,004
Steinburg	0,982
Stormarn	1,027

Thüringen	**Faktor**
Allgemeiner Bundeslandfaktor	1,077

Kreisfreie Städte	PLZ	Faktor
Eisenach	99817–99817	1,061
Erfurt	99084–99099	1,103
Gera	07545–07557	1,070
Jena	07743–07751	1,072
Suhl	98527–98711	1,080
Weimar	99423–99428	1,064

Landkreise	Faktor
Altenburger Land	1,060
Eichsfeld	1,054

Landkreise	Faktor
Gotha	1,060
Greiz	1,059
Hildburghausen	1,059
Ilm-Kreis	1,055
Kyffhäuserkreis	1,052
Nordhausen	1,051
Saale-Holzland-Kreis	1,061
Saale-Orla-Kreis	1,055
Saalfeld-Rudolstadt	1,058
Schmalkalden-Meiningen	1,060
Sömmerda	1,057
Sonneberg	1,062
Unstrut-Hainich-Kreis	1,053
Wartburgkreis	1,060
Weimarer Land	1,059

Abkürzungsverzeichnis

Einheiten

°	=	Grad
°C	=	Grad Celsius
cm	=	Zentimeter
cm^2	=	Quadratzentimeter
cm^3	=	Kubikzentimeter
d	=	Tag
dB	=	Dezibel
dm^3	=	Kubikdezimeter
g/m^2	=	Gramm pro Quadratmeter
h	=	Stunde
Hz	=	Hertz
kg	=	Kilogramm
kg/m	=	Kilogramm pro Meter
kg/m^2	=	Kilogramm pro Quadratmeter
kg/m^3	=	Kilogramm pro Kubikmeter
km	=	Kilometer
kN	=	Kilonewton
kN/m	=	Kilonewton pro Meter
kN/m^2	=	Kilonewton pro Quadratmeter
kNm/m	=	Kilonewtonmeter pro Meter
kPa	=	Kilopascal
kW	=	Kilowatt
kWh	=	Kilowattstunden
l	=	Liter
m	=	Meter
m/sec	=	Meter pro Sekunde
m^2	=	Quadratmeter
m^2K/W	=	Quadratmeter x Kelvin pro Watt
m^2Mt	=	Quadratmeter x Monat
m^2Wo	=	Quadratmeter x Woche
m^3	=	Kubikmeter
m^3Mt	=	Kubikmeter x Monat
m^3uR	=	Kubikmeter umbauter Raum

m^3Wo	=	Kubikmeter x Woche
md	=	Meter x Tage
ml/m^2	=	Milliliter pro Quadratmeter
mm	=	Millimeter
mMt	=	Meter x Monat
MN/m^2	=	Meganewton pro Quadratmeter
MPa	=	Megapascal
Mt	=	Monat
mWo	=	Meter x Woche
my	=	Mikrometer
N/mm^2	=	Newton pro Quadratmillimeter
Pa	=	Pascal
psch	=	pauschal
s/m^2	=	Sekunde pro Quadratmeter
St	=	Stück
St/J	=	Stück pro Jahr
St/m^2	=	Stück pro Quadratmeter
Std	=	Stück x Tag
Sth	=	Stück x Stunde
StMt	=	Stück x Monat
StWo	=	Stück x Woche
t	=	Tonne
t/m^3	=	Tonne pro Kubikmeter
tm	=	Tonne x Meter
tMt	=	Tonne x Monat
V	=	Volt
$W/(m^2K)$	=	Watt pro Quadratmeter und Kelvin
W/(mK)	=	Watt pro Meter und Kelvin
Wo	=	Woche

Kurzbezeichnungen

KG	=	Kostengruppe nach DIN 276
ME	=	Mengeneinheit
EP	=	Einheitspreis

Abkürzungen

A

a	=	Abstand
A.P.	=	Aufputz
A.-Putz	=	Akustikputz
A.-Tür	=	Außentür
Abd(i).	=	Abdichtung
abg.(eh.)	=	abgehängt
Abwickl.	=	Abwicklung
AF	=	Außenfläche
AFDD	=	Brandschutzschalter/Fehlerlichtbogen-Schutzeinrichtung
Ag	=	Arbeitsgang
AG	=	Auftraggeber
Ah	=	Amperestunde
AH	=	Ahorn
AIV-F	=	Abdichtung im Verbund mit Fliesen und Platten, flüssig zu verarbeitende Abdichtungsstoffe
AIV-B	=	Abdichtung im Verbund mit Fliesen und Platten, bahnenförmige Abdichtungsstoffe
AL/Al	=	Aluminium
all.(s)	=	alleine/allseitig
alls.	=	allseitig
altdt.	=	altdeutsch
AluHo	=	Aluminium/Holz
AN	=	Auftragnehmer
Ao	=	Anfangsort
AP	=	Aufputz
APTK	=	Äthylen-Propylen-Terpolymer-Kautschuk
APZ	=	Abschlusspunkt Zählerplatz
Arb.gerüst	=	Arbeitsgerüst
AS	=	Gussasphaltestrich
aufg.	=	aufgehend (z.B. Bauteile)
aufst.	=	aufsteigend

auftr.	=	auftrennen
ausb.	=	ausbauen/ausbessern
Außenfl.	=	Außenfläche
AW	=	Außenwand
AWa	=	Außenwand Außenseite
AWi	=	Außenwand Innenseite

B

b	=	Breite
B+E	=	Brand- und Einbruchschutz
Balk/Terr.	=	Balkon/Terrasse
Bandr.	=	Bandraster
BB	=	Buntbart
Bd.	=	Boden
bef.	=	befestigt
BF	=	Bodenfläche
BFi	=	Bodenfläche innen
Bfi	=	Bodenfläche innen
Bepflanz.	=	Bepflanzung
bes.	=	besäumen
besch.	=	beschichtet, Beschichtung
Bet.	=	Beton
Beton-VB	=	Beton-Verbundpflaster
Bew.	=	bewehrt, Bewehrung
BFU	=	Baufurniersperrholz
Bindem.	=	Bindemittel
bit.	=	bituminös
BK	=	Breitband Kabel
Bkl.	=	Bodenklasse
Bl	=	Blech/Blechdach
BL	=	Balkenlage
BML	=	Gussrohr aus Super-Metallit Typ ""B""
Brandr.	=	Brandraster
BrSp	=	Brechsand-Splitt
BS	=	Festigkeitsklasse
BSH	=	Brettschichtholz

BSP	=	Brettsperrholz
Bt	=	Bauteil
BU	=	Buche
bv	=	bitumenverträglich
Bw	=	Bauweise

C

CA	=	Calciumsulfatestrich
CAF	=	Calciumsulfat-Fließestrich
CaSi	=	Calciumsilikatplatte
CD	=	C-förmiges Stahlprofil in Decken
CE	=	Chrom-Nickel-Stahl-Verbindungen für Gussrohre
CG	=	Schaumglas
chem.	=	chemisch
CM	=	Rissüberbrückende mineralische Dichtschlämme
Co	=	Container
CPL	=	Continuous Pressure Laminate
CR	=	Edelputzmörtel
CT	=	Zementestrich
Cu	=	Kupfer
CW	=	C-förmiges Stahlprofil in Wänden

D

-,d.	=	-,decke
d	=	Dicke
D	=	Durchmesser
DA	=	Doppelader
Dä./Dämm.	=	Dämmung
DDK	=	Dauerfunktion-Dreh-Kipp, Fenster
DDSP	=	Doppelte Distanzschutzplanke
DE	=	Decke
DFF	=	Dachflächenfenster
DG	=	Dachgeschoss
Disp.	=	Dispersion

DIT	=	Witterungswiderstand/Biegezugfähigkeit/ Abriebwiderstand
DK-Tür	=	Dreh-Kipp-Tür
DM	=	Polymerdispersion
DN	=	Nenndurchmesser
Dopp.(elb.)	=	Doppelboden
doppel.	=	doppelwandig
dr.	=	drückend
Dränsch.	=	Dränschicht
DrMörtel	=	Dränagemörtel
DS	=	Dampfsperre/Dachschräge
DSP	=	Doppelte Schutzplanke
Durchdr.	=	Durchdringung
durchgef.	=	durchgefärbt
DWD-Platte	=	Diffusionsoffene, winddichte Wand- und Dachplatte

E

E	=	Flanschmuffenstück
e	=	Lattenabstand
E+B	=	Einbruch- und Brandschutz
EDSP	=	Einfache Distanzschutzplanke
EF	=	Betonrohr mit Eiquerschnitt
eHZ	=	elektronischer Haushaltszähler
EI	=	Eiche
einf.	=	einfach
eingest.	=	eingestemmt
eingezog.	=	eingezogen(en)
Einzelf.	=	Einzelfundament
EKZ	=	Einkaufszentrum
el.	=	elektrisch
elast.	=	elastisch
elox.	=	eloxiert
EN	=	Hydranten-Flanschmuffen-Fußbogen
Ents.	=	Entsorgung
EP	=	Einheitspreis/Epoxidharz

EPB	=	Blähperlit (Expanded Perlite Board)
EPDM	=	Ethylen-Propylen-Dien-Elastomer
EPS	=	Expandiertes Polystyrol (Styropor)
Erde.	=	Erdeinbau
ern.	=	erneuern
ES	=	Esche
ESG	=	Einscheiben-Sicherheitsglas/Verglasung
ESM	=	elektrisch betriebene Saug-Mischanlage
ESP	=	Einfache Schutzplanke
ESt	=	Edelstahl
Estr.	=	Estrich
EVA	=	Ethylen-Vinyl-Acetat-Terpolymer
EVG	=	elektronisches Vorschaltgerät
exkl.	=	exklusiv
EZ	=	Eckzarge

F

F	=	Einflanschstück
Fa	=	Fahrbahn
FD	=	Flachdach
FE	=	Fenster
Federb.	=	Federbügel
festst.	=	feststehend
FFB	=	Fertigfußboden
FH	=	Fußbodenheizung
FI	=	Fichte
FK	=	Festigkeitsklasse
fl(üg).	=	flügelig
fl(üg).+G	=	flügelig mit Glas/Verglasung
Fl.	=	Fläche
Flachd.	=	Flachdach/Flachdachabdichtung
FLK	=	Flüssigkunststoffe
FLL	=	Forschungsgesellschaft, Landschafts-entwicklung, Landschaftsbau
FM	=	Fernmelde ...
FPO	=	flexible Polyolefine

FR	=	Feuchtraum
Freia./Freiaufstl.	=	Freiaufstellung
frgl.	=	feuchteregulierend
FSH	=	Furnierschichtholz
FSK	=	Feuerschutzklappe
FStzg	=	Feinsteinzeug
FT	=	Fertigteil
FTE	=	Nicht rostender ferritischer Edelstahl
furn.	=	furniert
FW	=	Fachwerk
FZ	=	Faserzement
FZ-Pl.	=	Faserzementplatten

G

GA	=	Gelenkstück für Ablauf
ganz.lag	=	ganzlagig
gd.	=	gedämmt
GE	=	Gelenkstück für Einbau
Gef.	=	geforderte
Gegenz.	=	Gegenzug
geh.	=	gehobelt
gekl.	=	geklebt
gel.	=	gelocht
genag.	=	genagelt
ger.	=	gerade
gerad.	=	gerade/geradläufig
gew.	=	gewendelt
Gew.	=	Gewebe
GF	=	Gipsfaser/Gipsfaserplatte
GFK	=	Glasfaserverstärkter Kunststoff
GFK-Inliner	=	Glasfaserkunststoff-Einziehrohr
GFP	=	Gipsfaserplatten
GGG	=	Graphit Grauguss
GK/GKB	=	Gipsbauplatte/Kupplung aus Rotguss
GK-Schalld.wand	=	Gipsplatten-Schalldämmwand
GKBI	=	Gipsbauplatte – imprägniert

GKF	=	Gips-Feuerschutzplatte
GKFI	=	Gips-Feuerschutzplatte – imprägniert
GKL	=	Güteklasse
GKP/GKB	=	Gipsplatten
GKS-Dichtg.	=	Dichtung aus Kupfer-Gusslegierung (für Klemmverbindung)
GL	=	glasiert
Glf	=	Glasfasergewebe
GMG	=	Gleitmessgerät
GOK	=	Gelände-Oberkante
GP	=	Normalputzmörtel
GR	=	Gleitrohrsystem
GRB	=	Grundbeschichtung
Gw	=	Gehweg
g-Wert	=	Gesamtenergiedurchlassgrad
GZ	=	Gelenkstück für Zulauf

H

-h	=	hohe Beanspruchung
h/H	=	Höhe
HA	=	Handgalvanik
Hand	=	Handarbeit
Hä-Ri(nne)	=	Hängedachrinne
HBCD	=	Hexabromcyclododecan (Flammschutzmittel in PS)
HBK	=	Hausbriefkasten
Hbl	=	Hohlblockstein
HD	=	Hochdruck
HDF	=	Hochdichte Faserplatte
HDPE	=	High-density Polyethylen
HF	=	Hartfaser(platte)
Hgl	=	Höhenausgleich
hinterl.	=	hinterlegt/hinterlüftet
HLS	=	Heizung Lüftung Sanitär
Hlz	=	Hochlochziegel
Holzst.	=	Holzständer

HPL	=	High Pressure Laminate
HSV	=	Hochleistungsvakuum-Sauggerät
HT-Rohr	=	Hochtemperaturbeständiges Rohr
HW	=	Hohlwand
HWP	=	Holzwerkstoffplatte
hz	=	horizontal

I

i.L.	=	im Lichten (Maß)
i.M.	=	im Mittel
ICB	=	expandierter Kork
IE	=	Internationale elektronische Kommission
IF	=	Innenflächen (aufgeh. Bauteile, Decke)
IG	=	Innengewinde
IP	=	Innenputz
impräg.	=	imprägnieren
Inst.	=	Installation
Inst.kast.	=	Installationskasten
IW	=	Innenwand

J

J/K	=	Jute/Kokos (Begrünungsmappen)

K

K	=	Betonrohr mit Kreisquerschnitt ohne Fuß
Ka	=	Kanal
kap.brech.	=	kapillarbrechend
kasch.	=	kaschiert
Kasch.	=	Kaschierung
Kautsch.	=	Kautschuk
K-AW	=	Kelleraußenwand
KB	=	Kirschbaum
K-F	=	Betonrohr mit Falzmuffe
KF	=	Betonrohr mit Kreisquerschnitt mit Fuß
KFW	=	Betonrohr mit Kreisquerschnitt mit Fuß, wandverstärkt

KFW-F	=	Betonrohr mit Kreisquerschnitt mit Fuß, wandverstärkt mit Falzmuffe
KFW-M	=	Betonrohr mit Kreisquerschnitt mit Fuß, wandverstärkt mit Glockenmuffe
KG	=	Kunststoff-Grundleitung
KH	=	Konstruktionshöhe/Kunstharz
KHf	=	Kunstharz feuchteregulierend
KHLz	=	Hochlochklinkerziegel
KI	=	Kiefer
KIGA	=	Kindergarten
KL	=	Konterlattung
K-M	=	Betonrohr mit Glockenmuffe
KMF	=	künstliche Mineralfaser
KMz	=	Klinker-Vollziegel
Komp.	=	Komponenten
kompl.	=	komplett
KS	=	Kalksandstein
KSE	=	Kieselsäureester
KSP	=	kaltselbstklebende Polymerbitumenbahn
KST/Kst.	=	Kunststoff
KSVb	=	Kalksandvollblock
kV	=	Wärmedurchgangszahl der Verglasung
kVA	=	Kilovoltampere
KVH-Si	=	Konstruktionsvollholz, sichtbarer Einbau
KW	=	Betonrohr mit Kreisquerschnitt ohne Fuß, wandverstärkt
kWp	=	Kilowatt Peaks

L

L, Lg.	=	Länge
L+A	=	Lüftungs- und Abgaszug (Schornstein)
LA	=	Lärche
lag.	=	lagernd/lagig
LAGA	=	Länderarbeitsgemeinschaft Abfall
Langf.	=	Langfeldkassette

LAP	=	leichte, asbesthaltige Brandschutzplatte
Lb	=	Leibung
LB	=	Lichte Breite + Leichtbeton
LED	=	Lichtemittierende Diode
Lfl./Leichtfl.	=	Leichtflüssigkeit
lh	=	lösemittelhaltig
lief.	=	liefern
l. get.	=	leicht getönt
LiKu	=	Lichtkuppel
LK	=	Lastklasse
LM	=	Leichtmetall
LMB	=	Limba, Holzart
lmf	=	lösemittelfrei
lmh	=	lösemittelhaltig
LowE	=	Niedrigenergie
LP-Gehalt	=	Luftporen-Gehalt (Frischbeton)
LPM	=	Lehmputzmörtel
LW	=	Lichte Weite/Leichtputzmörtel
LWL	=	Lichtwellenleiter

M

-m	=	mäßige Beanspruchung
m.	=	mit
m.B.	=	mit Ballen
M.St.	=	Mittelstück
m.Tb	=	mit Topfballen
MA	=	Magnesiaestrich
Mahag.	=	Mahagoni
Masch	=	Maschinenarbeit
Matritz.	=	Matritzenanordnung
Maul.	=	Maulweite
MPP	=	Maximum Power Point
MDF	=	Mitteldichte Faserplatte
MDI	=	Messgeräterichtlinie
MDS	=	mineralische Dichtschlämme
MEB	=	Merbau, Holzart

mech.	=	mechanisch
mehrsch.	=	mehrschichtig
MER	=	Meranti, Holzart
Met.-UK	=	Metall-Unterkonstruktion
MF	=	Mineralfaser
m.get.	=	mittel getönt
MG	=	Meldegruppen
Min P	=	Mineralfaserplatten
min.	=	mineralisch
Min.Beton	=	Mineralbeton
MIP	=	Mixed-in-Place-Verfahren
MMA	=	T-Formstück mit doppelseitiger Muffe (Gas-/Wasserversorgung)
MMB	=	T-Formstück mit 3-fach Muffe (Gas-/Wasserversorgung)
Mont.w.	=	Montagewand
MP	=	Mehrpreis
MS	=	Mehrschicht
MSB	=	Mauersperrbahn
MV	=	Mischungsverhältnis
Mw	=	Mischbauweise
MW	=	Mauerwerk/Mineralwolle
MWK	=	Mauerwerk
Mz	=	Mauerziegel

N

n.A.	=	nach Aufwand
n.dr.Wass.	=	nicht drückendes Wasser
n.dr.W-h	=	nicht drückendes Wasser für hohe Beanspruchung
N+F	=	Nut und Feder
NaSi	=	Natriumsilikat
Nassr./NR	=	Nassraum
NA-Kl.	=	Nassabriebbeständigkeit Klasse
ND	=	Nenndicke
NF	=	Normalformat

NG	=	Nenngröße
NH	=	Naturharz
niveaugl.	=	niveaugleich
NM	=	Normalmörtel
NM IIa	=	Normalmörtel Gruppe IIa
Nopp.	=	Noppen
norm.	=	normal(er)
NP	=	Mineralienverhältnis für Dünger (Stickstoff/Phosphor)
NPK Mg	=	Mineralienverhältnis Stickstoff/Phosphor/Kalium/Magnesium)
NPK	=	Mineralienverhältnis für Dünger (Stickstoff/Phosphor/Kalium)
NS	=	nicht sichtbar
NSK	=	Naht selbstklebend
Nutzsch.	=	Nutzschicht
NW	=	Nennweite
NWB	=	Nichtwohnungsbau
Nyl	=	Nylon

O

o.	=	ohne
o.B.	=	ohne Ballen
OC	=	Einlagenputzmörtel
o.D.	=	ohne Deponiegebühr
ÖF	=	Öffnungsflügel
OK	=	Oberkante
OKFF/OKF	=	Oberkante fertiger Fußboden
OKR	=	Oberkante Rohboden
OL	=	Oberlicht
OSB	=	Oriented Strand Board

P

PA	=	Polyamid/Potentialausgleich
PAK	=	polycyclische aromatische Kohlenwasserstoffe

Passiv.	=	Passivhaus
PB	=	Porenbeton bzw. Polybutan
PCC	=	Reprofilierungsmörtel
PE	=	Polyethylen
PEF	=	Polyethylenschaum
PE-HD	=	Polyethylen mit hoher Dichte
PE-LD	=	Polyethylen niedriger Dichte
PES	=	Polyester-Vlies
PESU	=	Polyethersulfon
PE-V	=	Polyethylen vernetzt
PF	=	Phenolharzschaum
PFZ	=	Planfüllziegel
PIR	=	Polyurethandämmstoff
Pl.	=	Platte(n)
PLE	=	Platzeinheiten
PMBC	=	Polymer Modified Bitumenous Coating
PMMA	=	Polymethylmethacrylat
PN	=	Nenndruck
pn.	=	pneumatisch
pol.	=	polieren/poliert
Porenb.	=	Porenbeton
PP	=	Polypropylen
PP/K	=	Polypropylen/Kokos Begrünungsmatten)
PPW	=	Porenbetonplanstein, wärmedämmend
Pr.	=	Profil
PS	=	Polystyrol (Styropor, Styrodur)
PSA	=	Persönliche Schutzausrüstung
PUR/PU	=	Polyurethan-Hartschaum
PV	=	Photovoltaik
PVAC	=	Polyvinylacetat
PVC	=	Polyvinylchlorid
PVC-U	=	Polyvinylchlorid-hart
PYE	=	Elastomer-Bitumenbahn
PZ	=	Profilzylinder

R

R	=	Rissklasse/Sanierputzmörtel
RA	=	Ringanker
RBM	=	Rohbaumaß
RD	=	rauchdicht
REG	=	Reiheneinbaugerät
REM	=	Rasterelektronenmikroskop
renov.	=	renovieren
Repar.	=	Reparatur
RfZ	=	Raum für Zusatzanwendungen
RG	=	Rotguss
RM	=	Reaktionsharze
RN	=	Raumnutzung
ROB	=	Rüttel-Ortbeton-Säulen
RSM	=	Regel-Saatgutmischung
RSV	=	Rüttelstopfverdichtung
RT	=	Raumteil
RÜ	=	Rissüberbrückung
RWA	=	Rauch- und Wärmeabzugsanlage
RZ	=	Rahmenzarge

S

S	=	Schallschutz
s.	=	sichtbar, -seitig
SaS	=	Sammelschiene
SB	=	Sichtbeton
sch.	=	schalig/schichtig
Schal.	=	Schalung
scheuerb.	=	scheuerbeständig
Schmals.	=	Schmalseite
Schütt.	=	Schüttung
Schw.	=	Schwimmflügel
schwimm.	=	schwimmend
SD	=	Wasserdampfdiffusions-Widerstandswert
SDB	=	Schnelldichtbahn aus hochreißfester Kunststofffolie

Segm.	=	Segment
SEM	=	Steinergänzungsmörtel
senkr.	=	senkrecht
Setzh.	=	Setzholz
SF	=	Stufenfalz/Schlammfang
s.get.	=	satt getönt
si	=	sichtbar
SiGe	=	Sicherheits- und Gesundheitsschutz-koordinator
SLB	=	Schlussbeschichtung
SLW	=	Straßenlastwert
SML	=	Gussrohr aus Super-Metallit, schutzbeschichtet, muffenlos
S-MWK	=	Sichtmauerwerk
So	=	Sockel
SOB	=	Schnecken-Ortbeton-Bohrpfähle
Spr.	=	Sprosse(n)
sr	=	spaltrau
SR	=	Kunstharzestrich
St	=	Stahl/Stein
Stb	=	Stahlbeton
Steinz.	=	Steinzeugrohre
StH	=	Stammhöhe
StU	=	Stammumfang/cm
Stzg	=	Steinzeug
ST	=	Stütze
SWP	=	Massivholzplatte
StVO	=	Straßen-Verkehrs-Ordnung
STZ	=	Stahlzarge
SVE	=	Steckverbindung für Gussrohre im Erdreich
SW	=	Schlüsselweite/Seitenwand/Schafwolle
SWP	=	Massivholzplatte
syn./synth.	=	synthetisch
SZR	=	Scheibenzwischenraum

T

t	=	Tiefe
T	=	Flanschstück mit Flansch-Stutzen
T	=	Wärmedämmputzmörtel
TA	=	Tanne
temp.	=	temperiert
TH/TRH	=	Treppenhaus
Ti	=	Titan
Ti-Zn	=	Titan-Zink(blech)
TOK-Band	=	Fugenband (schmelzbare Haftbrücke)
Tr.	=	Triebe
TSD	=	Trittschalldämmung
TSG	=	Tarifsteuergerät
TT	=	Kreuzstück
Türbl.	=	Türblende
TVT	=	Technische Vorschriften Tiefbau
TWD	=	Transparente Wärmedämmung

U

U	=	Umfang
U.P.	=	Unterputz
üb.	=	über
UD	=	U-förmiges Stahlblechprofil in Decken
UDR	=	Unterdruck
Uf	=	Wärmedurchgangskoeffizient für Fenster rahmen
Ug	=	Wärmedurchgangskoeffizient für Fenster glas
UGL	=	unglasiert
UK	=	Unterkonstruktion, Unterflurkanal
UL	=	Umluft
Um	=	Mittlere Holzfeuchte
umh.	=	umhüllt
unbew.	=	unbewehrt
Untergr.	=	Untergrund
unters.	=	untersuchen

UV	=	ultraviolett
UVP	=	Umweltverträglichkeitsprüfung
UW	=	U-förmiges Stahlblechprofil in Wänden
UZ	=	Umfassungszarge

V

V	=	Vorsatz
Vari.	=	Variation
Vbl	=	Vollblockstein
verbl.	=	verblechen
Verbl-MWK	=	Verblendmauerwerk
verd.	=	verdichten
Verf.	=	verfüllen, Verfüllung
Vergl.	=	Verglasung
vers.	=	versiegeln/versiegelt
verschm.	=	verschmutzt
verstr.	=	verstreichen
verz.	=	verzinkt
verzin.	=	verzinnt (Edelstahl)
VHF	=	Vorgehängte hinterlüftete Fassade
VIP	=	Vakuum-Isolations-Paneel
vk	=	vertikal
VMZ	=	Vollmauerziegel
vorh.	=	vorhalten
VS	=	Verbundsystem / Vorsatzschale
VSG	=	Verbund-Sicherheitsglas

W

W	=	wärmedämmend/ Wasserwiderstandsklasse
w-Wert	=	Wasseraufnahmekoeffizient [kg/(m²·$h^{0,5}$)]
Wa	=	Wand/Wandkonstruktion
waschbest.	=	waschbeständig
wasserabw.	=	wasserabweisend
Wb.	=	Waschbecken
WD	=	Wärmedämmung

WDVS	=	Wärmedämm-Verbundsystem
WE	=	Wohnungseingangs-/Wohneinheit
WF	=	Holzfaser-/Holzweichfaserplatte/ Wandfläche
WLG	=	Wärmeleitgruppe (Einordnung im 5-er Schritt)
WLS	=	Wärmeleitstufe (Einordnung im 1-er Schritt)
WPC	=	Wood Plastik Composites (70 % Holzf., 30 % Polymere)
WRG	=	Wärmerückgewinnung
wu	=	wasserundurchlässig
WW	=	Holzwolle/Warmwasser

X

X	=	Blindflansch
XPS	=	Extrudierter Polystyrolschaum

Z

Z	=	Zuschnitt
Zn	=	Zink
ZSP	=	zementgebundene Spanplatte
Zul.	=	Zulage/Zulassung
zw.	=	zwischen
Zw. (ZWB)	=	Zwischenbeschichtung
ZWS	=	Zwischensparren/zwischen Sparren

Inhaltsverzeichnis

Seite

 © SIRADOS 01/24

© SIRADOS 01/24

300 Sicherheits- und Baustelleneinrichtung

Vorbereitende Arbeiten	E	h	von	mittel	bis
Kranstandfläche einrichten, Kies-Schotter	m^2	0,400	25,58	31,52	39,08
Standfläche, Betonplatten einrichten	m^2	0,700	64,98	89,08	115,30
Geschosstreppe, Holz, abstützen	m	0,600	27,25	37,26	46,90
Geschossdecke, Holz, abstützen	m^2	0,600	25,41	35,11	40,87
Dachschräge abstützen	m^2	0,700	34,75	44,02	53,65
Balkon, Holz, abstützen	m^2	0,600	34,95	44,02	54,25
Wand, Mauerwerk, abstützen	m^2	0,700	22,27	38,25	51,88
Wand, Beton, abstützen	m^2	0,750	33,65	43,23	53,05
Festverglasung abstützen	m^2	0,800	32,65	45,64	53,71
Außenwandbekleidung abstützen	m^2	0,900	44,15	54,50	66,85
Untergrund vorbereiten, Baustelleneinrichtung	m^2	0,350	17,82	24,89	29,71
Abnahme, Baustelleneinrichtung	psch		311,30	402,50	471,60
Kleinbaustelle einrichten	psch		471,60	759,80	1.022,00
Kleinbaustelleneinrichtung vorhalten	StWo		34,58	51,77	68,96

Bautafeln	E	h	von	mittel	bis
Bautafel-Grundgerüst, 2,00/3,00 m	St	10,000	540,90	895,00	1.450,00
Bautafel-Grundgerüst, 6,00/2,00 m	St	12,000	701,30	1.350,00	1.975,00
Bautafel, Firmenleiste	St	0,400	64,60	112,60	145,90
Bautafel komplett, 6,00/3,00 m	St	10,000	2.919,00	3.908,00	4.950,00
Hinweisschild, 1,00/1,00 m	St	0,750	114,30	152,00	195,00

Medienversorgung	E	h	von	mittel	bis
Bauwasseranschluss mit Messeinrichtung	St	4,500	203,20	474,20	807,60
Bauwasseranschluss, Hydrant, stationär	St	2,750	311,60	620,00	1.016,00
Wasserverteiler, 3 Anschlüsse	StMt	0,450	19,13	24,89	29,19
Wasserverteiler, 3 Anschlüsse, vor-/unterhalten	StWo		2,15	2,78	3,62
Wasserschlauch, 20 m, mit Absperrventil	StWo	0,200	7,49	10,32	11,79
Wasserschlauch, 20 m, vor-/unterhalten	StWo		0,92	1,57	2,25
Baustromverteiler, mobil	StMt	1,000	71,42	94,06	106,20
Baustromverteiler, mobil, vor-/unterhalten	StWo		12,89	16,09	18,08
Baustromleuchte, 5 m Kabel	StMt		10,90	14,25	18,44
Baustromleuchte vor-/unterhalten	StWo		1,03	1,57	2,25
Metallstütze mit Galgen	StMt		99,25	131,00	154,10
Metallstütze mit Galgen, vorhalten	StMt		9,96	15,41	19,81

Unterkünfte, Container	E	h	von	mittel	bis
Bürocontainer, 15 m², Auftraggeber	St	10,000	870,10	1.084,00	1.293,00
Bürocontainer, 15 m², Vor- und Unterhalt	StMt		156,20	361,40	590,90
WC-Kabine aufstellen, unterhalten	StWo	0,950	149,00	188,50	228,00
Materialcontainer, 14 m³, aufstellen, entfernen	St	1,500	136,30	180,30	211,70
Materialcontainer, 14 m³, vorhalten, unterhalten	StMt		30,29	35,84	49,26
Materialcontainer, 17 m³, aufstellen, entfernen	St	1,700	174,00	231,70	288,20
Materialcontainer, 17 m³, vorhalten, unterhalten	StMt		36,05	45,06	60,68
Sicherheits-Container, 2,3 m³, aufstellen, entfernen	St	0,600	71,42	85,67	110,20
Sicherheits-Container, 2,3 m³, vorhalten	StWo		10,69	13,62	16,45
Sicherheits-Container, 3,2 m³, aufstellen, entfernen	St	0,700	74,09	92,75	111,10
Sicherheits-Container, 3,2 m³, vorhalten	StWo		11,42	14,78	17,61

Bauzäune/Schutzzäune/Geländer	E	h	von	mittel	bis
Bauzaun, Bretter	m	0,350	18,76	25,01	32,30
Bauzaun, Bretter, Unterhalt	mWo		0,36	0,63	1,09
Bauzaun, Holzrahmen, aufstellen	m	0,400	24,89	32,65	38,51
Bauzaun, Holzrahmen, vorhalten	mMt		3,41	3,83	4,77
Bauzaun-Tür, Breite 1,00 m	St	0,900	107,90	125,90	136,10
Bauzaun-Tor, Breite 3,50 m, 2-flügelig	St	1,800	146,90	182,40	225,10
Bauzaun, Stahlrahmen mobil, Höhe 2,00 m	m	0,140	6,51	11,46	16,15
Bauzaun, Stahlrahmen, Höhe 2,00 m, vorhalten	mWo		0,31	0,79	1,59
Bauzaun, Schlupftür, Stahlrahmen, mobil	St	0,350	31,65	40,77	50,09
Bauzaun, Schlupftür, Stahlrahmen, mobil, vorhalten	mMt		1,68	3,04	4,30
Bauzaun, PE-Kunststoff, mobil, Höhe 2,00 m	m	0,070	7,82	15,11	23,08
Bauzaun, PE-Kunststoff, mobil, vorhalten	mWo		0,73	0,89	1,30
Schloss/Schlüssel, Zugänge	St	1,100	107,30	182,40	323,30
Stützstange, mobiler Bauzaun	St	0,060	2,58	3,30	4,09
Schutzzaun, bepflanzte Fläche	m	0,700	31,13	43,49	50,25
Schutzzaun, bepflanzte Fläche, vorhalten	mMt		3,04	3,93	4,51
Schutzzaun PE, bepflanzte Fläche	m	0,250	10,64	14,93	17,97
Schutzzaun PE, bepflanzte Fläche, vorhalten	mMt		2,78	3,93	4,98
Schallschutzwand, vorgefertigte Elemente	m^2	0,600	80,38	106,90	143,60
Absperrleinenhalter, Metall, Länge 1,20 m	St	0,030	1,47	2,10	2,62
Absperrleinenhalter, Metall, vorhalten	StWo		0,10	0,21	0,27
Absperrbock, Stahlrohr, zusammenlegbar	St	0,250	9,43	12,73	16,24
Absperrbock, Stahlrohr, vorhalten	StWo		0,44	0,57	0,67
Absperrband, PE, Breite bis 80 mm	m		0,16	0,21	0,39

Absperrkette, Kunststoff, 6 mm	m	0,070	2,67	3,41	4,14
Absperrkette, Kunststoff, vorhalten	mWo		0,10	0,21	0,34
Absperrschranke, 2,40/0,25 m	St	1,300	66,30	81,74	98,70
Absperrschranke, 2,40/0,25 m, vorhalten	StWo		5,19	6,60	7,60
Absturzsicherung, mobil, 2,00/1,00 m	St	1,600	78,45	99,56	122,90
Absturzsicherung, mobil, 2,00/1,00 m, vorhalten	StWo		6,81	8,65	9,59
Absturzsicherung, mobil, 2,40/1,00 m	St	1,600	89,08	102,70	111,10
Absturzsicherung, mobil, 2,40/1,00 m, vorhalten	StWo		7,91	9,01	10,79

Baumschutz	**E**	**h**	**von**	**mittel**	**bis**
Baum schützen, StammDurchmesser bis 40 cm	St	0,700	45,90	61,88	76,14
Baum schützen, StammDurchmesser 40-60 cm	St	1,200	63,30	78,95	94,90
Wurzelvorhang, Holzpfähle, Drahtzaun	m	0,700	53,66	64,08	72,52

Verkehrssicherungseinrichtungen	**E**	**h**	**von**	**mittel**	**bis**
Kennzeichnung, Baustelle, Innenstadt	psch		588,80	1.018,00	3.194,00
Verkehrssicherung, entlang Baustelle	m	0,300	18,24	28,66	46,89
Verkehrssicherung, Auf- und Abbau	m	0,100	11,25	15,63	19,90
Lichtsignalanlage, Netzbetrieb	StWo		106,30	122,00	180,30
Verkehrsregelung, Signallichtanlage, Abrechnung nach Stunden	h		25,78	31,96	39,09
Lichtsignalanlage, Batteriebetrieb	StWo		203,50	328,30	396,30
Verkehrszeichen	St	0,250	34,05	42,72	50,35
Gehwegbeleuchtung und -markierung	psch		666,60	781,90	964,20
Baustellenbeleuchtung, außen	psch		632,50	932,60	1.412,00
Sicherheitsbake mit Fußplatte	St	0,350	23,05	28,82	34,55

Sicherheitsbake mit Fußplatte vorhalten	StWo		2,78	3,62	4,19
Warnleuchte, Batteriebetrieb	St	0,700	75,14	89,08	99,87
Warnleuchte, Batteriebetrieb, vorhalten	StWo		3,25	4,19	5,40
Bakenleuchte, 1-seitig, gelb	St	0,700	62,88	72,84	89,60
Bakenleuchte, 1-seitig, gelb, vorhalten	StWo		5,87	6,71	8,17
Bakenleuchte, 2-seitig, gelb	St	0,700	82,79	92,43	107,00
Bakenleuchte, 2-seitig, gelb, vorhalten	StWo		7,02	7,81	8,54
Bakenleuchte, 1-seitig, rot	St	0,700	63,82	74,57	90,39
Bakenleuchte, 1-seitig, rot, vorhalten	StWo		5,87	6,81	8,38
Leitkegel, rot-weiß, Fuß rechteckig, Höhe 50 cm	St	0,300	17,87	23,42	28,14
Leitkegel, rot-weiß, Höhe 50 cm, vorhalten	StWo		0,80	1,03	1,57
Leitkegel, rot-weiß, Fuß rechteckig, Höhe 75 cm	St	0,330	17,97	23,95	29,50
Leitkegel, rot-weiß, Höhe 75 cm, vorhalten	StWo		0,80	1,03	1,57
Faltsignal 'Achtungszeichen', 3-seitiger Aufdruck, transportabel	St	0,500	54,60	67,70	91,80
Faltsignal 'Achtungszeichen', 3-seitiger Aufdruck, vorhalten	StWo		9,38	14,25	17,19
Faltsignal 'Vermessung', 3-seitiger Aufdruck, transportabel	St	0,500	52,71	61,62	68,12
Faltsignal 'Vermessung', 3-seitiger Aufdruck, vorhalten	StWo		9,27	15,51	18,55
Faltsignal 'Arbeitsmann', 3-seitiger Aufdruck, transportabel	St	0,500	55,23	64,24	68,96
Faltsignal 'Arbeitsmann', 3-seitiger Aufdruck, vorhalten	StWo		9,27	15,51	18,55
Fahrbahn-Markierungsfolie, gelb, Breite 12 cm	m	0,220	9,17	12,73	14,99
Bodenschwelle, transportabel, 50/43/5,5 cm	St	1,000	56,38	65,24	70,06
Bodenschwelle, transportabel, vorhalten	StWo		6,08	7,49	9,01
Schrammbord mit Blende	mMt		17,51	20,42	27,40
Lichtzeichenanlage, automatische Steuerung, 2 A	St	4,000	204,40	288,20	330,20

© SIRADOS 01/24

Verkehrszeichen mit Betonfuß	St	0,400	34,27	53,24	70,01
Verkehrszeichen mit Betonfuß, vorhalten	StWo		4,09	6,92	10,38
Poller, Beton, transportabel	St	0,600	47,30	59,63	72,55
Poller, Beton, vorhalten	StWo		3,62	4,87	6,60
Schranke, Holz, 1-seitig	St	1,200	61,83	82,53	102,70
Schranke, Holz, 1-seitig, vorhalten	StWo		12,26	17,08	20,75
Schranke, Holz, 2-seitig	St	1,700	87,09	113,20	154,10
Schranke, Holz, 2-seitig, vorhalten	StWo		12,26	17,08	20,75

Behelfsmäßige Straßen, Wege, Plätze	**E**	**h**	**von**	**mittel**	**bis**
Baustraße, Kies/Schotter, Unterbau	m^2	0,250	24,85	31,26	37,35
Baustraße, Asphalt	m^2	0,300	27,72	34,07	41,58
Baustraße, Fertig-Elemente	m^2	0,120	15,21	20,74	28,24
Fußgängerbrücke, Holz, b = 1,30 m	m^2	1,200	99,87	122,70	153,10
Fußgängerbrücke, Holz, b = 1,30 m, vorhalten	m^2Mt		9,38	10,90	14,15
Fahrzeugbrücke, Holz, b = 2,50 m	m^2	1,100	96,52	116,40	131,00
Fahrzeugbrücke, Holz, b = 2,50 m, vorhalten	m^2Mt		9,01	10,69	14,15
Gehwegumleitung für Fußgänger	m^2	1,200	59,85	75,40	90,65
Gehwegsicherung, Geländer	m	0,400	17,29	27,72	34,58
Fußgängerweg, überdacht, Auf-, Abbau und vorhalten	m	3,700	191,80	244,90	317,90
Fußgängerweg, überdacht, unterhalten	mMt	0,100	4,34	5,47	6,74
Fußgängerbrücke, transportabel, 1,70/1,00 m	St	3,700	200,20	267,30	330,20
Fußgängerbrücke, transportabel, vorhalten	StWo		8,28	9,38	12,05
Grabenbrücke, transportabel, ca. 2,00/1,00 m	St	3,200	292,40	343,80	403,50
Grabenbrücke, transportabel, vorhalten	StWo		29,13	35,63	42,02

Grabenbrücke, transportabel, 3,00/1,00 m	St	3,500	359,50	410,90	455,90
Grabenbrücke, transportabel, vorhalten	StWo		33,85	41,92	47,68

Besondere Schutzmaßnahmen	**E**	**h**	**von**	**mittel**	**bis**
Fensteröffnung schließen, Folie	m^2	0,350	12,50	20,32	33,34
Fensterschutz, provisorisch, vorhalten	m^2Mt		1,36	1,99	2,72
Deckenöffnung behelfsmäßig umwehren	m	0,250	14,69	19,28	24,49
Geländer, provisorisch	m		12,58	15,62	20,75
Deckenöffnung abdecken	m^2	0,350	19,95	24,23	29,12
Deckenöffnungsabdeckung, provisorisch, vorhalten	m^2Mt	0,060	4,09	5,50	7,70
Bautür Metall, 1-flügelig, verschließbar	St	0,500	98,78	182,40	288,50
Bautür Metall, behelfsmäßig, vorhalten	StMt		5,92	8,96	10,48
Staubschutzwand, Folie	m^2	0,350	16,35	23,21	31,96
Staubschutzwand, Folie, vorhalten	m^2Mt		0,67	1,78	2,67
Bauschutzwand, Renovierungsmaßnahmen	m^2	0,800	39,51	55,54	71,26
Bauschutzwand-Tür	St	0,900	56,85	67,60	81,90
Bauschutzwand-Tür, vorhalten	StMt		2,52	3,14	4,40
Staubschutzwand, massiv, 12 cm	m^2	0,500	40,45	48,78	59,05
Staubschutzwand, massiv, vorhalten	m^2Mt		0,67	1,36	2,15
Fensterabdeckung, Folie, Außenfassade	m^2	0,150	6,81	10,22	16,24
Fensterabdeckung, Folie, Außenfassade, vorhalten	m^2Mt		0,44	0,80	1,57
Fensterabdeckung, Folie, Innenwandseite	m^2	0,100	5,66	7,28	9,17
Fensterabdeckung, Folie, Innenwandseite, vorhalten	m^2Mt		0,44	0,80	1,57
Bauteile und Einrichtungsgegenstände, abdecken, Folie	m^2	0,050	2,10	3,14	5,19
Bauteile schützen, Schutzkonstruktion	m^2	0,200	9,45	11,79	14,10
Bauteile zwischenlagern	StWo	0,500	14,88	22,01	27,25

 © SIRADOS 01/24

Fußboden abdecken, Platten	m^2	0,120	4,98	9,38	12,84
Treppenstufe abdecken, Platten	St	0,320	14,46	20,17	23,06
Treppenstufe abdecken, Platten/Folie	St	0,350	16,45	23,06	30,92
Treppenstufen, Abdeckung vorhalten	StMt		1,36	3,41	4,40
Treppengeländerschutz, Hartfaserplatten	m^2	0,270	10,90	15,20	22,01
Treppengeländerschutz vorhalten	m^2Mt		0,67	2,36	4,66
Absturzsicherung, Treppe/Podest	m	0,250	10,27	14,15	16,77
Überdachung, 3-seitig geschlossen	St	4,200	243,20	309,20	414,00
Überdachung vorhalten	StMt		9,38	11,11	13,20
Bauzaun-Zelt, transportabel, 3,50/3,50/2,00 m	St	4,000	249,50	309,20	361,60
Bauzaun-Zelt, transportabel, vorhalten	StWo		9,48	11,21	13,41

Bautreppen	**E**	**h**	**von**	**mittel**	**bis**
Baustellentreppe, Holz/Metall, geradläufig	m	1,200	82,79	105,90	128,90
Baustellentreppe, geradläufig, vorhalten	mWo		4,77	6,71	7,70
Baustellentreppe, Spindel, Metall, gewendelt	m	0,900	77,55	88,03	103,00
Baustellentreppe, Spindel, vorhalten	mWo		5,66	7,60	8,54

Baustellenentrümpelung	**E**	**h**	**von**	**mittel**	**bis**
Kellerraum entrümpeln	m^3	0,900	42,97	53,61	63,98
Dachboden entrümpeln	m^3	1,200	52,82	68,96	83,32
Lagerraum entrümpeln	m^3	0,800	40,87	51,88	68,64
Keller- und Speicherabteile, Holz, entfernen	m^2	0,200	8,75	12,58	15,46
Fernsehgerät abbauen	St	0,150	12,45	15,72	18,90
Haushaltskühlschrank abbauen, entsorgen	St	0,250	21,17	25,99	30,71
Computeranlage abbauen	St	0,350	26,10	34,06	38,25

Ofen/Herd transportabel, abbauen, entsorgen	St	0,700	39,04	49,41	58,74
Möbelstück abbauen	St	0,500	21,48	27,41	36,89
Küchenzeile abbauen	m	1,100	54,60	70,06	82,27
Grundstück entrümpeln	m^3	0,950	60,78	75,98	85,05
Elektroheizstrahler demontieren	St	0,120	5,61	7,86	10,64
Gasherd, transportabel, abbauen	St	0,700	39,82	49,78	65,50
Holzzaun abbrechen	m	0,450	21,06	27,77	33,64
Metallzaun demontieren	m	0,850	35,63	48,21	55,75
Zaunzarge, Beton, abbrechen	m	0,600	27,77	35,63	43,13
Betonpfosten abbrechen, Länge bis 2,00 m	St	1,150	51,35	60,26	65,50
Torbogen abbrechen	m^3	3,500	156,20	204,40	246,30
Torpfeiler, Mauerwerk, abbrechen	m^3	3,000	131,00	180,30	210,70
Torpfeiler, Naturstein, abbrechen	m^3	3,400	151,40	193,90	239,80
Sockelmauerwerk abbrechen, Höhe bis 0,60 m	m^3	2,200	89,08	120,60	173,00
Betonstütze für Teppichklopfstange, abbrechen, Länge bis 3,00 m	St	0,950	52,92	64,98	71,26
Teppichklopfstange ausbauen, Länge bis 3,00 m	St	0,180	8,84	11,06	13,65
Schaukelgerüst demontieren	St	2,400	99,56	126,90	155,10
Klettergerüst demontieren	St	2,600	109,00	144,70	173,00
Kinderrutsche, demontieren	St	1,600	65,60	83,84	103,80
Gartenteich ausbauen	St	3,000	127,90	165,60	190,80
Sandkasten ausbauen, 2,00/3,00 m	St	1,700	78,02	91,50	111,10
Fahrradständer, Beton, abbrechen, 1,00/0,60 m	St	3,000	127,40	163,50	196,50
Gartenbank, Metallguss, abbrechen, Länge bis 1,80 m	St	0,600	31,65	40,87	47,79
Gartenbank, Sitz-/Rückenteil, Beton, abbrechen	St	0,650	35,65	45,54	55,35
Sichtschutz, Holz, ausbauen	m^2	0,600	27,46	35,16	40,87

 © SIRADOS 01/24

Rankelement, Holz, ausbauen	St	0,450	17,61	27,25	32,49
Pflanztrog, Holz, 6-eckig, abbauen	St	0,150	8,86	12,58	14,67
Pflanztrog, Holz, rechteckig, abbauen	St	0,150	8,54	12,58	14,67
Frühbeet ausbauen	m	0,250	16,24	19,91	24,63
Rankgitter, halbrund, Holz, ausbauen	St	0,200	11,69	15,98	19,96
Rankgitter, freistehend, Metall, abbrechen, Länge bis 4,00 m	St	1,250	55,54	72,31	82,79
Rankgitter abbrechen, Länge bis 5,00 m	St	1,400	53,45	72,84	85,94
Palisaden, Holz, ausbauen	m	0,080	3,98	5,19	7,28
Palisaden, Beton, ausbauen	m	0,100	4,45	6,45	8,23
Kletterturm mit Rutsche, ausbauen	m	0,800	34,06	48,21	57,64
Gewächshaus, Kunststoff, ausbauen	St	1,300	56,59	79,65	96,42
Lichtmast, Metall, abbrechen, Länge bis 5,00 m	St	1,700	71,79	102,70	131,00
Lichtmast, Beton, abbrechen, Länge bis 6,00 m	St	2,500	126,90	152,00	177,20
Torblatt, Holz, ausbauen, 2,00/3,00 m	St	1,600	64,98	82,79	99,56
Einfahrttor Holz/Metall, ausbauen, 3,50/4,00 m	St	2,800	131,00	169,80	206,40
Gartentür, Metall, 1,20/1,50 m, ausbauen	St	1,600	64,14	83,58	105,90
Einzelbriefkasten demontieren	St	0,150	6,71	9,43	11,53
Briefkasten-/Sprechanlage, freistehend, ausbauen	St	0,400	18,97	25,41	30,92
Briefkasten-/Sprechanlage, in Hauswand, ausbauen	St	0,800	33,22	48,21	60,78
Natursteinpflaster (Kleinpflaster), ausbauen	m^2	0,350	13,62	17,55	20,91
Natursteinpflaster (Großpflaster), ausbauen	m^2	0,320	13,62	16,51	19,39
Gehwegplatten, Beton, ausbauen	m^2	0,080	4,30	5,55	7,86
Bitumenbelag und Tragschicht aufbrechen	m^2	0,400	18,00	23,06	28,05
Rasengitterplatten, 0,60/0,40 m, ausbauen	m^2	0,550	20,96	29,34	35,63
Rasengitterplatten, 0,30/0,30 m, ausbauen	m^2	0,400	16,45	23,58	29,34

Palisaden, Betonrundpfähle, ausbauen	St	0,080	4,35	5,34	6,50
Randeinfassungsplatten, Beton/Naturstein, ausbauen	m	0,070	3,14	4,40	5,29
Pflanztröge, Beton, ausbauen	St	0,180	7,92	9,96	12,35

Einhausung von Figuren	**E**	**h**	**von**	**mittel**	**bis**
Kantholz, Einhausung, liefern, abbinden, aufstellen	m	0,200	30,39	36,89	43,39
Flächenbauteile, Einhausung	m^2	0,450	27,25	33,80	39,30
Schlupftür, Einhausung, 1,00/2,00 m	St	1,600	82,27	106,90	123,70
Einhausungsbauteile abbauen	m^2	0,800	29,34	35,63	40,35

Bautrocknung	**E**	**h**	**von**	**mittel**	**bis**
Trocknung, Infrarotplatten, Ziegelwand	h	0,350	17,92	23,06	25,68
Trocknung, Infrarotplatten, Betonwand	h	0,330	18,34	22,01	25,68
Trocknung, Infrarotplatten, Decke	h	0,450	22,53	27,25	30,50

Bauschuttbeseitigung	**E**	**h**	**von**	**mittel**	**bis**
Bauschutt kontaminiert, zwischenlagern	m^3	1,900	72,31	120,60	146,80
Abfallsammelplatz	St	30,000	1.871,00	2.411,00	2.902,00
Abfallsammelplatz vorhalten	StMt	6,000	225,40	288,20	330,20
Abfallsammelplatz, im Baustellenbereich umsetzen	St	39,000	1.945,00	2.516,00	2.987,00
Abfallsammelplatz räumen	St	25,000	1.415,00	1.693,00	2.207,00
Bauschuttrutsche aufstellen und beseitigen	m	0,400	26,20	29,34	34,58
Bauschuttrutsche vorhalten	mMt		2,52	3,46	4,40
Absetzcontainer aufstellen, 6 m^3	St		61,69	70,44	79,30
Absetzcontainer aufstellen, 7 m^3	St		88,57	182,40	328,30
Absetzcontainer aufstellen, 10 m^3	St		90,65	187,60	338,70

 © SIRADOS 01/24

Absetzcontainer entleeren	St	62,94	77,21	88,88
Abrollcontainer aufstellen, 15 m^3	St	68,88	82,63	98,16
Abrollcontainer aufstellen, 36 m^3	St	93,78	192,80	234,50
Abrollcontainer entleeren	St	73,57	90,65	111,50
Umleerbehälter Abfall aufstellen, 2,5 m^3	St	53,14	60,85	69,08
Umleerbehälter Abfall aufstellen, 5 m^3	St	53,87	63,04	71,17
Umleerbehälter entleeren	St	57,41	66,48	75,65
Presscontainer aufstellen, 10 m^3	St	63,25	74,50	88,47
Presscontainer aufstellen, 20 m^3	St	66,48	79,50	95,66
Presscontainer entleeren	St	68,88	80,96	96,80
Holz mit schädlichen Verunreinigungen	t	101,00	122,50	168,70
Sperrmüll	t	184,00	207,90	222,80
Gemischte Bau- und Abbruchabfälle	t	255,30	315,60	391,80

Stand-/Flächen-/Fassadengerüste	E	h	von	mittel	bis
Fassadengerüst, Lastklasse 3, W06/2,50 m	m^2	0,140	6,44	7,77	8,49
Fassadengerüst, Lastklasse 4, W09/2,50 m	m^2	0,150	6,46	8,00	9,76
Fassadengerüst, Mauergerüst, Lastklasse 5, W09/2,50 m	m^2	0,170	8,52	9,37	10,74
Fassadengerüst, Mauergerüst, Lastklasse 6, W09/2,50 m	m^2	0,180	8,01	9,81	10,78
Fassadengerüst, Gebrauchsüberlassung	m^2Wo		0,25	0,29	0,32
Gerüstträger für Durchfahrt einbauen	m	0,400	22,18	25,26	29,20
Gerüstträger für Durchfahrt, Gebrauchsüberlassung	mWo		1,06	1,23	1,90
Innengerüst, Metallgerüst, Lastklasse 3	m^2	0,150	6,05	7,72	9,21
Innengerüst, Metallgerüst, Lastklasse 4	m^2	0,180	7,53	9,48	11,35
Innengerüst, Metallgerüst, Lastklasse 5	m^2	0,190	8,07	9,97	12,40
Innengerüst, Metallgerüst, Lastklasse 6	m^2	0,210	9,41	11,12	12,09
Innengerüst, Gebrauchsüberlassung	m^2Wo		0,24	0,27	0,39
Innengerüst, Fensternische	St	1,800	108,00	128,60	148,50
Innengerüst, Erker	St	4,800	278,50	313,60	339,60
Erkergerüst, Gebrauchsüberlassung	St		25,11	29,02	33,13
Gerüstverankerung, Dübel, verzinkter Stahl	St	0,100	6,74	8,08	9,21
Gerüstverankerung, Dübel, nicht rostender Stahl	St	0,100	9,00	10,80	12,86
Kunststoffkappe, Dübelloch, nachträglich, einbauen	St	0,021	1,09	1,33	1,66

Raumgerüste	E	h	von	mittel	bis
Raumgerüst, Arbeitsgerüst, Lastklasse 3	m^3	0,150	6,62	8,23	9,99
Raumgerüst, Lastklasse 3, Gebrauchsüberlassung	m^3Wo		0,28	0,33	0,58

Raumgerüst, Lastklasse 5, Treppenhäuser	m^3	0,250	11,30	13,33	14,82
Raumgerüst, Lastklasse 5, Treppenhäuser, Verlängerung	m^3Wo		0,40	0,42	0,53

Gerüstaufgänge	E	h	von	mittel	bis
Leiteraufgang, innen, Gerüst	St	0,300	15,90	19,40	22,64
Leiteraufgang, Gebrauchsüberlassung	StWo		1,48	1,85	2,42
Treppenturm, vorgebaut, 0,75-1,00 m	m	1,800	88,41	129,40	173,90
Treppenturm, vorgebaut, Gebrauchsüberlassung	mWo		3,15	5,04	7,19

Ausleger-/Bügel-/Konsol-/Fanggerüste	E	h	von	mittel	bis
Dachfanggerüst an Fassadengerüst, 0,50 m	m	0,150	7,24	10,19	14,59
Dachfanggerüst mit Leiteraufgängen	m^2	0,220	12,14	14,20	16,16
Dachfanggerüst, Gebrauchsüberlassung	mWo		0,38	0,48	0,68
Hängegerüst Sanierung, Lastklasse 2	m	0,160	7,20	8,90	10,70
Hängegerüst Sanierung, Lastklasse 3	m	0,200	9,15	11,47	13,43
Hängegerüst, Lastklasse 2/Lastklasse 3, Gebrauchsüberlassung	mWo		0,52	0,66	0,91
Hängegerüst, hohe Bauteile	m^2	2,200	95,65	125,30	154,00

Fahrbare Standgerüste	E	h	von	mittel	bis
Fahrbares Gerüst, Lastklasse 3	St	2,000	213,00	267,60	332,40
Fahrbares Gerüst, Gebrauchsüberlassung	StWo		55,26	65,44	80,06
Systemgerüst, fahrbar, Arbeitslagen	m^2	0,450	22,15	28,63	34,27
Arbeitsbühne, fahrbar, Lastklasse 3	St	2,500	289,20	339,60	410,00

Schutzdächer/Schutzwände	E	h	von	mittel	bis
Schutzdach, Arbeitsgerüst	m	0,370	29,05	35,76	44,10
Schutzdach, bis 1,20 m	m	0,550	36,81	42,19	50,42
Schutzdach, Gebrauchsüberlassung	mWo		0,82	1,30	2,15
Durchgangsrahmen, 2,00 m	m	0,250	13,50	15,43	17,29
Durchgangsrahmen, 2,00 m, Gebrauchsüberlassung	mWo		0,46	0,56	0,67
Absturzsicherung, Innengeländer	m	0,060	2,10	3,65	6,34
Fußgängertunnel, 2,20/1,20 m	m	0,800	38,50	48,75	60,10
Fußgängertunnel, Gebrauchsüberlassung	mWo		2,45	2,85	3,40

Gerüstabdeckungen	E	h	von	mittel	bis
Gerüstbekleidung, armierte Baufolie	m^2	0,070	3,15	4,70	6,99
Gerüstbekleidung, Baufolie, Gebrauchsüberlassung	m^2Wo		0,09	0,17	0,41
Gerüstbekleidung, Kunststofffolie	m^2	0,070	3,25	3,86	4,29
Gerüstbekleidung, Kunststoff, Gebrauchsüberlassung	m^2Wo		0,17	0,21	0,28
Gerüstbekleidung, Kunststoffgitterfolie	m^2	0,070	3,56	4,38	4,99
Gerüstbekleidung, Kunststoffgitterfolie, Gebrauchsüberlassung	m^2Wo		0,33	0,43	0,51
Schutzabdeckung unter Gerüstlagen, Folie	m^2	0,050	2,12	2,52	3,31
Isolierplane, Winterbau	m^2	0,080	3,40	4,85	5,74
Isolierplane, Gebrauchsüberlassung	m^2Wo		0,20	0,28	0,40

Schutzgerüste	E	h	von	mittel	bis
Schutzgerüst, Dach, verschiebbar	m^2	0,470	33,57	38,46	44,06
Schutzgerüst mit Staubschutzplanen	m^2	0,420	23,40	28,81	32,55
Schutzgerüst, Dacharbeiten, Regenschutz	m^2	0,320	15,90	19,81	22,90

 © SIRADOS 01/24

Sonderkonstruktionen	E	h	von	mittel	bis
Gerüstunterbau, Dachaufstandsflächen	m^2	0,150	8,84	13,49	21,78
Gerüstunterbau, geneigte Dachflächen	m^2	0,200	8,39	13,09	18,18
Gerüstunterbau, Treppen, Zulage	m	0,300	10,59	20,28	30,57
Leichtmetallgerüst, Dachaufleger	m^2	0,300	16,80	21,78	25,85
Dachauflegergerüst, Gebrauchsüberlassung	m^2Wo		0,32	0,44	0,66
Auslegerarm, Seilzug	St		48,05	56,14	67,93
Kleingüteraufzug, bis 2 kN	St	9,000	501,50	620,90	723,80
Kleingüteraufzug, bis 2 kN, Gebrauchsüberlassung	StWo		71,23	81,32	100,90

Standgerüste, Bockgerüste	E	h	von	mittel	bis
Bockgerüst, Lastklasse 2, Treppenhaus	m	0,250	11,39	15,98	19,58
Bockgerüst, Lastklasse 2, Belagsbreite/Höhe 1,00/2,00 m	m	0,210	10,39	14,09	16,88

Raumfachwerkknotengerüste	E	h	von	mittel	bis
Fassadengerüst, Raumfachwerkknotengerüst	m^2	1,100	51,68	63,90	72,42
Raumfachwerkknotengerüst, Gebrauchsüberlassung	m^2Wo		1,48	1,85	2,73
Stützgerüst, Raumfachwerkknotengerüst, bis 15,00 m	m^2	2,300	125,00	153,39	178,95
Stützgerüst, Gebrauchsüberlassung, bis 15,00 m	m^2Wo		2,45	3,19	3,65
Stützgerüst, Raumfachwerkknotengerüst, bis 20,00 m	m^2	2,500	142,50	168,29	197,06
Stützgerüst, Gebrauchsüberlassung, bis 20,00 m	m^2Wo		2,26	3,40	3,91
Gerüstträger, BelagsBreite bis 2,00 m	m	4,000	237,35	287,63	335,55
Gerüstträger, Gebrauchsüberlassung	mWo		3,45	4,68	6,20
Innengerüst, Raumfachwerkknotengerüst	m^3	1,100	51,80	63,90	76,68
Innengerüst, Gebrauchsüberlassung	m^3Wo		1,59	1,85	2,52

Sonstige Leistungen	E	h	von	mittel	bis
Gerüstbeleuchtung (St)	St	0,120	25,95	32,37	40,30
Gerüstbeleuchtung, Betrieb (StWo)	StWo		2,85	4,15	10,29
Gerüstbeleuchtung (m)	m		2,40	2,70	3,10
Gerüstbeleuchtung, Gebrauchsüberlassung	mWo		0,17	0,24	0,35
Genehmigungen Flächennutzung	psch		155,40	290,30	492,10
Genehmigungen, Verlängerung	StWo		41,46	56,94	81,82
Gerüstanker entfernen	St	0,200	7,49	9,54	11,49
Gerüst, Löcher schließen	St	0,130	5,69	7,24	9,19
Gerüst, zusätzliche Leitergänge	m	0,150	12,09	15,28	20,68
Gerüst, zusätzliche Leitergänge, Gebrauchsüberlassung	mWo		0,84	1,10	2,05
Freileitungsschutz, Kunststoff	m	0,600	26,20	37,06	44,41
Rammschutz für Gerüste und Abschottungen	m	0,600	27,78	44,50	56,59

302 Erdarbeiten

Baubegleitende Arbeiten	E	h	von	mittel	bis
Fläche freimachen, Kellermauerwerk	m^2	0,100	13,45	18,15	23,05
Wurzelstock entfernen, mit Gerät	St	0,100	29,00	39,15	49,70
Aushub Versorgungsleitung, bis 1,20 m	m^3	2,800	128,20	151,80	178,50
Aushub Anschlussschächte, bis 3,00 m	m^3	3,000	166,60	190,30	220,10
Suchschachtung	m^3	2,500	109,70	133,60	148,80
Schacht, außen, im Erdreich rückbauen	m^3	2,200	136,00	165,40	195,40
Grundleitung, außen, freilegen	m^3	2,500	122,10	136,90	147,50
Ringerder demontieren, entsorgen	m	0,070	3,29	4,05	4,67
Versorgungsleitung im Fundament trennen	St	1,200	67,70	88,90	106,60
Pflaster entfernen, neu verlegen	m^2	1,900	94,25	116,60	133,50

Freilegen Fundamente	E	h	von	mittel	bis
Fundament, innen, freilegen	m^3	2,600	119,00	150,10	183,90
Erdaushub, Freilegen von Einzelfundamenten	m^3	0,450	37,00	45,90	54,80
Fundament, außen, freilegen	m^3	0,350	62,95	75,25	87,45
Fundament innen, freilegen, Handschachtung	m^3	3,000	135,80	160,80	181,40
Einzelfundament außen, freilegen, Hand-/Maschinenschachtung	m^3	0,500	51,00	61,35	72,45

Kellerboden	E	h	von	mittel	bis
Kellerboden, Ziegel, tiefer legen	m^3	3,250	158,60	190,40	226,70
Kellerboden, Betonplatten, tiefer legen	m^3	3,000	141,40	174,10	208,80
Kellerboden, Beton, tiefer legen	m^3	5,000	238,30	290,90	327,20

Kellerboden, Natur-/Kunststein, tiefer legen	m^3	4,500	212,50	257,40	306,90
Kellerboden, Kies mit Ziegelbrocken	m^3	3,000	144,50	178,20	211,30
Verfüllen, innen, Lieferkies	m^3	1,750	80,55	95,65	104,70
Bodenaustausch, innen, Kies, 15 cm	m^2	1,000	52,70	65,80	76,50
Bodenaustausch, innen, Kies, 30 cm	m^2	2,000	110,10	130,90	151,50

Erdberührte Bauteile	**E**	**h**	**von**	**mittel**	**bis**
Schürfgrube, Außenwand	m^3	0,350	32,50	40,20	44,50
Außenmauerwerk, KG außen, freilegen	m^3	0,250	29,25	34,45	39,30
Bodenaushub verfüllen	m^3	0,350	39,55	47,85	56,05
Außen-Mauerwerk Keller freilegen, verfüllen	m^3	0,500	50,20	61,45	78,00
Bodenaushub um Kelleraußenwände	m^3	3,500	149,50	179,60	208,10
Sockel freilegen, AushubTiefe 50 cm	m	1,400	57,45	71,85	86,90
Anschlussleitungen freilegen, seitlich lagern, Wiederverfüllung	m^3	2,300	99,15	117,80	130,70
Erdaushub, seitlich lagern, bis 50 m, von Hand	m^3	2,600	108,10	132,30	153,20
KG-Wand hinterfüllen, Lagermaterial	m^3	0,500	25,30	29,15	31,70
KG-Wand hinterfüllen, Filterkies	m^3	0,500	59,25	70,15	82,35

Bodenaushub innen	**E**	**h**	**von**	**mittel**	**bis**
Bodenaushub, Schacht, innen	m^3	3,250	113,90	216,80	278,70
Bodenaushub, Grundleitung, innen, bis 1,75 m	m^3	3,500	176,50	205,00	233,10
Bodenaushub, Unterfangung, innen	m^3	2,500	159,30	186,30	223,00
Erdaushub, Boden, Handschachtung, grobkörnig, gemischtkörnig	m^3	1,700	71,60	86,30	97,80

Erdaushub, Boden, Handschachtung, feinkörnig, schwer lösbarer Boden	m^3	2,900	122,60	148,40	172,60
Baugrube verfüllen, Handarbeit	m^3	1,100	49,65	60,60	68,10
Abschnittweises Arbeiten, Unterfangung	m^3	3,000	115,60	155,40	188,20

Erschwernisse	**E**	**h**	**von**	**mittel**	**bis**
Hindernis, Mauerwerk, im Boden, abbrechen	m^3	1,400	95,95	116,30	145,40
Hindernis, unbewehrter Beton, im Boden, abbrechen	m^3	1,700	87,35	127,70	161,70
Hindernis, bewehrter Beton, im Boden, abbrechen	m^3	1,900	112,40	156,90	194,50
Hindernis, Einzelsteine, im Boden, abbrechen, lagern	m^3	1,500	93,50	114,00	150,00
Hindernis, Stahl, im Boden, demontieren	t	5,000	209,00	260,60	305,10
Rohrgraben, Mauerwerkshindernisse	m^3	1,700	115,50	138,10	171,70
Rohrgraben, Stahlbetonhindernisse	m^3	3,000	184,10	224,50	268,40

Sonstige Leistungen	**E**	**h**	**von**	**mittel**	**bis**
Schutzrohr, Baugrube	m	0,200	18,25	22,55	27,05

Entsorgung	**E**	**h**	**von**	**mittel**	**bis**
Entsorgung Boden EPP Z 0	t		5,97	7,06	8,22
Entsorgung Boden EPP Z 1.1	t		13,00	14,65	16,80
Entsorgung Boden EPP Z 1.2	t		22,20	26,80	30,85
Entsorgung Boden EPP Z 2	t		31,45	34,40	38,40
Entsorgung Boden DepV DK 0	t		22,05	24,40	28,65
Entsorgung Boden DepV DK I	t		45,95	52,65	60,65
Entsorgung Boden DepV DK II	t		53,35	60,90	71,35
Entsorgung Boden DepV DK III	t		70,65	82,85	96,25

Entsorgung Beton EPP Z 0, RC-Leitfaden RW 1	t	11,60	13,40	16,10
Entsorgung Beton EPP Z 1.1, RC-Leitfaden RW 1	t	11,60	13,40	16,10
Entsorgung Beton EPP Z 1.2, RC-Leitfaden RW 2	t	26,55	30,45	34,85
Entsorgung Beton EPP Z 2, RC-Leitfaden RW 2	t	32,05	36,55	42,55
Entsorgung Beton, Bauschutt DepV DK 0	t	22,85	25,60	29,95
Entsorgung Beton, Bauschutt DepV DK I	t	44,10	52,30	59,70
Entsorgung Beton, Bauschutt DepV DK II	t	50,05	58,75	65,55
Entsorgung Beton, Bauschutt DepV DK III	t	69,10	84,05	100,30

© SIRADOS 01/24

303 Landschaftsbauarbeiten

Demontage/Rückbau	E	h	von	mittel	bis
Maschendrahtzaun, 1,00 m, abbrechen	m	0,150	9,52	12,55	15,55
Maschendrahtzaun, 1,00 m, ohne Stützen, abbrechen	m	0,100	5,58	7,41	9,10
Zaun, Schmiedeeisen, 1,30 m, ohne Stützen, abbrechen	m	0,160	10,15	12,55	15,35
Maschendrahtzaun, 2,50 m, abbrechen	m	0,250	14,65	17,50	20,70
Holzzaun, Beton-/Stahlpfosten, abbrechen	m	0,800	44,50	54,05	62,00
Stahlzaunstütze ausbauen	St	0,700	39,50	47,90	53,15
Betonquadrat- und Rechtecksteine ausbauen	m^2	0,350	17,80	21,50	25,00
Rasengittersteine ausbauen	m^2	0,250	12,05	13,90	16,60
Beton-Zaunpfahl, 2,50 m, abbrechen	St	0,900	46,55	57,90	69,75
Zarge aus Mauerwerk, 24 cm, ausbauen	m	0,500	32,45	37,05	42,10
Zarge aus Mauerwerk, 36,5 cm, ausbauen	m	0,550	30,80	38,25	45,85
Kinderrutsche abbauen	m	2,500	151,50	189,00	216,80
Klettergerüst, gerade, abbauen	m	1,150	71,10	86,60	104,00
Klettergerüst, schräg, abbauen	m^2	1,500	88,40	106,00	121,90
Holz-Klettergerüst demontieren, entsorgen	St	3,300	229,70	283,90	336,30
Kettenschaukel abbauen	m	1,100	75,55	89,45	108,30
Doppelschaukel demontieren	St	2,500	168,10	197,10	234,00
Blumentrog Stahlbeton, entsorgen	St	1,100	79,00	98,25	117,00
Fahrradbügelständer entsorgen	St	0,500	36,00	45,80	52,05
Außentreppenstufen, Beton, abbrechen	St	1,900	110,60	137,20	160,30
Grillkamin, transportabel, abbrechen	St	2,200	122,20	151,90	173,80
Sandkasten abbauen	m^2	1,300	79,80	98,35	118,00

Carport abbrechen	m²	4,800	269,30	335,10	372,40
Kletterpflanzen, Fassadenflächen, entfernen	m²	0,170	7,56	9,68	12,00
Pflanzkübel entfernen	St	0,280	17,55	21,50	24,70
Mülltonnen-Stellplatz abbrechen	m²	2,100	108,90	131,00	147,10
Stützmauer abbrechen, entsorgen, 30 cm	m	0,350	17,70	21,15	25,40
Stützmauer abbrechen, entsorgen, 50 cm	m	0,500	22,95	30,45	37,95

Instandsetzung/Außenanlagen	**E**	**h**	**von**	**mittel**	**bis**
Grünflächenerneuerung	m²	0,350	16,85	20,85	23,65
Rasenfläche ausbessern	m²	0,350	20,15	25,50	31,20
Rasensoden seitlich lagern	m²	0,150	5,68	7,48	8,51
Rasensoden, seitlich gelagert, einbauen	m²	0,170	7,16	8,97	10,80
Rasenansaat, Regeneration	m²	0,030	1,43	1,89	2,34
Sportrasenfläche erneuern	m²	0,160	20,25	24,45	30,20
Bodendecker ersetzen	St	0,100	9,30	11,35	14,10
Rasenfläche abwalzen	m²	0,200	8,58	10,65	13,10
Holzzaun/Betonpfosten seitlich lagern	m	1,000	42,05	51,20	61,45
Maschendrahtzaun seitlich lagern	m	0,200	7,19	9,38	11,10
Holzzaun, ab-/aufbauen	m	1,400	56,80	70,70	84,80
Maschendrahtzaun, ab-/aufbauen	m	1,000	41,60	49,80	59,75
Schmiedeeisenzaun, ab-/aufbauen	m	2,100	87,35	106,40	127,40
Zaunpfosten, Beton, erneuern	St	0,900	61,95	75,55	86,45
Zaunpfosten, Stahlrohr, erneuern	St	0,900	85,15	96,40	111,80
Bodenzarge Beton-/Naturstein ausrichten	m	1,300	64,40	75,95	86,20
Maschendrahtzaun nachspannen	m²	0,250	9,31	11,80	14,30
Strauch mit Wurzelballen ausgraben, seitlich lagern	St	0,650	26,05	30,50	35,25

 © SIRADOS 01/24

Holzlatten von Gartenbänken erneuern	m	0,170	12,55	14,35	16,95
Holzbohlen von Gartenbänken erneuern	m	0,250	21,75	26,55	31,00
Gartenbank erneuern, 2,00 m	St	0,900	210,00	248,00	290,00
Palisade, Rundholz, erneuern	St	0,230	16,30	18,50	21,50
Rindenmulch, Spielplatz, 25 cm	m^2	0,180	12,90	16,45	19,70
Rasengitterplatten, Beton, erneuern	m	0,230	18,75	21,60	25,80
Pflanztrog, Beton, Böschungsbefestigung erneuern	St	0,200	17,35	20,15	22,75
L-Stein einbauen, Böschungssicherung	m	0,900	84,90	105,40	126,60
U-Stein einbauen, Böschungssicherung	m	0,800	98,30	118,20	132,10

Zäune, Mauern, Palisaden, Poller	**E**	**h**	**von**	**mittel**	**bis**
Maschendrahtzaun aufrollen, lagern	m	0,400	15,05	18,90	22,15
Maschendrahtzaun verspannen, lagernd	m	0,480	22,75	28,50	33,20
Zaunpfosten versetzen, Stahl	St	1,700	82,90	98,00	117,50

309 Entwässerungskanalarbeiten

Demontage/Abbruch	E	h	von	mittel	bis
Abwassergrundleitung entfernen, DN 100-150	m	0,250	20,40	23,10	26,00
Abwassergrundleitung entfernen, DN 200	m	0,350	25,60	29,00	31,30
Abwassergrundleitung entfernen, bis DN 300	m	0,500	35,80	40,30	44,20
Abzweig Steinzeug entfernen, DN 100	m	0,100	9,15	10,40	11,60
Abzweig Steinzeug entfernen, DN 125-150	m	0,150	12,50	13,90	15,40
Abzweig Steinzeug entfernen, DN 200	m	0,200	15,20	17,20	18,70
Abzweig Steinzeug entfernen, DN 250	m	0,250	18,40	20,70	23,00
Schmutzwasserpumpe entfernen	St	2,000	117,50	133,50	149,50
Kellersinkkasten mit Deckel, entfernen, DN 100	St	2,000	99,90	112,00	126,00
Bodenablauf Guss entfernen, DN 70	St	1,000	47,70	55,80	61,00
Bodenablauf Guss entfernen, DN 100	St	1,250	60,30	69,60	76,70
Rückstaukasten Beton entfernen, DN 100	St	1,500	74,30	84,70	95,20
Rückstaukasten Beton entfernen, DN 150	St	1,750	84,70	95,80	110,00
Rückstaudoppelverschluss entfernen, DN 100	St	1,250	62,90	73,60	79,30
Fäkalienhebeanlage entfernen, bis 150 Liter	St	3,000	214,00	245,00	273,00
Revisionsschacht entfernen, DN 1000	St	2,000	324,50	365,50	403,00
Straßenablauf, niedrig, ausbauen, 500/500 mm	St	1,000	56,60	63,90	71,30
Straßenablauf, hoch, ausbauen, 500/500 mm	St	1,500	84,30	96,50	108,50
Sicker- und Dränleitungen entfernen, bis DN 200	St	0,500	49,10	57,10	64,10
Kanal, Klinker, ausbauen, bis DN 1000	m^3	6,000	360,00	403,00	453,50
Straßenablauf Guss, ausbauen	St	2,000	163,50	188,00	213,00
Betonabdeckung ausbauen	St	0,500	43,10	49,30	55,70

 © SIRADOS 01/24

Betonkonus ausbauen	St	0,750	63,10	71,80	79,70
Entwässerungsfertigteilschacht ausbauen	St	4,000	356,50	408,50	451,00
Regenwasserschacht ausbauen	St	3,750	312,50	360,00	406,00
Schutzabdeckung herstellen	St	0,500	40,40	45,80	51,90

Baubegleitende Arbeiten	**E**	**h**	**von**	**mittel**	**bis**
Sickergrube stilllegen, DN 1000	St	4,000	560,50	620,50	691,00
Drei-Kammer-Faulgrube stilllegen	St	8,000	1.263,00	1.426,00	1.611,00
Asphaltbelag, Kanalaufbruch aufnehmen, entsorgen	t	1,000	132,00	150,50	170,00
Kanalaufbruch, Straßenbelag schließen	t	1,000	108,00	129,50	140,50
Asphalt-Beton 0/8, Edelsplitt, B 80, d = 4 cm, Gehweg	t	1,250	139,50	158,00	175,50
Straßenanschlussfuge mit Schmelzband, 10/50 mm	m	0,100	6,35	7,55	8,30
Bindemittel auf Tragschichtoberfläche	m^2	0,020	2,45	2,85	3,25
Schachtabdeckung, Umpflasterung, Betonsteine	m^2	2,000	110,00	127,50	143,00
Schachtabdeckung, Umpflasterung, Natursteine	m^2	1,750	133,00	151,50	185,00

Grundleitungen, außen	**E**	**h**	**von**	**mittel**	**bis**
Grundleitung reinigen, Hochdruck, DN 100-150	m	0,250	17,20	19,80	22,30
Grundleitung sondieren, DN 100-150	m	0,350	27,90	31,80	35,60
Rohrgrabenaushub, Kleinstrecken, 1,50 m	m	1,800	80,50	92,70	105,00
Rohrgrabenaushub, Kleinstrecken, 2,50 m	m	2,500	112,50	130,00	147,50
Abwasserleitung, außerhalb von Gebäuden, freilegen, bindiger Boden	m	4,000	173,00	199,00	227,00
Abwasserleitung außen freilegen, nichtbindiger Boden	m	3,500	156,50	175,00	194,00
Abwasserleitung außen freilegen, Steine	m	5,000	245,50	271,50	296,50

Abwasserleitung, außerhalb von Gebäuden, ausbauen, DN 100-150	m	3,000	143,00	161,00	178,50
Abwasserleitung erneuern, Steinzeug, DN 100	m	0,650	76,30	88,40	102,00
Abwasserleitung erneuern, PVC-U, DN 100	m	0,450	44,10	50,80	57,00
Abwasserleitung erneuern, PP, DN 100	m	0,450	51,10	58,50	66,20
Regenwasserleitung erneuern, Steinzeug, DN 150	m	0,700	82,60	92,90	106,50
Anschluss Standrohr erneuern, DN 100	St	0,850	82,60	94,40	107,00
Anschluss Standrohr erneuern, DN 200	St	1,000	103,00	112,50	127,50
Querungen Abwasserleitung sichern, Träger	St	1,500	89,70	104,00	117,50
Schachtabdeckung anpassen, 800 mm	St	2,500	134,00	157,50	178,50
Schachtabdeckung anpassen, 1200/1200 mm	St	4,000	315,50	356,50	397,00
Kanal, Klinker, DN 100, erneuern	m^3	8,500	503,00	574,00	647,00

Grundleitungen, innen	**E**	**h**	**von**	**mittel**	**bis**
Abwassergrundleitung erneuern, DN 100	m	0,650	47,30	53,00	60,10
Abwassergrundleitung erneuern, DN 150	m	0,700	52,50	60,30	67,20
Rohrleitung freistemmen, Wand, 25 cm	St	0,500	26,50	30,10	33,50
Rohrleitung freistemmen, Wand, 38 cm	St	0,750	38,50	43,80	49,20

Erdberührte Außenwände, Durchführung	**E**	**h**	**von**	**mittel**	**bis**
Durchbruch, Mauerwerk, DN 100-150	St	2,500	192,00	221,50	252,00
Durchbruch, Stahlbeton, DN 100-150	St	3,000	231,50	266,50	297,00
Durchbruch, Stahlbeton, DN 200-350	St	3,500	290,50	331,00	370,50
Rohrdurchführung abdichten, bis DN 150	St	1,000	115,50	131,50	149,00
Rohrdurchführung abdichten, bis DN 350	St	2,000	246,50	284,00	322,50

© SIRADOS 01/24

Anschluss Fallrohre	E	h	von	mittel	bis
Standrohr erneuern, Gusseisen, DN 100	m	1,000	106,50	123,50	140,50
Standrohr erneuern, PVC-U, DN 100	m	0,900	93,70	107,50	120,00

Einbauteile	E	h	von	mittel	bis
Reinigungsrohr erneuern, DN 100	St	0,800	156,50	178,00	202,50
Bodenablauf erneuern, DN 100	St	1,000	261,00	298,00	338,00
Entwässerungsrinne erneuern, DN 100	m	2,000	335,00	384,50	444,00
Verdunstungsrinne erneuern, DN 100	m	1,000	146,50	166,50	185,50
Konus, Beton, erneuern	St	0,500	130,50	150,00	170,00
Schachtabdeckung, rund, erneuern, 750 mm	St	0,500	125,00	145,50	164,50
Schachtabdeckung, rund, tagwasserdicht, erneuern, 1000 mm	St	0,600	169,00	190,00	228,00
Abdeckung, Beton, Ansaugstutzen erneuern	St	0,500	69,20	78,80	90,10
Anti-Klapperring erneuern, 682 mm	St	0,100	18,10	21,40	24,30
Stegrost, einliegend, verzinkt, erneuern, 500 mm	m	0,250	70,20	80,40	94,80
Stegrost, einliegend, verzinkt, erneuern, 1000 mm	m	0,200	76,50	86,60	99,50
Stegrost, einliegend, gesintert, erneuern, 1000 mm	m	0,250	96,30	111,00	125,50
Stegrost, einliegend, Edelstahl, erneuern, 1000 mm	m	0,250	153,00	177,00	201,50
Stegrost, einliegend, Gusseisen, erneuern, 500 mm	m	0,250	60,50	68,60	80,00
Stahlmaschenrost, einliegend, verzinkt, erneuern, 500 mm	m	0,250	74,40	83,60	93,60
Stahlmaschenrost, einliegend, verzinkt, erneuern, 1000 mm	m	0,250	69,50	80,00	89,20
Doppelstegrost, einliegend, verzinkt, erneuern, 500 mm	m	0,250	71,70	79,50	90,60
Doppelstegrost, einliegend, verzinkt, erneuern, 1000 mm	m	0,250	62,10	80,10	94,10
Doppelstegrost, einliegend, Edelstahl, erneuern, 500 mm	m	0,250	175,50	199,50	226,50

Doppelstegrost, einliegend, Edelstahl, erneuern, 1000 mm	m	0,250	155,00	177,00	201,50
Hängeeimer, Straßenablauf, erneuern, D = 385 mm, Höhe 250 mm	St	0,200	20,40	26,50	31,90
Hängeeimer, Straßenablauf, erneuern, D = 385 mm, Höhe 600 mm	St	0,250	26,90	31,20	35,00

Wartung	**E**	**h**	**von**	**mittel**	**bis**
Sickergrube reinigen	St	5,000	596,40	752,50	885,50
Fettabscheider reinigen, bis 2,00 m^3	St	6,000	703,90	900,50	1.065,00
Fettabscheider reinigen, bis 5,00 m^3	St	8,000	1.272,00	1.404,00	1.648,00
Fettabscheider prüfen	St	2,000	580,50	639,00	746,50
Benzinabscheider reinigen, bis 2,00 m^3	St	5,000	448,50	501,00	566,50
Sandfang reinigen, bis 1,00 m^3	St	2,500	297,00	331,00	394,00

© SIRADOS 01/24

310 Dränarbeiten

Dränanlagen	E	h	von	mittel	bis
Dränleitung ausbauen, entsorgen, DN 100	m	0,140	8,05	9,00	10,35
Dränleitung ausbauen, seitlich lagern, DN 100	m	0,180	7,20	8,50	10,10
Aushub, Dränleitung, 40/50 cm	m	0,250	16,75	19,95	22,20
Drängraben, Aushub/Verfüllung, 60/75 cm	m	0,300	23,40	28,55	33,30
Bodeneinbau, Dränleitung	m	0,200	9,15	10,50	11,65
Dränleitung, Teilsickerrohr, PVC-U, C1, DN 100	m	0,120	7,85	9,25	10,15
Dränleitung, Vollsickerrohr, PVC-U, R1, DN 100	m	0,120	9,05	11,15	12,40
Drän-Verbindungsleitung, PVC-U, DN 100	m	0,130	10,75	13,25	15,90
Drän-Verbindungsleitung, PE-HD, DN 100	m	0,130	12,60	16,00	18,25
Dränleitung, PVC-U, Vlies+Kies, DN 100	m	0,250	17,60	22,25	25,25
Drän-Verschlusskappe, Kunststoff, DN 100	St	0,120	11,35	13,10	16,15
Dränleitung, Winkelstück 45°, Kunststoff, DN 100	St	0,100	14,00	18,15	22,20
Dränleitung, Winkelstück 90°, Kunststoff, DN 100	St	0,100	15,20	19,05	21,15
Dränleitung, Verbindungsstück, Kunststoff, DN 100	St	0,100	13,90	18,10	20,70
Drän-Kontrollschacht, PVC, ohne Sandfang, DN 300 bis 315	St	0,850	187,00	246,00	283,00
Drän-Kontrollschacht, PVC, mit Sandfang, DN 300 bis 315	St	0,850	201,00	265,00	303,00
Profildichtung, Kontrollschachtdeckel	St	0,100	15,10	19,25	23,25
Drän-Kontrollrohrverlängerung, NutzHöhe 1,10 m, DN 300	St	0,600	49,50	68,50	79,00
Dränleitung-Reduzierstück, Kunststoff, DN 200/100	St	0,150	11,70	14,25	15,90
Sickerleitung, DN 100	m	0,220	18,30	22,25	24,85
Dränage-Kontrollschacht, SchachtTiefe 2,30 m, DN 1000	St	2,200	1.593,00	1.995,00	2.456,00

Dränleitungsanschluss, Vorfluter/Kanal	St	0,900	149,00	198,00	239,80
Dränschicht, Kies 8/16, Geotextil für Leitungen	m	0,200	13,80	17,35	21,45
Filterschicht, Geotextil, unter Spritzschutz	m	0,120	8,90	9,95	11,15
Spritzschutz, Kies 32/63	m	0,220	13,60	16,15	17,55

Wartungsarbeiten	**E**	**h**	**von**	**mittel**	**bis**
Dränleitungen spülen	m	0,110	5,14	6,45	7,87

© SIRADOS 01/24

311 Abscheider- und Kleinkläranlagen

Leichtflüssigkeitsabscheider	E	h	von	mittel	bis
Koaleszenzabscheider, Beton, ausbauen, bis 2 t	St	2,550	189,60	234,20	280,60
Koaleszenzabscheider, Beton, ausbauen, bis 3 t	St	2,700	198,90	244,50	285,00
Koaleszenzabscheider, Beton, ausbauen, bis 6 t	St	3,300	240,00	289,20	345,30
Koaleszenzabscheider, Beton, ausbauen, bis 9 t	St	3,400	256,00	318,20	380,90
Koaleszenzabscheider, Beton, ausbauen, bis 12 t	St	4,000	314,70	362,60	435,10
Koaleszenzabscheider, Guss, ausbauen, bis 0,5 t	St	2,000	143,20	177,70	211,10
Koaleszenzabscheider, Guss, ausbauen, bis 1 t	St	3,200	208,60	257,00	304,50

Fettabscheider	E	h	von	mittel	bis
Fettabscheider, Beton, ausbauen, bis 3 t	St	2,700	210,20	250,60	300,20
Fettabscheider, Beton, ausbauen, bis 6 t	St	3,000	232,20	284,90	337,10
Fettabscheider, Beton, ausbauen, bis 9 t	St	3,400	260,20	324,00	387,70
Fettabscheider, Beton, ausbauen, 10-13 t	St	4,000	311,60	383,80	458,40
Fettabscheideranlagen, Kunststoff, ausbauen, bis 0,2 t	St	2,200	144,70	180,80	214,20
Fettabscheideranlagen, Kunststoff, ausbauen, bis 0,4 t	St	2,600	179,20	223,10	265,40

Schlammfang/Sandfang	E	h	von	mittel	bis
Schlammfang, Beton, ausbauen, bis 3 t	St	2,700	157,60	196,60	233,00
Schlammfang, Beton, ausbauen, bis 6 t	St	3,000	175,80	216,30	255,30
Schlammfang, Beton, ausbauen, bis 9 t	St	3,500	198,40	245,80	293,80
Schlammfang, Beton, ausbauen, bis 12 t	St	6,100	325,20	404,00	478,20
Schlammfang, Beton, ausbauen, bis 15 t	St	6,700	361,30	441,20	514,10

Probenahmeschacht	E	h	von	mittel	bis
Probenahmeschacht, Beton, ausbauen, bis 2 t	St	2,600	141,60	176,10	210,60
Probenahmeschacht, Beton, ausbauen, bis 4 t	St	3,300	178,00	220,80	264,70
Probenahmeschacht, Kunststoff, ausbauen, 0,2 t	St	0,750	42,90	53,15	63,30

Kleinkläranlagen	E	h	von	mittel	bis
Kleinkläranlage ausbauen, bis 4 t	St	2,800	224,10	275,60	328,10
Kleinkläranlage ausbauen, bis 6 t	St	3,000	264,10	329,70	389,00
Kleinkläranlage ausbauen, bis 9 t	St	3,400	294,70	366,80	434,60
Kleinkläranlage ausbauen, bis 12 t	St	4,200	351,20	436,80	516,60

Wartung Abscheider und Kläranlagen	E	h	von	mittel	bis
Abscheideranlage entleeren, spülen	m^3	0,500	35,70	44,40	52,90
Kleinkläranlage entleeren, spülen, Rauminhalt 5 m^3	m^3	0,600	44,30	54,80	65,20
Kleinkläranlage entleeren, spülen, Rauminhalt 12 m^3	m^3	0,800	58,95	73,00	86,40

 © SIRADOS 01/24

312 Mauerarbeiten

13121 Renovierung, Instandsetzung

Vorbereitende Arbeiten – reinigen	E	h	von	mittel	bis
Bodenflächen abdecken, Milchtütenpapier	m^2	0,095	5,16	6,35	7,73
Treppenflächen abdecken, Milchtütenpapier	m^2	0,200	11,50	14,60	20,30
Abdeckung Bodenfläche, Malerabdeckvlies	m^2	0,033	2,90	3,45	4,25
Bodenbelag, Ziegel, ausbauen, reinig., seitlich lagern, wieder verw., Keller	m^2	0,500	24,80	30,10	36,60
Bodenbelag, Klinker, ausbauen, reinig., seitlich lagern, wieder verw., Keller	m^2	0,500	21,40	28,40	34,10
Bodenbelag, Ziegel, reinigen	m^2	0,250	10,90	13,20	15,70
Bodenbelag, Spaltklinkerplatten, reinigen	m^2	0,230	10,00	12,00	15,00
Bodenbelag, Naturstein, reinigen	m^2	0,280	11,30	14,70	18,20
Bodenbelag, Kunststein, Terrazzo, reinigen	m^2	0,370	16,80	21,30	24,50
Bodenbelag, reinigen, Fliesen	m^2	0,250	13,80	16,10	20,10
Fassade reinigen, Ziegel	m^2	0,080	4,90	6,20	7,70
Fassade reinigen, Klinker	m^2	0,200	10,40	13,00	15,20
Fassade reinigen, Paste, Verblendmauerwerk, Ziegel/Klinker	m^2	0,300	21,10	26,70	33,40
Fassade reinigen, Druckwasserstrahlen, Klinker	m^2	0,150	8,60	11,10	13,70
Fassade reinigen, Druckwasserstrahlen, Naturstein	m^2	0,108	5,85	7,80	9,75
Fassade reinigen, Trockenstrahlen, Naturstein	m^2	0,300	18,20	24,10	28,00
Fassade, Ausblühungen entfernen, Putz	m^2	0,800	59,90	67,90	75,80

Demontage	E	h	von	mittel	bis
Abstemmen, begradigen Gesims	m	0,400	19,40	23,90	30,00
Abstemmen, Mauerwerksschicht auskragend, Fassade	m	0,600	26,60	34,10	40,50
Abstemmen, Fensterbank auskragend	m	0,220	10,90	12,90	14,90
Abstemmen, Mauerwerk unter Fensterbank	m	0,100	5,25	6,25	7,35
Leibung für Fenster, nachträglich	m	0,073	3,70	4,70	5,40
Ziegelpflaster ausbauen, Außenbereich	m^2	0,300	17,80	21,60	24,80
Rollladen-Gurtwickler ausbauen	St	0,250	13,00	16,00	19,80
Trennwand, HWL-Platte, abbrechen, 12 cm	m^2	0,240	13,80	16,40	19,80
Gewände, Naturstein, ausbauen	m	0,650	34,00	41,60	52,00
Schlussstein ausbauen	m	1,500	70,00	82,30	90,10
Gesims, Naturstein auskragend, ausbauen	m	0,800	39,60	49,50	59,60
Kugel, Naturstein, $d \leq 30$ cm, ausbauen	m	0,550	28,90	33,50	41,50
Fenstergitter, Metall, ausbauen	m^2	0,350	19,60	24,50	29,65
Fensterbank, Metall, ausbauen	m	0,180	9,90	13,20	15,70
Schacht gemauert, Keller, ausbauen, entsorgen	m^3	2,500	122,50	152,50	177,50
Schachtabdeckung, Stahlblech, ausbauen	m^2	0,750	42,60	52,40	61,10
Schachtabdeckung, Beton, ausbauen	m^2	0,700	39,70	46,20	53,00
Lichtschachtgitter mit Rahmen, $< 1{,}0\ m^2$ ausbauen, entsorgen	St	0,250	12,60	16,80	21,00
Lichtgitterrost ausbauen, Höhe 25 mm	m^2	0,100	5,05	6,60	7,65
Fußabstreifer mit Bodenwanne ausbauen, $< 0{,}5\ m^2$	St	0,470	25,60	32,70	37,00
Zählerkasten ausbauen	St	0,700	35,00	43,70	51,40
Klingel-/Wechselsprechanlage ausbauen	St	0,350	21,90	26,10	32,70
Elt-Unterverteilung ausbauen	St	0,354	19,80	25,40	31,70

 © SIRADOS 01/24

Abbrucharbeiten allgemein	E	h	von	mittel	bis
Fachwerksausfachung, Lehmstakenfüllung, abbrechen	m^2	0,450	21,90	27,00	33,70
Fachwerkausfachung, Mauerwerk, abbrechen	m^2	0,550	25,70	33,30	37,60
Fachwerkausfachung, Mauerwerk, abbrechen, lagern	m^2	0,650	27,80	35,60	43,25
Kachelofen abbrechen	St	2,000	122,50	149,00	186,00
Dauerbrandofen, transportabel, ausbauen und entsorgen	St	1,000	61,90	82,50	95,60
Küchenofen, gemauert, ausbauen und entsorgen	St	1,300	102,00	123,00	148,00
Kachelofenschachtheizung abbrechen	St	2,200	139,50	173,00	209,50
Wärmeaustrittsöffnung, Kachelofen, abbrechen	St	0,920	48,10	58,10	70,90
Waschkessel, gemauert, abbrechen	St	1,600	124,00	145,50	172,50
Lüftungsziegel ausbauen	St	0,220	9,60	12,50	15,70
Weinregalziegel ausbauen	St	0,110	5,15	6,75	8,40
Winkelziegel, 45°, ausbauen	St	0,080	4,30	5,25	5,90
Winkelziegel, 90°, ausbauen	St	0,081	3,95	5,25	6,55
Gesimsziegel abgeschrägt, ausbauen	St	0,081	4,30	5,20	6,50
Gesimsziegel, Hohlkehle, Klinker, ausbauen	m	0,500	23,40	27,90	33,90
Handlaufziegel, Klinker, ausbauen	St	0,090	4,60	5,90	7,35
Leibungsziegel, Klinker, Rundstab, ausbauen	St	0,120	5,20	6,95	8,30
Mauerabdeckung, Rundbogen, Klinker, ausbauen	St	0,170	8,10	10,20	12,70
Mauerabdeckung, Klinker, Dachform flach, ausbauen	St	0,180	8,45	10,40	13,00
Ziegelblenden ausbauen, d = 6 cm	m	0,360	17,00	22,60	27,00
Schalungsplanziegel ausbauen, 49,7/23,8/24 cm	m	0,400	18,00	22,90	28,60
Einzelfundamente abbrechen und entsorgen	m^2	1,000	86,70	95,30	100,50
Fensterbrüstung abbrechen und entsorgen, d = 28-53 cm	m^2	1,700	90,80	108,00	127,50
Mauerkronen abräumen	m^2	2,200	98,90	132,00	165,00

Kellerboden, Ziegelstein, abbrechen	m^2	0,350	20,10	26,60	33,20
Gerätesockel abbrechen	m^2	1,700	107,00	125,00	138,50
Treppenstufe gemauert, abbrechen	m	0,550	27,40	34,40	39,50

Abbruch Außenwände, Natursteinmauern	**E**	**h**	**von**	**mittel**	**bis**
Ziegelmauerwerk abbrechen, entsorgen, Sockel, 25-45 cm	m^2	1,200	71,90	84,60	102,00
Natursteinmauerwerk abbrechen, entsorgen, Bruchstein, bis 80 cm	m^3	2,200	136,00	164,50	200,50
Natursteinmauerwerk abbrechen, seitlich lagern für Wiederverwendung Feldstein, bis 80 cm	m^3	3,200	149,50	184,00	213,00
Natursteinmauerwerk abbrechen, seitlich lagern für Wiederverwendung, < 45 cm	m^3	2,200	137,00	165,50	207,00
Natursteinmauerwerk abbrechen, seitlich lagern, < 80 cm	m^3	3,200	155,50	180,00	224,50
Lehmstampfbauwand abbrechen, entsorgen, bis 40 cm	m^2	0,800	45,70	53,60	60,10
Kalkstampfbauwand abbrechen, entsorgen, bis 40 cm	m^2	0,800	46,50	54,90	64,60
Schlackenbetonsteinwand abbrechen, entsorgen	m^2	0,900	51,00	62,80	77,50
Außenwand abbrechen, entsorgen, Ziegel, 2-seitig verputzt, < 30 cm, Keller	m^3	1,100	60,30	80,40	100,50
Außenwand abbrechen, alte Formate, seitlich lagern für Wiederverwendung, < 50 cm	m^3	2,600	128,00	157,50	175,00
Außenwand abbrechen, entsorgen, Ziegel, Kleinflächen bis 24 cm	m^2	0,700	36,50	44,50	52,20
Außenwand abbrechen, entsorgen, Ziegel, verputzt, 38 cm	m^2	0,750	42,10	50,10	60,80
Außenwand abbrechen, entsorgen, Ziegel, verputzt, < 40 cm	m^3	1,350	91,70	111,00	131,00

 © SIRADOS 01/24

Außenwand abbrechen, entsorgen, Ziegel, verputzt, 40-60 cm	m^3	1,100	70,00	88,10	105,00
Außenwand abbrechen, entsorgen, Kalksandstein, unverputzt, 24 cm	m^2	0,600	31,00	39,20	48,70
Außenwand abbrechen, entsorgen, Leichtbetonstein, verputzt, 30 cm	m^2	0,700	35,40	44,50	51,20
Außenwand abbrechen, entsorgen, Porenbetonstein, verputzt, 30 cm	m^2	0,700	33,90	44,20	53,40
Verblendmauerwerk, Kalksandstein, Wärmedämmung, abbrechen, entsorgen	m^2	0,850	44,40	54,60	65,70

Abbruch Innenwände	**E**	**h**	**von**	**mittel**	**bis**
Innenwand abbrechen, entsorgen, Ziegel, verputzt, gefliest, bis 10 cm	m^2	0,270	17,60	22,00	27,30
Innenwand abbrechen, entsorgen, Ziegel, verputzt, gefliest, 10-20 cm	m^2	0,300	18,60	24,60	30,50
Innenwand abbrechen, entsorgen, Ziegel, verputzt, gefliest (1-seitig), bis 15 cm	m^2	0,750	40,70	50,80	59,90
Innenwand abbrechen, entsorgen, Ziegel, verputzt, gefliest (2-seitig), bis 15 cm	m^2	0,800	42,15	53,00	62,90
Innenwand abbrechen, entsorgen, Ziegel, verputzt, gefliest (2-seitig), bis 28 cm	m^2	0,650	35,30	43,50	51,40
Innenwand abbrechen, entsorgen, Ziegel, Kleinflächen, bis 14 cm	m^2	0,500	27,30	33,30	40,40
Innenwand abbrechen, entsorgen, Ziegel, Kleinflächen, bis 27 cm	m^2	0,600	32,30	40,50	50,70

Innenwand abbrechen, entsorgen, Ziegel, verputzt, 15 cm	m^2	0,185	16,50	21,30	25,25
Innenwand abbrechen, entsorgen, Ziegel, verputzt, bis 20 cm	m^3	0,724	50,20	63,60	78,10
Innenwand abbrechen, entsorgen, Ziegel, verputzt, bis 40 cm	m^3	0,924	81,50	102,00	120,00
Innenwand abbrechen, entsorgen, Ziegel, verputzt, über 50 cm	m^3	1,150	108,50	123,00	146,00
Innenwand abbrechen, entsorgen, Glasbausteine, bis 12 cm	m^2	0,280	19,60	26,10	32,60
Innenwand abbrechen, entsorgen, Glasbausteine, bis 20 cm	m^3	0,900	42,50	60,90	72,80
Innenwand abbrechen, entsorgen, Porenbetonstein, 24-40 cm	m^3	1,800	105,50	127,50	159,50
Innenwand abbrechen, entsorgen, Gipswandbauplatte, Zarge, Türblatt, bis 10 cm	m^2	0,550	32,30	36,60	43,10
Innenwand abbrechen, entsorgen, Kalksandstein, 11,5 cm	m^2	0,250	17,50	21,50	26,20
Innenwand abbrechen, entsorgen, Gasbeton	m^2	0,280	20,10	25,50	31,60

Abbruch Decken, Gewölbe	**E**	**h**	**von**	**mittel**	**bis**
Rabitzdecke ausbauen, entsorgen	m^2	0,600	29,50	35,70	41,60
Lehm-/Strohdecke ausbauen und entsorgen	m^2	0,300	16,70	19,40	24,40
Preußische Kappendecke 1/2 Stein, ausbauen und entsorgen, bis 14 cm	m^2	1,200	60,10	80,00	96,00
Preußische Kappendecke, 1-Stein, ausbauen und entsorgen bis 25 cm	m^2	1,200	73,60	86,40	97,10

 © SIRADOS 01/24

Preußische Kappendecke, Stahlträger und Auflager, ausbauen, entsorgen	m	0,900	55,40	65,80	80,80
Hohldielendecke, ausbauen, entsorgen, 15 cm	m²	0,700	46,00	54,70	64,50
Gewölbe ausbauen, reinigen, seitlich lagern für Wiederverwendung, Naturstein, bis 25 cm	m²	1,600	94,10	110,50	131,00
Gewölbe ausbauen, reinigen, seitlich lagern für Wiederverwendung, gebr. Stein, bis 25 cm	m²	1,700	95,50	112,00	126,50
Sandfüllung ausbauen, entsorgen, Gewölbedecke, i.M. 8 cm	m²	0,200	13,20	17,10	21,20
Rheinische Formsteinstückdecke ausbauen, entsorgen	m²	1,400	76,80	92,20	103,00
Kleinesche Decke ausbauen, entsorgen	m²	1,400	77,40	91,50	102,00
Ackermanndecke ausbauen, entsorgen	m²	2,700	134,50	169,00	209,50

Baubegleitende Arbeiten	**E**	**h**	**von**	**mittel**	**bis**
Hohlkehle Dichtungsschlämme	m	0,200	13,20	15,70	19,60
Entfeuchtungsgerät	Wo		171,00	187,00	214,00
Entfeuchtungsgerät, Vorhaltung	d		13,70	16,00	21,30

Unterfangungen	**E**	**h**	**von**	**mittel**	**bis**
Unterfangung mit Stahlträger	m	3,500	323,00	405,00	492,50
Unterfangung mit Ziegel	m³	5,000	565,00	678,00	783,50

Fundamente	**E**	**h**	**von**	**mittel**	**bis**
Fundament abbrechen, entsorgen, Mauerwerk, nicht unterkellert	m²	3,200	173,00	202,50	236,50
Fundament abbrechen, entsorgen, Mauerwerk, unterkellert	m²	5,500	263,50	323,50	363,50

Fundament abbrechen, entsorgen, Sandstein	m^3	5,700	290,50	346,00	410,50
Fundament abbrechen, reinigen, seitlich für Wiederverwendung, Naturstein, Teilstücke	m^3	6,800	318,00	411,00	514,00
Fundament abbrechen, reinigen, seitlich für Wiederverwendung, Ziegel, Teilstücke	m^3	5,800	289,00	353,50	434,50
Fundament ausbessern, Bruchstein/Ziegel	m^3	5,000	394,50	453,00	531,50
Fundament instand setzen, Bruchstein	m^3	6,500	540,50	612,50	706,50
Fundamentmauerwerk, Vormauerziegel, neu oder seitlich gelagert für Wiedereinbau	m^3	6,500	393,50	490,50	604,00
Fundamentmauerwerk, Vollklinkerziegel, neu und seitlich gelagert für Wiedereinbau	m^3	7,000	459,50	550,00	679,00
Fundamentmauerwerk, Keramikvollklinker, neu und seitlich gelagert für Wiedereinbau	m^3	7,000	482,50	545,00	631,00
Fundamentmauerwerk, Bruchsteine, seitlich gelagert für Wiedereinbau	m^3	8,000	489,00	571,00	646,50
Fundamentmauerwerk, Quadersteine, seitlich gelagert	m^3	5,600	389,50	460,50	511,00
Unterfangen, KS-Mauerwerk, Erdarbeiten	m^3	4,000	437,50	509,50	580,00
Öffnung schließen, bis 0,50 m^2, Bruchstein, Erdarbeiten	m^2	2,200	152,50	194,00	242,50
Öffnung schließen, bis 0,50 m^2, Quadermauerwerk, Erdarbeiten	m^2	2,300	191,00	239,00	299,00
Öffnung schließen, bis 1,00 m^2, Mauerwerk	m^2	2,000	157,50	190,50	227,00

Außenwände, Natursteine	**E**	**h**	**von**	**mittel**	**bis**
Bruchsteinmauerwerk, Ausbruchstellen schließen, bis 0,50 m^2	St	5,700	320,00	396,00	474,50

© SIRADOS 01/24

Bruchsteinmauerwerk, Ausbruchstellen schließen, bis 1,00 m²	St	11,000	688,50	829,00	941,00
Bruchsteinmauerwerk, Öffnung schließen, bis 1,00 m²	St	11,000	711,50	803,50	954,00
Bruchsteinmauerwerk, unregelmäßig, erneuern	m²	8,200	505,00	665,00	831,50
Fugen erneuern, Bruchsteinmauerwerk, unregelmäßig	m²	0,650	36,00	44,10	51,50
Bruchsteinmauerwerk, Mauerabdeckung, Satteldachform, erneuern	m	5,400	289,50	369,50	423,00
Bruchsteinmauerwerk, Mauerabdeckung, Pultdachform, erneuern	m	4,000	235,00	296,50	351,00
Natursteinmauerwerk, Altergänzung entfernen, bis 50 cm²	St	0,180	8,15	9,55	11,60
Natursteinmauerwerk, Altergänzung entfernen, bis 100 cm²	St	0,300	13,80	16,00	19,50
Natursteinmauerwerk, Altergänzung entfernen, bis 250 cm²	St	0,600	25,40	31,50	38,60
Natursteinmauerwerk, Steinersatz, 50/30 cm	St	3,200	212,00	262,00	327,50
Natursteinmauerwerk, Steinersatz, 70/40 cm	St	4,000	277,00	339,50	400,00
Natursteinmauerwerk, Fugen/Risse ausräumen, schließen	m	0,180	8,40	10,40	12,90
Natursteinmauerwerk, neu verfugen	m²	0,850	50,60	59,40	70,60
Natursteinmauerwerk, Böschungswiderlager, Sandstein	m²	1,700	216,50	250,00	288,50
Natursteinmauerwerk, Abdeckplatten, Sandstein	m²	1,600	205,50	255,50	285,50
Schichtenmauerwerk, hammerrecht, erneuern	m²	7,800	545,50	632,50	722,50
Schichtenmauerwerk, unregelmäßig, erneuern	m²	8,200	517,50	677,00	794,00
Schichtenmauerwerk, regelmäßig, erneuern	m²	8,600	573,50	724,50	896,50
Fugen erneuern, Schichtenmauerwerk, regelmäßig	m²	0,500	30,50	36,20	45,20
Zyklopenmauerwerk erneuern	m²	8,000	486,00	627,00	780,00
Polygonalmauerwerk erneuern	m²	8,400	503,50	671,00	764,00

Fugen erneuern, Polygonalmauerwerk	m^2	0,600	32,30	40,90	48,40
Quadermauerwerk, Spiegelquader, erneuern	m^2	8,500	610,00	708,00	821,50
Quadermauerwerk, Bossenquader, erneuern	m^2	8,600	587,00	730,50	828,00
Quadermauerwerk, Diamantquader, erneuern	m^2	8,600	588,00	738,00	828,00
Quadermauerwerk, ohne Randschlag, erneuern	m^2	7,700	521,00	634,00	707,50
Fugen erneuern, Quadermauerwerk	m^2	0,700	41,70	51,30	60,40
Rustikamauerwerk, ohne Randschlag, erneuern	m^2	8,000	558,00	665,00	794,00
Polstermauerwerk, ohne Randschlag, erneuern	m^2	8,000	553,00	651,00	754,50
Feldsteinmauerwerk reinigen, nass	m^2	0,200	9,45	12,60	15,90
Feldsteinmauerwerk, b = 50 cm, h = 50 cm, erneuern	m^2	6,000	391,00	478,50	539,50
Feldsteinmauerwerk, b = 100 cm, h = 80 cm, erneuern	m^2	8,000	511,50	624,50	716,00
Feldsteinmauerwerk, b = 100 cm, h = 120 cm, erneuern	m^2	8,000	538,00	681,00	780,00
Feldsteinmauerwerk, Ergänzung, d = bis 60 cm	m^2	5,500	323,50	393,00	483,00
Feldsteinmauerwerk verfugen	m^2	0,550	27,40	35,40	40,30
Altes Mauerwerk, unterirdisch, vorbereiten	m^2	0,420	23,30	26,80	33,00

Außenwände, Mauerwerk	**E**	**h**	**von**	**mittel**	**bis**
Leichtbeton-Vollstein V 6,1,2- 0,54 W/(mK), Außenwand, d = 36,5 cm	m^2	0,800	94,90	109,50	128,00
Mauerwerk imprägnieren, Steinverfestiger	m^2	0,150	14,20	16,90	21,20
Kalksandstein-Mauerwerk imprägnieren, Graffiti-Schutz	m^2	0,180	21,30	27,10	33,60
Kalksandstein-Mauerwerk imprägnieren, Algenvertilgung	m^2	0,180	21,00	24,90	29,80
Ausbrüche Mauerwerk, reparieren	m^2	3,000	166,00	196,00	236,50
Außenmauerwerk ausbessern, d = bis 25 cm	m^2	1,200	81,30	98,60	114,50
Außenmauerwerk ausbessern, d = bis 40 cm	m^2	1,600	110,00	133,00	157,00
Außenmauerwerk ausbessern, d = bis 64 cm	m^2	1,900	129,50	173,00	200,50

© SIRADOS 01/24

Fehlstellen auszwicken	m²	1,000	51,50	60,50	71,30
Mauerwerk wiederherstellen, seitlich lagern	m²	1,300	69,80	85,90	99,20
Außenmauerwerk ergänzen, Steinersatz	m²	0,700	59,60	75,40	92,80
Ziergiebelmauerwerk ausbessern	m²	1,200	100,00	110,00	124,50
Zierband im Außenmauerwerk ausbessern	m	1,100	85,40	99,70	113,00
Mauerkronen, Außenmauerwerk, ausbessern	m	1,100	89,70	107,50	127,50
Rollschicht ausbessern, Außenmauerwerk	m	0,800	83,60	97,10	116,00
Bestandsmauerwerk, Gurtwicklerstein einbauen, Ziegel	St	0,250	23,50	31,40	38,70
Ziegel-Rollladenschürzen	m	0,300	36,10	41,70	51,50
Ziegelblenden	m	0,350	40,00	47,30	58,40
Betonstein, Hohlblock, d = 24 cm	m²	0,700	61,80	76,80	86,20
Mauerabdeckung, Klinker, Dachform flach	St	0,200	17,70	21,50	26,80
Außenwand, Mauerziegel Mz 20-1,8, MG IIa, d = 38 cm	m²	1,200	146,00	185,50	229,50
Außenwand Hochlochziegel HLz 12-1,2, 0,50 W/(mK), NM IIa, Dicke 11,5 cm, Giebel	m²	0,600	59,45	74,20	91,40
Böschungsbegrenzung, Klinker	m²	1,200	177,00	213,50	264,50
Planziegel (HLz), 6-0,60, 0,08 W/(mK), DM, d = 36,5 cm, Außenwand	m²	0,540	186,00	202,50	228,50
Planziegel (HLz), 6-0,60, 0,08 W/(mK), DM, d = 49,0 cm, Außenwand	m²	0,750	226,00	258,50	298,50

Verblendmauerwerk	**E**	**h**	**von**	**mittel**	**bis**
Verblendmauerwerk, hydrophobieren	m²	0,150	11,30	14,70	18,40
Verblendmauerwerk, Fugen ausbessern	m²	0,400	24,50	31,90	38,90
Verblendmauerwerk, erneuern, Vormauerziegel VMz, DF, Binderverband	m²	3,100	180,50	230,00	276,50

Verblendmauerwerk, erneuern, Vormauerziegel VMz, NF, Binderverband	m^2	2,800	187,00	218,50	264,50
Verblendmauerwerk, Läuferverband, Vormauerziegel VMz, 24/11,5/5,2 cm	m^2	3,000	169,00	224,00	275,60
Verblendmauerwerk, Läuferverband, Vormauerziegel VMz, 24/11,5/7,1 cm	m^2	2,700	182,50	208,00	259,00
Verblendmauerwerk, Läuferverband, Vollklinkermauerziegel KMz, 24/11,5/5,2 cm	m^2	2,900	180,50	224,00	276,50
Verblendmauerwerk, Läuferverband, Vollklinkermauerziegel KMz, 24/11,5/7,1 cm	m^2	2,800	173,00	227,00	265,50
Verblendmauerwerk, Läuferverband, Vollklinker KK, 24/11,5/5,2 cm	m^2	3,100	222,50	264,50	295,50
Verblendmauerwerk, Läuferverband, Vollklinker KK, 24/11,5/7,1 cm	m^2	2,900	224,00	264,50	308,00
Verblendmauerwerk, Blockverband, Vormauerziegel VMz, 24/11,5/7,1 cm	m^2	2,800	178,50	225,50	256,50
Verblendmauerwerk, Blockverband, Vollklinkermauerziegel KMz, 24/11,5/5,2 cm	m^2	2,900	182,50	230,00	283,50
Verblendmauerwerk, Blockverband, Vollklinker KK, 24/11,5/7,1 cm	m^2	2,900	224,00	267,00	309,00
Verblendmauerwerk, Kreuzverband, Vormauerziegel VMz, 24/11,5/7,1 cm	m^2	2,800	182,50	225,50	264,50
Verblendmauerwerk, Kreuzverband, Vollklinkermauerziegel KMz, 24/11,5/7,1 cm	m^2	2,800	182,50	232,00	272,00
Verblendmauerwerk, Kreuzverband, Vollklinker KK, 24/11,5/7,1 cm	m^2	2,900	224,00	267,00	309,00

Verblendmauerwerk, Holländischer Verband, Vormauerziegel VMz, 24/11,5/7,1 cm	m^2	2,800	185,00	227,00	267,00
Verblendmauerwerk, Holländischer Verband, Vollklinkermauerz. KMz, 24/11,5/7,1 cm	m^2	2,800	190,00	225,00	274,50
Verblendmauerwerk, Holländischer Verband, Vollklinker KK, 24/11,5/7,1 cm	m^2	2,900	224,00	268,50	309,00
Verblendmauerwerk, Gotischer Verband, Vormauerziegel VMz, 24/11,5/7,1 cm	m^2	2,800	185,00	227,00	267,00
Verblendmauerwerk, Gotischer Verband, Vollklinkermauerz. KMz, 24/11,5/7,1 cm	m^2	2,800	187,00	226,00	282,50
Verblendmauerwerk, Gotischer Verband, Vollklinker KK,24/11,5/7,1 cm	m^2	2,900	213,50	256,50	305,50
Verblendmauerwerk, Märkischer Verband, Vormauerziegel VMz, 24/11,5/7,1 cm	m^2	2,800	185,00	225,50	267,00
Verblendmauerwerk, Märkischer Verband, Vollklinkermauerz. KMz, 24/11,5/7,1 cm	m^2	2,800	190,00	224,00	276,50
Verblendmauerwerk, Märkischer Verband, Vollklinker KK, 24/11,5/7,1 cm	m^2	2,900	209,00	257,50	305,50
Verblendmauerwerk, Binderverband, Vollklinkermauerz. KMZ, 24/11,5/5,2 cm	m^2	2,900	184,00	224,00	276,50
Verblendmauerwerk, Binderverband, Vollklinkermauerz. KMz, 24/11,5/7,1 cm	m^2	2,800	179,50	220,50	267,00
Verblendmauerwerk, Binderverband, Vollklinker KK, 24/11,5/5,2 cm	m^2	3,100	222,50	263,00	295,50
Verblendmauerwerk, Binderverband, Vollklinker KK, 24/11,5/7,1 cm	m^2	2,900	224,00	265,50	308,00

Verblendmauerwerk, Stromschichten	m^2	2,900	194,00	237,50	286,00
Verblendmauerwerk, Sägeverband	m^2	2,900	185,00	246,50	285,00
Verblendmauerwerk, Netzverband	m^2	2,900	180,50	233,00	274,50
Verblendmauerwerk, Rollschicht-Flachschicht	m^2	3,000	215,50	263,00	298,00
Verblendmauerwerk, Stufenverband	m^2	3,000	235,50	268,50	302,50
Verblendmauerwerk, Knotenverband	m^2	3,000	233,50	268,50	300,50
Sandsteinplatte, außen, erneuern, 38/25/12 cm	St	1,200	89,20	119,00	134,50
Granitplatte, außen, erneuern, 50/25/10 cm	St	1,400	179,50	215,50	236,50
Bewegungsfuge, Verblend-Mauerwerk, 10 mm	m	0,150	9,45	11,50	14,10
Bewegungsfuge, Verblend-Mauerwerk, 20 mm	m	0,200	13,20	16,10	19,20
Spaltklinkerfassade erneuern	m^2	1,900	160,50	182,50	202,50
Spaltklinker abbrechen, verputzen	m^2	1,300	83,50	110,00	135,70
Klinkerfassade ausbessern	m^2	1,500	118,00	142,00	176,00

Fachwerk/Ausfachungen	**E**	**h**	**von**	**mittel**	**bis**
Fachwerkfelder, Bekleidung, entfernen	m^2	0,500	27,40	33,20	40,70
Fachwerk-Gefache entfernen, Stroh/Lehm	m^2	1,200	58,10	70,80	79,50
Fachwerkkonstruktionshölzer freilegen	m	0,300	15,40	19,70	24,60
Fachwerkinnenwand, mit Lehmstakenfüllung, abbrechen	m^2	0,850	41,60	50,50	62,60
Fachwerk ausfachen, Holzwolle-Platten	m^2	0,350	40,10	44,70	52,50
Fachwerk ausfachen, Flechtwerk erneuern	m^2	1,000	71,80	82,90	101,00
Fachwerk ausfachen, Staken, reparieren	m^2	1,000	50,60	63,70	77,20
Fachwerk ausfachen, anarbeiten nachträglich	m	0,500	35,60	47,30	59,30
Fachwerk ausfachen, Bimsstein, d = 15 cm	m^2	1,200	96,70	121,00	137,00
Fachwerk ausfachen, Porenbeton, d = 15 cm	m^2	1,200	76,90	98,60	117,50
Fachwerk ausfachen, Hochlochziegel 12-0,9, d = 17,5 cm	m^2	1,200	77,70	97,40	115,00

 © SIRADOS 01/24

Fachwerk ausfachen, verfugen, Mauerziegel Mz RF, d = 12 cm	m²	1,700	109,50	132,50	152,50
Fachwerk ausfachen, Lehmbewurf	m²	1,000	64,70	74,00	82,20
Fachwerk ausfachen, Lehmsteine, < 15 cm	m²	1,550	98,10	131,50	164,00
Fachwerk, Leichtlehm, Innenfläche	m²	2,000	129,00	161,50	185,00
Fachwerk ausfachen, Leichtlehm-Elemente, d = 15 cm, Außenfläche	m²	1,500	98,80	122,50	142,50
Fachwerk ausfachen, Leichtlehmsystem, d = 30 cm	m²	2,000	142,50	176,00	199,50
Fachwerk ausfachen, Leichtlehm einbauen	m²	2,100	186,00	208,00	236,50
Spanndraht als Gefachhalter anbringen	m²	0,200	11,60	14,30	16,70
Feuchtesperre mit Fugenband, Fachwerk	m	0,075	3,95	5,00	6,00
Feuchtesperre mit Trapezleiste, Fachwerk	m	0,100	6,30	7,65	9,35
Fachwerk Ausfachung, reparieren, Lehm, Außenfläche	m²	0,750	41,10	50,60	59,80
Fachwerk Ausfachung, ausbessern, Strohlehm, d = bis 25 cm	m²	1,500	85,20	106,00	128,00
Fachwerk Ausfachung, reparieren, Lehm, sichtbares Fachwerk, Innenwand	m²	1,600	103,00	131,00	149,00
Fachwerk Ausfachung, reparieren, Lehm, Innenwand	m²	1,000	59,20	68,00	81,00
Gefacheausmauerung, 1/2 Stein, Läuferverband, Reparatur	m²	1,400	84,10	111,50	133,70
Gefacheausmauerung, 1/2 Stein, Läuferverband, Rhombuseinlage, Reparatur	m²	1,700	102,50	128,00	160,00
Gefacheausmauerung, 1/2 Stein, Läuferverband, stufenförmig, Reparatur	m²	1,200	77,65	99,00	118,30
Gefacheausmauerung, 1/2 Stein, Schachbrettmuster, 2 Steine, Reparatur	m²	1,700	97,30	129,00	151,50

Gefacheausmauerung, 1/2 Stein, Schachbrettmuster, 3 Steine, Reparatur	m^2	1,700	108,00	126,50	158,00
Gefache, 1/2 Stein, Acoltello-Verband, Reparatur	m^2	1,800	108,90	137,00	170,50
Gefache, 1/2 Stein, Fischgrät-Verband, Reparatur	m^2	1,800	110,30	138,50	172,50
Gefache, 1 Stein, Läufer-Binderverband, Reparatur	m^2	2,000	124,00	149,00	181,00

Innenwände herstellen	**E**	**h**	**von**	**mittel**	**bis**
Innenwand, Ziegel, HLz 12-0,8, NM IIa, Dicke 11,5 cm	m^2	0,450	45,10	55,70	68,10
Innenwand, Ziegel, Mz 12-1,6, MG IIa, d = 36,5 cm	m^2	1,200	144,00	166,00	196,50
Innenwand, Ziegel, Mz 20-1,6, MG II, nachträglich, d = 11,5 cm	m^2	0,700	65,70	74,20	85,30
Innenwand, Ziegel, Mz 20-1,8, MG IIa, d = 38 cm	m^2	1,300	141,00	168,50	204,00
Innenwand, Ziegel, Mz 20-1,8, MG IIa, d = 49 cm	m^2	1,500	164,00	204,00	245,50
Innenwand, Ziegel, gekrümmt, Radius bis 2,0 m	m^2	0,150	7,35	9,50	11,90
Innenwand, Ziegel, gekrümmt, Radius über 2,0 m	m^2	0,150	6,95	9,25	11,60
Innenwand, Ziegel, HLz 12-0,9, 0,42, IIa, d = 17,5 cm, IW	m^2	0,560	59,40	68,60	81,50
Innenwand, Porenbeton PB 2-0,5, d = 75 mm	m^2	0,550	48,60	59,90	67,80

Brandwände	**E**	**h**	**von**	**mittel**	**bis**
Brandmauer instand setzen, über Dach	m^2	1,500	98,00	117,50	129,00
Brandwandabschluss über Dach erneuern, Sicht-Mauerwerk	m	1,200	81,20	92,10	105,50

Schornsteine	**E**	**h**	**von**	**mittel**	**bis**
Schornsteinmauerwerk abbrechen	m	2,600	136,00	181,50	219,50
Schornsteinmauerwerk abbrechen, Raummaß	m^3	6,200	304,00	380,00	467,50

© SIRADOS 01/24

Schornstein abbrechen, Dach schließen	m	3,000	164,00	218,00	263,50
Schornsteinkopf abbrechen, 1-zügig	m	2,200	122,50	148,00	165,50
Schornsteinkopf abbrechen, 2-zügig	m	2,900	150,00	189,50	222,50
Schornsteinkopf abbrechen, 3-zügig	m	3,300	175,00	223,00	266,00
Schornsteinkopf abbrechen, 4-zügig	m	4,000	214,50	273,50	339,00
Schornsteinkopf abbrechen, wiederherstellen	m	10,500	651,50	776,00	881,50
Schornsteinkopf ausbessern, 2-zügig	St	7,200	420,50	485,00	576,00
Schornsteinkopf aufmauern, Vollklinkermauerziegel KMz 28-1,8	m	5,200	289,50	386,00	482,50
Schornsteinkopfabdeckung aus Beton	St	1,100	128,50	150,00	187,50
Schornsteinkopfabdeckung, ohne Überstand, C20/25, 1-zügig	St	0,900	87,60	108,50	128,00
Schornsteinkopfabdeckung, ohne Überstand, C20/25, 2-zügig	St	1,250	115,50	143,00	159,50
Schornsteinkopfabdeckung, ohne Überstand, C20/25, 3-zügig	St	1,500	135,00	164,50	194,00
Schornsteinkopfabdeckung, mit Überstand, C20/25, 1-zügig	St	1,100	116,50	135,00	160,50
Schornsteinkopfabdeckung, mit Überstand, C20/25, 2-zügig	St	1,500	134,00	165,50	193,00
Schornsteinkopfabdeckung, mit Überstand, C20/25, 3-zügig	St	1,800	168,50	200,50	240,00
Schornsteinkopf, Rundbogen, Keramik-Vollklinker KK	St	9,000	533,00	610,00	679,00
Schornsteinkopf, auskragend, Flachschicht, Vormauerziegel VMz	St	9,300	535,00	602,00	663,00
Schornsteinkopf, Mauerziegel Mz, geputzt, Abdeckplatte	St	16,000	906,50	1.060,00	1.175,00

Schornsteinkopf, Fertigteil, Fugen erneuern	m^2	0,350	40,10	49,80	62,00
Schornstein-Anschluss nachträglich herstellen	St	0,400	31,90	38,60	44,10
Rauchrohranschluss schließen	St	0,700	49,50	57,20	66,30
Rauchrohranschluss herstellen, bis 150 mm	St	1,200	98,60	115,50	135,00
Rauchrohrfutter erneuern, bis 150 mm	St	0,600	46,80	54,80	66,30
Schornsteinreinigungsverschluss, Metall, erneuern	St	0,600	48,10	59,20	68,50
Schornsteinreinigungsverschluss, Beton, erneuern	St	0,800	55,00	67,30	79,90
Rußkasten mit Schublade/Doppelverschluss, Metall, erneuern	St	1,500	113,50	144,00	173,30
Putztür abbrechen	St	0,600	38,90	46,70	53,30
Putztür, Guss, erneuern	St	0,700	74,40	88,50	96,10
Putztür nachträglich einbauen, Guss	St	0,600	69,10	80,10	95,20
Rohrfutter einbauen	m	0,800	61,20	74,00	81,00
Schornstein sanieren, Rohreinsatz, 16 cm	m	1,500	112,00	138,00	151,50
Schornstein sanieren, Rohreinsatz, 20 cm	m	1,500	118,10	149,50	185,70
Schornstein sanieren, Stahlrohr, flexibel, Durchmesser 20 cm	m	1,900	135,00	157,50	170,50
Schornstein, freistehend, 1-zügig, 13,5/13,5 cm	m	2,500	155,50	171,50	194,50
Schornstein, freistehend, 1-zügig, 13,5/20 cm	m	2,700	158,00	193,50	232,50
Schornstein, freistehend, 1-zügig, 20/20 cm	m	3,200	189,50	240,00	274,50
Schornstein, freistehend, 1-zügig, 26/26 cm	m	3,400	200,50	261,50	297,50
Schornstein, freistehend, 2-zügig, 13,5/13,5 cm	m	2,800	199,00	221,50	266,00
Schornstein, freistehend, 2-zügig, 13,5/20 cm	m	2,800	221,50	239,50	252,00
Schornstein, freistehend, 2-zügig, 20/20 cm	m	3,300	230,00	289,00	361,50
Schornstein, freistehend, 2-zügig, 26/26 cm	m	3,500	244,50	322,50	388,30
Schornstein, freistehend, 3-zügig, 13,5/13,5 cm	m	3,800	250,50	327,50	374,50

© SIRADOS 01/24

Schornstein, freistehend, 3-zügig, 13,5/20 cm	m	4,100	331,10	410,50	504,30
Schornsteinkopf, Vormauervollziegel VMz, 1-zügig, 13,5/13,5 cm	m	2,800	187,80	234,00	291,50
Schornsteinkopf, Vormauervollziegel VMz, 1-zügig, 13,5/20 cm	m	2,900	194,00	257,00	302,50
Schornsteinkopf, Vormauervollziegel VMz, 1-zügig, 20/20 cm	m	3,400	226,00	299,50	345,50
Schornsteinkopf, Vormauervollziegel VMz, 1-zügig, 26/26 cm	m	3,620	243,50	323,50	369,00
Schornsteinkopf, Vormauervollziegel VMz, 2-zügig, 13,5/13,5 cm	m	3,000	211,50	264,50	305,50
Schornsteinkopf, Vormauervollziegel VMz, 2-zügig, 13,5/20 cm	m	3,200	236,50	294,50	348,00
Schornsteinkopf, Vormauervollziegel VMz, 2-zügig, 20/20 cm	m	3,600	250,00	332,50	396,50
Schornsteinkopf, Vollmauervollziegel VMz, 2-zügig, 26/26 cm	m	3,700	268,00	356,50	438,90
Schornsteinkopf, Vollmauervollziegel VMz, 3-zügig, 13,5/13,5 cm	m	4,100	273,00	335,50	412,00
Schornsteinkopf, Vollmauervollziegel VMz, 3-zügig, 20/20 cm	m	4,600	302,50	388,00	470,80
Schornstein nachträglich einbauen, 1-zügig	m	3,000	343,00	421,50	504,00
Schornsteindurchführung durch Decken, 25 cm	St	0,800	48,40	64,50	80,15

Brüstungen	**E**	**h**	**von**	**mittel**	**bis**
Brüstung abbrechen, Mauerwerk, 26 cm	m^2	2,200	106,00	133,50	166,50

Brüstung abbrechen, Mauerwerk, 40 cm	m²	2,900	142,00	178,00	222,00
Fensterbrüstung, BrüstungsHöhe reduzieren	m²	2,800	171,00	228,50	259,00
Fensterbrüstung instand setzen	m²	1,000	66,30	79,50	92,70
Fensterbank, Rollschicht abbrechen, entsorgen	m	0,550	27,60	34,20	39,00
Fensterbank, Rollschicht, wieder verlegen	m	1,000	57,10	67,90	76,20
Fensterbank, Entwässerung erneuern, Beton	m	1,000	63,30	74,70	82,70
Fensterbank, Rollschicht, instand setzen, Klinkermauerziegel KMz, 24 cm	m	0,800	59,50	70,70	83,70
Fensterbank, Flachschicht, instand setzen, Klinkermauerziegel KMz, 24 cm	m	0,600	46,60	53,50	61,00
Fensterbank, Flachschicht, instand setzen, rund, Mauerziegel Mz, 24 cm	m	1,000	71,00	80,00	95,50

Dämmung nachträglich	**E**	**h**	**von**	**mittel**	**bis**
Innendämmung Holzfaserplatten, Leisten, 60 mm	m²	0,200	19,40	21,90	25,50
Innendämmung, Mineralwolle 80 mm + Gipsfaserplatten 10 mm	m²	0,400	34,90	42,40	49,20
Innendämmung, Mineralwolle 100 mm + Gipskartonplatten 12,5 mm	m²	0,400	40,50	45,90	52,80
Innendämmung, Mineralwolle 100 mm + Gipsplatten 2 x 20 mm	m²	0,750	73,80	91,90	103,00
Dämmung Verblendung, Polyurethan-Granulat, 40 mm	m²	0,150	17,50	22,40	28,00
Dämmung Verblendung, Polyurethan-Granulat, 60 mm	m²	0,200	27,20	32,00	39,90

Mauerwerkanschluss	**E**	**h**	**von**	**mittel**	**bis**
Zahnung stemmen, Dicke 11,5-25 cm	m	0,560	23,30	31,00	38,50

 © SIRADOS 01/24

Mauerabdeckung, Gesims	E	h	von	mittel	bis
Mauerabdeckung, Rollschicht, Vollklinker (KMz), 1 Stein dick	m	0,600	53,50	63,10	78,70
Mauerabdeckung, Rollschicht, Vollklinker (KMz), 1 1/2 Stein dick	m	0,900	82,00	92,70	114,00
Mauerabdeckung, Rollschicht, Vollklinker (KMz), 2 Stein dick	m	1,200	109,00	129,50	162,00
Mauerabdeckung, Rollschicht, Keramikvollklinker (KK), 1 Stein dick	m	0,700	71,90	82,10	97,30
Mauerabdeckung, Rollschicht, Keramikvollklinker (KK), 1 1/2 Stein dick	m	0,950	87,30	104,00	127,00
Mauerabdeckung, Rollschicht, Keramikvollklinker (KK), 2 Stein dick	m	1,300	131,50	156,50	190,00
Mauerabdeckung, Rollschicht, Keramikvollklinker (KK), Sonderteil	m	1,300	95,20	109,00	129,50
Mauerabdeckung, Pultdach, Mönch/Nonne, ausbauen, seitlich lagern, Wiedereinbau	m^2	0,700	50,80	59,00	69,00
Mauerabdeckung, Pultdach, Biberschwanz, ausbauen, seitlich lagern, Wiedereinbau	m^2	0,550	38,60	48,40	59,60
Mauerabdeckung, Satteldach, Biberschwanz, ausbauen, seitlich lagern, Wiedereinbau	m^2	0,700	50,20	62,10	72,10
Mauerabdeckung, Firstziegel, erneuern	m	0,750	46,00	54,70	61,50
Gesims, einschichtig, gerade, Mauerziegel Mz	m	0,253	21,30	25,20	29,80
Gesims, einschichtig, schräg, Mauerziegel Mz	m	0,350	27,10	31,50	36,40
Gesims, zweischichtig, gerade, Mauerziegel Mz	m	0,400	33,80	39,50	49,40

Gesims, zweischichtig, schräg, Mauerziegel Mz	m	0,500	40,80	46,60	54,90
Gesims, dreischichtig, gerade, Mauerziegel Mz	m	0,550	46,10	55,20	64,30
Gesims, dreischichtig, schräg, Mauerziegel Mz	m	0,650	52,20	61,70	70,70
Gesims, Rollschicht, Mauerziegel Mz	m	0,600	64,50	74,70	84,90
Gesimsziegel erneuern	St	0,130	6,85	8,50	10,20

Aussparungen/Schlitze	**E**	**h**	**von**	**mittel**	**bis**
Rohrleitung freistemmen, von Hand, bis DN 25	m	0,110	5,50	6,75	8,15
Rohrleitung freistemmen, von Hand, bis DN 50	m	0,130	6,30	8,35	10,40
Rohrleitung freistemmen, von Hand, bis DN 100	m	0,170	8,45	10,70	13,40
Rohrleitung freistemmen, von Hand, bis DN 200	m	0,230	12,50	15,10	18,40
Kabel oder Leitung, freistemmen, von Hand	m	0,100	5,50	6,65	8,30
Schlitz in Mauerwerk herstellen, b/t = 5/3 cm	m	0,150	7,80	9,45	11,60
Schlitz in Mauerwerk herstellen, b/t = 5/5 cm	m	0,150	8,05	10,00	12,60
Schlitz in Mauerwerk herstellen, b/t = 10/5 cm	m	0,200	11,80	14,40	17,90
Schlitz in Mauerwerk herstellen, b/t = 20/5 cm	m	0,300	17,90	21,60	26,60
Schlitz in Mauerwerk herstellen, b/t = 30/5 cm	m	0,400	22,40	28,20	32,30
Schlitz in Mauerwerk herstellen, b/t = 50/5 cm	m	0,470	27,60	34,70	42,10
Schlitz in Mauerwerk herstellen, b/t = 10/10 cm	m	0,350	20,20	24,40	30,30
Schlitz in Mauerwerk herstellen, b/t = 25/15 cm	m	0,500	30,70	36,30	44,70
Schlitz in Mauerwerk herstellen, b/t = 30/20 cm	m	0,600	36,90	43,20	50,60
Schlitz in Mauerwerk herstellen, b/t = 50/25 cm	m	0,850	50,70	59,40	67,50
Schlitz schließen, verputzen, b/t = 5/3 cm	m	0,080	5,10	6,60	8,25
Schlitz schließen, verputzen, b/t = 5/5 cm	m	0,100	6,95	8,15	10,20
Schlitz schließen, verputzen, b/t = 10/5 cm	m	0,180	10,40	13,50	15,10
Schlitz schließen, verputzen, b/t = 20/5 cm	m	0,300	19,70	23,00	27,50

Schlitz schließen, verputzen, b/t = 30/5 cm	m	0,300	22,00	26,30	32,40
Schlitz schließen, verputzen, b/t = 50/5 cm	m	0,400	27,30	33,00	40,30
Schlitz schließen, Mörtel, b/t = 10/10 cm	m	0,200	13,20	15,90	19,70
Schlitz schließen, Mörtel, b/t = 25/15 cm	m	0,400	23,70	28,20	34,90
Schlitz schließen, Ausmauerung, b/t = 30/20 cm	m	0,600	38,10	46,00	55,80
Schlitz schließen, Ausmauerung, b/t = 50/25 cm	m	0,700	45,90	56,70	65,60
Schlitz schließen, Ausmauerung, b/t = 50/30 cm	m	0,800	52,70	62,10	71,40
Schlitz schließen, Dämmung, b/t = 10/5 cm	m	0,200	12,50	15,10	18,80
Schlitz schließen, Dämmung, b/t = 10/10 cm	m	0,220	12,80	16,90	19,10
Schlitz schließen, Dämmung, b/t = 25/15 cm	m	0,400	23,40	28,60	34,10
Schlitz schließen, Dämmung, b/t = 30/20 cm	m	0,450	26,60	33,40	40,05
Schlitz schließen, Dämmung, b/t = 50/25 cm	m	0,550	33,50	39,90	47,20
Schlitz, Mauerwerk, herstellen, schließen, b/t = 10/10 cm	m	0,450	31,00	37,20	44,90
Schlitz, Mauerwerk, herstellen, schließen, b/t = 15/10 cm	m	0,450	25,00	33,30	41,60
Schlitz, Mauerwerk, herstellen, schließen, b/t = 25/15 cm	m	0,500	34,10	41,50	51,60
Schlitz, Mauerwerk, herstellen, schließen, b/t = 30/10 cm	m	0,500	33,50	40,70	47,10
Schlitz, Mauerwerk, herstellen, schließen, b/t = 30/20 cm	m	0,800	48,60	58,80	70,30
Schlitz, Mauerwerk, herstellen, schließen, b/t = 50/25 cm	m	0,800	57,90	70,10	82,20
Schlitz herstellen, Wärmedämmung und schließen, 10/10 cm	m	0,450	24,70	32,90	41,00
Schlitz herstellen, Wärmedämmung und schließen, 25/15 cm	m	0,700	43,10	49,50	59,90
Schlitz herstellen, Wärmedämmung und schließen, 30/20 cm	m	0,800	50,30	58,70	67,50
Schlitz herstellen, Wärmedämmung und schließen, 50/25 cm	m	1,100	63,20	81,10	99,70

Schlitz herstellen, schließen, b/t = bis 200 cm^2	m	0,850	43,70	55,50	69,10
Rippenstreckmetall, verzinkt, für Schlitze	m^2	0,250	24,00	30,00	37,50
Kleinflächen abbrechen, schließen, bis 500 cm^2	St	0,400	34,40	40,70	47,30
Kleinflächen abbrechen, schließen, 500-1000 cm^2	St	0,450	37,00	46,70	54,50
Kleinflächen abbrechen, schließen, 1000-2000 cm^2	St	0,600	51,20	60,30	69,80
Kleinflächen abbrechen, schließen, 2000-3000 cm^2	St	0,750	60,60	76,20	86,90
Kleinflächen abbrechen, schließen, 3000-5000 cm^2	St	1,000	84,90	99,90	114,00
Kleinflächen abbrechen, schließen, 5000-8000 cm^2	St	1,400	113,00	134,00	151,00
Kleinflächen abbrechen, schließen, 8000-10000 cm^2	St	1,700	127,50	157,50	178,50

Öffnungen herstellen, schließen nachtr.	**E**	**h**	**von**	**mittel**	**bis**
Türöffnung nachträglich herstellen, MWK, d < 15 cm, 1,5-2,5 m^2	m^2	0,850	45,00	54,50	62,70
Türöffnung nachträglich herstellen, MWK, d < 30 cm, 1,5-2,5 m^2	m^2	1,350	68,70	85,70	101,00
Türöffnung nachträglich herstellen, MWK, d < 50 cm, 1,5-2,5 m^2	m^2	1,800	107,00	124,50	140,00
Türöffnung nachträglich herstellen, MWK, d < 55 cm, 1,5-2,5 m^2	m^2	2,300	118,00	151,50	184,50
Fensteröffnung nachträglich herstellen, d < 40 cm, < 1 m^2	m^2	2,000	98,80	129,50	149,50
Fensteröffnung nachträglich herstellen, d < 40 cm, < 2 m^2	m^2	2,000	98,80	129,50	149,50
Fensteröffnung nachträglich herstellen, d = 40-60 cm, < 1,5 m^2	m^2	3,100	158,50	197,50	236,50
Fensteröffnung ausbrechen, mit Sturzauflager, d < 40 cm, bis 2 m^2	m^2	1,500	90,70	121,50	145,00

© SIRADOS 01/24

Fenster-, Türöffnung, nachträglich herstellen, MWK, bis 50 cm^2, 1,5-2,5 m^2	St	3,400	200,00	266,50	301,50
Fenster-, Türöffnung, nachtr. herstellen, Naturstein, bis 50 cm^2, 1,5-2,5 m^2	m^2	4,100	311,50	394,00	493,00
Türöffnung nachträglich herstellen, MWK, d < 30 cm, 2,00/2,00 m	St	2,500	208,00	260,00	323,50
Türöffnung nachträglich herstellen, MWK, d < 30 cm, 2,50/2,50 m	St	3,200	301,50	379,00	458,00
Fensteröffnung ausbrechen, b/h = 1,00/1,20 m, Stahlträger IPBL, d = 14 cm	m^2	2,400	165,50	190,50	225,00
Fensteröffnung ausbrechen, b/h = 1,20/1,50 m, Stahlträger IPBL, d = 26 cm	m^2	3,300	216,00	269,00	302,50
Türöffnung nachträglich herstellen, MWK, d < 30 cm, 0,885/2,01 m, IPBL	St	2,800	216,00	252,00	300,00
Türöffnung nachträglich herstellen, MWK, d < 15 cm, 0,885/2,01 m, IPBL	St	1,800	147,00	167,00	184,50
Fensterleibung herstellen, bis 1,50 m^2	St	0,900	63,00	74,10	92,50
Fensterleibung herstellen, 1,50-3,00 m^2	St	1,700	107,00	124,50	142,50
Türleibung aufmauern, d = 11,5 cm, ≤ 10 cm	m	0,650	38,20	45,80	57,20
Türleibung aufmauern, mit Anschlag, d = 24 cm	m	1,050	61,30	73,10	85,80
Türleibung herstellen, d = 15 cm	St	0,800	46,45	58,40	71,65
Türleibung herstellen, d = 15-30 cm	St	1,050	67,50	83,90	99,20
Anschlag aufmauern, Tür/Fenster	m	0,400	21,30	27,00	33,70
Türen/Fenster untermauern, d = bis 17,5 cm	m	0,400	29,20	34,40	40,80
Türen/Fenster untermauern, d = bis 45 cm	m	0,700	46,50	55,90	62,80

Türöffnung zumauern, Innenwand, Hochlochziegel HLz 12-1,2, d = bis 15 cm	m^2	0,950	64,10	81,20	99,30
Türöffnung zumauern, Innenwand, Hochlochziegel HLz 12-1,2, d = 15-30 cm	m^2	1,300	85,60	114,50	134,50
Fensteröffnung zumauern, Ziegel, HLz-W 6-0,8, d = 40-60 cm	m^2	2,300	154,00	190,50	225,00
Maueröffnung vergrößern, < 101/213 cm, IW	St	1,550	197,50	232,00	274,00
Maueröffnung vergrößern, 135/213,5 cm, IW	St	1,600	225,50	279,00	327,50
Wandöffnung schließen, Hochlochziegel HLz, d = 11,5 cm, < 0,5 m^2	m^2	1,000	63,80	77,50	86,60
Wandöffnung schließen, Hochlochziegel HLz, d = 24 cm	m^2	1,100	77,10	96,90	110,50
Wandöffnung schließen, Hochlochziegel HLz, d = 24-40 cm	m^2	1,400	104,50	121,00	142,50
Wandöffnung schließen, Hochlochziegel HLz, d = 40-60 cm	m^2	2,300	157,50	191,00	222,50
Ausbruchstelle schließen, bis 0,50 m^2, Mauerziegel Mz	St	3,800	193,50	240,00	288,20
Fensterleibung ausbauen, außen, Sichtmauerwerk, b = bis 13 cm	m	0,750	47,50	55,90	69,90
Fensterleibung ausbauen, außen, Sichtmauerwerk, b = bis 26 cm	m	0,900	56,20	68,80	85,90
Türleibung ausbauen, Anschlag, Sichtmauerwerk, b = bis 26 cm	m	0,900	66,40	77,40	93,60
Türleibung ausbauen, ohne Anschlag, Sichtmauerwerk, b = bis 26 cm	m	1,000	69,60	90,40	109,50
Zählernische vergrößern, Mauerwerk, t = bis 13 cm	St	0,450	34,70	42,00	51,30

© SIRADOS 01/24

Wanddurchbrüche	E	h	von	mittel	bis
Wanddurchbruch, Mauerwerk, b/h = 30/30 cm, d = 25 cm	St	0,800	46,10	53,10	62,10
Wanddurchbruch, Mauerwerk, bis 100 cm², d = bis 10 cm	St	0,250	12,70	15,00	18,70
Wanddurchbruch, Mauerwerk, bis 500 cm², d = bis 10 cm	St	0,370	17,90	23,80	27,20
Wanddurchbruch, Mauerwerk, bis 1000 cm², d = bis 10 cm	St	0,650	31,20	39,50	46,70
Wanddurchbruch, Mauerwerk, bis 2500 cm², d = bis 10 cm	St	0,850	41,50	51,90	63,90
Wanddurchbruch, Mauerwerk, bis 100 cm², d = bis 20 cm	St	0,350	16,10	21,50	24,40
Wanddurchbruch, Mauerwerk, bis 500 cm², d = bis 20 cm	St	0,500	24,00	32,00	37,80
Wanddurchbruch, Mauerwerk, bis 1000 cm², d = bis 20 cm	St	0,750	35,20	46,70	57,40
Wanddurchbruch, Mauerwerk, bis 2500 cm², d = bis 20 cm	St	0,900	46,30	59,70	69,10
Wanddurchbruch, Mauerwerk, bis 100 cm², d = bis 30 cm	St	0,400	18,60	24,60	30,60
Wanddurchbruch, Mauerwerk, bis 500 cm², d = bis 30 cm	St	0,650	30,50	39,90	45,50
Wanddurchbruch, Mauerwerk, bis 1000 cm², d = bis 30 cm	St	0,900	45,70	57,20	64,40
Wanddurchbruch, Mauerwerk, bis 2500 cm², d = bis 30 cm	St	1,100	57,20	72,10	81,00
Wanddurchbruch, Mauerwerk, bis 100 cm², d = bis 40 cm	St	0,500	25,30	31,60	39,40
Wanddurchbruch, Mauerwerk, bis 500 cm², d = bis 40 cm	St	0,750	40,30	49,00	54,70
Wanddurchbruch, Mauerwerk, bis 1000 cm², d = bis 40 cm	St	1,100	59,20	71,00	77,80

Wanddurchbruch, Mauerwerk, bis 2500 cm^2, d = bis 40 cm	St	1,400	79,80	92,40	103,00
Wanddurchbruch schließen, bis 100 cm^2, d = bis 10 cm	St	0,200	11,30	13,30	16,50
Wanddurchbruch schließen, bis 500 cm^2, d = bis 10 cm	St	0,400	26,00	31,00	38,80
Wanddurchbruch schließen, bis 1000 cm^2, d = bis 10 cm	St	0,650	39,30	48,80	56,90
Wanddurchbruch schließen, bis 2500 cm^2, d = bis 10 cm	St	0,800	53,80	65,10	71,40
Wanddurchbruch schließen, bis 100 cm^2, d = bis 20 cm	St	0,300	16,20	20,00	25,10
Wanddurchbruch schließen, bis 500 cm^2, d = bis 20 cm	St	0,500	31,70	41,60	48,10
Wanddurchbruch schließen, bis 1000 cm^2, d = bis 20 cm	St	0,750	48,60	64,60	79,45
Wanddurchbruch schließen, bis 2500 cm^2, d = bis 20 cm	St	1,000	80,50	101,00	123,10
Wanddurchbruch schließen, bis 100 cm^2, d = bis 30 cm	St	0,400	22,20	27,40	34,30
Wanddurchbruch schließen, bis 500 cm^2, d = bis 30 cm	St	0,600	45,70	56,60	66,10
Wanddurchbruch schließen, bis 1000 cm^2, d = bis 30 cm	St	0,850	68,30	85,90	98,30
Wanddurchbruch schließen, bis 2500 cm^2, d = bis 30 cm	St	1,150	101,00	132,00	160,10
Wanddurchbruch schließen, bis 100 cm^2, d = bis 40 cm	St	0,500	28,70	35,40	41,70
Wanddurchbruch schließen, bis 500 cm^2, d = bis 40 cm	St	0,700	55,50	68,50	75,50
Wanddurchbruch schließen, bis 1000 cm^2, d = bis 40 cm	St	0,900	88,30	103,00	114,50
Wanddurchbruch schließen, bis 2500 cm^2, d = bis 40 cm	St	1,200	118,50	149,00	170,50
Putzträger, 1-seitig	m^2	0,300	19,10	25,20	31,50
Putzträger, beidseitig	m^2	0,450	32,80	39,00	48,60
Wandabfangung, Außenwand	St	65,000	4.049,00	4.536,00	5.019,00

Deckendurchbrüche	**E**	**h**	**von**	**mittel**	**bis**
Deckendurchbruch, Ziegeldecke, bis 100 cm^2, d = bis 20 cm	St	0,450	20,50	26,00	32,10

© SIRADOS 01/24

Deckendurchbruch, Ziegeldecke, bis 500 cm^2, d = bis 20 cm	St	0,600	30,70	37,00	43,20
Deckendurchbruch, Ziegeldecke, bis 1000 cm^2, d = bis 20 cm	St	0,900	46,60	55,60	64,80
Deckendurchbruch, Ziegeldecke, bis 100 cm^2, d = bis 30 cm	St	0,550	27,10	33,10	38,90
Deckendurchbruch, Ziegeldecke, bis 500 cm^2, d = bis 30 cm	St	0,750	40,10	46,70	56,50
Deckendurchbruch, Ziegeldecke, bis 1000 cm^2, d = bis 30 cm	St	0,950	49,70	59,90	67,40
Deckendurchbruch, Ziegeldecke, bis 100 cm^2, d = bis 40 cm	St	0,550	28,20	34,00	41,20
Deckendurchbruch, Ziegeldecke, bis 500 cm^2, d = bis 40 cm	St	0,750	40,70	48,80	55,70
Deckendurchbruch, Ziegeldecke, bis 1000 cm^2, d = bis 40 cm	St	1,100	62,40	71,80	79,60
Deckendurchbruch schließen, Ziegeldecke, bis 100 cm^2, d = bis 20 cm	St	0,400	21,60	25,70	32,10
Deckendurchbruch schließen, Ziegeldecke, bis 500 cm^2, d = bis 20 cm	St	0,600	38,90	47,90	54,40
Deckendurchbruch schließen, Ziegeldecke, bis 1000 cm^2, d = bis 20 cm	St	0,900	59,40	73,10	90,85
Deckendurchbruch schließen, Ziegeldecke, bis 100 cm^2, d = bis 30 cm	St	0,500	27,80	33,40	40,90
Deckendurchbruch schließen, Ziegeldecke, bis 500 cm^2, d = bis 30 cm	St	0,700	51,60	63,00	74,30

Deckendurchbruch schließen, Ziegeldecke, bis 1000 cm^2, d = bis 30 cm	St	1,000	79,50	97,80	119,60
Deckendurchbruch schließen, Ziegeldecke, bis 100 cm^2, d = bis 40 cm	St	0,600	34,60	41,70	49,50
Deckendurchbruch schließen, Ziegeldecke, bis 500 cm^2, d = bis 40 cm	St	0,800	60,60	78,20	89,20
Deckendurchbruch schließen, Ziegeldecke, bis 1000 cm^2, d = bis 40 cm	St	1,200	102,50	124,50	137,00
Deckendurchbruch schließen, Brandschutzmörtel, 100-500 cm^2	St	0,900	86,60	96,70	112,50
Deckendurchbruch schließen, Brandschutzmörtel, 500-1000 cm^2	St	1,300	125,00	145,00	181,00
Restöffnung Deckendurchbruch, Brandschutzmörtel, 150/150 mm	St	1,200	91,80	110,00	133,00
Restöffnung Deckendurchbruch, Brandschutzmörtel, 200/200 mm	St	1,800	131,50	152,50	183,50
Deckendurchbruch, Holzdecke, 20/20 cm	St	0,550	31,40	36,60	43,50
Deckendurchbruch schließen, Holzdecke, 10/10 cm	St	0,250	20,40	24,70	29,30
Deckendurchbruch schließen, Holzdecke, 20/20 cm	St	0,350	29,20	34,60	41,70

Öffnungsüberdeckungen/Bögen	**E**	**h**	**von**	**mittel**	**bis**
Bogen, scheitrecht, 1/2 Stein dick, Mauerziegel Mz	St	0,900	63,90	76,60	95,60
Bogen, scheitrecht, 1 Stein dick, Mauerziegel Mz	St	1,850	117,50	136,00	164,50
Segmentbogen, äußere Leibung schräg, 1 Stein dick, Mauerziegel Mz	St	6,000	400,50	471,00	510,50

Segmentbogen, innere Leibung schräg, 1 1/2 Stein dick, Mauerziegel Mz	St	9,500	579,00	713,50	879,20
Korbbogen, 1 Stein dick, Mauerziegel Mz, erneuern	St	9,500	623,50	700,00	784,00
Stichbogen, 1 Stein dick, Mauerziegel Mz, 1,20/0,50 m	St	8,000	478,50	605,50	688,50
Rundbogen, 1 Stein dick, Mauerziegel Mz, 1,20/0,60 m	St	5,000	316,00	407,50	486,50
Rundbogen, gestelzt, 1 Stein dick, Mauerziegel Mz	St	7,500	477,00	558,00	631,50
Spitzbogen, überhöht, 1 Stein dick, Mauerziegel Mz	St	10,000	637,00	712,50	804,00
Spitzbogen, gleichseitig, 1 Stein dick, Mauerziegel Mz	St	10,000	628,50	725,00	825,00
Spitzbogen, gedrückt, 1 Stein dick, Mauerziegel Mz	St	10,000	624,50	725,00	807,50
Parabelbogen, 1 Stein dick, Mauerziegel Mz	St	10,000	643,50	739,00	829,00
Tudorbogen, 1 Stein dick, Mauerziegel Mz	St	10,000	615,50	714,00	799,50
Zackenbogen, 1 Stein dick, Mauerziegel Mz	St	10,000	661,50	745,00	851,00
Vorhangbogen, 1 Stein dick, Mauerziegel Mz	St	10,000	646,50	740,00	838,00
Öffnungsüberdeckung, Lichte Breite bis 1,50 m, Wanddicke bis 30 cm	St	4,500	246,50	320,50	372,50
Öffnungsüberdeckung, Lichte Breite bis 1,50 m, Wanddicke bis 49 cm	St	8,000	461,50	575,00	673,00
Öffnungsüberdeckung, Lichte Breite bis 3,00 m, Wanddicke bis 30 cm	St	10,000	592,50	702,50	773,50
Mauerziegel, Bogenkonstruktion, erneuern	St	0,200	13,20	17,60	21,90
Sturz, gerade, Naturwerkstein, mit seitlichem Auflager	m	2,600	133,50	175,50	218,50
Sturz, gerade, Naturwerkstein, mit schrägem Auflager	m	2,500	133,50	167,00	198,50
Bogen, scheitrecht, Naturwerkstein, gerade Lagerfugen	m	2,500	134,00	169,50	198,50
Rundbogen, Naturwerkstein, bogenförmige Rückenlinie	St	2,000	202,50	269,50	335,00
Rundbogen, Naturwerkstein, überhöhte Rückenlinie	St	2,100	219,50	283,00	339,00

Segmentbogen, Naturwerkstein, bogenförmige Rückenlinie	St	1,800	254,00	308,50	343,00
Segmentbogen, Naturwerkstein, gerade Rückenlinie	St	1,800	229,50	288,00	341,00

Stürze, Träger, Sparren aus-/übermauern	**E**	**h**	**von**	**mittel**	**bis**
Auflager Stahlträger schließen	St	0,400	29,70	39,60	49,40
Auflager für Ziegelsturz ausbessern	St	0,650	44,70	55,00	64,20
Sturz versetzen, Beton/Ziegel	St	2,000	102,00	123,00	134,00
Sturzauflager stemmen, Wanddicke bis 13 cm	St	0,550	35,60	44,50	55,70
Sturzauflager stemmen, Wanddicke bis 25 cm	St	0,700	46,60	59,60	72,70
Sturzauflager stemmen, Wanddicke bis 40 cm	St	0,900	59,60	75,20	90,60
Türsturz erneuern, Wanddicke bis 12 cm	St	0,850	70,90	86,70	98,90
Türsturz erneuern, Wanddicke bis 24 cm	St	1,300	115,00	134,50	157,50
Türsturz anheben, Wanddicke bis 12 cm	St	1,100	85,50	113,00	127,00
Türsturz anheben, Wanddicke bis 24 cm	St	2,000	161,00	191,00	233,50
Fertigteilsturz einbauen, LB 101 cm, 36,5 cm	St	0,350	49,70	62,40	74,00
Fertigteil-Dämmsturz, Lichte Breite 101, Dicke 24 cm	St	0,280	28,70	37,40	42,80
Sturz, gedämmt, Ziegel, d = 30,0 cm, LB = 101 cm	St	0,300	58,70	64,10	73,50
Sturz, gedämmt, Ziegel, d = 36,5 cm, LB = 101 cm	St	0,450	69,50	77,00	87,70
Stahlsturz instand setzen	m	1,300	103,00	138,00	161,00
Stahlsturz einbauen, Lichte Breite bis 100 cm, Wanddicke bis 25 cm	St	1,800	132,50	176,50	199,50
Stahlsturz einbauen, Lichte Breite bis 100 cm, Wanddicke bis 38 cm	St	3,400	220,50	280,00	338,50
Stahlsturz einbauen, Lichte Breite bis 200 cm, Wanddicke bis 25 cm	St	2,000	163,50	208,00	235,50

 © SIRADOS 01/24

Stahlsturz einbauen, Lichte Breite bis 200 cm, Wanddicke bis 49 cm	St	3,800	295,00	369,50	434,50
Deckenbalken nachträglich abmauern, Planstein (PP), d = 17,5 cm	m	0,520	30,00	35,40	41,30
Rollladenkasten ausmauern, mit Ziegelsturz	St	2,700	188,50	246,50	297,00

Pfeiler/Stützen	**E**	**h**	**von**	**mittel**	**bis**
Stützpfeiler ausbessern, Ziegelsteine, bis 25/38 cm	m	1,000	59,10	74,40	83,90
Stützpfeiler ausbessern, Ziegelsteine, bis 55/55 cm	m	1,900	125,00	149,50	171,00
Mauerwerkspfeiler, Mauerziegel Mz, bis 25/25 cm	m	0,400	39,50	47,40	51,50
Mauerwerkspfeiler, Mauerziegel Mz, bis 38/25 cm	m	0,550	56,60	63,60	75,10
Mauerwerkspfeiler, Mauerziegel Mz, bis 38/38 cm	m	0,750	71,60	87,70	102,00
Mauerwerkspfeiler, Mauerziegel Mz, bis 51/51 cm	m	1,600	132,50	163,00	191,00
Mauerwerkspfeiler, Vormauerziegel VMz, bis 24/24 cm	m	0,400	55,80	65,20	76,90
Mauerwerkspfeiler, Vormauerziegel VMz, bis 36,5/24 cm	m	0,600	80,30	91,90	110,00
Mauerwerkspfeiler, Vormauerziegel VMz, bis 36,5/36,5 cm	m	0,800	103,00	126,00	149,50
Mauerwerkspfeiler, Vormauerziegel VMz, bis 49/49 cm	m	1,600	152,50	187,00	233,50
Mauerwerkspfeiler, Vollklinkersteine KK, bis 24/24 cm	m	0,400	61,40	71,40	85,60
Mauerwerkspfeiler, Vollklinkersteine KK, bis 36,5/24 cm	m	0,600	84,70	104,50	118,50
Mauerwerkspfeiler, Vollklinkersteine KK, bis 36,5/36,5 cm	m	0,850	119,00	144,00	180,00
Mauerwerkspfeiler, Vollklinkersteine KK, bis 49/49 cm	m	1,650	183,50	218,50	272,50

Boden	**E**	**h**	**von**	**mittel**	**bis**
Ziegelpflaster erneuern	m^2	1,000	56,70	68,30	79,10
Ziegelpflaster, flach, Läuferverband, Keramik-Vollklinker KK, NF	m^2	0,800	44,00	56,00	65,60

Ziegelpflaster, flach, Läuferverband, mit Rand, Keramik-Vollklinker KK, NF	m^2	0,800	52,20	58,80	68,50
Ziegelpflaster, hochkant, Läuferverband, Keramik-Vollklinker KK, NF	m^2	0,950	74,60	88,10	101,00
Ziegelpflaster, hochkant, Läuferverband, mit Rand, Keramik-Vollklinker KK	m^2	0,950	84,10	91,80	106,00
Ziegelpflaster, doppelt flach, Rollschicht als Rand, Keramik-Vollklinker KK	m^2	1,200	101,50	114,50	135,00
Ziegelpflaster, flach, Acoltello	m^2	1,100	129,50	156,50	187,00

Gewölbe	**E**	**h**	**von**	**mittel**	**bis**
Deckenbalkenauflager stemmen, b/h/t = 200/200/200 mm	St	0,300	35,30	41,70	47,20
Preußische Kappendecke reparieren	m^2	1,000	51,60	68,70	80,80
Kappengewölbe flach, 1/2 Stein dick, Mauerziegel Mz	m^2	4,400	247,50	311,50	379,00
Kappengewölbe flach, 1 Stein dick, Mauerziegel Mz	m^2	5,500	361,50	414,50	483,00
Öffnung in Kappengewölbe, 30/30 cm	St	1,300	100,00	119,00	134,00
Kappengewölbe flach, 1 Stein dick, Vormauervollziegel VMz	m^2	6,000	377,50	451,00	527,50
Kappengewölbe, flach, 1/2 Stein dick, Mauerziegel Mz, mit Verstärkungsrippen	m^2	5,000	313,00	354,00	420,00
Kappengewölbe, flach, 1 Stein dick, Mauerziegel Mz, mit Verstärkungsrippen	m^2	6,000	403,50	479,50	550,00
Tonnengewölbe, 1/2 Stein dick, Mauerziegel Mz	m^2	3,500	223,00	272,00	339,50
Tonnengewölbe, 1/2 Stein dick, Mauerziegel Mz, reparieren	m^2	1,300	75,40	94,30	107,00
Tonnengewölbe, 1 Stein, Mauerziegel Mz	m^2	5,800	378,50	463,00	513,00

 © SIRADOS 01/24

Tonnengewölbe, 1 Stein dick, Mauerziegel Mz, reparieren	m^2	2,300	117,50	154,00	175,00
Tonnengewölbe, 1 1/2 Stein dick, Mauerziegel Mz	m^2	7,200	448,50	586,50	726,80
Kloster-Gewölbe, 1 Stein dick, Mauerziegel Mz	m^2	7,000	473,50	544,50	643,50
Kreuzgewölbe, 1/2 Stein dick, Mauerziegel Mz	m^2	4,400	344,50	389,50	455,50
Kreuzgewölbe, 1/2 Stein dick, Mauerziegel Mz, reparieren	m^2	1,400	83,00	108,50	125,50
Kreuzgewölbe, 1 Stein dick, Mauerziegel Mz	m^2	6,900	517,50	607,00	668,50
Kreuzgewölbe, 1 Stein dick, Mauerziegel Mz, reparieren	m^2	2,800	154,00	192,00	239,50
Gewölbe-Stichkappe, zylindrisch, 1 Stein dick, Mauerziegel Mz	m^2	8,000	536,00	610,00	700,00
Gewölbe-Stichkappe, kugelig, 1 Stein dick, Mauerziegel Mz	m^2	8,000	536,00	604,00	700,00
Gewölbe-Stichkappe, kegelförmig, 1 Stein dick, Mauerziegel Mz	m^2	8,000	527,50	623,50	697,50

Treppen	**E**	**h**	**von**	**mittel**	**bis**
Blockstufen abbrechen, Beton	m	0,700	48,40	56,80	69,00
Kellertreppe erneuern, Mauerwerk	St	6,000	663,00	722,00	815,00
Treppenstufe, Estrich erneuern	St	1,000	65,90	74,20	82,00
Stufe, Vollklinkermauerziegel KMz, gemauert, gerade, 18,7/26,6/90 cm	St	1,200	80,00	94,80	108,50
Stufe, Vollklinkermauerziegel KMz, gemauert, gewendelt, 18,7/26,6/90 cm	St	1,500	96,00	108,50	128,50
Stufe, Vollklinkermauerziegel KMz, gemauert, gerade, 20/20/90 cm	St	1,200	77,20	98,10	113,00

Stufe, Vollklinkermauerziegel KMz, gemauert, gerade, 20/24/90 cm	St	1,400	90,80	112,50	132,00
Eingangspodest, Klinker, 2,0/3,5 m	St	15,000	1.003,00	1.184,00	1.476,00

Einbauteile	**E**	**h**	**von**	**mittel**	**bis**
Lüftungsgitter einbauen, b/h = 30/30 cm	St	0,850	61,10	68,60	77,20
Lüftungsgitter einbauen, b/h = 30/50 cm	St	0,900	64,10	74,00	82,10
Konsolen einbauen, b/h/t = 10/10/15 cm	St	0,250	23,90	30,40	38,10
Konsolen einbauen, b/h/t = 15/15/20 cm	St	0,250	26,90	33,80	39,50

Sichtmauerwerk, Fugen	**E**	**h**	**von**	**mittel**	**bis**
Verfugung Sicht-Mauerwerk ausbessern, 67-100 %	m^2	1,800	95,10	114,00	131,50
Verfugung Sicht-Mauerwerk erneuern	m^2	2,000	109,50	129,50	160,50
Außenmauerwerk, Fugen erneuern	m^2	0,750	34,90	43,60	53,10
Mauerwerk, Fugen erneuern, Gewölbe	m^2	1,100	54,30	69,70	84,60
Fugen erneuern, Gewölbe, Naturstein	m^2	0,900	49,40	57,00	71,20
Neuverfugen, Sicht-Mauerwerk, Alt-Mauerwerk, Reichsformat	m^2	0,450	25,20	31,60	36,50
Neuverfugen, Sicht-Mauerwerk, Alt-Mauerwerk, Oldenburger Format	m^2	0,550	31,40	37,40	44,30
Neuverfugen, Sicht-Mauerwerk, Alt-Mauerwerk, Klosterformat	m^2	0,400	23,30	28,50	35,40

Stabilisierung Mauerwerk, Anker	**E**	**h**	**von**	**mittel**	**bis**
Lagerfugen aufstemmen, Rissüberbrückung	m	0,200	9,60	11,90	14,90
Bohrung für Mauerwerk-Anker, BohrDurchmesser 30 mm	m	0,800	80,20	91,90	109,50

Bohrung für Mauerwerk-Anker, BohrDurchmesser 60 mm	m	1,500	111,50	135,50	169,00
Vernadelung Natursteinmauerwerk, Edelstahl, 10 mm	St	0,300	16,10	21,50	26,80
Spannanker für Mauerwerk, Edelstahl, Durchmesser 15 mm	m	0,350	34,40	43,60	53,60
Widerlager für Spannanker, Außenbereich	m	0,600	52,60	63,00	78,60
Widerlager für Spannanker, Innenbereich	m	0,600	48,00	58,80	66,20
Spiralanker Edelstahl, Rissüberbrückung, Durchmesser 6 mm	St	0,370	38,80	47,40	57,30
Spiralanker Edelstahl, Rissüberbrückung, Durchmesser 8 mm	St	0,370	43,40	53,60	64,30
Verpressanker Edelstahl, Durchmesser 12 mm	m	0,400	34,80	42,50	49,80
Verpressanker Edelstahl, Durchmesser 16 mm	m	0,450	41,00	50,80	57,00
Verpressanker Edelstahl, mit Kopfplatte, Durchmesser 12 mm, AnkerLänge 100 cm	St	0,300	40,90	49,20	59,00
Verpressanker Edelstahl, mit Kopfplatte, Durchmesser 12 mm, AnkerLänge 300 cm	St	0,450	84,80	101,50	121,00
Kopfplatten für Verpressanker	St	0,150	14,40	18,40	21,30
Injektionsstutzen setzen, Loch vermörteln	St	0,100	9,04	11,70	14,50

Rissesanierung/Hohlraumfüllung	**E**	**h**	**von**	**mittel**	**bis**
Risse in Mauerwerk ausräumen, reinigen	m	0,230	13,60	15,90	19,00
Bohrung in Rissen, 30 mm	m	0,850	84,90	98,50	115,00
Einpressstutzen einbauen	St	0,250	17,70	20,30	24,60
Mauerhohlräume bewässern	St	0,800	38,30	46,50	53,40
Risse in Mauerwerk, Injektionsverfahren	m	0,700	39,50	49,60	55,60
Injektion Mauerwerks, < 1 t, Verpressung	kg	0,030	2,75	3,70	4,60

Injektion Mauerwerk, < 2 t, Verpressung	kg	0,030	2,80	3,80	4,70
Injektion Mauerwerk, > 2 t, Verpressung	kg	0,030	2,80	3,75	4,65
Pflanzenwuchsschäden ausbessern, Mauerwerk	n.A.	0,600	31,80	39,50	47,30
Mauerverzahnungen gerissen, ausbessern	m^2	0,600	41,60	49,50	56,80
Mauerwerksrisse mit Quellzement ausbessern	m	0,750	38,70	46,70	56,20
Mauerwerksrisse ausspritzen, 5-25 mm	m	0,450	28,90	35,40	44,20

Schimmelpilz-Sanierung	**E**	**h**	**von**	**mittel**	**bis**
Schimmelflächen vorbereiten, reinigen	m^2	0,080	3,70	4,60	5,70
Fungizid, auf befallenes Bauteil	m^2	0,050	2,65	3,55	4,45
Desinfektion, Schimmelpilz-Sanierung	m^2	0,070	4,95	6,25	7,80
Calcium-Silikatplatten, Schimmelpilz-Sanierung, 30 mm	m^2	0,300	68,00	79,00	95,20
Calcium-Silikatplatten, Schimmelpilz-Sanierung, 50 mm	m^2	0,350	83,10	96,80	118,00
Calcium-Silikatplatten, Schimmelpilz-Sanierung, 20 mm, Leibungsflächen	m	0,200	21,20	27,20	32,80

Kernbohrung/Sägen	**E**	**h**	**von**	**mittel**	**bis**
Kernbohrung, Mauerwerk, Durchmesser 10-50 mm	m	0,900	90,30	108,50	135,00
Kernbohrung, Mauerwerk, Durchmesser 55-80 mm	m	1,400	116,00	143,00	173,50
Kernbohrung, Mauerwerk, Durchmesser 85-110 mm	m	2,000	152,50	182,50	216,00
Kernbohrung, Mauerwerk, Durchmesser 115-130 mm	m	2,400	167,00	211,00	247,50
Kernbohrung, Mauerwerk, Durchmesser 100-150 mm	m	2,800	190,00	237,00	268,50
Kernbohrung, Mauerwerk, Durchmesser 150-200 mm	m	3,300	228,50	283,00	328,00
Kernbohrung, Mauerwerk, Durchmesser 220 mm	m	3,600	259,00	311,50	368,00
Kernbohrung, Mauerwerk, Durchmesser 250 mm	m	3,700	291,50	339,00	393,00
Kernbohrung, schräg, Zulage	St	0,500	28,50	35,20	42,20

© SIRADOS 01/24

Kernbohrung, Natursteinmauerwerk, 22/250 mm	St	0,400	38,50	47,50	57,30
Mauerwerk schneiden, Tiefe bis 36 cm	m	1,300	85,60	100,50	125,50
Mauerwerk schneiden, Tiefe bis 43 cm	m	1,600	101,50	122,50	150,50
Mauerwerk schneiden, Tiefe bis 17,5 cm	m	0,850	49,00	60,40	71,60
Mauerwerk schneiden, Tiefe bis 24 cm	m	0,980	74,75	93,30	111,20
Baustelleneinrichtung, Bohr- und Sägearbeiten	psch		177,00	208,50	249,00
Bohreinrichtung geschossweise umsetzen	psch		63,60	69,10	86,30
Bohreinrichtung gebäudeweise umsetzen	psch		77,70	89,60	112,50

Maueraustausch/Steinersatz	**E**	**h**	**von**	**mittel**	**bis**
Steinersatz Naturwerkstein, bis 50/30/30 cm	St	0,400	64,10	76,00	89,30
Steinersatz gemauerte Wände	St	0,170	11,90	15,80	19,00
Mauerwerksaustausch, Misch-Mauerwerk, bis 1,0 m^2	m^3	8,000	719,50	805,50	918,50
Mauerwerksaustausch, Misch-Mauerwerk, über 1,0 m^2	m^3	8,000	705,00	781,50	886,00
Steinantragung Mauerwerk, Ersatzmasse	St	3,170	266,50	307,00	342,50
Steinersatz, Verblendmauerwerk, Reichsformat RF	St	0,200	26,20	30,60	35,70
Steinersatz, Verblendmauerwerk, zusammenhängende Fläche	St	4,500	255,50	306,50	344,00

Sonstige Leistungen	**E**	**h**	**von**	**mittel**	**bis**
Halter für Fenster-Klappladen erneuern	St	0,400	24,80	30,10	34,90
Türhaken erneuern	St	0,400	25,90	32,00	37,40
Handlaufhalter mit Rosette einbauen	St	0,450	22,80	30,30	35,60
Anschlagschiene, Metall, neu befestigen	m	0,750	53,10	58,70	66,20
Handlauf neu befestigen	m	0,300	14,80	18,50	22,00
Lichtschachtgitter mit Rahmen einbauen	St	2,600	122,00	154,50	190,30

Abhebesicherung einbauen	St	0,350	21,30	25,70	32,10
Fußabstreifer, Metall, mit Bodenwanne	St	0,600	92,20	104,00	123,50
Fußabstreifer, Metall/Gummi	St	0,400	34,40	42,70	53,40
Fußabstreifer, Metall/Sisal	St	0,400	38,90	45,50	51,60

13122 Trockenlegung erdberührter Bauteile

Voruntersuchungen/Prüfungen	E	h	von	mittel	bis
Probenahme durch Ausbrechen, Mauerwerk	St	0,270	13,70	17,90	22,30
Salzgehalt bestimmen	St	1,200	73,50	85,40	96,50

Vorbereitende Arbeiten	E	h	von	mittel	bis
Kelleraußenwände freilegen, Hand/Maschine	m^2	1,400	63,80	82,70	101,50
Kelleraußenwände freilegen, Handaushub	m^2	3,000	154,00	177,50	212,00
Außenputz abschlagen, lose haftend	m^2	0,270	11,00	14,60	18,30
Außenputz abschlagen, fest	m^2	0,550	23,90	29,80	34,20
Beschichtungen entfernen	m^2	0,600	23,70	30,70	36,30
Hinterfüllung, Filterkies, nach Sanierung	m^3	0,250	30,70	36,40	45,10
Hinterfüllung, Lagermaterial, Fundamente	m^3	0,400	18,40	22,70	27,70
Hinterfüllung, Lagermaterial, Außenmauerwerk	m^3	0,400	18,40	22,70	28,40

Untergrundvorbereitung	E	h	von	mittel	bis
Wandflächen reinigen, abbürsten	m^2	0,220	8,95	11,20	14,00
Trockenstrahlen, Flächenreinigung	m^2	0,200	12,00	16,10	20,10
Trockenstrahlen, Beschichtungen entfernen	m^2	0,220	16,10	19,60	24,40
Trockenstrahlen, mehrlagige Beschichtungen, entfernen	m^2	0,300	22,40	26,30	32,00
Feuchtnebelstrahlen, Flächenreinigung	m^2	0,200	13,10	15,80	19,60

Flächenreinigung, Druckluftnadelhammer	m^2	0,200	14,50	18,20	22,70
Untergrund aufrauen, Druckluftnadelhammer	m^2	0,250	17,00	19,90	23,10

Abdichtung Wände, Blech, Bahnen	**E**	**h**	**von**	**mittel**	**bis**
Stahlbleche einrammen, MauerDicke bis 13 cm	m	0,600	51,75	65,60	77,80
Stahlbleche einrammen, MauerDicke bis 25 cm	m	0,700	77,30	91,10	109,50
Stahlbleche einrammen, MauerDicke bis 38 cm	m	0,850	107,50	127,50	149,50
Stahlbleche einrammen, MauerDicke bis 50 cm	m	1,000	144,00	170,50	205,00
Stahlbleche einrammen, MauerDicke bis 70 cm	m	1,300	187,00	221,50	264,50
Stahlbleche einrammen, MauerDicke bis 100 cm	m	1,900	254,00	300,50	359,50

Abdichtung Wände, Sägen	**E**	**h**	**von**	**mittel**	**bis**
Horizontalsperre, Maueraustausch, bis 13 cm	m	1,500	90,80	102,00	122,00
Horizontalsperre, Maueraustausch, bis 25 cm	m	2,300	130,00	164,00	204,50
Horizontalsperre, Maueraustausch, bis 38 cm	m	3,300	165,50	220,50	275,50
Horizontalsperre, Maueraustausch, bis 50 cm	m	4,000	206,00	274,50	342,00
Horizontalsperre, Maueraustausch, bis 70 cm	m	6,300	367,50	434,00	519,50
Horizontalsperre, Maueraustausch, bis 100 cm	m	9,600	523,50	670,50	794,00
Mauersägen, weiches Mauerwerk, bis 13 cm	m	0,650	45,30	55,30	65,70
Mauersägen, weiches Mauerwerk, bis 25 cm	m	0,850	69,50	78,50	89,80
Mauersägen, weiches Mauerwerk, bis 38 cm	m	0,900	87,30	101,50	126,00
Mauersägen, weiches Mauerwerk, bis 50 cm	m	1,500	116,50	145,50	172,00
Mauersägen, weiches Mauerwerk, bis 70 cm	m	2,100	174,00	224,50	273,00
Mauersägen, weiches Mauerwerk, bis 100 cm	m	2,950	262,50	324,00	391,00
Mauersägen, mittelhartes Mauerwerk, bis 13 cm	m	0,800	60,70	72,60	88,90
Mauersägen, mittelhartes Mauerwerk, bis 25 cm	m	1,000	87,30	103,50	124,00

Mauersägen, mittelhartes Mauerwerk, bis 38 cm	m	1,300	119,00	139,00	173,50
Mauersägen, mittelhartes Mauerwerk, bis 50 cm	m	1,800	152,50	197,00	244,50
Mauersägen, mittelhartes Mauerwerk, bis 70 cm	m	2,400	219,50	276,50	345,50
Mauersägen, mittelhartes Mauerwerk, bis 100 cm	m	3,500	356,50	419,50	522,00
Mauersägen, hartes Mauerwerk, bis 13 cm	m	1,100	78,60	95,10	119,50
Mauersägen, hartes Mauerwerk, bis 25 cm	m	1,600	118,00	145,50	182,00
Mauersägen, hartes Mauerwerk, bis 38 cm	m	2,100	152,50	198,00	245,50
Mauersägen, hartes Mauerwerk, bis 50 cm	m	2,800	216,00	275,50	344,00
Mauersägen, hartes Mauerwerk, bis 70 cm	m	3,700	329,50	392,00	489,50
Mauersägen, hartes Mauerwerk, bis 100 cm	m	4,700	426,50	508,00	635,00
Maueraustausch von Hand, Querwand	m	2,900	152,00	178,50	202,00
Mauertrennung, Querwand	m	1,700	94,40	112,50	134,50

Abdichtung Wände, Injektionen	**E**	**h**	**von**	**mittel**	**bis**
Hohlraumverfüllung, Zementsuspension	kg	0,200	16,50	20,00	22,80
Druckinjektage, Mauerwerk-Sanierung, PUR-Harz	kg	0,120	21,80	25,80	32,20
Bohrlochinjektion, Niederdruckverfahren, Mauerwerk, bis 13 cm	m	0,600	43,00	49,70	62,10
Bohrlochinjektion, Niederdruckverfahren, Mauerwerk, bis 25 cm	m	1,000	76,40	92,40	111,50
Bohrlochinjektion, Niederdruckverfahren, Mauerwerk, bis 38 cm	m	1,200	92,40	112,00	140,50
Bohrlochinjektion, Niederdruckverfahren, Mauerwerk, bis 50 cm	m	1,600	122,00	147,00	184,00
Bohrlochinjektion, Niederdruckverfahren, Mauerwerk, bis 70 cm	m	2,100	150,50	188,00	235,00

Bohrlochinjektion, Niederdruckverfahren, Mauerwerk, bis 100 cm	m	3,000	228,50	277,50	346,50
Bohrlochtränkung, bis 13 cm	m	0,800	71,30	83,40	95,70
Bohrlochtränkung, bis 25 cm	m	1,200	85,80	103,00	125,00
Bohrlochtränkung, bis 38 cm	m	1,700	114,50	144,00	171,50
Bohrlochtränkung, bis 50 cm	m	2,100	139,50	180,50	216,00
Bohrlochtränkung, bis 70 cm	m	2,500	176,00	228,50	282,00
Bohrlochtränkung, bis 100 cm	m	2,800	228,50	275,50	343,50
Bohrlochinjektion, Handpresse, 18 cm	m	0,700	48,90	59,70	71,30
Bohrlochinjektion, Handpresse, 25 cm	m	0,800	58,30	69,70	83,00
Vertikalsperre durch Injektion, Querwand	m	0,900	61,70	70,30	83,00
Schleierinjektion, Vertikalabdichtung	m^2	1,700	187,00	236,00	295,00
Flächeninjektion, Vertikalabdichtung, 38 cm	m^2	1,800	241,50	307,00	371,50
Flächeninjektion, Vertikalabdichtung, 50 cm	m^2	2,100	306,00	376,50	447,00

Entsorgung/Deponierung	**E**	**h**	**von**	**mittel**	**bis**
Container 7 m^3, nicht schadstoffbelasteter Abfall	StWo		204,00	242,50	289,00
Container 7 m^3, schadstoffbelasteter Abfall	StWo		417,50	515,50	619,50
Container vorhalten, 7 m^3	d		7,35	8,90	11,00
Container geschlossen, vorhalten, 7 m^3	d		8,40	9,75	12,00
Deponiegebühren, nicht schadstoffbelasteter Abfall	t		137,00	167,00	199,00
Deponiegebühren, schadstoffbelasteter+D1744 Abfall	t		255,50	340,50	403,50

313 Betonarbeiten

13131 Renovierung, Instandsetzung

Vorbereitende Arbeiten	E	h	von	mittel	bis
Bauschutt unter Kellerboden lösen, entsorgen	m^3	2,100	118,30	140,90	157,10
Leerrohr, Kunststoff, unter Bodenplatte, DN 100	m	0,750	42,05	48,15	52,30

Demontage/Abbruch	E	h	von	mittel	bis
Kellerlichtschacht, Stahlbeton, abbrechen	St	2,000	162,80	197,50	225,00
Fundamentabbruch, Beton, unbewehrt, ohne Keller	m^3	10,000	519,60	616,50	722,00
Fundament, Stahlbeton, abbrechen	m^3	30,000	1.430,00	1.814,00	2.237,00
Einzelfundament, Keller, abbrechen, entsorgen	m^3	35,000	1.649,00	2.048,00	2.551,00
Einzelfundament außen, abbrechen, entsorgen	m^3	1,000	130,00	157,10	187,40
Ofenfundament bewehrt, abbrechen, entsorgen, Dicke 0,15 m	m^3	12,500	611,50	753,00	896,50
Kellerböden, Stahlbeton, abbrechen	m^3	25,000	1.210,00	1.460,00	1.672,00
Kellerböden, Beton, unbewehrt, abbrechen	m^2	2,000	103,20	120,20	140,00
Kellerfußboden, Beton, unbewehrt, abbrechen, Dicke 20-30 cm	m^2	3,000	159,60	196,90	229,50
Außentreppenstufen, Beton, abbrechen	St	4,000	197,40	228,40	259,40
Kelleraußenwände, Beton, abbrechen	m^3	15,000	735,50	883,10	1.046,00
Kelleraußenwände, Stahlbeton, abbrechen	m^3	35,000	1.768,00	2.059,00	2.382,00
Balkon, Stahlbeton, abbrechen, bis 3,00/1,50 m	St	8,000	722,90	897,20	1.072,00
Außenwände, Stahlbeton, abbrechen	m^3	30,000	1.472,00	1.675,00	1.994,00
Innenwände, Stahlbeton, abbrechen, bis 15 cm	m^3	28,000	1.450,00	1.678,00	1.926,00

 © SIRADOS 01/24

Innenwände, Stahlbeton, abbrechen, 15-25 cm	m^3	30,000	1.486,00	1.786,00	1.990,00
Stahlbetonstützen abbrechen	m^3	40,000	1.928,00	2.334,00	2.757,00
Stahlbetonstützen abbrechen, 24/24 cm	m	2,500	104,10	132,40	155,50
Stahlbetonstützen abbrechen, 40/25 cm	m	4,000	199,30	241,00	277,90
Betonbelag, Dachboden, abbrechen	m^2	1,250	61,90	75,50	88,60
Geschossdecke, Stahlbetonhohldielen, mit Aufbau, abbrechen	m^2	7,500	354,60	423,30	497,10
Geschossdecke, Stahlbetonhohldielen, ohne Aufbau, abbrechen	m^2	3,500	167,40	199,70	234,30
Geschossdecke, Stahlbeton, abbrechen	m^3	32,500	1.576,00	1.929,00	2.143,00
Geschossdecke, Stahlbeton, abbrechen, mit Aufbau	m^3	30,000	1.453,00	1.727,00	2.016,00
Geschossdecke, Hohlkörpersteine, abbrechen	m^3	20,000	1.025,00	1.243,00	1.440,00
Stürze, Unterzüge, abbrechen	m^3	50,000	2.463,00	2.826,00	3.220,00
Stahlbetontreppen abbrechen	St	40,000	2.066,00	2.470,00	2.820,00
Betonblockstufen, gerade, abbrechen	m	1,550	81,35	97,35	112,30
Betonblockstufen, Keilstufen, abbrechen	m	1,650	78,85	94,55	112,60

Baubegleitende Arbeiten	**E**	**h**	**von**	**mittel**	**bis**
Fundament-Verfestigung, Betonschalen	m^2	1,500	80,05	94,35	110,20
Loch in Fundament, Versorgungsleitung, Durchmesser 10 cm, Breite 50 cm	St	0,900	123,90	152,00	175,40

Gründungsbauteile	**E**	**h**	**von**	**mittel**	**bis**
Kiesfilterschicht, bis 15 cm	m^2	0,250	16,25	19,95	23,75
Sauberkeitsschicht, Kies/Sand, 5-15 cm, innen	m^2	0,120	8,99	10,90	13,00
Sauberkeitsschicht, C8/10, 5-10 cm, innen	m^2	0,200	17,40	21,05	24,75

Trennlage, PE-Folie 0,5 mm	m^2	0,030	2,75	3,08	3,63
Füllbeton, C8/10, unbewehrt, innen	m^3	2,000	182,60	217,30	255,40
Fundament, C12/15, gegen Erdreich, innen	m^3	2,250	210,00	255,90	288,40
Fundament, Stahlbeton, C20/25, gegen Erdreich, innen	m^3	2,250	215,00	259,30	307,40
Streifenfundament, C12/15, unbewehrt, innen	m^3	2,000	213,40	250,90	293,40
Streifenfundament, Stahlbeton, C20/25, innen	m^3	2,000	213,40	259,30	300,70
Einzelfundament, C12/15, unbewehrt, innen	m^3	2,500	224,00	264,30	309,10
Einzelfundament, C20/25, Stahlbeton, innen	m^3	2,500	229,00	271,00	314,20
Köcherfundament, C20/25, Stahlbeton, innen	m^3	2,750	230,70	280,00	334,90
Streifenfundament, C12/15, Verbreiterung, innen	m^3	2,950	255,90	313,00	369,00
Streifenfundament, C12/15, Vertiefung, innen	m^3	3,250	255,90	318,10	379,70
Fundamentergänzung, C12/15, Sohlbereich	m^3	10,000	517,30	620,10	726,10
Loch in Fundament schließen, Masse 0,20 m^3	St	2,000	102,30	125,10	143,60

Bewehrung	**E**	**h**	**von**	**mittel**	**bis**
Betonstabstahl, B500B, bis 10 mm	t	16,000	1.584,00	1.937,00	2.235,00
Betonstabstahl, B500B, 12-14 mm	t	12,000	1.346,00	1.637,00	1.913,00
Betonstabstahl, B500B, über 14 mm	t	8,000	1.206,00	1.481,00	1.705,00
Bewehrung, Betonstahlmatte, B500B	t	10,000	1.299,00	1.648,00	1.967,00
Betonstabstahl und Betonstahlmatten	t	10,000	1.306,00	1.577,00	1.873,00
Betonstahl-Unterstützungskörbe	kg	0,025	3,83	4,35	5,19
Bewehrungsstoß geschraubt, Durchmesser 20-28 mm	St	0,350	36,30	42,75	50,75
Bewehrungsstahl im Gebäude, manuell transportieren	t	2,900	118,90	143,60	167,10
Betonstahl schneiden	cm^2	0,120	5,99	7,28	8,06

© SIRADOS 01/24

Erdberührte Bauteile	E	h	von	mittel	bis
Frostriegel, Stahlbeton, C20/25, gegen Erdreich	m^3	1,250	165,30	205,20	245,70
Frostriegel, Stahlbeton, C20/25	m^3	1,250	169,30	205,80	244,50
Fundamentabtreppung, Stahlbeton, C20/25	m^3	1,750	186,40	232,60	271,30
Sohlplatte, Stahlbeton, C20/25, Köcherfundament	m^3	1,500	182,40	221,20	263,90
Köcherfundament, Stahlbeton, C20/25, außen	m^3	1,300	179,60	218,90	260,90

Außenwände	E	h	von	mittel	bis
Außenwand, C12/15, Beton unbewehrt, Dicke 30 cm	m^2	0,210	47,05	55,45	63,40
Konsolenband C25/30, Stahlbeton, 15/20 cm	m	0,149	10,50	12,80	15,35
Linienkonsole C25/30, Stahlbeton, 24/30 cm	m	0,233	19,90	23,45	26,15

Innenwände	E	h	von	mittel	bis
Innenwand, C20/25, Stahlbeton, Dicke 15 cm	m^2	0,110	25,65	30,35	34,40
Innenwand, C20/25, Stahlbeton, Dicke 20 cm	m^2	0,123	30,50	37,10	41,95
Innenwand, C20/25, Stahlbeton, Dicke 25 cm	m^2	0,143	36,70	45,75	53,20

Aussparungen/Schlitze	E	h	von	mittel	bis
Wandschlitze, Beton, 10/10 cm, herstellen und schließen	m	0,550	31,75	38,00	45,25
Wand-/Deckenschlitze, Beton, 10/5 cm	m	0,450	26,10	30,15	35,35
Wanddurchbrüche, Stahlbeton, 20/20 cm	St	1,200	76,45	87,45	104,10

Ringanker/Öffnungsüberdeckungen	E	h	von	mittel	bis
Ringanker Stahlbeton, C20/25, nachträglich, 24/24 cm	m	0,850	47,75	56,30	61,95

Deckendurchbrüche	**E**	**h**	**von**	**mittel**	**bis**
Deckendurchbruch, Stahlbeton, herstellen, 30/10 cm, d = 20 cm	St	0,900	47,35	55,15	63,40
Deckendurchbruch, Stahlbeton, herstellen, 20/20 cm, d = 20 cm	St	0,900	48,00	56,05	63,30
Deckendurchbruch, Stahlbeton, herstellen, 50/20 cm, d = 20 cm	St	1,500	74,65	91,65	104,80
Deckendurchbruch, Stahlbeton, schließen, 30/10 cm, d = 20 cm	St	0,250	20,65	23,75	27,65
Deckendurchbruch, Stahlbeton, schließen, 20/20 cm, d = 20 cm	St	0,250	20,75	24,10	27,95
Deckendurchbruch, Stahlbeton, schließen, 50/20 cm, d = 20 cm	St	0,500	36,60	44,95	52,05
Deckendurchbruch, Stahlbeton, schließen, 50/50 cm, d = 24 cm	St	0,700	61,00	72,25	80,80
Treppenloch, Beton, schließen, 150/90 cm	St	0,950	108,00	125,30	143,10
Treppenloch, Beton, schließen, 250/150 cm	St	1,500	170,90	205,40	245,90
Deckendurchbruch ausbetonieren, Holzdecke	St	2,900	242,20	284,60	328,60

Dämmung Decken, unterseitig	**E**	**h**	**von**	**mittel**	**bis**
Garagendeckendämmung, Mehrschichtplatten, 3-Schicht-EPS, 75 mm	m^2	0,450	55,65	67,25	79,10
Garagendeckendämmung, Mehrschichtplatten, 3-Schicht-MW, 75 mm	m^2	0,450	58,60	72,80	86,65
Garagendeckendämmung, Mehrschichtplatten, EPS + Putz, 80 mm	m^2	0,500	59,80	73,65	87,55

© SIRADOS 01/24

Decken	E	h	von	mittel	bis
Decke, Stahlbeton, C20/25, nachträglich, Dicke 20 cm	m²	0,300	53,00	65,20	75,10
Deckenauflager, nachträglich	m	0,850	54,50	63,20	74,40
Instandsetzung Decke, Estrich, Kunstharz	m²	1,750	112,80	134,20	159,50

Unterzüge/Überzüge/Balken	E	h	von	mittel	bis
Unterzüge, Stahlbeton, C20/25, nachträglich, 20/40 cm	m	0,500	39,00	48,50	57,25
Überzüge, Stahlbeton, C20/25, nachträglich, 24/40 cm	m	0,450	44,50	50,80	59,85
Kniestock, Stahlbeton, C20/25, nachträglich	m²	0,400	36,15	43,75	51,30

Treppen, Treppenkonstruktionen	E	h	von	mittel	bis
Treppen Stahlbeton, gerade, glatt, nachträglich	m²	0,550	56,70	68,35	78,25
Podeste Stahlbeton, glatt, nachträglich	m²	0,450	44,50	54,40	64,05

Balkonsanierung	E	h	von	mittel	bis
Balkonflächen reinigen	m²	0,050	4,24	5,17	5,83
Instandsetzungsmörtel Balkon, Kunstharz	m²	1,000	188,90	227,80	269,70
Ausbessern Balkonbrüstung, 10 %	m²	0,170	13,75	16,50	19,20
Ausbessern Balkonbrüstung, 20 %	m²	0,280	21,20	26,35	31,10
Hohlkehle für Kunstharzmörtel, Balkon	m	0,150	26,45	32,40	38,10

Schalung, Bauteile	E	h	von	mittel	bis
Schalung, Einzelfundament, rau	m²	0,492	27,20	33,25	38,25
Schalung Einzelfundamente, 3-seitig	m²	0,700	39,15	45,40	53,35
Schalung Streifenfundamente, beidseitig	m²	0,600	32,45	36,70	41,20
Schalung Streifenfundamente, 1-seitig	m²	0,700	39,60	48,75	58,25

Schalung rau, Wände	m^2	0,632	32,70	39,75	44,85
Schalung glatt, Wände	m^2	0,675	38,50	48,15	59,60
Öffnungen schalen, Beton	m^2	2,000	100,40	120,40	139,90

Bohren/Sägen	**E**	**h**	**von**	**mittel**	**bis**
Kernbohrung, Stahlbeton, Durchmesser 10-50 mm	m	1,700	117,20	138,80	165,00
Kernbohrung, Stahlbeton, Durchmesser 55-80 mm	m	2,100	147,40	170,60	204,70
Kernbohrung, Stahlbeton, Durchmesser 115-130 mm	m	2,500	164,20	200,90	239,80
Kernbohrung, Stahlbeton, Durchmesser 140-160 mm	m	2,900	192,20	237,60	279,70
Kernbohrung, Stahlbeton, Durchmesser 170-180 mm	m	3,300	211,70	260,80	312,10
Kernbohrung, Stahlbeton, Durchmesser 200-220 mm	m	3,700	239,20	297,50	353,20
Kernbohrung, Stahlbeton, Durchmesser 230-250 mm	m	4,200	279,70	335,90	394,70
Kernbohrung, Stahlbeton, Durchmesser 280-300 mm	m	4,700	315,90	376,90	441,70
Kernbohrung, Stahlbeton, Durchmesser 350 mm	m	5,400	365,00	433,10	513,00
Kernbohrung, Stahlbeton, Durchmesser 400 mm	m	6,100	432,50	495,70	585,90
Kernbohrung, Stahlbeton, Durchmesser 450 mm	m	7,000	507,60	563,80	658,80
Kernbohrung, Stahlbeton, Durchmesser 500 mm	m	8,300	584,80	656,60	734,90
Kernbohrung, Stahlbeton, Durchmesser 550 mm	m	9,700	634,00	755,50	865,60
Kernbohrung, Stahlbeton, Durchmesser 600 mm	m	11,100	740,90	864,50	1.010,00
Kernbohrung, Stahlbeton, Durchmesser 650 mm	m	12,600	841,90	964,40	1.115,00
Kernbohrung, Stahlbeton, Durchmesser 700 mm	m	14,200	941,20	1.083,00	1.263,00
Kernbohrung, Stahlbeton, Durchmesser 750 mm	m	16,000	1.025,00	1.224,00	1.402,00
Kernbohrung, Stahlbeton, Durchmesser 800 mm	m	18,000	1.212,00	1.390,00	1.579,00
Kernbohrung, schräg, Zulage	St	0,200	18,05	20,20	22,45
Kernbohrung, Stahlschnitte, 16-28 mm	St	0,050	3,67	4,10	4,86
Kernbohrung, Stahlschnitte, Zulage	cm^2	0,070	4,68	5,06	5,72

Betonschneidearbeiten, Schnitt bis 43 cm	m	1,700	118,80	148,50	175,90
Betonschneidearbeiten, Schnitt bis 90 cm	m	4,200	258,00	316,30	366,90
Baustelleneinrichtung Bohr- und Sägearbeiten	psch	2,500	101,20	125,10	147,90
Bohreinrichtung geschossweise umsetzen	psch	1,500	63,60	76,25	89,30
Bohreinrichtung gebäudeweise umsetzen	psch	2,000	87,90	101,50	116,10

13132 Betonerhaltung

Bauwerksprüfungen	E	h	von	mittel	bis
Oberflächenbeschaffenheit, Untersuchung	m^2	0,018	0,73	0,88	1,04
KarbonatisierungsTiefe feststellen	St	0,100	5,14	6,15	7,10
Chloridgehalt feststellen, mit Entnahme	St	1,500	73,25	86,60	101,70
Betondeckung prüfen	m^2	0,018	1,26	1,46	1,72
Druckfestigkeit, Rückprallhammer	St	0,800	56,90	65,60	75,50
Gitterschnitt, Beschichtungshaftung	St	0,450	17,90	21,55	25,60
Abreißfestigkeit prüfen, Beschichtung	St	0,340	17,90	21,85	26,10
Oberflächenzugfestigkeit ermitteln	St	0,250	17,05	20,80	24,75

Baustelleneinrichtung	E	h	von	mittel	bis
Bauzaun, 2,00 m, versetzbar	m	0,300	20,10	23,55	27,05

Gerüstarbeiten	E	h	von	mittel	bis
Schutzdach, bis 1,50 m	m	0,400	20,10	24,05	27,85
Schutzdach vorhalten	mWo		0,72	0,84	0,91
Überbrückung, Lastklasse 3, W06	m	0,800	38,70	49,45	59,25
Gerüstüberbrückung, Lastklasse 3, Gebrauchsüberlassung	mWo		1,44	1,62	2,60
Fahrbares Gerüst, Lastklasse 3, 6,00 m	St	4,000	347,90	431,80	515,00

Fahrbares Gerüst, Gebrauchsüberlassung, Lastklasse 3, 6,00 m	StWo		27,90	33,15	44,30
Gerüst/Arbeitsbühne, Fläche über 3,5 m	m^2	0,080	3,94	4,90	5,71
Gerüste bis Höhenunterschied über 40 cm	m^2	0,044	2,74	3,09	3,58

Schutzmaßnahmen/Begleitarbeiten	**E**	**h**	**von**	**mittel**	**bis**
Schutz von Fensterflächen, Strahlarbeiten	m^2	0,250	15,65	19,35	22,65
Schutz von benachbarten Bauteilen	m^2	0,180	9,84	12,15	14,50
Schutz von Grünflächen	m^2	0,080	4,69	5,72	6,54
Schutzmaßnahmen unter Gerüst	m^2	0,085	4,17	5,00	5,77
Schutzwand, Holz-Unterkonstruktion, mit Folie	m^2	0,300	16,25	20,00	22,75
Schilderdemontage, -montage	St	0,400	16,80	20,30	24,30
Markisendemontage, -montage	St	2,000	85,40	100,10	116,90
Markisenschutz, Folie	St	0,700	35,45	42,00	48,60
Pflanzkästen/Blumenkästen entleeren	St	0,900	35,25	42,95	47,30
Pflanzkästen/Blumenkästen entfernen	St	0,220	8,81	10,60	12,15
Attika-/Brüstungsabdeckung montieren	m	0,320	15,45	18,15	20,80
Geländer entfernen und wieder montieren	m	0,320	14,65	17,50	20,50
Entfernen Fremdkörper, Betonerhaltung	St	0,058	2,94	3,24	3,76

Untergrundvorbereitung, Strahlen	**E**	**h**	**von**	**mittel**	**bis**
Druckwasserstrahlen, Reinigung	m^2	0,200	9,19	11,25	13,15
Strahlen, Strahlmittel	m^2	0,240	13,75	16,50	19,00
Strahlen, Strahlmittel, Flächen beschichtet	m^2	0,240	14,20	17,00	19,85
Strahlen, Strahlmittel-Wasser-Gemisch	m^2	0,240	12,70	15,65	18,25
Strahlen, Strahlmittel-Wasser, Flächen beschichtet	m^2	0,300	17,10	20,50	23,85

© SIRADOS 01/24

Höchstdruckwasserstrahlen	m^2	0,600	28,90	33,80	37,15
Kugelstrahlen, Untergrundvorbehandlung	m^2	0,330	36,65	43,05	49,75

Untergrundvorbereitung, Stemmen	**E**	**h**	**von**	**mittel**	**bis**
Betonausbruch, b ≤ 10 cm, t ≤ 2 cm	m	0,180	8,82	10,65	12,60
Betonausbruch, b ≤ 10 cm, t ≤ 3 cm	m	0,260	12,60	15,25	17,95
Betonausbruch, b ≤ 20 cm, t ≤ 5 cm	m	0,370	19,15	23,05	27,35
Betonausbruch, b ≤ 20 cm, t ≤ 7 cm	m	0,400	21,95	26,35	30,75
Betonausbruch, b ≤ 20 cm pro cm Mehrtiefe	m	0,040	3,02	3,43	3,95
Betonausbruch, t ≤ 2 cm	m^2	0,650	32,10	39,25	46,35
Betonausbruch, t ≤ 3 cm	m^2	0,850	44,50	51,55	61,50
Betonausbruch, t ≤ 5 cm	m^2	1,150	61,30	71,75	80,65
Betonausbruch, t ≤ 7 cm	m^2	1,500	82,00	96,55	115,80
Betonausbruch, pro cm Mehrtiefe	m^2	0,150	9,48	11,70	13,85
Betonausbruch, bis 0,01 m^2, t = 2 cm	St	0,060	2,92	3,38	3,90
Betonausbruch, bis 0,01 m^2, t = 3 cm	St	0,070	3,43	4,05	4,51
Betonausbruch, bis 0,01 m^2 pro cm Mehrtiefe	St	0,025	1,28	1,59	1,90
Betonausbruch, bis 0,10 m^2, t = 2 cm	St	0,140	7,33	8,46	10,15
Betonausbruch, bis 0,10 m^2, t = 3 cm	St	0,160	8,25	9,99	11,50
Betonausbruch, bis 0,10 m^2, t = 5 cm	St	0,250	11,90	14,75	17,70
Betonausbruch, bis 0,10 m^2, t = 7 cm	St	0,320	15,50	19,05	22,55
Betonausbruch, bis 0,10 m^2 pro cm Mehrtiefe	St	0,036	1,79	2,20	2,61
Betonausbruch, bis 0,25 m^2, t = 2 cm	St	0,220	11,05	13,00	15,50
Betonausbruch, bis 0,25 m^2, t = 3 cm	St	0,270	13,55	16,60	19,15
Betonausbruch, bis 0,25 m^2, t = 5 cm	St	0,400	19,80	24,70	29,60
Betonausbruch, bis 0,25 m^2, t = 7 cm	St	0,550	29,00	33,20	39,25

Betonausbruch, bis 0,25 m² pro cm Mehrtiefe	St	0,090	5,07	5,48	6,10
Betonausbruch, bis 0,50 m², t = 2 cm	St	0,400	20,10	23,70	28,30
Betonausbruch, bis 0,50 m², t = 3 cm	St	0,500	25,95	30,35	36,30
Betonausbruch, bis 0,50 m², t = 5 cm	St	0,750	40,00	47,05	54,35
Betonausbruch, bis 0,50 m², t = 7 cm	St	0,900	48,30	55,85	63,65
Betonausbruch, bis 0,50 m² pro cm Mehrtiefe	St	0,100	5,59	6,87	7,69
Betonausbruch, bis 0,75 m², t = 2 cm	St	0,550	28,60	33,60	40,30
Betonausbruch, bis 0,75 m², t = 3 cm	St	0,750	37,00	44,10	51,75
Betonausbruch, bis 0,75 m², t = 5 cm	St	0,950	51,75	61,60	73,60
Betonausbruch, bis 0,75 m², t = 7 cm	St	1,250	66,95	76,75	86,20
Betonausbruch, bis 0,75 m² pro cm Mehrtiefe	St	0,130	7,43	8,46	10,15
Betonausbruch, bis 1,00 m², t = 2 cm	St	0,650	32,80	38,55	46,00
Betonausbruch, bis 1,00 m², t = 3 cm	St	0,850	42,05	50,55	60,60
Betonausbruch, bis 1,00 m², t = 5 cm	St	1,150	63,45	74,10	86,90
Betonausbruch, bis 1,00 m², t = 7 cm	St	1,500	82,40	97,70	112,80
Betonausbruch, bis 1,00 m² pro cm Mehrtiefe	St	0,200	11,90	14,55	17,20
Betonausbruch/Bewehrung freistemmen, b ≤ 10 cm, t ≤ 2 cm	m	0,260	12,50	15,05	17,85
Betonausbruch/Bewehrung freistemmen, b ≤ 10 cm, t ≤ 3 cm	m	0,320	16,80	20,10	23,90
Betonausbruch/Bewehrung freistemmen, b ≤ 20 cm, t ≤ 5 cm	m	0,400	21,30	25,40	29,40
Betonausbruch/Bewehrung freistemmen, b ≤ 20 cm, t ≤ 7 cm	m	0,520	28,90	33,10	37,50
Betonausbruch/Bewehrung freistemmen, b ≤ 20 cm pro cm Mehrtiefe	m	0,070	3,95	4,82	6,01

Betonausbruch/Bewehrung freistemmen, $t \leq 2$ cm	m^2	0,800	44,30	50,85	57,50
Betonausbruch/Bewehrung freistemmen, $t \leq 3$ cm	m^2	1,000	54,10	64,35	72,80
Betonausbruch/Bewehrung freistemmen, $t \leq 5$ cm	m^2	1,500	82,90	98,60	112,80
Betonausbruch/Bewehrung freistemmen, $t \leq 7$ cm	m^2	2,000	109,70	130,20	148,60
Betonausbruch/Bewehrung freistemmen, pro cm Mehrtiefe	m^2	0,320	17,65	21,20	24,70
Betonausbruch/Bewehrung freistemmen, bis 0,01 m^2, $t < 2$ cm	St	0,140	7,23	8,20	9,38
Betonausbruch/Bewehrung freistemmen, bis 0,01 m^2, $t < 3$ cm	St	0,180	9,33	10,95	12,50
Betonausbruch/Bewehrung freistemmen, bis 0,01 m^2 pro cm Mehrtiefe	St	0,065	3,18	3,84	4,36
Betonausbruch/Bewehrung freistemmen, bis 0,10 m^2, $t < 2$ cm	St	0,200	10,10	12,50	14,35
Betonausbruch/Bewehrung freistemmen, bis 0,10 m^2, $t < 3$ cm	St	0,250	12,50	15,25	17,75
Betonausbruch/Bewehrung freistemmen, bis 0,10 m^2, $t < 5$ cm	St	0,350	18,85	22,85	26,45
Betonausbruch/Bewehrung freistemmen, bis 0,10 m^2, $t < 7$ cm	St	0,500	24,90	30,45	34,95
Betonausbruch/Bewehrung freistemmen, bis 0,10 m^2 pro cm Mehrtiefe	St	0,075	4,05	4,77	5,69
Betonausbruch/Bewehrung freistemmen, bis 0,25 m^2, $t < 2$ cm	St	0,300	15,80	18,65	22,25
Betonausbruch/Bewehrung freistemmen, bis 0,25 m^2, $t < 3$ cm	St	0,400	20,10	24,90	29,40

Betonausbruch/Bewehrung freistemmen, bis 0,25 m^2, t < 5 cm	St	0,600	31,05	37,40	43,35
Betonausbruch/Bewehrung freistemmen, bis 0,25 m^2, t < 7 cm	St	0,900	44,20	54,20	61,00
Betonausbruch/Bewehrung freistemmen, bis 0,25 m^2 pro cm Mehrtiefe	St	0,120	6,92	8,10	8,87
Betonausbruch/Bewehrung freistemmen, bis 0,50 m^2, t < 2 cm	St	0,600	28,60	34,55	40,50
Betonausbruch/Bewehrung freistemmen, bis 0,50 m^2, t < 3 cm	St	0,750	36,90	43,65	51,65
Betonausbruch/Bewehrung freistemmen, bis 0,50 m^2, t < 5 cm	St	1,100	56,90	65,40	75,75
Betonausbruch/Bewehrung freistemmen, bis 0,50 m^2, t < 7 cm	St	1,400	71,05	83,55	93,90
Betonausbruch/Bewehrung freistemmen, bis 0,50 m^2 pro cm Mehrtiefe	St	0,220	10,35	12,40	14,15
Betonausbruch/Bewehrung freistemmen, bis 0,75 m^2, t < 2 cm	St	0,800	40,80	48,05	57,40
Betonausbruch/Bewehrung freistemmen, bis 0,75 m^2, t < 3 cm	St	1,050	52,70	61,80	73,90
Betonausbruch/Bewehrung freistemmen, bis 0,75 m^2, t < 5 cm	St	1,550	81,00	91,65	106,60
Betonausbruch/Bewehrung freistemmen, bis 0,75 m^2, t < 7 cm	St	1,900	100,70	113,80	128,60
Betonausbruch/Bewehrung freistemmen, bis 0,75 m^2 pro cm Mehrtiefe	St	0,220	11,50	13,45	15,60

 © SIRADOS 01/24

Betonausbruch/Bewehrung freistemmen, bis 1,00 m², t < 2 cm	St	0,900	46,85	55,05	65,40
Betonausbruch/Bewehrung freistemmen, bis 1,00 m², t < 3 cm	St	1,150	60,05	70,00	81,50
Betonausbruch/Bewehrung freistemmen, bis 1,00 m², t < 5 cm	St	1,700	92,65	109,70	127,60
Betonausbruch/Bewehrung freistemmen, bis 1,00 m², t < 7 cm	St	2,000	111,70	130,20	148,60
Betonausbruch/Bewehrung freistemmen, bis 1,00 m² pro cm Mehrtiefe	St	0,230	13,55	15,90	18,95
Stemmarbeiten, Kanten 10/10 cm	m	0,340	16,20	20,10	22,65
Stemmarbeiten, Kanten 15/15 cm	m	0,370	19,15	22,85	26,65
Stemmarbeiten, Kanten, pro 5 cm Mehrtiefe	m	0,050	2,92	3,59	4,05

Behandlung der Bewehrung	**E**	**h**	**von**	**mittel**	**bis**
Bewehrung abtrennen, bis 16 mm	St	0,080	4,05	4,82	5,43
Bewehrung abtrennen, über 16 mm	St	0,080	4,92	5,69	6,51
Bewehrung befestigen	St	0,070	3,84	4,25	5,07
Bewehrung freilegen und entrosten, EinzelLänge 300 mm	St	0,090	4,36	5,33	6,25
Bewehrung freilegen und entrosten, EinzelLänge 500 mm, bis 16 mm	St	0,120	5,95	6,77	8,10
Bewehrung strahlen Sa 2	m²	0,250	15,25	18,55	21,65
Bewehrung strahlen, bis 0,01 m², Sa 2	St	0,045	2,41	2,72	3,23
Bewehrung strahlen, bis 0,10 m², Sa 2	St	0,080	4,19	5,28	6,43
Bewehrung strahlen, bis 0,25 m², Sa 2	St	0,130	6,92	8,56	10,15
Bewehrung strahlen, bis 0,50 m², Sa 2	St	0,170	9,89	11,80	13,95

Bewehrung strahlen, bis 0,75 m², Sa 2	St	0,260	15,90	18,55	21,00
Bewehrung strahlen, bis 1,00 m², Sa 2	St	0,320	18,65	22,15	26,15
Bewehrung strahlen Sa 2 1/2	m²	0,380	21,65	25,65	30,35
Bewehrung strahlen, bis 0,01 m², Sa 2 1/2	St	0,060	2,82	3,38	4,00
Bewehrung strahlen, bis 0,10 m², Sa 2 1/2	St	0,080	5,07	6,05	6,97
Bewehrung strahlen, bis 0,25 m², Sa 2 1/2	St	0,130	7,79	9,43	11,15
Bewehrung strahlen, bis 0,50 m², Sa 2 1/2	St	0,220	12,80	15,40	17,95
Bewehrung strahlen, bis 0,75 m², Sa 2 1/2	St	0,300	17,45	21,00	24,90
Bewehrung strahlen, bis 1,00 m², Sa 2 1/2	St	0,420	24,90	29,10	34,15
Bewehrung strahlen, bis 1,00 m	m	0,090	4,77	5,79	6,46
Bewehrung strahlen, bis 5,00 m	m	0,080	4,72	5,23	6,25
Kugelstrahlen 1,5 N/mm², waagerecht	m²	0,050	4,05	4,51	5,23
Kugelstrahlen 1,5 N/mm², senkrecht	m²	0,150	8,15	9,23	11,05
Hochdruckwasserstrahlen, Chlorid	m²	0,180	8,10	9,89	11,80
Korrosionsschutz, mineralisch	m	0,100	4,87	5,84	6,82
Korrosionsschutz, Epoxydharz	m	0,150	8,10	9,28	11,05
Schutzbeschichtung für SPCC	m	0,080	3,95	4,87	5,74

Reprofilierung	**E**	**h**	**von**	**mittel**	**bis**
Kompaktmörtel PCC, t = 1 cm, < 0,01 m²	St	0,020	1,87	2,07	2,47
Kompaktmörtel PCC, t = 1 cm, < 0,10 m²	St	0,080	11,00	12,65	15,15
Instandsetzungsmörtel PCC, b ≤ 10 cm, t = 2 cm	m	0,200	25,75	30,90	35,95
Instandsetzungsmörtel PCC, b ≤ 10 cm, t = 3 cm	m	0,200	35,95	41,10	48,20
Instandsetzungsmörtel PCC, b ≤ 20 cm, t = 5 cm	m	0,270	87,35	97,65	114,60
Instandsetzungsmörtel PCC, b ≤ 20 cm, t = 7 cm	m	0,300	106,00	128,80	149,00
Instandsetzungsmörtel PCC, b ≤ 20 cm, Mehrtiefe/cm	m	0,130	20,60	23,15	25,75

© SIRADOS 01/24

Instandsetzungsmörtel PCC, t = 2 cm, < 0,01 m²	St	0,060	4,06	4,80	5,54
Instandsetzungsmörtel PCC, t = 3 cm, < 0,01 m²	St	0,090	6,68	7,69	9,20
Instandsetzungsmörtel PCC/cm Mehrtiefe < 0,01 m²	St	0,050	2,57	3,20	3,83
Instandsetzungsmörtel PCC, t = 2 cm, < 0,10 m²	St	0,220	25,25	28,20	32,25
Instandsetzungsmörtel PCC, t = 3 cm, < 0,10 m²	St	0,250	30,30	35,25	40,30
Instandsetzungsmörtel PCC, t = 5 cm, < 0,10 m²	St	0,300	45,35	55,45	65,55
Instandsetzungsmörtel PCC, t = 7 cm, < 0,10 m²	St	0,370	65,55	75,55	88,70
Instandsetzungsmörtel PCC/cm Mehrtiefe < 0,10 m²	St	0,035	8,96	10,10	12,00
Instandsetzungsmörtel PCC, t = 2 cm, < 0,25 m²	St	0,300	45,35	55,45	65,55
Instandsetzungsmörtel PCC, t = 3 cm, < 0,25 m²	St	0,360	70,50	80,60	95,75
Instandsetzungsmörtel PCC, t = 5 cm, < 0,25 m²	St	0,450	105,90	126,20	146,00
Instandsetzungsmörtel PCC, t = 7 cm, < 0,25 m²	St	0,550	151,50	171,30	201,50
Instandsetzungsmörtel PCC/cm Mehrtiefe < 0,25 m²	St	0,060	20,10	23,70	27,40
Instandsetzungsmörtel PCC, t = 2 cm, < 0,50 m²	St	0,400	84,65	101,00	119,00
Instandsetzungsmörtel PCC, t = 3 cm, < 0,50 m²	St	0,450	131,20	151,50	171,30
Instandsetzungsmörtel PCC, t = 5 cm, < 0,50 m²	St	0,650	201,50	242,10	277,20
Instandsetzungsmörtel PCC, t = 7 cm, < 0,50 m²	St	0,800	302,40	322,20	352,40
Instandsetzungsmörtel PCC/cm Mehrtiefe < 0,50 m²	St	0,080	40,30	45,35	50,40
Instandsetzungsmörtel PCC, t = 2 cm, < 0,75 m²	St	0,500	131,20	151,50	176,20
Instandsetzungsmörtel PCC, t = 3 cm, < 0,75 m²	St	0,650	196,50	221,80	252,00
Instandsetzungsmörtel PCC, t = 5 cm, < 0,75 m²	St	0,850	302,40	352,40	402,90
Instandsetzungsmörtel PCC, t = 7 cm, < 0,75 m²	St	1,000	453,40	478,70	503,40
Instandsetzungsmörtel PCC/cm Mehrtiefe < 0,75 m²	St	0,120	59,20	70,50	83,45
Instandsetzungsmörtel PCC, t = 2 cm, < 1,00 m²	St	0,650	166,30	201,50	236,60
Instandsetzungsmörtel PCC, t = 3 cm, < 1,00 m²	St	0,800	252,00	297,50	347,50
Instandsetzungsmörtel PCC, t = 5 cm, < 1,00 m²	St	1,050	402,90	453,40	503,40

Instandsetzungsmörtel PCC, t = 7 cm, < 1,00 m²	St	1,350	579,20	634,60	704,90
Instandsetzungsmörtel PCC/cm Mehrtiefe < 1,00 m²	St	0,160	75,55	90,70	101,00
Instandsetzungsmörtel PCC, 2 cm	m²	0,600	176,20	201,50	236,60
Instandsetzungsmörtel PCC, 3 cm	m²	0,750	247,00	282,20	317,30
Instandsetzungsmörtel PCC, 5 cm	m²	1,000	398,00	453,40	503,40
Instandsetzungsmörtel PCC, 7 cm	m²	1,300	579,20	634,60	674,70
Instandsetzungsmörtel PCC, pro cm Mehrtiefe	m²	0,160	75,55	90,70	105,90
Instandsetzungsmörtel PCC, Kante, 10/10 cm	m	0,450	81,40	101,00	118,30
Instandsetzungsmörtel PCC, Kante, 15/15 cm	m	0,600	176,20	201,50	236,60
Instandsetzungsmörtel PCC, Kante, pro 5 cm Mehrschenkellänge	m	0,150	126,20	151,50	176,20
Spritzmörtel, SPCC, 2 cm	m²	0,800	216,80	252,00	292,70
Spritzmörtel, SPCC, 3 cm	m²	1,200	281,80	352,40	431,10
Spritzmörtel, SPCC, 5 cm	m²	1,500	503,40	604,40	704,90
Spritzmörtel, SPCC, 7 cm	m²	1,900	654,90	805,90	965,30
Spritzmörtel, SPCC, pro cm Mehrtiefe	m²	0,230	90,60	110,90	130,40
Kantenschalung Spritzmörtel	m	0,320	15,65	18,15	21,20

Risse verschließen	**E**	**h**	**von**	**mittel**	**bis**
Risse nachschneiden	m	0,150	7,24	8,16	9,79
Risse tränken, EP-T, 2-komponentig, waagerecht	m	0,200	11,65	14,30	17,15
Risseverpressung, EP-I, 2-komponentig, 1-seitig	m	0,700	54,40	65,75	78,45
Risseverpressung, EP-I, 2-komponentig, beidseitig	m	0,900	83,35	97,05	107,60
Risse vornässen, PUR	m	0,340	16,50	19,45	22,35
Risse vordichten, PUR	m	0,400	21,95	23,60	26,35
Risseverpressung, PUR-I, 2-komponentig, 1-seitig	m	0,700	60,90	73,10	84,15

© SIRADOS 01/24

Risseverpressung, PUR-I, 2-komponentig, beidseitig	m	0,900	89,90	106,10	127,30
Risseverpressung, PUR-I, 1-komponentig, 1-seitig	m	0,700	68,20	78,60	93,45
Risseverpressung, PUR-I, 1-komponentig, beidseitig	m	0,900	98,80	113,10	130,30
Risseverpressung, Zementleim, 0,8 bis 1,0 mm	m	0,750	62,00	71,30	84,35
Risseverpressung, Zementleim, bis 2,0 mm	m	0,850	70,90	84,35	98,25
Rissebereich nachbehandeln	m	0,080	5,05	5,61	6,41
Rissebereich nachbehandeln, PCC	m	0,130	6,67	8,03	8,74
Rissebereich nachbehandeln, Schlämme	m	0,060	2,98	3,48	3,89
Risse verschließen, Reparaturmörtel	m	0,300	17,55	21,60	25,15

Oberflächenschutz nach DAfStb RiLi	**E**	**h**	**von**	**mittel**	**bis**
Reinigen durch Absaugen	m^2	0,012	0,62	0,77	0,90
Zementschlämme, Porenfüllung	m^2	0,200	16,60	18,75	20,80
Feinspachtelung, 2 mm	m^2	0,300	19,90	24,30	28,20
Feinspachtelung, 3 mm	m^2	0,350	26,15	31,40	36,65
Feinspachtelung, pro mm Mehrtiefe	m^2	0,070	7,15	7,99	9,41
Grundierung	m^2	0,100	5,10	5,77	6,90
Hydrophobierung OS 1 (OS A), Beton	m^2	0,140	7,11	8,29	9,53
Hydrophobierung OS 1 (OS A), Waschbeton	m^2	0,100	6,49	7,47	8,91
Beschichtung OS 2 (OS B)	m^2	0,120	7,73	9,37	10,70
Beschichtung OS 4 (OS C)	m^2	0,130	9,89	11,75	14,00
Beschichtung OS 5a (OS DII)	m^2	0,170	11,55	13,40	15,65
Beschichtung OS 5b, dS 2000, sehr geringe Rissüberbrückung	m^2	0,200	13,40	15,55	18,45
Beschichtung OS 5b (OS DI)	m^2	0,250	16,25	18,55	20,70
Beschichtung OS 9 (OS E)	m^2	0,250	16,50	19,65	23,10

Beschichtung OS 11a (OS Fa), verschleißfest	m^2	0,370	24,00	29,75	35,65
Beschichtung OS 11b (OS Fb), elastische OS-Beschichtung	m^2	0,320	20,30	24,95	29,25
Beschichtung OS 13	m^2	0,320	20,70	25,85	28,75
Spachtelung, Reaktionsharz, t bis 1 mm	m^2	0,200	17,90	20,90	24,50
Kratzspachtel, Reaktionsharz, t > 1-5 mm	m^2	0,300	60,35	68,95	80,10
Beschichtung abstreuen, Quarzsand	m^2	0,080	4,33	4,84	5,41
Deckversiegelung, Oberflächenschutzsystem	m^2	0,150	7,11	8,34	9,53
Deckversiegelung mit Abstreuung, Oberflächenschutzsystem	m^2	0,130	7,06	8,24	8,86

Betonsanierung Bauteile	**E**	**h**	**von**	**mittel**	**bis**
Betonsanierung, Decke, Komplettleistung	m^2	1,600	141,90	171,20	204,30
Betonsanierung, tragende Wand, Komplettleistung	m^2	1,750	160,90	200,50	231,70
Betonsanierung, Unterzug 25/40 cm, Komplettleistung	m	1,700	151,50	187,10	221,80
Betonsanierung, Unterzug 40/60 cm, Komplettleistung	m	2,000	228,20	253,40	294,50
Betonsanierung, Stütze 30/30 cm, Komplettleistung	m	1,700	140,90	171,20	203,00
Betonsanierung, Stütze 40/50 cm, Komplettleistung	m	2,000	258,60	284,80	310,60

Begleitarbeiten	**E**	**h**	**von**	**mittel**	**bis**
Gewindehülsen freistemmen, schließen	St	0,280	12,05	14,75	16,60
Gewindehülsen ausbohren, schließen	St	0,250	10,90	13,30	15,65
Abstandshalter entfernen, schließen	St	0,100	6,33	7,52	8,45

Entsorgung/Deponierung	**E**	**h**	**von**	**mittel**	**bis**
Strahlgut/-mittel sammeln	m	0,200	27,10	32,20	36,80
Deponierung, Bauschutt	t		46,60	52,30	60,20

Deponierung, Restmüll	t		255,60	301,50	358,80
Deponierung, Sondermüll	t		470,50	588,00	690,00

13133 Fugensanierung

Fugen vorbereiten, Füllung entfernen	E	h	von	mittel	bis
Fugendichtmasse entfernen, bis 13 mm	m	0,080	4,42	5,43	6,24
Fugendichtmasse entfernen, 15 mm	m	0,090	4,82	5,89	6,65
Fugendichtmasse entfernen, 20 mm	m	0,110	5,68	7,05	8,42
Fugendichtmasse entfernen, 25 mm	m	0,130	7,26	8,73	10,25
Fugendichtmasse entfernen, 30 mm	m	0,150	8,58	9,95	11,65
Fugendichtmasse entfernen, 35 mm	m	0,150	8,48	10,25	12,30
Fugendichtmasse entfernen, über 37 mm	m	0,170	10,00	11,55	13,50
Fugenhinterfüllung entfernen, Schaumstoff	m	0,065	3,15	3,60	4,11
Fugenhinterfüllung entfernen, Weichfaser	m	0,080	3,86	4,52	5,18

Fugenbänder entfernen und entsorgen	E	h	von	mittel	bis
Fugenbänder entfernen, BandBreite 25 mm	m	0,090	3,77	4,64	5,41
Fugenbänder entfernen, BandBreite 40 mm	m	0,110	5,25	5,81	6,48
Fugenbänder entfernen, BandBreite 60 mm	m	0,130	6,07	7,09	8,47
Fugenbänder entfernen, BandBreite 80 mm	m	0,150	7,09	8,16	9,59
Fugenbänder entfernen, BandBreite über 80 mm	m	0,200	9,69	11,00	12,25

Fugenbänder, vorkomprimiert, entfernen	E	h	von	mittel	bis
Fugenbänder, vorkomprimiert, entfernen, 10 mm	m	0,050	2,91	3,26	3,72
Fugenbänder, vorkomprimiert, entfernen, 20 mm	m	0,050	3,02	3,66	4,01

Fugenprofile entfernen	**E**	**h**	**von**	**mittel**	**bis**
Fugenprofile entfernen	m	0,200	11,70	14,05	16,00
Trennfugenabdeckblech entfernen	m	0,200	10,35	12,00	14,15

Begleitarbeiten	**E**	**h**	**von**	**mittel**	**bis**
Fugen dämmen, PUR-Schaum	m	0,100	6,78	8,01	8,93
Fugen, Fenster, schließen	m	0,180	16,50	20,00	23,15
Waschbetonoberflächen wiederherstellen	St	0,350	21,50	26,30	29,15

Vorbereiten elastische Dichtungsmassen	**E**	**h**	**von**	**mittel**	**bis**
Fugenflanken säubern	m	0,030	2,57	3,17	3,61
Fugen aufschneiden	m	0,180	10,80	12,45	14,60
Fugenflanken spachteln	m	0,120	8,98	11,10	13,15
Fugenrand spachteln	m	0,050	5,10	5,97	7,04
Fugenflanken, Korrosionsschutz	m	0,020	1,43	1,79	2,09
Fugen, elastische Abdichtung, verkleinern	m	0,130	7,75	9,28	11,00
Fugen, verkleinern	m	0,230	20,90	24,70	28,05
Fugenflanken vorstreichen	m	0,040	2,40	2,81	3,21
Fugen hinterfüllen, 15 mm	m	0,020	1,42	1,72	2,01
Fugen hinterfüllen, 20 mm	m	0,027	1,89	2,30	2,70
Fugen hinterfüllen, 25 mm	m	0,035	2,55	3,06	3,62
Fugen hinterfüllen, 30 mm	m	0,040	2,86	3,57	4,13
Fugen hinterfüllen, 35 mm	m	0,040	3,11	3,72	4,23
Fugen, Folie einlegen	m	0,020	1,22	1,48	1,73

 © SIRADOS 01/24

Vorbereiten Fugenbänder	E	h	von	mittel	bis
Fugen, Kanten als Fase	m	0,070	3,72	4,23	4,74
Fugenflanken vorbereiten	m	0,055	2,40	2,81	3,37
Fugenflanken vorstreichen	m	0,018	1,19	1,39	1,63
Folie einlegen für Fugenbänder	m	0,018	1,19	1,44	1,68

Vorbereiten, vorkomprimierte Fugenbänder	E	h	von	mittel	bis
Fugen, vorkomprimierte Dichtbänder, bearbeiten	m	0,050	2,60	3,01	3,52
Fugen, vorkomprimierte Dichtbänder, aufschneiden	m	0,200	11,00	12,95	14,90
Fugen, vorkomprimierte Dichtbänder, Korrosionsschutz	m	0,040	2,92	3,56	4,01
Fugen, vorkomprimierte Dichtbänder, verkleinern	m	0,180	20,80	24,50	29,05
Fugen, vorkomprimierte Dichtbänder, verkleinern, Teilflächen	m	0,130	10,45	12,75	14,50

Elastische Dichtungsmassen – PSU	E	h	von	mittel	bis
Fugenabdichtung, elastische Dichtungsmasse, PSU 15/8, 2-komponentig	m	0,080	4,95	5,71	6,68
Fugenabdichtung, elastische Dichtungsmasse, PSU 20/10, 2-komponentig	m	0,100	6,53	7,50	8,26
Fugenabdichtung, elastische Dichtungsmasse, PSU 25/12, 2-komponentig	m	0,120	8,31	9,44	11,20
Fugenabdichtung, elastische Dichtungsmasse, PSU 30/15, 2-komponentig	m	0,140	9,64	11,55	13,45
Fugenabdichtung, elastische Dichtungsmasse, PSU 35/15, 2-komponentig	m	0,160	11,55	13,85	16,40

Elastische Dichtungsmassen – SI	E	h	von	mittel	bis
Fugenabdichtung, elastische Dichtungsmasse, SI, 15/8 mm	m	0,070	5,00	5,92	6,89
Fugenabdichtung, elastische Dichtungsmasse, SI, 20/10 mm	m	0,080	6,27	7,29	8,26
Fugenabdichtung, elastische Dichtungsmasse, SI, 25/12 mm	m	0,100	8,72	9,74	11,30
Fugenabdichtung, elastische Dichtungsmasse, SI, 30/15 mm	m	0,120	9,85	12,30	14,45
Fugenabdichtung, elastische Dichtungsmasse, SI, 35/15 mm	m	0,130	12,20	14,65	17,40

Elastische Dichtungsmassen – PUR	E	h	von	mittel	bis
Fugenabdichtung, elastische Dichtungsmasse, PUR 15/8, 1-komponentig	m	0,070	8,02	9,01	10,70
Fugenabdichtung, elastische Dichtungsmasse, PUR 20/10, 1-komponentig	m	0,077	8,89	10,40	12,40
Fugenabdichtung, elastische Dichtungsmasse, PUR 25/12, 1-komponentig	m	0,090	10,20	12,40	14,85
Fugenabdichtung, elastische Dichtungsmasse, PUR 30/15, 1-komponentig	m	0,120	13,75	15,75	18,70
Fugenabdichtung, elastische Dichtungsmasse, PUR 35/15, 1-komponentig	m	0,130	16,15	18,60	21,00
Fugenabdichtung, elastische Dichtungsmasse, PUR 15/8, 2-komponentig	m	0,080	7,68	9,49	10,90
Fugenabdichtung, elastische Dichtungsmasse, PUR 20/10, 2-komponentig	m	0,090	9,90	11,80	13,95

© SIRADOS 01/24

Fugenabdichtung, elastische Dichtungsmasse, PUR 25/12, 2-komponentig	m	0,120	11,40	14,45	17,75
Fugenabdichtung, elastische Dichtungsmasse, PUR 30/15, 2-komponentig	m	0,130	14,35	16,65	19,10
Fugenabdichtung, elastische Dichtungsmasse, PUR 35/15, 2-komponentig	m	0,150	17,70	20,40	23,35

Fugenbänder – PSU	**E**	**h**	**von**	**mittel**	**bis**
Fugenabdichtung, elastische Bänder, PSU, b = 3/30 mm	m	0,130	11,20	13,95	16,05
Fugenabdichtung, elastische Bänder, PSU, b = 4/35 mm	m	0,170	15,05	17,40	20,80
Fugenabdichtung, elastische Bänder, PSU, b = 6/40 mm	m	0,200	17,15	21,20	24,95
Fugenabdichtung, elastische Bänder, PSU, b = 7/50 mm	m	0,250	20,70	23,85	27,55
Fugenabdichtung, elastische Bänder, PSU, b = 9/60 mm	m	0,280	22,20	27,35	31,70
Fugenabdichtung, elastische Bänder, PSU, b = 11/80 mm	m	0,330	27,45	31,30	34,85
Fugenabdichtung, elastische Bänder, PSU, b = 14/100 mm	m	0,370	32,65	37,05	41,60

Fugenbänder – SI	**E**	**h**	**von**	**mittel**	**bis**
Fugenabdichtung. elastische Bänder, SI, 3/30 mm	m	0,130	12,50	15,00	17,35
Fugenabdichtung, elastische Bänder, SI, 4/35 mm	m	0,170	14,90	17,85	20,50
Fugenabdichtung, elastische Bänder, SI, 6/40 mm	m	0,200	16,55	20,40	23,55
Fugenabdichtung, elastische Bänder, SI, 7/50 mm	m	0,220	18,55	22,95	25,40
Fugenabdichtung, elastische Bänder, SI, 9/60 mm	m	0,250	22,85	27,00	31,35
Fugenabdichtung, elastische Bänder, SI, 11/80 mm	m	0,330	27,00	33,30	38,85
Fugenabdichtung, elastische Bänder, SI, 14/100 mm	m	0,370	30,85	37,85	42,20

Fugenbänder – PUR	E	h	von	mittel	bis
Fugenabdichtung, elastische Bänder, PUR, 3/30 mm	m	0,130	15,00	16,60	18,10
Fugenabdichtung, elastische Bänder, PUR, 4/35 mm	m	0,170	15,70	19,55	23,15
Fugenabdichtung, elastische Bänder, PUR, 6/40 mm	m	0,200	23,15	25,30	27,55
Fugenabdichtung, elastische Bänder, PUR, 7/50 mm	m	0,250	26,40	29,75	34,80
Fugenabdichtung, elastische Bänder, PUR, 9/60 mm	m	0,280	31,90	34,40	39,25
Fugenabdichtung, elastische Bänder, PUR, 11/80 mm	m	0,300	34,50	39,25	42,90
Fugenabdichtung, elastische Bänder, PUR, 14/100 mm	m	0,320	40,40	44,45	49,60

Mehrpreis für Verlegeart	E	h	von	mittel	bis
Fugenbänder, Schlaufe, Mehrpreis	m	0,030	2,38	2,92	3,42
Fugenbänder, Schlaufe, Bewegungsfuge, Mehrpreis	m	0,040	3,15	3,76	4,31
Fugenbänder, Winkel, Mehrpreis	m	0,070	6,45	7,61	8,73
Fugenbänder, versetzt, Mehrpreis	m	0,050	3,81	4,21	4,82

Fugenbänder, vorkomprimiert	E	h	von	mittel	bis
Fugenabdichtung, Kompri-Bänder, 10 mm	m	0,080	7,83	9,29	10,90
Fugenabdichtung, Kompri-Bänder, 15 mm	m	0,100	12,85	14,85	17,80
Fugenabdichtung, Kompri-Bänder, 20 mm	m	0,100	16,25	20,30	23,75

Fugenschutz – Alu-Abdeckung	E	h	von	mittel	bis
Fugenabdichtung abdecken, Alu, 30/50 mm	m	0,400	27,15	32,25	38,05
Fugenabdichtung abdecken, Alu, 40/70 mm	m	0,400	31,30	36,10	43,05
Fugenabdichtung abdecken, Alu, 50/50 mm	m	0,550	57,85	68,50	79,00

 © SIRADOS 01/24

Fugenklemmprofil Metall/Kunststoff	**E**	**h**	**von**	**mittel**	**bis**
Fugenprofile, Metall/Kunststoff, 15-35 mm	m	0,250	20,70	24,45	29,20
Fugenprofile, Metall/Kunststoff, 35-60 mm	m	0,300	30,70	37,15	42,50

Fugenklemmprofil Elastomer	**E**	**h**	**von**	**mittel**	**bis**
Fugenprofil, Elastomer, 10-15 mm	m	0,040	6,60	7,90	9,10
Fugenprofil, Elastomer, 18-28 mm	m	0,040	9,85	11,80	13,90
Fugenprofil, Elastomer, 35-45 mm	m	0,100	17,40	21,40	25,10

Fugenklemmprofil Metall	**E**	**h**	**von**	**mittel**	**bis**
Fugenprofil, Metall, 15-35 mm	m	0,030	11,50	13,80	15,50

Fugenabdeckung Alu-Profil	**E**	**h**	**von**	**mittel**	**bis**
Fugenabdichtung, Alu-Hohlflachprofil, unbehandelt, 30 mm	m	0,250	26,55	31,40	36,05
Fugenabdichtung, Alu-Hohlflachprofil, unbehandelt, 40 mm	m	0,250	27,90	33,45	37,55
Fugenabdichtung, Alu-Hohlflachprofil, unbehandelt, 50 mm	m	0,250	30,00	34,45	38,20
Fugenabdichtung, Alu-Hohlflachprofil, unbehandelt, 60 mm	m	0,250	32,60	36,35	39,40
Fugenabdichtung, Alu-Hohlflachprofil, behandelt, 30 mm	m	0,250	31,30	33,75	36,05
Fugenabdichtung, Alu-Hohlflachprofil, behandelt, 40 mm	m	0,250	32,85	36,75	40,90
Fugenabdichtung, Alu-Hohlflachprofil, behandelt, 50 mm	m	0,250	34,05	38,60	43,15
Fugenabdichtung, Alu-Hohlflachprofil, behandelt, 60 mm	m	0,250	38,20	43,15	47,45

Fugenabdichtung, Alu-Winkelprofil, unbehandelt, 30/30 mm	m	0,250	29,70	36,75	42,70
Fugenabdichtung, Alu-Winkelprofil, unbehandelt, 40/40 mm	m	0,250	40,60	50,45	58,80
Fugenabdichtung, Alu-Winkelprofil, unbehandelt, 50/50 mm	m	0,250	58,70	65,65	78,20
Fugenabdichtung, Alu-Winkelprofil, unbehandelt, 60/60 mm	m	0,250	67,90	82,65	94,45
Fugenabdichtung, Alu-Winkelprofil, behandelt, 30/30 mm	m	0,250	33,45	41,10	48,50
Fugenabdichtung, Alu-Winkelprofil, behandelt, 40/40 mm	m	0,250	46,85	55,95	65,35
Fugenabdichtung, Alu-Winkelprofil, behandelt, 50/50 mm	m	0,250	63,15	72,00	84,15
Fugenabdichtung, Alu-Winkelprofil, behandelt, 60/60 mm	m	0,250	72,50	87,95	99,80
Fugenabdeckung, gebogen, Mehrpreis	St	0,080	3,46	4,16	4,86

Entsorgung/Deponierung	**E**	**h**	**von**	**mittel**	**bis**
Elastische Dichtungsmassen entsorgen	m	0,020	1,38	1,63	1,89
Fugenbänder entsorgen	m	0,020	1,43	1,73	2,04
Dichtungsbänder, vorkomprimiert, entsorgen	m	0,020	1,58	1,94	2,30
Fugenprofile entsorgen, Elastomer	m	0,020	1,43	1,73	1,99
Fugenprofile entsorgen, Metall/Kunststoff	m	0,040	2,50	2,75	3,21
Abfalldeponierung, nicht schadstoffhaltiges Material	t		353,50	436,50	516,00

© SIRADOS 01/24

314 Natur-/Betonwerksteinarbeiten

13141 Naturwerksteinarbeiten, außen

Vorbereitende Arbeiten, außen	E	h	von	mittel	bis
Schutz benachbarter Bauteile bei Reinigungsarbeiten	m²	0,250	13,60	15,30	17,30
Natursteinfassade prüfen, Schadstellen, FassadenHöhe bis 6 m	m²	0,150	6,20	7,50	8,90
Kartierung Schadstellen, Dokumentation	m²	0,300	13,50	16,10	19,30
Kartierung Maßnahmen, Dokumentation	m²	0,300	13,50	15,90	19,00

Demontage/Abbruch, außen	E	h	von	mittel	bis
Plattenbelag in Mörtelbett abbrechen	m²	0,300	17,50	21,50	25,60
Plattenbelag mit Unterbeton abbrechen	m²	1,000	52,20	64,50	78,10
Bodenbelag, Naturstein, aufnehmen/lagern	m²	0,600	26,75	34,50	42,10
Treppenbelag, Naturstein, abbrechen	m	0,750	36,20	45,20	52,90
Trittstufe, Naturstein, ausbauen	St	1,200	63,00	80,00	99,40
Sockelleiste, Naturstein, ausbauen/lagern	m	0,150	6,65	7,90	9,40
Sockelleiste, Naturstein, ausbauen/entsorgen	m	0,120	5,75	7,60	9,15
Plattenbelag, Naturstein, mit Unterbau, abbrechen/entsorgen	m²	1,000	50,90	64,20	77,00
Natursteinfassade abbrechen	m²	0,700	35,00	45,60	55,10
Messingprofil demontieren	m	0,040	2,20	2,60	3,10
Eisenteile demontieren	St	0,200	10,60	12,60	14,40
Fensterbank, außen, Naturstein, ausbauen, 30/3 cm	m	0,250	12,10	13,70	16,40

Pfeilerabdeckplatte ausbauen	St	0,270	12,30	15,30	17,70
Natursteinflächenbelag außen, Unkraut entfernen	m²	0,500	21,05	27,10	32,50

Reinigung, außen	**E**	**h**	**von**	**mittel**	**bis**
Naturwerkstein, Musterfläche, reinigen	m²	1,500	65,10	80,40	96,50
Musterfläche Heißdampfreinigung, ca. 1 x 1 m	St	1,500	74,60	86,20	103,50
Naturwerkstein reinigen, Heißdampf-Hochdruckreiniger	m²	0,220	12,70	14,60	17,20
Gesimse reinigen, Heißdampf-Hochdruckreiniger	m	0,250	13,70	15,70	19,00
Heißdampfreinigung Fassade	m²	0,100	6,50	8,45	10,40
Reinigung Sandstein, Partikelstrahlverfahren	m²	0,850	43,20	50,80	58,80

Wandbekleidung massiv, außen	**E**	**h**	**von**	**mittel**	**bis**
Schlussstein, Sandstein, erneuern	St	1,800	122,50	157,00	187,50
Fenster/Türumrahmung, Sandstein, einbauen	m	2,000	286,00	329,00	378,50
Fensterbank, außen, Sandstein, erneuern	m	2,000	267,00	310,50	353,50
Verdübeln, Stahlteile, Naturstein	St	0,170	30,30	37,20	44,00

Wandbekleidung mit Platten, außen	**E**	**h**	**von**	**mittel**	**bis**
Verdübeln, Stahlteile, Naturstein	St	0,170	30,30	37,20	44,00
Naturstein-Verdübelung erneuern	St	0,350	32,50	38,20	46,40
Fensterbank, außen, Sandstein, erneuern	m	2,600	226,50	282,00	314,50
Natursteingewände, ausbauen/zwischenlagern	m	5,200	242,00	288,00	329,50
Natursteingewände ausbessern	m	0,900	75,40	84,40	101,50
Naturwerksteinfassade verfugen/ausbessern	m²	0,850	57,95	70,60	87,00

 © SIRADOS 01/24

Bodenbeläge, außen	E	h	von	mittel	bis
Bodenbelag, Sandstein, außen, 80/60/8 cm	St	0,800	72,00	85,10	96,50
Bodenbelag, Quarzmonzonit, außen, erneuern	m^2	1,200	98,70	128,00	152,00
Bodenbelag, Granit, außen, Lagermaterial	m^2	1,300	61,20	77,80	91,00
Bodenbelag, Sandstein, außen, erneuern, Lagermaterial	m^2	1,300	61,50	77,00	93,30

Treppen, außen	E	h	von	mittel	bis
Trittstufenplatte, Kalkstein, 100/30/3 cm	St	1,300	98,50	130,00	157,60
Trittstufenplatte, Sandstein, erneuern, 100/30/5 cm	St	1,300	142,50	177,00	212,00
Rutschkante, Naturstein, erneuern	m	0,260	16,60	20,60	25,30
Blockstufe, gerade, Naturwerkstein, Mörtel	m	3,600	293,00	324,50	355,00
Blockstufe, gerade, gefast, Naturwerkstein, Mörtel	m	2,400	223,50	251,50	296,50
Blockstufe, gerade, profiliert, Naturwerkstein, Mörtel	m	2,400	347,00	384,00	426,00
Blockstufe, gerade, Sandstein, 16,5/30/100 cm	St	2,400	323,50	364,00	396,00
Blockstufe, gerade, profiliert, Naturwerkstein, Mörtel	m	2,400	323,10	411,50	498,50

Fugen, außen	E	h	von	mittel	bis
Bemusterung Material Fugen, ca. 1 m^2	m^2	1,500	75,90	98,00	111,50
Bemusterung Material Stoßfugen, ca. 1 m	St	1,000	57,90	71,50	88,00
Fugen Einzelstücke öffnen	m	1,000	47,10	58,70	70,40
Fugen Einzelstücke schließen	m	1,000	47,10	58,70	70,40
Natursteinfassade, Neuverfugung, Hochdruck-Reinigung	m^2	0,300	19,80	25,60	29,80
Schadhafte Fugen, Naturstein-Mauerwerk, entfernen	m^2	0,400	18,10	23,00	25,90
Verfugung, elastisch, erneuern, Naturstein	m	0,210	12,30	16,20	19,90
Naturstein-Mauerwerk verfugen, Handverfugung	m^2	1,000	39,70	52,90	60,10

Sonstige Arbeiten, außen	E	h	von	mittel	bis
Vernadelung bis 100 mm	St	0,370	23,80	29,00	32,70
Vernadelung bis 400 mm	St	0,370	31,70	38,80	43,00
Bohrung Naturwerkstein, 30 mm	St	0,200	13,20	16,10	19,80
Bohrung Naturwerkstein, 50 mm	St	0,300	18,10	22,60	27,90
Öffnung Naturwerkstein, 100/100 mm	St	0,300	20,30	25,20	30,60
Fußabstreiferrahmen erneuern, Naturwerkstein	St	0,870	131,50	152,50	178,50

13142 Naturwerksteinarbeiten, innen

Vorbereitende Arbeiten, innen	E	h	von	mittel	bis
Natursteinflächen vorbereiten	m^2	0,500	22,90	26,50	31,80
Kartierung Schadstellen, Dokumentation	m^2	0,300	13,50	16,10	19,30
Kartierung Maßnahmen, Dokumentation	m^2	0,300	13,50	15,90	19,00

Demontage/Abbruch, innen	E	h	von	mittel	bis
Plattenbelag in Mörtelbett abbrechen	m^2	0,300	17,50	21,50	25,60
Plattenbelag mit Dämmung abbrechen	m^2	0,250	14,90	19,40	21,70
Treppenbelag, Naturstein, abbrechen	m	0,750	36,20	45,20	52,90
Fensterbank, innen, Naturstein, ausbauen	St	0,300	14,10	17,70	21,40
Natursteinblockstufen, ausbauen/lagern, bis 1,20 m	St	1,200	60,30	76,10	91,30
Natursteinblockstufen, ausbauen/lagern, bis 2,40 m	m	1,550	70,90	87,40	98,10

Reinigung, innen	E	h	von	mittel	bis
Natursteinbelag reinigen	m^2	0,200	12,50	16,10	20,10
Natursteinbelag, reinigen und imprägnieren	m^2	0,350	30,30	38,80	47,60

© SIRADOS 01/24

Bodenbeläge, innen	E	h	von	mittel	bis
Naturwerkstein für Wiedereinbau vorbereiten	m^2	0,700	30,50	36,80	44,00
Bodenbelag, innen, Kalkstein, 30/30/3 cm	m^2	0,800	73,00	86,00	97,80
Bodenbelag, Naturstein, erneuern, bis 5 m^2	m^2	0,900	77,60	99,10	119,40
Bodenbelag, Granit, Kashmir White, innen, erneuern	m^2	1,200	120,50	153,00	184,00
Bodenbelag, Granit, Blue Pearl, innen, erneuern	m^2	1,200	160,50	198,50	232,00
Sockelplatten, Granit, Blue Pearl, innen, erneuern	St	0,400	32,30	42,40	51,15

Treppen, innen	E	h	von	mittel	bis
Trittstufenplatte, Kalkstein, 100/30/3 cm	St	1,300	98,50	130,00	157,60
Blockstufe, gerade, Naturwerkstein, Mörtel	m	3,600	293,00	324,50	355,00
Blockstufe, gerade, Sandstein, 16,5/30/100 cm	St	2,400	323,50	364,00	396,00
Tritt-/Setzstufe, innen, gerade, Sandstein	m	1,000	312,50	404,50	471,00
Vierung, Blockstufen, innen, bis 25 cm^3	St	0,600	29,85	38,00	45,90

13143 Konservieren, Restaurieren, Ergänzen

Reinigung	E	h	von	mittel	bis
Naturwerksteinfläche reinigen, Wasser, Bürste	m^2	0,250	11,70	15,20	19,00
Oberflächenreinigung mechanisch	m^2	0,150	6,45	8,00	9,30
Flächen nadeln	m^2	1,000	43,10	56,70	70,10
Heißdampfreinigung Naturwerksteingesims	m	0,060	4,30	5,65	6,93
Reinigung Mikrostrahlverfahren	m^2	1,200	56,80	74,70	91,50

Konservierung	E	h	von	mittel	bis
Partielle Festigung am Werksteinen, bis 200 m^2	St	0,180	10,90	14,00	17,40
Partielle Festigung am Werksteinen, 201-500 m^2	St	0,280	15,40	18,90	22,30

Partielle Festigung am Werkstein, 0,1-0,25 m^2	St	0,480	26,90	29,40	33,50
Kieselsäureester liefern, Steinfestigung	l		41,00	44,90	47,00

Steinergänzung, Restauriermörtel	**E**	**h**	**von**	**mittel**	**bis**
Antragung unprofiliert, bis 25 cm^2	St	0,150	8,80	11,60	14,20
Antragung unprofiliert, 26-50 cm^2	St	0,220	14,10	16,40	20,00
Antragung unprofiliert, 51-100 cm^2	St	0,340	19,40	24,70	30,40
Antragung profiliert, bis 50 cm^2	St	0,220	14,55	18,20	21,80
Antragung profiliert, 51-100 cm^2	St	0,400	23,90	29,30	36,20
Antragung profiliert, 101-200 cm^2	St	0,480	33,40	38,10	43,90
Natursteinoberfläche, ausgebessert, schleifen	m^2	0,840	55,40	65,20	76,00
Klebung Natursteinstücke, flächig, 25/30 cm	St	0,430	32,60	40,70	48,80
Gesimsstücke überarbeiten	m^2	1,500	81,60	91,10	108,50
Flächen nadeln	m^2	0,700	40,40	50,00	61,20
Abtragung loser Steinoberflächen	m^2	0,550	26,80	33,10	39,50

Steinergänzung, Vierung	**E**	**h**	**von**	**mittel**	**bis**
Vierung im Naturwerksteinglied	St	1,300	104,00	137,50	165,60
Vierung, unprofiliert, bis 400 cm^3	St	1,200	75,30	96,20	116,70
Vierung, unprofiliert, 401-1000 cm^3	St	1,500	90,10	119,00	134,00
Vierung, unprofiliert, 1001-2000 cm^3	St	1,800	112,50	137,50	168,50
Vierung, profiliert, bis 400 cm^3	St	2,200	125,00	155,50	179,50
Vierung, profiliert, 401-1000 cm^3	St	2,500	142,50	176,50	203,50
Vierung, profiliert, 1001-2000 cm^3	St	2,800	159,00	196,00	235,80

 © SIRADOS 01/24

13144 Steinmetzarbeiten, Massivarbeiten

Flächenbearbeitung, manuell	E	h	von	mittel	bis
Bemusterung Material, Naturstein	St	2,000	164,50	196,50	225,00
Bemusterung, Oberflächenbearbeitung	St	0,600	24,15	30,90	37,00
Sichtfläche kröneln, Sandstein	m^2	3,000	124,00	158,00	192,00
Sichtfläche, Klosterhieb, ohne Rand, Sandstein	m^2	2,500	114,00	129,00	157,00
Sichtfläche beilen, ohne Randschlag, Sandstein	m^2	2,500	116,00	131,00	149,50
Sichtfläche beilen, mit Randschlag, Sandstein	m^2	2,500	117,50	130,00	138,50
Sichtfläche Klosterhieb, Sandstein	m^2	2,500	103,60	132,00	160,50
Sichtfläche Kehlschlag, Sandstein	m^2	2,500	104,10	130,50	156,00
Sichtfläche Doppelschlagfläche, Hiebweite 10 mm, Sandstein	m^2	2,500	119,00	134,50	162,00
Sichtfläche in Rille scharriert, Hiebweite 6 mm	m^2	2,800	128,50	149,50	163,00
Sichtfläche scharriert, Hiebweite 4 bis 6 mm	m^2	2,200	92,45	118,00	145,50
Sichtfläche gestelzt, Sandstein	m^2	2,800	127,50	150,50	170,00
Sichtfläche gestemmt, Hiebweite 2 mm, Sandstein	m^2	3,000	138,00	161,00	193,00
Sichtfläche schleifen, Sandstein	m^2	1,500	67,80	80,40	95,50
Sichtfläche spitzen, Sandstein	m^2	2,000	90,00	106,00	120,50
Sichtfläche grob spitzen, Granit	m^2	3,000	144,00	159,00	181,00
Sichtfläche fein spitzen, Granit	m^2	3,500	169,00	187,50	203,50
Sichtfläche grob stocken, Granit	m^2	4,500	206,00	238,50	287,00
Sichtfläche mittel stocken, Granit	m^2	5,500	230,50	292,00	337,50
Sichtfläche fein stocken, Granit	m^2	6,500	298,50	346,50	382,50
Sichtfläche feinst stocken, Granit	m^2	7,500	327,00	400,50	469,50

Profilierte Teile	E	h	von	mittel	bis
Profilschablone, Kunststoff, d = 0,5 mm	St	0,800	67,10	75,40	81,90
Kontraschablone, Kunststoff, d = 0,5 mm	St	0,800	54,40	65,70	74,70
Sohlbank, außen, Naturwerkstein, erneuern	St	1,500	150,00	197,00	229,00

Schriften	E	h	von	mittel	bis
Buchstabe, römisch Antiqua, vertieft, h = bis 35 mm	St	0,240	10,20	12,80	15,30
Buchstabe, römisch Antiqua, vertieft, h = bis 45 mm	St	0,270	11,00	14,50	17,95
Buchstabe, römisch Antiqua, vertieft, h = bis 55 mm	St	0,300	12,40	16,00	19,35
Buchstabe, römisch Antiqua, vertieft, h = bis 70 mm	St	0,350	14,90	18,60	22,90
Buchstabe nachschlagen, vertieft, h = bis 35 mm	St	0,200	8,60	10,30	12,50
Buchstabe nachschlagen, vertieft, h = bis 45 mm	St	0,230	9,50	11,80	14,40
Buchstabe nachschlagen, vertieft, h = bis 55 mm	St	0,280	11,60	14,90	18,50
Buchstabe nachschlagen, vertieft, h = bis 70 mm	St	0,300	12,40	14,90	17,70
Buchstabe Blockschrift, erhaben, h = bis 50 mm	St	0,340	13,40	17,30	21,60
Buchstabe Blockschrift, erhaben, h = bis 60 mm	St	0,400	17,70	20,70	24,70
Buchstabe Blockschrift, erhaben, h = bis 70 mm	St	0,600	24,50	32,20	36,30

13146 Betonwerksteinarbeiten, außen

Demontage/Abbruch, außen	E	h	von	mittel	bis
Treppenbelag, Betonwerkstein, abbrechen	m	0,400	25,50	31,00	36,50
Podestbelag, Betonwerkstein, abbrechen, d = bis 5 cm	m^2	0,400	25,50	30,50	36,40
Bodenbelag, Betonwerkstein, abbrechen, d = bis 12 cm	m^2	0,500	32,10	38,20	46,30
Sockelbekleidung, Betonwerkstein, abbrechen, d = bis 6 cm	m^2	0,120	7,60	8,50	10,00

 © SIRADOS 01/24

Fensterbank, Betonwerkstein, außen, ausbauen	m	0,200	11,90	13,90	16,90
Gehwegplatten ausbauen	m^2	0,120	9,00	11,10	12,90
Betonwerksteinplatten aufnehmen, 40/40/5 cm	m^2	0,250	16,40	21,30	25,20
Betonwerksteinplatten ausbauen/entsorgen, 50/50/5 cm	m^2	0,250	12,70	16,00	19,60

Bodenbeläge, außen	**E**	**h**	**von**	**mittel**	**bis**
Bodenbelag, Betonwerkstein, in Teilflächen erneuern	m^2	1,340	95,00	116,00	133,50
Bodenbelag, Betonwerkstein, erneuern, bis 5 m^2	m^2	1,200	82,30	109,00	123,50
Bodenbelag, Betonwerksteinplatten erneuern, 50/50/5 cm	St	1,200	78,60	99,60	111,50
Bodenbelag, außen, Waschbeton, erneuern, 30/30/5 cm	m^2	0,750	58,20	71,30	88,30
Bodenbelag, außen, Waschbeton, erneuern, 50/30/5 cm	m^2	0,650	68,00	78,50	96,00

Treppen, außen	**E**	**h**	**von**	**mittel**	**bis**
Stufenbelag, Betonwerkstein, große Schäden, erneuern	m	1,800	230,50	295,00	345,50
Rutschkanten, Betonwerkstein, erneuern	m	0,240	18,10	22,30	25,60
Treppensockel, Betonwerkstein, große Schäden, erneuern	m	0,260	26,90	35,30	40,90
Winkelstufe, außen, erneuern, 50/35/15 cm	St	0,850	85,40	111,50	138,60

Fugen, außen	**E**	**h**	**von**	**mittel**	**bis**
Verfugung elastisch, erneuern, Betonwerkstein	m	0,210	10,80	13,30	15,90

13147 Betonwerksteinarbeiten, innen

Reinigung, innen	**E**	**h**	**von**	**mittel**	**bis**
Betonwerksteinbelag reinigen	m^2	0,200	12,50	16,10	20,10
Betonwerksteinstufen reinigen	St	0,150	14,90	17,20	20,70

Bodenbeläge, innen	E	h	von	mittel	bis
Bodenbelag, Betonwerksteinplatten erneuern, 50/50/5 cm	St	1,200	78,60	99,60	111,50
Bodenbelag, innen, Terrazzo, erneuern, 30/30/3 cm	St	0,150	12,40	16,30	19,10

Treppen, innen	E	h	von	mittel	bis
Treppensockel, Betonwerkstein, große Schäden, erneuern	m	0,260	26,90	35,30	40,90
Trittstufe, innen, Terrazzo, erneuern, 30/5 cm	m	0,800	70,30	90,80	109,50
Setzstufe, innen, Terrazzo, erneuern, 18/3 cm	m	0,550	45,00	58,90	68,30

13148 Konservieren, Restaurieren, Ergänzen Betonwerksteine

Betonwerksteinergänzung, Beton ausbessern	E	h	von	mittel	bis
Brüstungsplatte, Betonwerkstein, innen, ausbessern	St	0,350	24,40	29,90	33,20
Bodenbelag, Betonwerkstein, geringe Schäden	m^2	0,240	30,00	35,90	41,50
Bodenbelag, Terrazzo, ergänzen	m^2	3,000	179,50	230,00	279,40
Stufenbelag, Betonwerkstein, Schäden bis 100 cm^2	St	0,490	38,50	48,20	57,00

© SIRADOS 01/24

316 Zimmer- und Holzbauarbeiten

13161 Renovierung, Instandsetzung

Vorbereitende Arbeiten	E	h	von	mittel	bis
Dachboden entrümpeln, ohne Deponie	m^3	1,500	70,30	81,00	95,00
Wandbekleidung, Holz etc. entfernen	m^2	0,180	8,55	10,90	13,50
Reinigung Sparren	m	0,050	2,10	2,60	3,05
Altholz schleifen	m	0,220	15,10	18,10	22,20
Beschichtung, Fachwerk, mechanisch/chemisch, entfernen	m	0,200	12,80	17,50	21,90
Lagerhölzer auf Fäulnis untersuchen	m	0,350	15,80	20,60	24,60
Balkenköpfe auf Fäulnis untersuchen	St	0,300	14,70	17,50	22,50

Demontage/Abbruch	E	h	von	mittel	bis
Unterzug Holz, 500-750 cm^2, entfernen	m	0,090	18,30	23,50	29,00
Bauholz entfernen, verschiedene Querschnitte	m	0,250	11,20	14,60	18,20
Dachflächenfenster entfernen	St	1,400	78,10	96,90	110,00
Lichtkuppel entfernen	St	2,000	245,50	297,50	343,50
Gesimskasten demontieren	m	0,250	10,40	16,10	21,50
Ortganggesimse entfernen	m	0,200	10,20	14,00	19,10
Lattung, Sparrenunterseite, ausbauen, entsorgen	m	0,090	5,15	6,70	8,20
Dampfsperre, Sparrenunterseite, ausbauen, entsorgen	m^2	0,050	4,15	5,30	6,60
Dachlattung entfernen, entsorgen	m^2	0,090	4,00	7,15	9,95
Gipsplatten, Dach, ausbauen, entsorgen	m^2	0,320	17,50	22,40	26,40
Dachschalung mit Schalungsbahn, entfernen, entsorgen	m^2	0,200	10,65	13,30	15,70
Dachschalung, Schalungsbahn, Lattung entfernen	m^2	0,350	15,30	20,80	23,90

Dachschalung, Holzwerkstoffplatten, Teilflächen entfernen, entsorgen	m^2	0,270	22,50	28,60	34,85
Bretter, Fensterleibung, ausbauen, Breite bis 25 cm	m	0,300	15,20	17,50	20,20
Heizungsbekleidung abbrechen, Höhe bis 0,90 m	m	0,400	18,50	23,70	29,10
Außenwandbekleidung, Holz, entfernen	m^2	0,250	12,95	16,30	20,00
Holzglaswände abbrechen	m^2	0,350	21,80	27,50	34,15
Holzvertäfelung ausbauen, entsorgen	m^2	0,190	9,20	12,70	15,30
Wand abbrechen, Metallständer, nicht tragend	m^2	0,300	17,30	20,90	25,70
Brettstapelelement, 200 mm, demontieren, entsorgen, Wand und Decke	m^2	0,220	24,00	30,70	36,90
Holzbalkendecke komplett ausbauen	m^2	0,230	31,90	41,20	49,50
Deckenbekleidung, Holz etc. entfernen	m^2	0,300	16,90	21,50	27,40
Unterdecke, Putzträger/Schalung entfernen	m^2	0,350	25,20	31,60	40,60
Holzwolle-Leichtbauplatten mit Putz entfernen	m^2	0,250	14,80	17,50	22,70
Spanplatten, 25 mm, ausbauen, entsorgen	m^2	0,250	13,60	18,70	21,70
Holzdecke bzw. Gipskartondecke entfernen	m^2	0,250	17,70	22,40	27,80
Schüttung, 10-15 cm, entfernen, Holzbalkendecke	m^2	0,350	19,10	24,20	30,20
Schüttung, 12-18 cm, Zellulose, entfernen	m^2	0,300	17,20	21,00	24,40
Schüttung und Bodenabdichtung entfernen	m^2	0,190	11,45	14,30	17,45
Holzboden, Schüttung, Fehlboden, entfernen	m^2	0,550	26,85	34,20	41,80
Belag, Unterboden, Schüttung, entfernen	m^2	0,480	23,50	28,80	38,00
Deckenbalken entfernen	m	0,150	9,80	12,70	15,85
Fußbodenbretter entfernen	m^2	0,180	8,32	10,60	13,10
Fußbodenbretter aufnehmen, lagern	m^2	0,300	12,55	16,00	19,10
Fußbodenbretter mit Lagerhölzer ausbauen	m^2	0,220	10,70	13,30	15,00
Fehlboden entfernen	m^2	0,220	9,95	13,10	16,90

Spanplattenboden abbrechen, bis 25 mm	m^2	0,300	16,90	20,00	25,10
Trockenestrichelemente, Schüttung, entfernen	m^2	0,390	20,90	24,40	29,50
Trockenestrichelemente, Schüttung, Unterboden, entfernen	m^2	0,500	27,40	32,80	38,60
Holzleiter ausbauen, entsorgen	St	0,150	9,70	12,70	16,30
Bodentreppe, Scherentreppe, Aluminium, ausbauen	St	1,200	59,60	67,10	79,10
Bodenschiebetreppe ausbauen	St	1,200	55,90	63,80	75,70
Handlauf, Holz, ausbauen, entsorgen	m	0,180	8,30	10,70	14,10
Geländer Holz, ausbauen, entsorgen	m	0,170	12,50	14,60	18,50
Treppe mit Geländer, Holz, entfernen	St	3,300	145,50	187,00	231,50
Dämmung, Mineralfaser, bis 240 mm, Zwischendämmung, entfernen	m^2	0,070	8,30	10,70	12,70
Dämmung, MW, 40-80 mm, ausbauen, entsorgen, Deckenbekleidung	m^2	0,250	12,50	15,90	21,00
Dämmung, Mineralwolle, 160 mm, Dach, ausbauen, entsorgen	m^2	0,120	7,95	9,30	11,30
Dämmung, PS, bis < 100 mm, ausbauen, entsorgen	m^2	0,120	7,35	9,00	12,10
Dämmung, Kork, bis 200 mm, ausbauen, entsorgen, Dach und Decke	m^2	0,095	12,80	16,30	19,10
Zwischensparrendämmung MF, bis 100 mm, entfernen, entsorgen	m^2	0,150	8,60	9,95	12,20
Einblasdämmstoff entfernen, lagern	m^2	0,210	9,65	11,30	12,40
Kellerverschlag, Holz, abbrechen, entsorgen	m^2	0,200	9,70	12,20	16,60
Holzlattentür ausbauen	St	0,300	20,90	26,60	35,20
Keller- und Speicherabteil, Holz, entfernen	m^2	0,300	17,00	20,30	26,20
Trennwand, Holz, abbrechen, entsorgen, WC	St	0,250	15,70	18,00	22,50
Holzzaun inkl. Fundament entfernen	m	0,600	30,40	35,90	46,90

Holzschiebetür entfernen	St	0,600	31,00	39,80	46,90
Einbauschrank, Holz, entfernen	m	0,650	38,80	49,30	62,20

Bauholz, Lieferung	**E**	**h**	**von**	**mittel**	**bis**
Liefern Eichenholz, getrocknet	m^3		1.377,00	1.430,00	1.726,00
Liefern Eichenholz abgelagert	m^3		1.592,00	1.750,00	2.234,00
Lieferung Holz, Nadelholz C 30	m^3		529,50	600,00	756,00

Außenwände	**E**	**h**	**von**	**mittel**	**bis**
Holzblockwand, Rundholz, 200 mm	m^2	3,900	260,00	309,00	371,50
Holzblockbohlenwand, 1-schalig, Wanddicke 70 mm	m^2	2,600	145,00	182,50	220,00
Holzblockbohlenwand, 1-schalig, Wanddicke 100 mm	m^2	2,700	167,00	205,50	243,00
Holzblockbohlenwand, 1-schalig, überblattet, Wanddicke 100 mm	m^2	2,900	175,00	215,00	260,00
Holzblockbohlenwand, 1-schalig, gespundet, Wanddicke 100 mm	m^2	2,900	175,00	210,50	251,50

Wandbekleidung, außen	**E**	**h**	**von**	**mittel**	**bis**
Brettschalung, senkrecht, stumpf gestoßen, mit Leisten, 24 mm, erneuern, Außenw.	m^2	0,600	47,10	53,00	64,50
Brettschalung, Deckelschalung, senkrecht, 24 mm, erneuern, Außenwand	m^2	0,600	42,90	51,40	58,50
Brettschalung, Stülpschalung/Schwarten, waagerecht, 24 mm, erneuern, Außenw.	m^2	0,450	25,90	32,80	38,00
Brettschalung, gespundet, Tropfkante schräg, waager., 24 mm, erneuern, Außenw.	m^2	0,450	29,40	36,40	43,50

Brettschalung, gespundet, Tropfkante rund, waagerecht, 24 mm, erneuern, Außenw.	m^2	0,450	29,40	37,70	45,80
Brettschalung, überfälzt, waagerecht, 24 mm, erneuern, Außenwand	m^2	0,450	38,10	45,60	53,90
Brettschalung, Schwarten, Nut und Feder, waagerecht, 24 mm, erneuern, Außenw.	m^2	0,450	28,40	33,60	41,40
Brettschalung, Stülpschalung, senkrecht, 24 mm, erneuern, Außenwand	m^2	0,700	52,40	59,60	67,90
Brettschalung, Stülpschalung, waagerecht, 24 mm, erneuern, Außenwand	m^2	0,700	48,00	61,10	70,70

Wandbekleidung, innen	**E**	**h**	**von**	**mittel**	**bis**
Brettschalung senkrecht, Nut und Feder, mit Leiste, Lärche	m^2	0,700	46,20	57,10	66,80
Wandschalung, Innenwand, Massivholzplatte, Lattung, 20 mm	m^2	0,700	71,70	78,10	88,20
Leibungsbekleidung Fichte, gehobelt, Dicke 20 mm, Breite 160 mm	m	0,250	16,70	18,60	21,90

Balkone	**E**	**h**	**von**	**mittel**	**bis**
Balkonbelag, Bohlen, 200/40 mm, erneuern	m^2	0,800	52,00	63,30	77,40
Balkonbretter erneuern, 980/95/18 mm	St	0,220	13,20	15,70	19,00
Balkonbretter erneuern, 980/120/20 mm	St	0,290	14,90	20,10	23,30
Balkonbretter erneuern, 980/120/26 mm	St	0,320	16,80	24,10	29,00
Balkonbretter erneuern, 1200/130/26 mm	St	0,320	22,30	27,00	33,30

Pfeiler, Stützen	**E**	**h**	**von**	**mittel**	**bis**
Rundholzstütze ein-/ausbauen, Durchmesser 10 bis 20 cm	St	1,200	57,95	70,90	86,80
Rundholzstütze ein-/ausbauen, Durchmesser 20 bis 30 cm	St	1,500	77,60	88,50	101,00

Brüstungen	**E**	**h**	**von**	**mittel**	**bis**
Brüstungsgeländer, außen, gerade Bretter, 80 cm	m	1,700	107,00	124,50	138,00
Brüstungsgeländer, außen, gerade Bretter, 90 cm	m	1,800	116,00	135,50	158,00
Brüstungsbrett, gerade, erneuern, 100 cm	St	0,200	18,90	22,60	25,60
Brüstungsbrett, gerade, erneuern, 110 cm	St	0,200	20,50	24,20	27,00
Brüstungsgeländer, außen, leicht profiliert, 80 cm	St	1,800	146,00	184,50	228,00
Brüstungsgeländer, außen, leicht profiliert, 90 cm	St	1,900	162,00	204,00	250,50
Brüstungsbrett, leicht profiliert, erneuern, 100 cm	St	0,220	21,50	25,40	28,50
Brüstungsbrett, leicht profiliert, erneuern, 110 cm	St	0,220	22,60	26,60	30,10
Brüstungsgeländer, außen, stark profiliert, 80 cm	m	1,800	158,00	200,50	246,50
Brüstungsgeländer, außen, stark profiliert, 90 cm	m	1,900	181,50	219,00	278,50
Brüstungsbrett, stark profiliert, erneuern, 100 cm	St	0,220	22,90	27,00	30,40
Brüstungsbrett, stark profiliert, erneuern, 110 cm	St	0,220	24,70	28,70	33,90
Handlaufbrett für Brüstungsgeländer erneuern	m	0,220	24,10	27,80	32,60
Handlaufbrett, außen, erneuern, 55/45/19 mm	m	0,180	14,00	17,00	20,10
Handlaufbrett, außen, erneuern, 90/45/19 mm	m	0,200	18,30	22,60	25,70
Handlaufbrett, außen, erneuern, 90/45/26 mm	m	0,200	24,40	32,70	38,20
Querriegel, außen, erneuern, 2500/60/28 mm	St	0,300	24,00	28,10	31,70
Querriegel, außen, erneuern, 2500/70/40 mm	St	0,300	28,20	35,10	43,30
Querriegel, außen, erneuern, 70/30 mm	m	0,150	8,80	12,00	14,20
Querriegel, außen, erneuern, 90/40 mm	m	0,150	11,40	13,80	15,70

 © SIRADOS 01/24

Brüstungsgeländer, innen, erneuern, 90 cm	m	1,000	69,70	84,70	96,50
Brüstungsgeländer, Sprossen, innen, erneuern, 90 cm	m	1,000	78,30	91,90	109,50

Treppen	E	h	von	mittel	bis
Holztreppe, gerade, Tritt- und Setzstufe, Kiefer	St	28,000	3.519,00	4.621,00	5.712,00
Handlaufbrett erneuern, 30/120 mm, Kiefer, Fichte	m	0,400	27,70	32,50	36,30
Handlauf erneuern, Rundholz bis 70 mm, Fichte	m	0,400	24,20	30,40	35,20
Handlauf erneuern, profiliert, Buche	m	0,800	56,70	62,60	70,40
Handlaufstück am Krümmling erneuern	St	2,800	141,00	176,50	211,00
Krümmling erneuern	St	2,200	439,00	524,50	622,50
Handlauf, Absplitterung, schleifen, bis 100 mm	St	0,180	8,50	10,60	12,70
Handlauf, Holz, auf Metallgeländer, erneuern	m	0,300	24,90	29,80	35,80
Handlauf, Grat schleifen	St	0,120	6,35	7,35	8,65
Handlauf, Holz, auf Metallstützen, erneuern	m	0,270	22,00	24,20	28,10
Geländerstab, viereckig, erneuern, Höhe ca. 80 cm	St	0,260	22,20	25,50	28,80
Geländerstab, rund, erneuern, Höhe ca. 80 cm	St	0,260	24,00	26,70	29,70
Geländerstab, rund, profiliert, erneuern, Höhe ca. 80 cm	St	0,260	28,10	32,50	40,30
Trittstufe erneuern, eingestemmte Treppe	St	2,500	148,00	188,00	241,50
Trittstufenkante einbauen	m	0,900	43,30	51,60	58,40
Trittstufe aufdoppeln, Trittkante erneuern	St	1,200	94,50	106,50	125,50
Setzstufe erneuern, eingestemmte Treppe	St	0,900	56,80	68,10	84,80
Tritt-/Setzstufe, verschrauben, verdübeln	St	0,750	36,40	43,70	51,90
Trittstufe nachkeilen, unterleimen	St	0,790	39,00	47,10	55,30
Tritt-/Setzstufe, schleifen/versiegeln	St	0,900	51,90	58,50	68,30
Trittstufen gewendelt, aufgesattelt, erneuern	St	2,500	159,50	184,00	222,50
Antrittstufe, 1-seitige Abrundung, 1,00/0,30 m	St	0,600	34,65	43,80	52,15

Antrittstufe, 2-seitige Abrundung, 1,00/0,30 m	St	0,700	42,70	50,30	59,10
Trittstufe aufdoppeln, Mehrschichtplatten furniert	St	1,900	144,00	173,00	197,50
Blockstufe auswechseln	St	1,100	111,00	143,00	177,10
Zarge unter Blockstufe auswechseln	m	0,650	44,30	51,50	59,30
Stirnbrett an Stufenköpfen erneuern	m	0,300	24,60	28,80	35,20
Leiste unter Trittstufe, erneuern, bis 280/30/50 mm	St	0,250	14,30	17,70	21,60
Trittstufe, gerade, auf Leisten aufgelegt, erneuern	St	0,800	63,10	73,90	91,60
Treppenwange, gerade, erneuern, 50/250 mm, Kiefer	m	1,800	133,50	148,00	173,00
Trittstufe, gerade, in Wange eingeschoben	St	1,800	137,50	168,50	205,00
Trittstufe, gerade, auf Wange aufgesattelt	St	1,700	112,00	130,00	162,00
Trittstufe, gewendelt, auf Wange aufgesattelt	St	1,900	134,50	159,50	185,50
Keilstufe erneuern, 1,00/0,20 m bis 0,60 m	St	0,500	41,50	49,40	56,20
Setzstufe erneuern, gerade, 1,00/0,19 m	St	0,500	46,20	56,50	67,70
Setzstufe erneuern, schräg, bis 1,30/0,19 m	St	0,600	58,20	71,50	83,80
Antrittpfosten erneuern, 1000/80/80 mm	St	0,800	62,60	76,00	85,20
Hirnleiste erneuern, Buche, 65/50 mm	St	0,300	20,10	28,30	35,30
Jochabstützung unter Treppenlauf	St	1,200	78,30	96,40	113,50

Fußböden	**E**	**h**	**von**	**mittel**	**bis**
Holzdielenboden vorbereiten	m^2	0,200	9,00	11,70	13,30
Spanplatten auf Dielen, Nut und Feder, 19 mm	m^2	0,300	18,60	24,70	29,70
Spanplatten auf Dielen, Nut und Feder, 22 mm	m^2	0,300	22,30	28,20	36,20
Unterboden nachschrauben	m^2	0,060	2,85	3,50	4,50
Unterboden Spanplatten erneuern, 25 mm	m^2	0,400	31,80	40,30	51,20
Dielenboden nachnageln	m^2	0,050	2,26	2,85	3,39
Dielenboden verschrauben	m^2	0,100	5,00	6,20	7,30

© SIRADOS 01/24

Dielenboden entfernen	m^2	0,250	12,50	14,20	16,90
Dielenboden, Teilflächen	m^2	0,450	43,40	54,00	63,80
Dielenboden, ausbauen, zwischenlagern	m^2	0,550	24,80	30,90	34,60
Fußbodenbretter erneuern, besäumt, Kiefer, bis 25/120 mm	m^2	0,500	36,80	43,30	50,30
Fußbodenbretter erneuern, besäumt, Kiefer, bis 30/300 mm	m^2	0,600	43,50	50,80	57,60
Fußbodenbretter erneuern, Nut und Feder, Fichte, bis 25/120 mm	m^2	0,500	38,00	46,00	55,10
Fußbodenbretter erneuern, blinde Feder, Kiefer, bis 25/120 mm	m^2	0,600	44,30	51,80	60,40
Fußbodenbretter erneuern, gefalzt, Kiefer, bis 25/120 mm	m^2	0,650	45,90	53,50	63,80
Blindboden erneuern, rau besäumt, Fichte, bis 25/120 mm	m^2	0,500	30,50	37,50	44,80
Blindboden erneuern, Schwarten, besäumt, Fichte, bis 30/120 mm	m^2	0,440	29,10	35,30	40,80
Deckenbalkenlagen, Höhenausgleich	m^2	0,200	10,50	12,90	17,20
Fußbodenbretter verlegen, Lagermaterial	m^2	0,250	12,80	15,20	19,20
Höhenausgleich, Schüttung und Spanplatte	m^2	0,450	37,50	45,90	55,10

Decken/Deckenbekleidung	E	h	von	mittel	bis
Lagerhölzer, 50/80 mm, erneuern	m	0,240	13,70	18,10	22,90
Lagerhölzer, 80/80 mm, erneuern	m	0,300	17,60	23,20	27,10
Sandschüttung untersuchen, erneuern, bis 100 mm	m^2	0,350	23,00	27,70	33,40
Deckenbalken freilegen, erneuern, Fichte/Kiefer, 18/26 cm	m	1,600	107,00	126,50	152,00
Deckenbalken erneuern, Fichte/Kiefer, 16/26 cm	m	2,000	120,00	147,50	167,80
Balkenkopf erneuern	St	4,000	228,50	286,50	345,00

Balkenkopfsanierung, Bohlenverstärkung	St	2,800	149,50	187,50	229,50
Balkenkopfsanierung, Balkenwechsel	St	3,300	188,50	238,50	293,00
Deckenbalkenwechsel, 2,00/1,50 m	St	1,200	110,00	126,50	147,00
Blockings zwischen Deckenbalken	m	2,100	120,50	142,00	177,00
Stahlträger einbauen, Holzbalkendecke	t	7,000	2.209,00	2.549,00	2.870,00
Deckenbalken verstärken, Stahl	m	2,100	241,00	294,00	361,50
Holzbalken einbauen, Holzbalkendecke	m	1,300	97,60	114,00	136,50
Deckenbalken verstärken, Bohlen	m	3,500	200,00	240,50	284,50
Deckenbalken, sichtbar, reinigen	m	0,200	13,60	16,50	19,80
Deckendurchbruch, Holzdecke, 10/10 cm	St	0,300	17,20	21,80	25,30
Deckenfüllung, Bims-Lehm-Schüttung	m^3	0,900	281,90	352,40	422,90

Dachkonstruktion	**E**	**h**	**von**	**mittel**	**bis**
Dach öffnen, Pfannendeckung	m^2	0,550	23,00	28,50	34,90
Dach öffnen, Biberschwanz-Doppeldeckung	m^2	0,650	27,10	33,50	39,00
Dach öffnen, Montageöffnung	m^2	0,700	42,50	50,30	56,70
Dachunterspannbahn ausschneiden	m^2	0,030	1,20	2,00	2,65
Dachstuhlteile demontieren, reinigen, lagern	m^3	6,000	243,50	306,50	383,00
Pfosten unter Pfette auswechseln	St	1,500	91,60	103,50	121,00
Pfette verstärken, Stahlprofil	St	1,000	56,15	70,70	87,55
Sparren aufdoppeln	m	0,100	10,65	13,40	15,95
Sparren verlängern, Anlaschen	St	0,700	56,40	70,60	82,60
Aufschiebling erneuern, Länge/Breite 1,50 m/12 cm, Fichte	St	0,550	39,80	49,70	59,60
Balkenkopf profilieren, einfache Ausführung, Fichte	St	0,520	25,90	30,50	36,40
Holzdachrinne erneuern, 100 mm, Lärche	m	0,800	73,50	81,70	94,30
Holzdachrinne erneuern, 120 mm, Lärche	m	0,820	83,10	95,10	110,50

 © SIRADOS 01/24

Giebelanker befestigen, 2 Felder	St	0,800	54,40	63,50	76,20
Bolzenloch herstellen, Tiefe bis 25 cm, Durchmesser bis 25 mm	St	0,220	9,60	12,20	14,70

Dachkonstruktion instandsetzen	E	h	von	mittel	bis
Seilzugsicherung, Instandsetzung, Dachstuhl	psch		2.993,00	3.889,00	4.773,00
Sparrenverbindung sichern, First	St	1,500	83,20	98,60	110,50
Sparren sichern, Schwelle	St	0,550	30,70	38,30	47,10
Kehlbalken sichern, Metallverbinder	m	1,800	110,00	130,00	163,50
Blockingholz zwischen Sparren	St	3,700	190,00	240,00	295,00
Dachkonstruktion verstärken, Anlaschung	m	1,600	100,00	117,00	137,50
Dachkonstruktion verstärken, Zusatzsparren, 6/14 cm	m	0,450	54,90	67,40	81,20
Windverband, Edelstahl, Altkonstruktion	m	0,250	20,20	25,90	33,50
Stichbalken erneuern, 12/16 cm, Fichte	m	0,800	54,90	65,40	78,40
Kniestockstiel erneuern, 12/12 cm, Fichte	m	0,900	68,90	76,30	85,50
Dachsparren erneuern, 10/14 cm, Fichte	m	0,600	39,60	46,50	57,00
Kaiserstiel erneuern, 20/20 cm, Fichte	m	2,600	139,00	160,50	183,00
Kopfband ersetzen, 14/14 cm, Fichte, Länge 1,00 m	m	1,100	73,30	84,70	98,50
Kopfband ersetzen, 14/14 cm, Fichte, Länge 1,50 m	m	1,300	87,40	103,00	122,00
Kopfband austauschen	m	1,300	86,10	101,00	116,50

Dachaufbauten	E	h	von	mittel	bis
Dachgaube, Satteldach, nachträglich	St	35,000	2.180,00	2.490,00	2.958,00
Dachgaube, Schleppgaube, nachträglich	St	29,000	1.785,00	2.140,00	2.422,00

Traufen/Kehlen/Firste/Orte	E	h	von	mittel	bis
Gesimskasten ausbessern, leichte Schäden	m	0,900	44,60	52,60	65,10
Gesimskasten erneuern, Sichtschalung	m	1,100	55,90	68,50	81,85
Gesimskasten erneuern, verputzt	m	1,400	98,90	113,50	127,50
Traufbrett erneuern, Fichte/Kiefer, 30/250 mm	m	0,220	15,70	19,60	26,00
Traufbohle, konisch, erneuern	m	0,180	10,80	12,30	14,20
Traufgesimsprofil, Kiefer/Fichte, 100/150 mm	m	0,900	132,50	157,00	190,00
Traufgesims, profiliert, Eiche/Buche, 100/150 mm	m	0,900	153,00	187,50	228,50
Traufgesims, Profilteil ergänzen, 30 cm	St	0,500	47,40	56,00	63,90
Traufkastengesims erneuern, Abwicklung 60 cm, Fichte	m	0,800	99,50	110,00	122,50
Stirnbrett, einfache Ausführung, 18/40 cm	St	0,200	13,40	14,60	16,20
Stirnbrett, leicht profiliert, 18/45 cm	St	0,200	16,90	18,60	21,80
Stirnbrett, leicht profiliert, 18/60 cm	St	0,200	17,80	24,70	28,60
Stirnbrett, stark profiliert, 20/60 cm	St	0,200	24,00	31,40	37,10
Stirnbrett, stark profiliert, 20/80 cm	St	0,200	30,10	36,10	46,10
Stirnbrett, stark profiliert, 25/80 cm	St	0,200	32,90	40,50	49,20
Stirnbrett, nicht profiliert, gehobelt, Fichte, 30/200 mm	m	0,300	16,20	21,30	24,90
Stirnbohle, gehobelt, ornamentiert, Eiche, 40-50/200 mm	m	0,800	160,00	214,00	281,50
Kehl- oder Gratbretter ausbauen, Breite bis 50 cm	m	0,250	14,80	18,50	21,00

Lattung/Schalung	E	h	von	mittel	bis
Dachlattung erneuern, bis 40/60 mm, Kleinflächen	m	0,120	8,05	9,70	11,90
Dachlattung erneuern, halbrund	m	0,150	9,20	11,50	13,80
Dachschalung erneuern, parallel besäumt, Fichte, 25 mm	m^2	0,450	30,90	39,10	48,15
Dachschalung erneuern, gefalzt, Fichte, 25 mm	m^2	0,450	39,60	47,60	55,10
Dachschalung erneuern, gestülpt, Fichte, 25 mm	m^2	0,450	34,80	40,50	50,20

© SIRADOS 01/24

Dachschalung erneuern, Schwarten, Fichte, 30 mm	m^2	0,350	26,70	32,70	39,50
Unterdachschalung, sägerau, 18 mm	m^2	0,200	13,80	17,60	20,50
Unterdach als Sichtschalung, Nut und Feder, 16 mm	m^2	0,250	22,70	29,10	34,30
Sparschalung, Decke, Abstand bis 30 cm	m^2	0,250	21,20	25,50	31,90

Fachwerkkonstruktionen	**E**	**h**	**von**	**mittel**	**bis**
Grundschwelle auswechseln, 24/24 cm	m	1,450	132,50	162,00	183,00
Saumschwelle auswechseln	m	1,200	95,10	108,50	128,00
Rähm auswechseln	m	1,300	104,00	115,00	128,50
Eckstiel auswechseln, 20/24 cm	m	1,300	95,20	112,00	130,00
Zwischenstiel auswechseln, 20/20 cm	m	1,200	84,90	105,00	126,50
Türstiel auswechseln	m	1,200	94,70	111,50	127,50
Fensterstiel auswechseln, 20/20 cm	m	1,100	68,20	97,00	116,00
Bundstiel auswechseln	m	1,200	90,10	112,50	139,70
Riegel auswechseln, 20/20 cm	m	1,150	70,00	97,00	117,00
Fensterriegel auswechseln	m	1,200	88,80	112,50	125,50
Brüstungsriegel auswechseln	m	1,200	88,80	112,50	125,50
Türriegel auswechseln	m	1,200	90,60	113,00	125,50
Strebe auswechseln, 20/20 cm	m	1,300	83,90	111,00	134,20
Türschwelle, versenkt, auswechseln	m	1,100	78,10	91,00	99,30

13162 Holzschutzarbeiten

Vorarbeiten Regelsanierung, Hausschwamm	**E**	**h**	**von**	**mittel**	**bis**
Bekleidung entfernen/entsorgen	m^2	0,253	13,50	16,80	20,10
Dielung aufnehmen/entsorgen	m^2	0,220	10,40	14,80	17,50
Schüttung entfernen/entsorgen	m^2	0,320	20,50	24,50	27,60

Leichte Trennwände entfernen/entsorgen	m^2	0,280	15,30	20,50	27,30
Wandputz entfernen/entsorgen	m^2	0,230	10,10	13,40	17,80
Deckenputz entfernen/entsorgen	m^2	0,330	16,50	20,10	23,20
Holzbauteile ausbauen/entsorgen	m	0,300	14,45	18,50	22,80

Schutzmaßnahmen, Hausschwamm	**E**	**h**	**von**	**mittel**	**bis**
Abdeckung, staubdicht	m^2	0,110	7,20	9,00	10,80
Schutzwand, staubdicht	m^2	0,300	18,90	23,60	28,30
Folientür, staubdicht	St	0,550	34,95	42,85	51,40

Mauerwerk Regelsanierung, Hausschwamm	**E**	**h**	**von**	**mittel**	**bis**
Bauteiloberfläche absaugen	m^2	0,100	4,58	5,80	6,74
Myzelentfernung, entsorgen	m^2	0,130	8,80	11,10	13,20
Mauerwerksflächen abflammen	m^2	0,100	5,35	6,50	7,60
Bohrlochtränkung, Mauerwerk	m^3	3,700	239,10	300,00	345,50
Druckinjektion, Mauerwerk	m^3	2,600	187,60	219,60	250,00
Behandlung, mehrschaliges Mauerwerk	m^3	4,200	314,30	352,40	398,70
Oberflächenbehandlung, Fluten	m^2	0,270	18,35	22,05	25,15
Oberflächenbehandlung, Schaumverfahren	m^2	0,250	19,10	23,10	27,30
Wirkstoffsperre, Gefährdungsbereiche, Druckinjektion	m	1,200	93,00	107,50	121,50
Wirkstoffsperre, Balkenkopflager	St	0,270	16,30	20,40	23,70
Bohrlöcher verschließen, Zulage	St	0,060	3,65	4,50	5,30

Bekämpfung Hausschwamm – Sonderverfahren	**E**	**h**	**von**	**mittel**	**bis**
Raumöffnung schließen, Heißluft, Hausschwamm	m^2	0,230	13,10	17,00	19,30
Hitzeschutz, Heißluft, Hausschwamm	m^2	0,090	4,85	6,40	7,60

 © SIRADOS 01/24

Bekämpfung Hausschwamm, Heißluft	m^2	0,080	4,85	7,05	8,40
Heißluftbehandlung, Verlängerung, Mehraufwand, Hausschwamm	m^3	0,050	1,30	2,40	3,15
Heißluftbehandlung, Prüfkörper, QS, Hausschwamm	St		144,30	172,10	194,80

Bekämpfung Hausschwamm/Nassfäule	**E**	**h**	**von**	**mittel**	**bis**
Holzbauteile instand setzen	m^3	17,500	1.140,00	1.410,00	1.596,00
Mauerwerksabbruch, Hausschwamm	m^3	4,000	227,80	262,70	301,60
Balkenkopflager	St	0,400	25,70	29,60	32,20
Schnittflächen behandeln, neue Hölzer	St	0,100	4,58	6,00	6,91
Vorbeugender Holzschutz, Depot-Schutz	St	0,120	6,00	7,50	8,75
Balkenkopf-Injektion	St	0,220	13,70	17,20	20,80
Hölzer injizieren	m	0,260	21,50	25,50	30,20

Vorbereitende Arbeiten, Insektenbekämpfung	**E**	**h**	**von**	**mittel**	**bis**
Beläge/Verkleidungen entfernen/entsorgen	m^2	0,260	13,60	17,00	20,40
Schüttungen entfernen/entsorgen	m^2	0,250	15,20	18,90	22,60
Beschichtungen entfernen	m^2	0,600	29,85	38,00	44,60
Beschichtungen entfernen, lose	m^2	0,200	8,90	10,80	12,50
Dach öffnen	m^2	0,650	32,30	36,70	40,80

Schutzmaßnahmen, Insektenbekämpfung	**E**	**h**	**von**	**mittel**	**bis**
Abdeckungen, Insektenbekämpfung	m^2	0,150	8,65	11,05	13,10
Einhausungen, Insektenbekämpfung	m^2	0,250	12,40	15,00	19,30
Raumtrennung mit Dämmung	m^2	0,300	15,20	19,30	21,70

Bekämpfung Insektenbefall	E	h	von	mittel	bis
Holzbauteile/-konstruktionen, Schadholzteile entfernen	m	0,270	13,55	18,80	21,85
Holzoberfläche reinigen	m^2	0,080	4,02	5,65	7,31
Holzschutz-Oberflächenbehandlung, Insekten	m^2	0,100	7,31	9,23	10,30
Holzschutz-Oberflächenbehandlung, Insekten/Pilze	m^2	0,130	8,03	9,77	11,60
Holzschutz-Bohrlochtränkung, Insekten	m	0,140	11,90	14,10	16,90
Holzschutz-Bohrlochtränkung, Insekten/Pilze	m	0,150	15,20	17,90	20,70
Holzschutz-Bohrlochdrucktränkung, Insekten	m	0,180	14,05	18,90	22,30
Holzschutz-Bohrlochdrucktränkung, Insekten/Pilze	m	0,190	16,80	22,50	25,70
Emissionsschutz, Bauteiloberflächen	m^2	0,120	11,35	14,15	17,30
Instandsetzung Holzbauteile	m^3	18,000	1.201,00	1.420,00	1.680,00
Schnittflächen behandeln, neue Hölzer	St	0,090	4,68	7,60	9,12

Bekämpfung Insekten, Heißluftverfahren	E	h	von	mittel	bis
Insektenbekämpfung, Heißluft	m^3	0,050	5,00	7,52	10,65
Heißluftbehandlung, Mehraufwand	m^3	0,020	2,27	2,94	3,91
Instandsetzung Holzbauteile	m^3	10,000	1.058,00	1.177,00	1.359,00
Heißluftbehandlung, Prüfkörper, QS, Insektenbekämpfung	St		183,50	192,70	206,10
Vorbeugung chemischer Holzschutz	m	0,290	20,40	25,80	31,85

Bekämpfung mit elektrophysikalischen Verfahren	E	h	von	mittel	bis
Hitzeschutz, Elektrophysikalisches Verfahren	m^2	0,080	4,85	5,95	7,60

Bekämpfung mit Begasungsverfahren	E	h	von	mittel	bis
Begasung, toxische Gase	m^3	0,200	13,95	16,40	20,65
Begasung, Mehraufwand	m^3	0,027	2,27	3,04	4,02

© SIRADOS 01/24

Begasung, toxische Gase, Prüfkörper, QS	St		183,50	192,70	206,10
Begasung erstickende Gase, Prüfkörper, QS	St		183,50	192,70	206,10

Holzersatz durch RH-Beton	E	h	von	mittel	bis
RH-Beton-Ersatz, 1-seitige Anbindung	St	11,000	1.067,10	1.258,30	1.477,50
RH-Beton-Ersatz, auflagernaher Bereich	St	7,000	816,00	928,00	1.090,00
RH-Beton-Querschnittswiederherstellung	dm^3	0,350	40,00	43,30	46,70
RH-Beton-Ersatz, beidseitige Anbindung	dm^3	0,300	39,40	42,15	46,10

Ersatzhölzer querschnittsgleich	E	h	von	mittel	bis
Ersatzholz, 1-seitig	St	10,000	748,50	945,50	1.124,00
Ersatzholz, beidseitige Anbindung	St	12,000	804,50	1.001,70	1.188,00
Ersatzholz, vertikale Bauteile, Fachwerk	St	7,800	645,50	724,50	863,50
Holzverbindungen herstellen	St	0,300	22,05	25,20	29,40
RH-Beton-Querschnittserhöhung	dm^3	0,500	38,15	42,40	45,35

Flankierende Maßnahmen zu Sonderverfahren	E	h	von	mittel	bis
Instandsetzung Holzbauteile, BETA-Verfahren	m^3	19,000	1.140,00	1.435,00	1.596,00
Holzschutz, vorbeugend, Ersatzhölzer	m^2	0,130	10,85	12,40	14,80

13163 Rekonstruktion

Holzverbindungen	E	h	von	mittel	bis
Holzverbindung, Blattstoß	St		0,00	0,00	0,00
Stoßverbindung, Kurzblattstoß	St		0,00	0,00	0,00

Balkenverzierungen	**E**	**h**	**von**	**mittel**	**bis**
Fase anarbeiten, bis 30 mm	m	0,200	8,60	10,40	12,30
Hohlkehle anarbeiten, bis 30 mm	m	0,350	14,30	16,80	18,60
Balkenverzierung, gestreckt, Schrägbandprofil	m	6,150	369,50	410,00	453,00
Balkenverzierung, gedrückt, Schrägbandprofil	m	7,150	400,50	447,50	494,50
Balkenverzierung, gestreckt, Seilhieb	m	7,250	421,00	461,50	498,00
Balkenverzierung, gedrückt, Seilhieb	m	14,250	744,50	845,00	963,50
Balkenverzierung, profiliert, Seilhieb	m	12,150	611,50	739,50	827,00
Balkenverzierung, Faltbandprofil	m	7,500	407,00	487,00	558,50
Balkenverzierung, Profil, gestreckt, Faltband	m	8,750	481,50	543,50	628,00
Balkenverzierung, Profil, Prismenband	m	8,750	481,50	543,50	628,00
Balkenverzierung, Profil, gedrücktes Prismenband	m	10,750	588,50	667,00	768,50

Decken	**E**	**h**	**von**	**mittel**	**bis**
Deckenausfüllung, ganz, Windelboden, Achsabstand 0,80 m	m^2	0,800	54,80	59,80	66,20
Deckenausfüllung, halb, Windelboden, Achsabstand 0,80 m	m^2	0,700	42,50	51,90	57,10
Deckenausfüllung, Sand, halbe Höhe, Achsabstand 0,80 m	m^2	0,650	36,30	43,00	48,70
Deckenaufbau erneuern, mit Zwischenboden, Schalung, Putz	m^2	2,100	143,50	182,00	210,40
Deckenaufbau erneuern, mit Zwischenboden, Lattung, Putz	m^2	2,000	136,00	159,00	174,00
Deckenaufbau erneuern, Lattung, Putz, ohne Zwischenboden	m^2	0,700	68,00	81,30	90,20
Deckenaufbau erneuern, mit Zwischenboden und Putz	m^2	1,400	102,00	111,50	120,50

© SIRADOS 01/24

13164 Wärmedämmung, nachträglich

Vorbereitende Arbeiten	E	h	von	mittel	bis
Reinigen des Untergrundes	m^2	0,060	2,00	3,00	3,80

Dämmung unter/zwischen Sparren	E	h	von	mittel	bis
Mineralwolle-Dämmung unter Sparren, 24 mm	m^2	0,180	10,50	13,60	18,50
Mineralwolle-Dämmung unter Sparren, Kantholz, 40 mm	m^2	0,150	9,50	12,00	15,40
Mineralwolle-Dämmung unter Sparren, Kantholz, 60 mm	m^2	0,150	11,60	13,60	16,50
EPS-Dämmung unter Sparren, Kantholz, 60 mm	m^2	0,180	11,10	13,60	16,30
PU-Dämmung unter Sparren, Kantholz, 60 mm	m^2	0,200	15,50	20,70	26,30
Holzfaser-Dämmung unter Sparren, 60 mm	m^2	0,190	11,80	16,80	20,30
Dämmung, zwischen Sparren, Mineralwolle 035, 80 mm, 1-lagig	m^2	0,200	13,90	17,30	21,60
Mineralwolle-Dämmung zwischen Sparren, 160 mm, WLG 035	m^2	0,180	18,60	21,90	27,10
Mineralwolle-Dämmung zwischen Sparren, 180 mm, kaschiert	m^2	0,180	20,80	27,30	35,40
Mineralwolle-Dämmung zwischen Sparren, 180 mm, WLS 032	m^2	0,180	17,60	26,50	33,50
Flachs-Dämmung zwischen Sparren, 180 mm	m^2	0,200	42,00	49,90	56,60
Hanf-Dämmung zwischen Sparren, 160 mm	m^2	0,180	35,80	42,60	51,10
Zellulose-Platten zwischen Sparren, 160 mm	m^2	0,200	34,70	41,30	49,80
Kork-Schüttung zwischen Sparren, 160 mm	m^2	0,200	40,60	47,30	55,10
Mineralwolle-Dämmung zwischen Sparren, Spitzboden, 160 mm	m^2	0,180	19,40	24,00	28,20

Mineralwolle-Dämmung zwischen Sparren, Spitzboden, 180 mm	m^2	0,180	22,90	27,60	35,20
Mineralwolle-Dämmung zwischen Sparren, von außen, WLG, 160 mm	m^2	0,150	19,90	23,70	30,40
Mineralwolle-Dämmung zwischen Sparren, von außen, WLG 035, 180 mm	m^2	0,150	22,90	27,00	35,20
Mineralwolle-Dämmung zwischen Sparren, von außen, WLG 035, 220 mm	m^2	0,170	26,80	33,60	41,20
Holzweichfaserplatten-Dämmung zwischen Sparren, von außen, WLG 040, 120 mm	m^2	0,140	17,60	22,20	28,70
Holzweichfaserplatten-Dämmung zwischen Sparren, von außen, WLG 040, 160 mm	m^2	0,150	23,10	28,90	36,50
Zwischen-/Untersparrendämmung, PU	m^2	0,350	35,50	42,60	53,00
Zwischen-/Untersparrendämmung, EPS	m^2	0,350	29,80	37,20	44,45
Mineralwolle-Dämmung, Abseiten, 120 mm	m^2	0,150	17,70	20,30	25,50
Mineralwolle-Dämmung, Abseiten, 160 mm	m^2	0,150	19,10	25,10	30,10

Dämmung auf Sparren	**E**	**h**	**von**	**mittel**	**bis**
Aufsparrendämmung, PUR 50 mm, zusätzlich	m^2	0,150	27,00	32,30	37,70
Aufdachdämmung, Mineralwolle 160 mm, WLG 035	m^2	0,220	51,40	64,40	76,60
Aufdachdämmung, Mineralwolle 160 mm, WLG 040	m^2	0,220	50,10	60,80	73,40
Aufdachdämmung, Mineralwolle 180 mm, WLG 040	m^2	0,220	52,30	65,60	78,80
Aufsparrendämmung, PU 120 mm, WLG 030	m^2	0,200	49,20	58,20	69,60
Aufsparrendämmung, PU 100 mm, WLS 024	m^2	0,200	50,30	63,50	79,00
Aufsparrendämmung, EPS+Hartfaser, 180 mm	m^2	0,220	70,60	80,00	93,10
Aufsparrendämmung, Holzfaser 180 mm	m^2	0,260	50,00	63,60	76,10

Gaubendämmung, Sanierung, PU+OSB, 102 mm	m^2	0,400	74,30	89,40	105,00
Gaubendämmung, Sanierung, PU+OSB, 142 mm	m^2	0,450	89,30	107,50	125,50

Wärmedämmung auf Decken	**E**	**h**	**von**	**mittel**	**bis**
Mineralwolle-Dämmung, Spitzboden, 160 mm	m^2	0,100	15,40	19,00	22,30
Mineralwolle-Dämmung, Holzbalkendecke, 120 mm	m^2	0,100	19,30	23,40	28,90
Mineralwolle-Dämmung, Massivdecke, 160 mm	m^2	0,120	21,40	26,90	34,60
Mineralwolle-Dämmung, Massivdecke, 200 mm	m^2	0,120	26,50	32,40	40,10
EPS-Dämmung, Massivdecke, 180 mm	m^2	0,120	25,70	32,30	42,70
EPS mit Spanplatte, Massivdecke, 260 mm	m^2	0,220	93,60	113,00	133,50
EPS mit Spanplatte, Massivdecke, 80 mm, WLG 040	m^2	0,150	63,90	74,80	87,90
EPS mit Spanplatte, Massivdecke, 100 mm, WLG 035	m^2	0,150	60,00	78,70	95,60
EPS mit Gipsfaserplatte, Massivdecke, 100 mm, WLS 031	m^2	0,200	38,50	46,20	55,30
EPS mit Gipsfaserplatte, Massivdecke, 130 mm, WLS 031	m^2	0,200	45,60	55,90	66,60
PU-Dämmung mit Alu-Kaschierung, Massivdecke, 80 mm	m^2	0,150	59,70	70,80	83,50
PU-Dämmung mit Spanplatte, Massivdecke, 120 mm	m^2	0,170	85,20	102,50	118,50
Holzfaserdämmung, Massivdecke, 180 mm	m^2	0,150	36,40	46,70	57,00
Holzweichfaserplatten auf OSB-Platten, Massivdecke, 100 mm	m^2	0,170	63,00	75,80	85,00
Mineralwolle-Dämmung mit Spanplatte, Massivdecke, 180 mm	m^2	0,200	81,80	96,80	118,00
Mineralwolle-Dämmung und Gipskarton, Holzdecke, 100 mm, EI30	m^2	0,700	54,30	64,30	73,30
Mineralwolle-Dämmung und Gipsfaser-Bekleidung, Holzdecke, 120 mm	m^2	0,750	68,00	77,80	87,50

Einblasdämmung, Sprühdämmung	E	h	von	mittel	bis
Zellulose-Einblasdämmung, Decke, 180 mm	m^2	0,300	23,40	29,90	37,20
Zellulose-Einblasdämmung, Steildach, 160 mm	m^2	0,320	19,50	23,70	29,40
Mineralwolle-Einblasdämmung, belüftet, Flachdach, 100 mm	m^2	0,300	16,70	20,30	23,50
Mineralwolle-Einblasdämmung, Blendmauerwerk, 60 mm	m^2	0,250	14,00	16,10	18,30
Mineralwolle-Einblasdämmung, Gebäudefuge, 40 mm	m^2	0,250	12,90	15,20	17,50
Mineralwolle-Einblasdämmung, Holzdecke, 80 mm	m^2	0,250	14,00	17,10	21,50
Mineralwolle-Einblasdämmung, Deckenraum, 120 mm	m^2	0,280	18,00	20,70	23,00
Mineralwolle-Einblas-Sprühdämmung, Gewölbe, 120 mm	m^2	0,350	25,50	29,00	33,70

Bekleidungen	E	h	von	mittel	bis
Wandbekleidung demontieren, lagern	m^2	0,335	14,30	16,80	18,70
Wandbekleidung, lagernd, wiedermontieren	m^2	0,325	13,40	16,60	19,60

© SIRADOS 01/24

318 Abdichtungsarbeiten

Demontage/Abbruch	E	h	von	mittel	bis
Bitumenbeschichtung entfernen, Kelleraußenwand	m^2	0,180	8,75	10,10	11,90
Perimeterdämmung entfernen, bis 80 mm, Kelleraußenwand	m^2	0,200	11,50	13,70	16,20

Untergrund vorbereiten, reinigen	E	h	von	mittel	bis
Untergrund feinreinigen	m^2	0,080	3,60	4,55	5,51
Untergrundvorbereitung, mechanisch reinigen, feinreinigen, Kelleraußenwand außen	m^2	0,300	15,50	20,00	23,70

Voranstrich, Grundierung	E	h	von	mittel	bis
Voranstrich, Bitumenlösung, lösemittelhaltig, Bodenfläche innen	m^2	0,070	3,50	4,10	4,90
Voranstrich, Bitumenlösung, lösemittelhaltig, Außenwand, außen	m^2	0,070	3,60	4,20	5,00
Grundierung verfestigen, Wandflächen	m^2	0,130	10,50	11,50	12,80
Ausgleichsputz für Außenabdichtung, Kelleraußenwand außen	m^2	0,400	22,30	26,00	28,20
Spritzbewurf, volldeckend	m^2	0,110	7,20	8,80	10,40
Spritzbewurf, netzartig, ca. 50 %	m^2	0,078	5,15	6,45	7,70
Sperrputz, 2-lagig, Außenwand Innenseite	m^2	0,450	24,60	28,80	33,80
Kratzspachtelung, PMBC, Kelleraußenwand außen	m^2	0,200	10,40	12,90	15,00

Abdichtung W1-E, Bodenfeuchte, n. dr. Wasser	E	h	von	mittel	bis
Reparaturspachtel, Dichtmörtel, außen	m^2	0,230	18,10	21,60	25,10
Abdichtungsbahn W1.1/1.2, V60 S4, Wand-/Sockelfläche	m^2	0,200	15,00	18,20	21,00
Abdichtungsbahn, W1-E, RN 1-3, R 1-3, G 200 S4, AW	m^2	0,250	20,50	22,30	25,10
Abdichtungsbahn, W1-E, RN 1-3, R 1-3, G 200 S4, Bodenplatte	m^2	0,170	14,10	17,10	20,00
Abdichtung W1-E, PMBC, Teilflächen, Kelleraußenwand außen	m^2	0,220	22,70	25,70	28,40
Abdichtung, W1-E, RN 1-3, R 1-3, PMBC, Bodenplatte	m^2	0,170	16,10	20,50	24,30
Abdichtung, W1-E, RN 1-2, R1-E, MDS, Außenwand	m^2	0,210	23,40	27,00	31,60
Abdichtung W1-E, MDS, Instandsetzung, Teilflächen, Innenflächen	m^2	0,250	20,20	21,70	23,10

Abdichtung W2.1-E, drückendes Wasser	E	h	von	mittel	bis
Abdichtungsbahn, W2.1-E, RN 1-3, R 1-4, G 200 DD + PYE PV 200 DD, 2-lagig, AW	m^2	0,250	23,60	28,60	32,70
Reparaturspachtel W2.1-E, PMBC	m^2	0,150	16,10	19,90	24,25

Abdichtung W2.2-E, drückendes Wasser	E	h	von	mittel	bis
Abdichtungsbahn, W2.2-E, RN 1-3, R 1-4, R 500 N, 3-lagig, ≤ 4,0 m, Außenwand	m^2	0,430	37,00	44,40	53,10
Abdichtungsbahn, W2.2-E, RN 1-3, R 1-4, R 500 N, 3-lagig, ≤ 4,0 m, Boden	m^2	0,390	32,15	40,80	50,50

Abdichtung W4-E, Sockel, Wände	E	h	von	mittel	bis
Abdichtung, W4-E, MDS, Außenwand, Sockel	m^2	0,130	16,10	19,80	22,40

© SIRADOS 01/24

Perimeterdämmung	E	h	von	mittel	bis
Erdaushub, Sockel, für Dämmung, von Hand, 1,5 m	m^3	1,200	49,80	59,20	67,70
Perimeterdämmung, PW, XPS-dh, 035, 50 mm, Kelleraußenwand	m^2	0,250	18,80	22,90	25,90
Perimeterdämmung, PW, XPS-dh, 035, 100 mm, Kelleraußenwand	m^2	0,280	28,10	34,20	40,10
Perimeterdämmung, PW, XPS-dh, 035, 140 mm, Kelleraußenwand	m^2	0,300	34,60	42,00	49,30
Perimeterdämmung, PW, XPS-dh, 035, 160 mm, Kelleraußenwand	m^2	0,350	39,50	47,00	56,10
Perimeterdämmung, PW, XPS-dh, 035, 200 mm, Kelleraußenwand	m^2	0,380	47,00	56,50	66,80

Abdichtung Innenräume	E	h	von	mittel	bis
Verbundabdichtung (AIV-F), W0-I, mineralische Dichtschlämme (CM), Innenwand	m^2	0,220	20,20	23,20	27,00
Innenabdichtung Außenwand, Schlämme und Putz	m^2	0,520	29,40	36,60	44,30
Dichtkehle, Innenabdichtung	m^2	0,130	7,15	8,25	9,75
Wandanschluss, Dichtschlämme, Keller	m^2	0,180	10,40	11,80	13,60
Anschluss Querwände, Innenabdichtung	m	0,150	8,40	10,50	11,90
Durchdringung, Innenabdichtung	St	0,250	12,60	15,50	17,50

Durchführung/Anschluss/Schutz	E	h	von	mittel	bis
Hohlkehle, Mörtel	m	0,120	8,20	8,60	9,30
Hohlkehle, bituminös	m	0,120	9,20	11,50	13,50
Rohrdurchführung, eindichten	St	0,200	13,50	16,30	19,20

Bauwerksfuge instand setzen	m	0,200	10,30	12,50	13,80
Schutzlage/Dränschicht, Noppenbahn, 250 kN/m², 8 mm, vertikal	m²	0,100	8,80	10,50	12,10
Sickerplatten, Kelleraußenwände	m²	0,220	19,80	24,70	30,00
Schutzlage, Vlies, ≥ 300 g/m², vertikal	m²	0,100	6,90	8,30	9,60

© SIRADOS 01/24

320 Dachdeckungsarbeiten

13201 Dachdeckung

Baustelleneinrichtung, Wetterschutz	E	h	von	mittel	bis
Regendichtigkeit Gebäude, Abdeckarbeiten	psch		777,00	904,00	1.083,00
Witterungsschutz mit Plane, Steildach	m^2	0,355	22,70	27,20	32,50

Vorbereitende Arbeiten	E	h	von	mittel	bis
Dachboden entrümpeln	m^3	1,500	131,50	168,00	191,50
Kalkverstrich, Dachraum, entfernen	m^2	0,070	3,50	4,35	5,10
Dachfläche, Ziegeldeckung säubern	m^2	0,300	14,50	17,80	21,50

Demontage/Abbruch	E	h	von	mittel	bis
Dachdeckung, Pfannen, Ziegel, entfernen	m^2	0,120	8,55	10,30	12,30
Dachdeckung, Betonsteine, entfernen	m^2	0,100	7,55	9,55	11,50
Dachdeckung, Biberschwanz, Plattenziegel entfernen	m^2	0,210	13,70	16,90	20,30
Dachdeckung, Biberschwanz, aufnehmen aussortieren, seitlich lagern	m^2	0,400	18,00	22,50	25,90
Dachziegel aussortieren, lagern	St	0,010	0,43	0,53	0,58
Dachdeckung, Hohlpfannen entfernen, aussortieren, zur Wiederverwendung lagern	m^2	0,350	16,00	20,40	24,00
Dachdeckung, Schiefer, mit Unterkonstruktion entfernen	m^2	0,300	15,30	19,10	22,70
Dachdeckung, Schiefer, entfernen und zur Wiederverwendung seitlich lagern	m^2	0,400	20,00	22,50	26,90
Schieferdeckung entfernen und entsorgen	m^2	0,200	9,00	10,60	12,00

Dachdeckung, Unterdeckung, Bitumenschindeln, entfernen	m^2	0,180	9,75	12,50	14,20
Dachziegel seitlich gelagert, wieder einbauen	m^2	0,275	15,70	19,50	23,80
Deckung, Holzschindel, entfernen	m^2	0,350	18,00	22,50	25,40
First-/Gratziegel entfernen, gemörtelt	m	0,120	6,10	7,25	8,80
Konterlattung entfernen	m^2	0,035	1,55	1,85	2,10
Dachlattung entfernen	m^2	0,055	2,45	3,10	3,75
Dachlattung entfernen und erneuern	m^2	0,150	8,79	11,00	13,35
Ortgang-/Traufbrett entfernen	m	0,065	2,95	3,60	4,30
Ortgang/Traufe, Faserzementplatten	m^3	0,230	8,65	10,90	13,00
Trauf-/Attikabohle entfernen, entsorgen, Holz, h = 15 cm	m	0,075	3,70	4,70	5,55
Wandlattung, Holz, entfernen	m^2	0,050	2,50	3,10	3,70
Dachabdichtung, Bitumenbahn, 1-lagig, auf Holzschalung, entfernen	m^2	0,200	9,85	12,40	15,40
Dachabdichtung, Bitumenbahn, 2-lagig, auf Holzschalung, entfernen	m^2	0,240	13,90	17,10	19,40
Dachabdichtung, Bitumenbahn, 1-lagig, entfernen	m^2	0,100	4,05	5,00	5,90
Dachabdichtung, Bitumenbahn, 2-lagig, entfernen	m^2	0,200	12,20	15,10	17,90
Dachschalung mit Unterdeckung entfernen	m^2	0,370	17,20	21,40	25,20
Dachschalung, entfernen, entsorgen	m^2	0,200	10,60	13,00	14,30
Dachfenster ausbauen, 400/600 mm, verschließen	St	0,950	65,50	78,30	91,40
Dachluke/-fenster entfernen, entsorgen, bis 540/830 mm	St	0,500	30,30	36,40	43,50
Dachfenster entfernen, entsorgen, bis 700/1300 mm	St	0,600	40,70	50,70	56,90
Laufbrettanlage, Lichtgitterroste, entfernen	m	0,150	12,00	14,20	16,80
Laufbrettanlage, Holzbohlen, entfernen	m	0,200	12,20	15,10	18,00
Dach, Laufrost demontieren, lagern, einbauen	m	0,500	23,30	29,10	34,70
Dach, Einzeltritt, demontieren, lagern, einbauen	m	0,150	7,10	8,85	10,50

Dachleiter, entfernen, entsorgen	m	0,400	26,70	33,30	39,30
Schneefanggitter entfernen und entsorgen	m	0,080	4,40	5,15	6,10
Sicherheitsdachhaken ausbauen	St	0,035	1,30	1,61	1,80
Ortganggesims entfernen	m^2	0,200	10,50	13,20	16,00
Fassadenbekleidung, Bitumen, entfernen, entsorgen	m^2	0,180	9,30	11,60	13,40
Fassadenbekleidung, Schiefer, entfernen	m^2	0,300	17,30	22,50	25,90

Lattungen/Schalungen	**E**	**h**	**von**	**mittel**	**bis**
Konterlattung erneuern, 24/48 mm	m^2	0,100	6,70	7,75	9,50
Konterlattung, Dach, 30/50 mm, Holzunterkonstruktion	m^2	0,059	3,45	3,95	4,80
Konterlattung, Dach, 40/60 mm, Holzunterkonstruktion	m^2	0,060	5,35	6,65	7,90
Nageldichtband, für Konterlattung	m	0,013	1,10	1,35	1,60
Traufbohle erneuern, 30/240 mm	m	0,200	10,70	13,90	16,20
Dachlattung erneuern, Biber-Doppeldeckung	m^2	0,200	11,20	13,90	17,00
Dachlattung erneuern, Flachdachpfannendeckung	m^2	0,130	7,30	8,50	10,20
Dachlattung, 40/60 mm, Lattenabstand 320-340 mm, Dachziegel- oder Dachsteindeckung	m^2	0,130	9,60	12,00	13,70
Firstlatte erneuern	m	0,080	3,85	4,75	5,70
Ortgang, Windbrett	m	0,090	7,30	8,55	9,80
Ortgangbohle erneuern	m^2	0,170	10,70	14,00	16,20

Dampfbremsen/-sperren	**E**	**h**	**von**	**mittel**	**bis**
Unterspannung, Kleinfl. ausbessern, < 2 m^2	m^2	0,250	18,80	23,10	27,40
Unterspannung, erneuern, PE-Folie	m^2	0,050	3,95	4,90	5,85
Unterspannung, PE-Folie, sd-Wert < 0,15 m, W1, lose überlappend	m^2	0,090	7,75	9,70	11,60

Dampfsperre und Unterdeckung, Dachsanierung	m²	0,150	13,80	17,10	20,00
Sanierungsdampfbremse, diffusionsvariabel	m²	0,250	20,00	25,40	30,30
Sanierungsdampfbremse, Folienstreifen	m²	0,250	19,70	24,70	29,40
Luftdichtungsbahn und Dampfbremse, von außen	m²	0,240	21,60	27,40	32,80
Randanschluss, Dampf- oder Windsperre, Instandsetzung	St	0,080	3,85	4,75	5,60
Anschluss, Dampfsperre, Dachfenster, Instandsetzung	m	0,200	11,10	13,80	16,50
Unterspann- oder Unterdeckbahn, Anschluss an Traufe	m	0,080	3,65	4,35	5,20

Dachöffnungen	**E**	**h**	**von**	**mittel**	**bis**
Sparrenauswechslung	St	2,500	137,00	169,00	194,50
Dichtungen erneuern, Dachflächenfenster	St	0,800	36,80	45,80	52,00
Luftfilter erneuern, Dachflächenfenster	St	0,600	31,40	39,00	46,60
Wartung, Dachflächenfenster	St	1,500	72,50	90,50	100,50
Dachausstiegsluke erneuern, 450/550 mm	St	1,350	156,50	196,00	225,50
Dachausstiegsluke ausbessern, 450/550 mm	St	0,850	67,00	81,10	92,60
Dachflächenfenster ausbessern, 700/1200 mm	St	2,400	184,50	233,50	263,00
Dachflächenfenster ausbauen, lagern, einbauen	St	3,200	144,00	188,50	225,50
Dachflächenfenster erneuern, 650/980 mm	St	3,000	1.054,00	1.328,00	1.622,00
Dachflächenfenster erneuern, 740/1050 mm	St	3,000	818,00	1.022,00	1.189,00
Dachflächenfenster erneuern, 740/1180 mm	St	3,000	891,00	1.067,00	1.244,00
Dachflächenfenster erneuern, 1140/1600 mm	St	3,200	1.167,00	1.457,00	1.720,00
Dachflächenfenster einbauen, 740/1100 mm	St	4,500	822,00	1.026,00	1.182,00
Dachflächenfenster einbauen, 1250/1250 mm	St	4,700	1.034,00	1.221,00	1.449,00
Dachflächenfenster nachträglich, nach Maß	St	4,500	1.209,00	1.446,00	1.704,00
Innenfutter, Dachflächenfenster, nachträglich	St	2,550	307,00	381,00	457,00

 © SIRADOS 01/24

Dachflächenfenster, Rahmen erneuern	St	1,400	162,50	193,00	227,50
Dachflächenfenster, Dachdeckung, erneuern	m	0,300	23,40	28,90	34,90

Dachflächen ausbessern, umdecken	E	h	von	mittel	bis
Biberschwanzdoppeldeckung ausbessern	m^2	0,270	28,70	34,20	40,10
Biberschwanzdoppeldeckung umdecken	m^2	0,800	36,40	44,20	52,80
Flachdachpfannendeckung ausbessern	m^2	0,320	23,50	30,60	35,50
Flachdachpfannendeckung umdecken	m^2	0,500	22,20	27,40	32,20
Glasziegel erneuern, Flachdachpfanne	St	0,120	18,10	20,50	24,20
Betondachsteindeckung ausbessern	m^2	0,320	18,10	23,30	27,80
Betondachsteine umdecken	m^2	0,400	23,50	28,70	34,20
Schieferdeckung, ausbessern, altdeutsch	m^2	0,500	60,70	71,30	82,00
Schieferstein erneuern	St	0,150	10,90	13,90	16,20
Legschieferdeckung ausbessern	m^2	1,900	162,00	205,00	238,00
Zwicktaschendeckung ausbessern	m^2	1,700	138,50	162,50	186,50
Holzschindeldeckung ausbessern	m^2	0,450	44,10	52,30	60,70
Bitumenschindel-Dachdeckung ausbessern	m^2	0,300	18,20	22,60	24,80
Faserzement-Doppeldeckung ausbessern	m^2	0,500	32,80	40,30	45,50
Faserzementplatten erneuern	St	0,230	16,20	20,50	23,50
Kalkverstrich, Dachraum, erneuern	m^2	0,220	14,20	16,00	18,90

Dachdeckung Ziegel und Dachsteinen	E	h	von	mittel	bis
Montageöffnung, Flachdachpfannendeckung mit Unterkonstruktion	m^2	0,950	51,90	61,40	71,70
Dach öffnen, Flachdachpfannendeckung	m^2	0,400	22,20	26,70	32,30
Dach öffnen, Biberschwanzdoppeldeckung	m^2	0,600	25,50	30,30	35,10

Dachöffnung schließen, Biberschwanz-Doppeldeckung	m^2	1,400	81,90	98,20	115,50
Anschluss, Deckung, Biberschwanz	m	0,350	32,30	38,30	47,30
Biberschwanz-Doppeldeckung, 180/380 mm, > 50 % wiederverw. Bestandsziegel	m^2	0,370	28,80	36,40	43,65
Biberschwanzdeckung, einfach, mit Spließen, 45°, erneuern	m^2	0,550	44,50	53,30	64,80
Biberschwanzdeckung, einfach, Kronengebinde, 45°, umdecken	m^2	0,700	41,00	52,60	62,90
Biberschwanzdoppeldeckung, innen verstrichen, 45°, erneuern	m^2	0,750	49,20	60,80	69,10
Biberschwanzdoppeldeckung, trocken, Sturmklammern, 45°, erneuern	m^2	0,900	54,10	65,70	81,30
Biberschwanzdoppeldeckung, Längsfugen und Querschlag	m^2	0,750	52,60	59,60	70,20
Biberschwanzdoppeldeckung, halbe Längsfuge	m^2	0,900	56,80	67,40	75,10
Biberschwanzdeckung, Krone, trocken, > 45°, erneuern	m^2	0,800	54,60	67,40	79,10
Biberschwanzdeckung, Krone, trocken, > 45°, Sturmklammern, erneuern	m^2	0,900	58,20	67,40	82,50
Biberschwanzdeckung, Krone, Längsfugen, Querschlag	m^2	0,800	57,50	69,10	80,60
Biberschwanzdeckung, Krone, Längsfugen, innen verstrichen	m^2	0,800	54,10	69,10	84,00
Biberschwanzdoppeldeckung, geschweifte Dachfläche, erneuern	m^2	0,500	31,70	40,50	49,00
Biberschwanzdoppeldeckung auf Brandmauer	m	0,500	33,00	41,90	48,60
Flachdachpfannendeckung erneuern	m^2	0,500	39,00	46,60	54,10
Hohlpfannendeckung, Vorschnittdeckung, 45°, erneuern	m^2	0,650	38,30	48,60	57,50

 © SIRADOS 01/24

Hohlpfannendeckung, Vorschnitt-/Strohdeckung, 45°, erneuern	m^2	0,650	38,30	47,30	55,40
Hohlpfannendeckung, Aufschnittdeckung, 45°, erneuern	m^2	0,700	45,20	51,90	63,60
Hohlpfannendeckung, Aufschnitt-/Strohdeckung, 45°, erneuern	m^2	0,700	39,00	49,90	59,70
Betondachsteindeckung erneuern	m^2	0,550	38,30	45,80	52,60
Mönch-Nonnen-Deckung, Querschlag, 45°, erneuern	m^2	0,950	64,20	78,50	96,20
Mönch-Nonnen-Deckung, trocken, 45°, erneuern	m^2	0,950	66,30	81,30	92,10

Dachdeckung Schiefer	**E**	**h**	**von**	**mittel**	**bis**
Schieferdeckung erneuern, altdeutsch	m^2	1,600	118,00	150,50	180,50
Schieferdeckung, altdeutsch, normaler Hieb, Anfangort rund, 60°, erneuern	m^2	1,600	122,00	150,50	179,50
Schieferdeckung, altdeutsch, Gleichort geschwungen, 45°, erneuern	m^2	1,600	124,00	149,50	178,50
Schieferdeckung, altdeutsch, normaler Hieb, geschwungen, 60°, erneuern	m^2	1,600	130,00	150,50	180,00
Schieferdeckung, Ort rund, scharfer Hieb, 60°, erneuern	m^2	1,600	134,50	161,50	186,50
Schieferdeckung, Ort geschwungen, scharfer Hieb, 60°, erneuern	m^2	1,600	146,00	162,50	190,50
Schieferdeckung, Grat geschwungen, scharfer Hieb, 45°, erneuern	m^2	1,600	141,00	166,50	195,00
Schieferdeckung, altdeutsch, First runder Rücken, 45°, erneuern	m^2	1,600	146,00	169,50	204,00
Schieferdeckung, altdeutsch, First gerader Rücken, 45°, erneuern	m^2	1,600	147,50	166,50	198,50

Schiefer-Doppeldeckung, Anfangort gerade, 45°, erneuern	m²	1,900	150,50	183,50	223,00
Schiefer-Doppeldeckung, Anfangort geschwungen, 45°, erneuern	m²	1,900	148,50	179,50	213,50
Schiefer-Doppeldeckung, Stichort, 45°, erneuern	m²	1,900	143,50	179,50	206,50
Schiefer-Doppeldeckung, Doppelort, 45°, erneuern	m²	1,300	130,00	155,00	187,50
Schiefer-Doppeldeckung, Grat, Anfangort geschwungen, 45°, erneuern	m²	1,900	150,50	181,50	215,50
Schiefer-Doppeldeckung, Grat, Endort, 45°, erneuern	m²	1,900	151,50	186,50	218,00
Schieferdeckung, Schuppenschablone, einfach, 45°, erneuern	m²	1,300	98,30	122,00	148,50
Schieferdeckung, Schuppenschablone, doppelt, 34/28 cm, 45°, erneuern	m²	1,500	118,00	143,00	170,50
Schieferdeckung, Fischschuppenschablone, 45°, erneuern	m²	1,500	128,70	160,00	197,00
Schieferdeckung, Spitzschablone, 45°, erneuern	m²	1,400	122,00	153,50	186,50
Schieferdeckung, Rechteckdeckung, Schalung, 45°, erneuern	m²	1,000	88,90	105,50	130,00
Schieferdeckung, Rechteckdeckung, hoch, Lattung, 45°, erneuern	m²	1,000	86,30	102,50	122,00
Schieferdeckung, Rechteckdeckung, quer, Lattung, 45°, erneuern	m²	1,000	88,90	104,00	122,00

Dachdeckung Schindeln und Platten	**E**	**h**	**von**	**mittel**	**bis**
Schindeldeckung, 3-lagig, l = 300 mm, handgespalten, Lärche	m²	1,600	110,50	135,50	164,50
Schindeldeckung, 3-lagig, l = 400 mm, handgespalten, Lärche	m²	1,600	110,50	139,00	168,50

© SIRADOS 01/24

Schindeldeckung, 2-lagig, l = 200 mm, handgespalten, Lärche	m^2	1,300	85,40	109,50	128,50
Legschindeldeckung, 3-lagig, erneuern, Lärche	m^2	1,300	123,00	148,50	164,50
Bitumenwellplatten verlegen	m^2	0,280	14,80	18,50	20,80

Dachdeckung Reet und Stroh	**E**	**h**	**von**	**mittel**	**bis**
Strohdeckung ausbessern	m^2	1,300	76,10	95,10	107,50
Reetdeckung entfernen und entsorgen	m^2	0,300	19,70	23,80	27,10

Dachaufbauten/Dacheinbauteile	**E**	**h**	**von**	**mittel**	**bis**
Schornsteinfeger-Laufsteg erneuern	m	0,600	84,70	98,40	108,00
Dachentlüftung erneuern	St	1,300	85,90	99,10	109,50
Schornsteinhaube erneuern, Ziegel	St	1,400	104,00	133,50	151,50

Traufen/Kehlen/Firste/Orte	**E**	**h**	**von**	**mittel**	**bis**
Kehle für Spließdeckung, 2 Ziegel, ohne Rinne, 45°, erneuern	m	1,600	78,50	95,50	112,00
Kehle für Spließdeckung, 2 Ziegel, ohne Rinne, 55°, erneuern	m	1,650	86,50	96,80	117,00
Kehle für Doppeldeckung, 2 Ziegel, mit Rinne, 45°, erneuern	m	1,600	79,20	95,50	110,50
Kehle für Doppeldeckung, 3 Ziegel, ohne Rinne, 45°, erneuern	m^2	1,950	105,00	130,50	155,50
Kehle, 1-hüftig, für Doppeldeckung, 35°, erneuern	m^2	1,200	62,20	72,70	82,40
Kehle, untergelegt, Kronendeckung, > 45°, erneuern	m	1,800	92,40	108,00	124,50
Kehle, 1-hüftig, Kronendeckung, > 35°, erneuern	m^2	0,800	61,60	73,30	87,30

Kehle eingebunden, Biberschwanzdoppeldeckung	m	2,200	105,50	129,50	154,50
Kehlanschlussziegel erneuern	m	0,420	29,50	34,10	40,60
Glocke, mit Spitze, erneuern	St	0,450	75,90	95,50	115,50
Glocke, ohne Spitze, erneuern	St	0,450	73,90	87,00	106,00
Glocke mit Zierblatt, erneuern	St	0,500	171,50	207,00	255,00
Fallstrangentlüfterziegel erneuern	St	0,350	85,70	95,00	105,50
Ziegeldeckung, Dunstrohrziegel, Hut, DN 100	St	0,550	118,50	139,00	165,50
Zeltkappe, Ziegeldeckung, 4-achsig	St	0,130	133,50	165,00	182,50
Lüfterfirst, Bitumenwellplatten	m	0,270	19,80	24,70	29,20
Bitumenwellplatten, Giebelwinkel, verlegen, ohne Lieferung	m	0,200	9,90	11,90	14,00
Zahnleisten verlegen, ohne Lieferung	m	0,150	6,60	8,35	9,95
First ausbessern, Firstziegel	m	0,500	37,50	46,00	56,30
Firstziegel, vermörtelt	m	0,750	42,60	55,10	64,20
First instandsetzen, Dachdeckermörtel	m	0,650	46,50	55,10	64,20
First erneuern, Firstziegel	m	0,750	49,70	62,20	75,90
Gratziegel, vermörtelt, Drahtschlaufen	m	0,750	44,70	56,30	65,60
Gratziegel ausbessern	m	0,550	36,10	45,30	53,90
Grat erneuern, Gratziegel	m	0,750	51,30	64,20	76,50
Ortgang, Fechtel, Hohlpfannen	St	0,700	44,70	52,40	63,50
Grat instand setzen, Dachdeckermörtel	m	0,650	47,80	53,70	64,20
Kaminsattel, Schieferdeckung	m^2	2,600	164,00	213,50	257,50

Fassadenbekleidung ausbessern	**E**	**h**	**von**	**mittel**	**bis**
Wandschalung nachnageln	m^2	0,100	6,55	8,20	9,55
Faserzementbekleidung ausbessern	m^2	0,600	43,00	50,10	59,30

Schieferbekleidung erneuern	m^2	1,500	107,50	127,50	153,50
Holzschindelbekleidung ausbessern, 2-lagig, Fassade	m^2	1,700	89,80	112,50	131,50

Sonstige Leistungen	**E**	**h**	**von**	**mittel**	**bis**
Laubschutz, Dachrinnenabdeckung, Kunststoffgitter, 100 mm	m	0,150	11,80	14,50	17,10

13205 Vogelschutzmaßnahmen

Vorbereitung, Kotreinigung	**E**	**h**	**von**	**mittel**	**bis**
Arbeitsgerüst mit Steigleiter, Taubenabwehr	m^2	0,130	6,85	8,40	9,85
Arbeitsbühne, fahrbar, Taubenabwehr	St	1,600	166,00	195,00	238,50
Haftpastenstränge entfernen	m	0,070	3,35	3,85	4,60
Anflugstellen reinigen, Taubenabwehr	m^2	0,150	6,70	7,80	9,20
Anflugstellen, Feinreinigung	m^2	0,100	6,19	7,65	8,95
Fassadenreinigung mit Wasser	m^2	0,100	4,70	5,70	6,75
Taubenkotreinigung, Betondecke	m^2	0,550	26,60	33,20	39,00
Desinfektion gereinigte Flächen, Vogelkot	m^2	0,220	13,40	16,40	19,70

Taubenabwehr	**E**	**h**	**von**	**mittel**	**bis**
Schutznetze anbringen, Nylon	m^2	0,180	9,40	11,40	13,40
Schutznetze anbringen, nichtrostender Stahl	m^2	0,200	16,30	21,00	25,00
Taubenabwehr, Fassaden	m	0,150	21,00	26,20	31,30
Taubenabwehr, First	m	0,130	11,80	14,00	16,00
Taubenabwehr, Gesims	m	0,130	10,50	13,20	16,00
Taubenabwehr, Dachrinne	m	0,170	12,60	16,00	18,60
Taubenabwehr, Kunststoffspitzen	m	0,100	10,20	12,60	15,10

Taubenabwehr, Metallspitzen	m	0,100	10,50	12,80	15,20
Taubenabwehr, Kunststoffspitzen	m^2	1,000	56,60	69,80	78,90
Taubenabwehr, Haftpaste, 1-strängig	m	0,075	4,10	5,05	6,00
Taubenabwehr, Haftpaste, 2-strängig	m	0,130	8,00	9,55	11,30
Haftpastenstränge mit Lack behandeln	m	0,035	1,85	2,25	2,80

13207 Asbestzementsanierung

Vorbereitung, Proben/Messungen/Analysen	E	h	von	mittel	bis
Arbeitsplan erstellen	psch		943,00	1.204,00	1.443,00
Probenehmer	h		42,30	54,30	65,10
Materialprobe, Entnahme, Analyse	St		124,00	154,50	183,50
Staub-/Kontaktprobe, Entnahme, Analyse	St		134,50	176,00	210,50
Raumluftmessung	St		647,00	841,00	1.012,00

Baustelleneinrichtung	E	h	von	mittel	bis
Baustelleneinrichtung, Asbestzement-Sanierung, geringer Umfang	psch		1.184,00	1.479,00	1.775,00
Baustelleneinrichtung, Asbestzement-Sanierung	psch		2.359,00	2.709,00	3.249,00
Container, 7 m^3, Baustellenmischabfälle	St		218,50	277,00	328,50
Behälter für Schutzbekleidung	St		152,50	179,00	217,50
Bauzaun, offen, h = 2,00 m	m	0,150	11,70	14,00	15,90
Bauzaun, offen, umsetzen	m	0,120	4,85	5,85	6,95
Bauzaun, geschlossen, h = 2,00 m	m	0,160	13,60	15,50	18,80
Bauzaun, geschlossen, umsetzen	m	0,130	5,40	6,40	7,70
Kennzeichnung des Arbeitsbereiches	St	3,000	153,50	169,00	200,00
Industriestaubsauger, 1000 Watt	St		254,50	296,00	355,00

Industriestaubsauger, 2000 Watt	St		279,50	346,50	401,00
Schutzkleidung, Faserkonzentration < 100.000F/m³	St		14,50	18,00	21,60
Aufzugsanlage	St		1.664,00	2.049,00	2.429,00
Aufzugsanlage, Gebrauchsüberlassung	StWo		297,50	376,50	455,00
Schwarz-Weiß-Anlage	St		2.194,00	2.451,00	2.644,00
Personenschleuse, Gebrauchsüberlassung	StWo		361,00	402,00	434,00

Gerüstarbeiten	**E**	**h**	**von**	**mittel**	**bis**
Schutz unter Gerüst, PE-Folie 0,5 mm	m²	0,035	2,15	2,70	3,15
Fassadengerüst, Standgerüst, Lastklasse LK 3	m²	0,130	6,00	7,35	8,85
Fassadengerüst, Gebrauchsüberlassung	m²Wo		0,60	0,70	0,80
Gerüstbekleidung, Gerüstnetz	m²	0,070	4,40	5,30	6,35
Gerüst, Höhenausgleich, geneigte Standfläche	m	0,090	4,35	5,65	6,85
Fassadengerüst, Seitenschutz	m	0,040	2,15	2,40	2,70
Dachvorrichtung, Fassadengerüst	m	0,200	9,70	12,60	15,10
Fassadengerüst, Überbrückung	m	0,300	21,30	24,90	29,20
Dachfanggerüst, Konsolgerüst	m	0,300	16,80	20,60	24,30
Dachfanggerüst, Gebrauchsüberlassung	mWo		0,75	0,92	1,10
Gerüst, Geräte, Material, reinigen	m²	0,080	3,45	3,90	4,55

Schutzmaßnahmen	**E**	**h**	**von**	**mittel**	**bis**
Öffnungsflächen sichern	m²	0,250	10,70	13,30	16,30
Lüftungsöffnungen abkleben	St	0,270	11,00	14,30	17,10
Lüftungsschlitze abkleben	m	0,030	1,40	1,60	1,80

Demontagen, allgemein	E	h	von	mittel	bis
Blitzableiter, Demontage	m	0,090	4,00	5,05	6,00
Feuer-/Kaminkehrerleiter, Demontage	m	0,650	23,50	30,30	36,30
Kleinteile an Wänden, Demontage	St	0,220	8,35	10,40	12,40
Fensterbleche, Demontage	St	0,350	16,10	19,80	23,70
Leibungsverkleidungen, Demontage	m	0,180	8,15	9,85	11,50

Demontagen, Asbestzement, Dach	E	h	von	mittel	bis
Restfaserbindung Asbestzement-Plattendeckung	m^2	0,060	4,05	5,10	6,00
Deutsche Deckung abdecken, 40/40 cm	m^2	0,340	14,20	15,90	19,10
Deutsche Deckung abdecken, 30/30 cm	m^2	0,380	15,40	18,60	22,60
Deutsche Deckung abdecken, 25/30 cm	m^2	0,450	17,30	21,20	25,80
Deutsche Deckung abdecken, 25/25 cm	m^2	0,530	21,80	24,90	29,80
Spitzschablonendeckung abdecken, 40/40 cm	m^2	0,280	10,60	13,10	16,20
Doppeldeckung abdecken, 30/60 cm	m^2	0,300	11,30	14,00	17,20
Doppeldeckung abdecken, 40/40 cm	m^2	0,340	13,20	16,30	19,60
Doppeldeckung abdecken, 30/30 cm	m^2	0,500	19,90	23,50	27,70
Doppeldeckung abdecken, 20/40 cm	m^2	0,540	21,20	25,40	30,30
Waagerechte Deckung abdecken, 60/30 cm	m^2	0,280	11,30	13,20	15,30
Waagerechte Deckung abdecken, 40/40 cm	m^2	0,270	11,00	12,90	15,60
An- und Abschlüsse abdecken	m	0,100	3,95	4,85	5,75
Unterkonstruktion reinigen, Dach	m^2	0,055	2,70	3,30	3,90
Konterlattung abnehmen	m	0,026	1,50	1,80	2,05
Lattung abnehmen	m	0,036	1,75	2,15	2,60
Dachlattung abnehmen, Lattungsweite bis 10 cm	m^2	0,080	4,00	5,15	6,10
Dachlattung abnehmen, Lattungsweite bis 15 cm	m^2	0,070	3,50	4,40	5,30

 © SIRADOS 01/24

Dämmmaterial KMF ausbauen, Dach	m²	0,075	2,95	3,55	4,25
Vordeckung abnehmen	m²	0,046	2,15	2,90	3,35
Gesimsbretter abnehmen	m	0,110	5,40	6,75	8,05
Traufbohlen abnehmen	m	0,075	3,45	4,20	5,05
Kehlschalung abnehmen	m	0,120	5,15	6,65	7,85
Dachschalung abnehmen	m²	0,180	10,50	12,30	14,90
Wellplatten abdecken, bis 25°, Holz	m²	0,150	8,95	11,60	14,50
Wellplatten abdecken, bis 25°, Stahl	m²	0,180	9,85	13,10	15,90
Wellplatten abdecken, über 25°, Holz	m²	0,230	13,20	16,20	19,30
Wellplatten abdecken, über 25°, Stahl	m²	0,250	15,10	17,40	20,90
Wellplatten, Ab- und Anschlüsse	m	0,100	4,55	5,65	6,80
Durchdringungen/Öffnungen	St	0,300	16,10	20,40	24,50
Schneefanggitter demontieren	m	0,130	6,40	8,00	9,65
Unterkonstruktion, Wellplatten, reinigen	m²	0,060	3,20	3,95	4,70
Unterkonstruktion, Wellplatten, demontieren	m	0,080	4,50	5,55	6,80
Kurzwellplatten abdecken	m²	0,250	13,30	16,60	20,50
Unterkonstruktion, Kurzwellplatten, demontieren	m	0,080	4,50	5,55	6,70
Reinigung, Dachrinne	m	0,060	3,15	3,85	4,70

Demontagen, Asbestzement, Wand	**E**	**h**	**von**	**mittel**	**bis**
Restfaserbindung Asbestzement-Fassadenbekleidungen	m²	0,050	3,25	3,95	4,75
Deutsche Deckung ausbauen, Wand, 20/20 cm	m²	0,550	21,40	25,80	29,10
Deutsche Deckung ausbauen, Wand, 25/25 cm	m²	0,370	13,70	17,40	20,60
Deutsche Deckung ausbauen, Wand, 30/30 cm	m²	0,320	12,40	15,40	17,10
Deutsche Deckung ausbauen, Wand, 40/40 cm	m²	0,230	9,85	11,20	13,30
Spitzschablonendeckung ausbauen, 30/30 cm	m²	0,270	10,70	12,80	15,30

Doppeldeckung ausbauen, Wand, 30/30 cm	m^2	0,470	17,90	22,30	27,20
Doppeldeckung ausbauen, Wand, 20/40 cm	m^2	0,500	19,70	23,80	28,70
Doppeldeckung ausbauen, Wand, 40/40 cm	m^2	0,320	12,40	15,40	18,30
Doppeldeckung ausbauen, Wand, 30/60 cm	m^2	0,250	9,85	11,70	14,40
Waagerechte Deckung ausbauen, Wand, 40/20 cm	m^2	0,280	11,60	13,30	16,00
Unterkonstruktion reinigen, Wand	m^2	0,055	2,55	3,20	3,80
Abschlüsse demontieren, Wand/Ortgang	m	0,100	5,45	6,20	7,35
Eckschienen, Kunststoff, entfernen	m	0,055	2,67	3,35	3,95
Eckschienen, Aluminium, entfernen	m	0,055	2,85	3,35	3,90
Wellplatten abnehmen, Wand	m^2	0,150	6,15	7,05	8,70
Sonderbauteile, demontieren	m	0,130	5,15	6,30	7,20
Holzlattung, 30/50 mm, demontieren	m	0,055	3,30	4,10	4,90
Holzlattung, 30/70 mm, demontieren	m	0,055	3,75	4,55	5,45
Holzlattung, 40/60 mm, demontieren	m	0,055	3,45	4,50	5,35
Fassadenriegel, Riegelabstand 2,40 m, demontieren	m	0,075	4,50	5,35	6,30
Riegel, Riegelabstand 1,90 m, demontieren	m	0,075	4,50	5,45	6,30
Dämmung, KMF, ausbauen, Wand	m^2	0,060	2,50	3,00	3,55

Abtransport	**E**	**h**	**von**	**mittel**	**bis**
Abtransport, Asbestzement/t	t		66,20	80,90	99,50
Abtransport, Asbestzement/m^3	m^3		46,20	56,80	67,40
Abtransport, kontaminiertes Dämmmaterial	m^3		66,20	77,50	93,20
Abtransport, kontaminiertes Abbruchmaterial	t		49,10	61,40	75,20

Entsorgung	**E**	**h**	**von**	**mittel**	**bis**
Entsorgung, Asbestzement/t	t		172,50	213,00	253,00

Entsorgung, Asbestzement/m³	m³		187,50	211,00	242,00
Entsorgung, gereinigte Materialien	t		194,00	251,00	297,50

Restfaserbindung	**E**	**h**	**von**	**mittel**	**bis**
Restfaserbindung, Unterkonstruktion, Dach	m²	0,050	4,15	5,00	5,85
Restfaserbindung, Unterkonstruktion, Wand	m²	0,054	4,35	5,30	6,15
Restfaserbindung, Wand glatt	m²	0,020	1,75	2,25	2,60
Restfaserbindung, Wand rau	m²	0,030	2,50	3,10	3,65

Faserzementplatten, Dachdeckung	**E**	**h**	**von**	**mittel**	**bis**
Konterlattung, Dach, 30/50 mm, Holzunterkonstruktion, Längenmaß	m	0,050	2,70	3,25	3,90

321 Dachabdichtungsarbeiten

Untersuchungen Flachdach	E	h	von	mittel	bis
Kontrollöffnung in Dachabdichtung	St	0,450	26,00	31,00	36,90
Wärmedämmung untersuchen, Feuchtigkeit	m^2	0,050	2,80	3,45	4,15
Wärmedämmung, Probestück untersuchen, Feuchtigkeit	St	0,600	29,10	34,20	40,00
Dichtigkeitsprüfung, Flachdach, bis 500 m^2	psch	7,000	370,50	445,00	533,50
Dichtigkeitsprüfung, Flachdach, bis 1000 m^2	psch	10,000	560,50	700,00	840,00

Abbrucharbeiten/Rückbau	E	h	von	mittel	bis
Notabdichtung entfernen	m^2	0,090	4,60	5,70	6,85
Notabdichtung entfernen, aufgehende Bauteile, < 50 cm	m	0,055	2,80	3,45	4,10
Dampfsperre entfernen	m^2	0,150	9,30	11,60	13,80
Trennlage entfernen	m^2	0,150	7,95	9,95	11,90
Dachabdichtung, provisorisch, entfernen	m^2	0,100	5,10	5,85	7,00
Dachabdichtung entfernen, Bitumen, 1-lagig	m^2	0,100	6,05	7,35	8,80
Dachabdichtung entfernen, Bitumen, 2-lagig	m^2	0,170	13,60	17,00	21,15
Dachabdichtung demontieren, entsorgen, Bitumen, 3-lagig	m^2	0,190	15,10	18,70	21,50
Dachabdichtung entfernen, Bitumen, 2-lagig, Erhalt der Dämmung	m^2	0,185	13,50	15,40	18,40
Dachabdichtung mit Schüttung, entfernen	m^2	0,350	20,70	25,40	30,10
Balkonabdichtung entfernen, Bitumen, 1-lagig	m^2	0,100	5,15	6,40	7,15
Balkonabdichtung entfernen, Bitumen, 2-lagig	m^2	0,170	9,45	11,60	13,80
Dachabdichtung und Dämmung entfernen, bis 150 mm	m^2	0,185	16,70	20,70	24,90
Dachabdichtung und Dämmung entfernen, Kunststoff, 3 Lagen	m^2	0,800	41,60	47,90	53,50

© SIRADOS 01/24

Dämmung entfernen, EPS 1-lagig	m^2	0,180	13,50	16,80	20,00
Dachablauf entfernen	St	0,320	15,90	17,80	21,40
Entlüftungsrohr entfernen	St	0,200	10,10	12,60	14,60
Dachrandabschluss entfernen	m	0,150	6,62	8,15	9,73
Wandanschluss entfernen	m	0,180	7,60	9,30	10,60
Lichtkuppel + Bohle, < 100/100 cm, entfernen	St	1,200	61,10	76,20	91,60
Lichtkuppel + Bohle, < 150/150 cm, entfernen	St	1,500	96,00	117,50	144,50
Dachausstiegsluke entfernen, 80/60 cm	St	0,900	53,10	66,40	79,60
Attikablende, Schieferverkleidung, entfernen	m^2	0,450	21,80	26,30	31,50
Attikaabdeckung, Aluminium-Profil, entfernen	m	0,350	17,10	21,40	25,50
Blechabdeckung, Zink, entfernen	m	0,200	10,10	12,50	14,90
Bauschutzlage entfernen und entsorgen	m^2	0,150	8,65	10,60	12,70
Antennenhalterung entfernen	St	0,220	10,20	12,90	15,30
Verbundestrich mit Beschichtung abbrechen, 25-50 mm	m^2	0,250	17,70	22,00	24,60

Rückbau, Oberflächenschutz	**E**	**h**	**von**	**mittel**	**bis**
Presskies auf Flachdach abhobeln	m^2	0,140	6,70	8,40	10,10
Kiesschüttung entfernen < 50 mm	m^2	0,150	8,80	10,10	11,30
Kiesschüttung entfernen, lagern, aufbringen	m^2	0,350	15,20	19,80	23,70
Kiesschicht säubern	m^3	1,800	87,30	100,50	119,00
Rieselschutzmatte entfernen	m^2	0,120	5,63	7,00	8,70
Dachbelag aus Platten entfernen	m^2	0,250	14,20	17,60	20,80
Dachbegrünung entfernen, SchüttHöhe 10 cm	m^2	0,500	24,60	30,50	35,40
Dachbegrünung entfernen, SchüttHöhe 30-50 cm	m^2	1,500	70,70	88,10	106,50
Dachbegrünung entfernen, SchüttHöhe 50-100 cm	m^2	2,900	135,00	169,00	193,50
Dachfläche von Bewuchs säubern	m^2	0,120	5,30	6,55	7,60

Vorbereitende Arbeiten	E	h	von	mittel	bis
Dachfläche schützen	m²	0,200	24,20	29,40	35,10
Prov. Abdeck- u. Dicht. < 1,0 m², Aussparung, Notabdichtung	St	0,480	40,30	50,40	60,30
Prov. Abdeck- u. Dicht. < 1,5 m², Aussparung, Notabdichtung	St	0,550	56,60	69,20	84,80
Dachfläche reinigen, stehendes Wasser	m²	0,110	4,85	6,00	6,85
Blasen abstoßen, Bitumenabdichtung	m²	0,060	2,60	3,00	3,60
Perlite-Ausgleichsschüttung, 30 mm	m²	0,182	14,10	16,80	20,10
Gefälleausgleich, Schaumglasgranulat	m²	0,200	31,80	37,20	44,60
Lastverteilung, EPS-Platten, 40 mm	m²	0,120	13,40	15,60	18,70

Dachabdichtungen erneuern/instand setzen	E	h	von	mittel	bis
Dämmung austrocknen, Polystyrol-Hartschaum, unbelüftetes Flachdach	m²	0,250	21,70	25,20	30,20
Dämmung austrocknen, Mineralwolle, unbelüftetes Flachdach	m²	0,250	24,70	28,10	34,40
Dachabdichtung instand setzen	m²	0,900	60,00	71,10	85,20
Dachabdichtung, PYE-PV 200 S5, Risse schließen, Schleppstreifen	m	0,250	15,70	18,90	22,50
Dampfsperre V60 S4+AL0,1, Teilflächen ausbessern	m²	0,220	14,20	17,90	21,00
Sanierungsbahn, PYE-PV 200 S5, beschiefert	m²	0,200	19,20	22,10	26,40
Dachabdichtung instand setzen, PYE-PV 200 S5, zusätzlich	m²	0,500	30,40	37,00	42,00
Dachabdichtung, PIB-K-PV + Dämmung, auf Bestand ohne Abbruch	m²	0,320	45,90	54,10	63,50
Abdichtung Balkon/Loggia/Terrasse erneuern	m²	0,700	65,50	75,40	85,90

 © SIRADOS 01/24

Dachabdichtung, Anschluss Fenster/Türen, erneuern	m	0,750	48,60	52,70	60,70
Dachabdichtung, Anschluss Schornstein, instand setzen	m	1,100	61,90	68,20	73,50
Balkonanschluss erneuern, Flüssigkunststoff	m	0,200	15,10	18,20	21,70
Wandanschluss sanieren, Flachdach	m	0,400	35,70	43,30	50,40

Dachabdichtung, Flüssigkunststoff	**E**	**h**	**von**	**mittel**	**bis**
Flüssigabdichtung Balkon, PMMA, Quarz	m^2	0,400	58,00	70,70	83,20
Flüssigabdichtung unter Balkonfliesen	m^2	0,300	46,10	57,60	67,90
Flüssigabdichtung Balkon, Designfolie	m^2	0,450	69,00	81,20	97,50
Flüssigabdichtung Balkon, Kiesbelag	m^2	0,550	74,60	88,90	107,00
Anschluss, Flüssigkunststoff, Balkon	m	0,300	31,30	38,60	46,30

Einbauten, Lichtkuppeln	**E**	**h**	**von**	**mittel**	**bis**
Dachausstiegsluke setzen, abdichten, 80/60 cm	St	2,800	155,50	184,00	206,50
Durchsturzsicherung, PUR, Lichtkuppel, 100/100 cm	St	2,900	205,00	250,50	301,00
Schutzabdeckung Lichtkuppel, 100/100 cm	St	1,800	117,50	145,50	174,50
Sanierungskranz, Lichtkuppel, 100/100 cm	St	1,200	203,00	244,00	292,50
Antennenspannhalter setzen, abdichten	St	0,300	30,60	38,10	45,80

Entwässerung/Entlüftung	**E**	**h**	**von**	**mittel**	**bis**
Dachablauf reinigen, spülen	St	1,100	46,20	55,70	66,10
Sanierungs-Dachablauf, Dachabdichtung, DN 100	St	0,900	100,00	116,00	139,00
Notüberlauf Attika, nachträglich, DN 100	St	2,400	456,00	529,50	620,50
Dachabdichtung-Rohrdurchführung, instand setzen	St	0,400	20,40	24,30	29,00
Dachabdichtung, Ablauf, instand setzen	St	0,350	19,40	22,60	26,50

Abdeckungen, Metall	E	h	von	mittel	bis
Attikaabdeckung erneuern, WDVS, 600 mm	m	0,800	66,00	77,20	91,80

Oberflächenschutz	E	h	von	mittel	bis
Rieselschutzmatte unter Kiesschicht	m^2	0,100	12,50	14,60	16,80

© SIRADOS 01/24

322 Klempnerarbeiten

13221 Demontage/Abbruch

Demontage – Entwässerung	E	h	von	mittel	bis
Dachrinne vorgehängt, halbrund, demontieren, entsorgen	m	0,150	6,20	7,75	8,85
Dachrinne innenliegend, kastenförmig, demontieren, entsorgen	m	0,250	12,90	14,90	17,20
Rinnenhalter, demontieren, entsorgen	St	0,040	1,85	2,05	2,20
Fallrohr, rund, demontieren, entsorgen, DN 100	m	0,130	5,70	6,90	8,20
Fallrohr, rund, demontieren, entsorgen, ohne Entsorgungskosten, DN 150	m	0,105	4,80	5,35	6,20
Fallrohr, quadratisch, demontieren, entsorgen, bis 200/200 mm	m	0,135	5,85	7,20	8,15
Standrohr, demontieren, entsorgen, Kupfer (Cu), bis DN 100, mit Erdarbeiten	St	0,230	8,90	10,85	12,20
Standrohr, demontieren, entsorgen, Gusseisen, bis DN 100, mit Erdarbeiten	St	0,200	8,20	9,50	10,40
Anschlussmuffe für Standrohr ausstemmen	St	0,300	12,40	14,90	17,25

Demontage – Verblechungen, Profile	E	h	von	mittel	bis
Traufblech, demontieren, entsorgen, Kupfer (Cu)	m	0,130	5,75	7,15	8,50
Traufblech, demontieren, entsorgen, Z ≤ 500 mm	m	0,140	5,80	7,10	8,20
Ortgangverblechung, demontieren, entsorgen	m	0,130	7,55	8,30	9,60
Winkelkehle, demontieren, entsorgen	m	0,130	7,10	8,85	10,10
Verwahrung, Brustblech, demontieren, entsorgen	m	0,160	8,70	9,80	11,00

Wandanschlussprofil, demontieren, entsorgen, Z = ca. 300 mm	m	0,130	6,55	7,40	8,80
Wandanschlussprofil, demontieren, entsorgen, Aluminium (Al), Titanzink (Zn)	m	0,150	9,10	10,15	12,00
Attikaverblechung, demontieren, entsorgen, Titanzink (Zn), Z = ca. 350 mm	m	0,130	6,25	7,10	8,30
Attikaverblechung, demontieren, entsorgen, Aluminium (Al), Z ≤ 500 mm	m	0,150	6,70	7,70	9,05
Mauerabdeckung, demontieren, entsorgen, Z ≤ 200 mm	m	0,120	6,30	7,25	8,10
Mauerabdeckung, demontieren, entsorgen, Z ≤ 600 mm	m	0,120	6,50	7,70	8,75
Vorstoßblech, demontieren, entsorgen, Z ≤ 150 mm	m	0,130	5,90	6,70	7,60
Fensterbankabdeckung, demontieren, entsorgen	m	0,130	6,25	7,10	7,95

Demontage – Dachaufbauten	**E**	**h**	**von**	**mittel**	**bis**
Blitzableiter, demontieren, entsorgen	m	0,050	2,10	2,60	3,10
Entlüftungsrohre, demontieren, entsorgen	St	0,140	7,05	8,90	10,50
Schneefanggitter entfernen und entsorgen	m	0,080	4,40	5,15	6,10
Stütze Schneefangitter, demontieren, entsorgen	St	0,050	2,55	2,95	3,20
Schneefanggitter mit Stützen, demontieren, seitlich lagern für Wiederverwendung	m	0,250	11,20	12,50	14,50
Standrost, demontieren, entsorgen	St	0,190	10,35	12,30	14,30
Schornsteinkopfverkleidung, Metall, demontieren, entsorgen, 40/40 bis 40/80 cm	m	0,350	16,05	18,35	21,50
Gaubenverkleidung, Metall, demontieren, entsorgen	m^2	0,150	7,60	9,10	10,75
Dachlukenzarge, demontieren, entsorgen	m	0,350	16,60	20,20	23,85
Flachdacheinlauf, demontieren, entsorgen	St	0,210	13,60	16,75	19,95

© SIRADOS 01/24

Demontage – Dachdeckung Metall	E	h	von	mittel	bis
Metalldachdeckung auf Holzschalung, demontieren, entsorgen	m^2	0,110	4,90	5,65	6,25
Metalldachdeckung, demontieren, entsorgen, < 30°	m^2	0,160	9,10	11,20	13,00
Metalldachdeckung, demontieren, entsorgen, < 50°	m^2	0,190	10,80	13,10	15,70

Demontage – Fassadenbekleidung, Metall	E	h	von	mittel	bis
Verkleidung, Metall, demontieren, entsorgen	m^2	0,300	13,90	16,75	19,00
Verkleidung, Metall, demontieren, entsorgen, Kupfer (Cu), gefalzt, Fassade	m^2	0,250	11,85	13,25	15,20

13222 Entwässerung

Dachrinnen	E	h	von	mittel	bis
Hängerinne, demontieren, seitlich lagern für Wiederverwendung	m	0,150	5,85	6,95	8,25
Hängerinne, halbrund, reinigen, ausbessern, Titanzink (Zn), 333 mm	m	0,400	20,10	24,65	28,95
Hängerinne, halbrund, erneuern, Titanzink (Zn), 333 mm	m	0,400	29,35	37,15	45,60
Hängerinne, halbrund, erneuern, Kupfer (Cu)	m	0,450	43,95	51,10	60,20
Hängerinne, halbrund, erneuern, PVC-U, 150 mm	m	0,400	27,65	32,55	36,50
Hängerinne, kastenförmig, erneuern, Titanzink (Zn), 250 mm	m	0,400	29,30	36,25	42,95
Hängerinne, kastenförmig, erneuern, PVC-U, braun	m	0,450	32,80	38,85	45,80

Dachrinnen-Endstücke, Speier	E	h	von	mittel	bis
Rinnenfreiendlauf, geschwungen, Titanzink (Zn), DN 40	St	0,400	25,30	28,80	33,05

Rinnenendstück, erneuern, Titanzink (Zn), 150 mm	St	0,180	10,95	12,85	14,75
Rinnenendstück, erneuern, PVC-U, 333 mm	St	0,120	7,95	9,80	10,90

Dachrinnen-Winkel	**E**	**h**	**von**	**mittel**	**bis**
Dachrinnenwinkel, halbrund, erneuern, Titanzink (Zn)	St	0,400	31,55	38,90	46,30
Dachrinnenwinkel, kastenförmig, Titanzink (Zn), 250	St	0,390	31,95	39,15	45,25

Dachrinnen-Einhangstutzen	**E**	**h**	**von**	**mittel**	**bis**
Einhangstutzen, erneuern, PVC-U	St	0,250	16,85	19,80	22,35
Einhangstutzen, gerade, konisch, rund, erneuern, Titanzink (Zn)	St	0,300	19,75	23,85	26,45
Einhangstutzen, gerade, konisch, rund, erneuern, Titanzink (Zn), < DN 150	St	0,280	21,30	25,75	30,05
Einhangstutzen, schräg, konisch, rund, Titanzink (Zn), DN 100, 333 mm	St	0,170	22,25	29,35	36,40

Dachrinnenkessel/Wasserfangkasten	**E**	**h**	**von**	**mittel**	**bis**
Rinnenkessel (Wasserfangkasten) mit Ablauf, eckig, erneuern, Titanzink (Zn)	St	0,800	112,10	132,30	154,20
Laubfangkorb, Rinnensieb, erneuern, Draht verzinkt	St	0,100	5,80	7,05	8,10

Fallrohre	**E**	**h**	**von**	**mittel**	**bis**
Fallrohrprovisorium, Kunststoffrohr, PVC-U	m	0,150	8,83	11,00	13,55
Fallrohrprovisorium, PE-Schlauch, 6,0 m	St	0,120	7,30	8,90	10,40
Fallrohrprovisorium, PE-Schlauch, 9,0 m	St	0,150	9,60	11,90	13,80
Fallrohrprovisorium, PE-Schlauch, 15,0 m	St	0,170	12,90	15,90	18,20

Fallrohr demontieren, wiederanbringen	m	0,420	19,00	23,00	26,00
Fallrohr demontieren, seitlich lagern für Wiederverwendung, PE	m	0,300	12,50	14,00	15,90
Fallrohr demontieren, seitlich lagern, wiederanbringen, neue Rohrschellen, Metall	m	0,350	17,40	20,15	23,35
Fallrohr umsetzen, in WDVS, Kupfer	m	0,400	18,70	22,45	26,50
Fallrohr, Titan-Zinkblech, DN 100, erneuern	m	0,400	30,90	35,00	39,00
Fallrohr, rund, PVC-U, DN 100, erneuern	m	0,380	24,20	29,70	33,65

Fallrohrbögen, Sockelknie	**E**	**h**	**von**	**mittel**	**bis**
Fallrohrbogen, einfach, erneuern, Titanzink (Zn), DN 100	St	0,300	19,50	23,00	27,35

Standrohre, Standrohrkappen	**E**	**h**	**von**	**mittel**	**bis**
Standrohr, demontieren, seitlich lagern, wieder montieren	St	0,200	11,05	13,30	15,40
Standrohr, Gusseisen, erneuern, DN 100	St	0,800	68,00	84,00	98,00
Standrohr, erneuern, PVC-U, DN 100	St	0,820	72,80	80,80	89,70

13224 Verblechungen

Traufen/Kehlen/Firste/Orte	**E**	**h**	**von**	**mittel**	**bis**
Rinneneinhang, Titan-Zink, Zuschnitt 333 mm, erneuern	m	0,170	27,50	31,60	35,80
Rinneneinhang, Titan-Zink, Zuschnitt 500 mm, erneuern	m	0,280	37,00	43,15	51,35
Rinneneinhang, Kupfer, Zuschnitt 500 mm, erneuern	m	0,280	69,00	84,90	98,00
Ortgangblech mit Windbord, Titan-Zink, Zuschnitt 333 mm, erneuern	m	0,450	49,70	59,30	70,40
Ortgangverblechung, Titanzink (Zn), Z 470 mm	m	0,400	35,80	42,10	48,65

Anschlüsse/Verwahrungen/Verkleidung	E	h	von	mittel	bis
Überhangstreifen, verzinkt, ausbessern	m	0,200	11,20	13,65	15,70
Überhangstreifen, Titan-Zinkblech, erneuern	m	0,250	19,00	23,25	26,90
Schornsteinverwahrung, Titan-Zinkblech, ausbessern	m	0,700	32,65	41,50	51,80
Schornsteinverwahrung, Titan-Zinkblech, Zuschnitt 333 + 166 mm, erneuern	m	1,100	72,25	85,35	101,60
Schornsteinverwahrung, Bleiblech, Zuschnitt 400 mm, erneuern	m	1,100	68,95	84,65	98,40
Brustblech, Titan-Zink, Dachgauben, Zuschnitt 333 mm	m	0,350	24,90	29,55	32,20
Traufseitiger Anschluss, Walzblei, Zuschnitt 250 mm	m	0,630	41,80	51,65	58,60

Abdeckungen	E	h	von	mittel	bis
Schwellenblech, Balkontür, verzinkt, erneuern	St	0,600	46,45	55,10	64,15
Fensterblech, verzinkter Stahl, Zuschnitt 250 mm, ausbessern	m	0,500	28,05	34,70	41,55
Fensterblech, verzinkter Stahl, Zuschnitt 250 mm, erneuern	m	0,600	35,25	43,65	48,20
Gesimsabdeckung, Titan-Zink, Zuschnitt 250 mm, erneuern	m	0,600	42,00	51,60	60,30
Gesimsabdeckung, Kupfer, Zuschnitt 250 mm, erneuern	m	0,400	49,30	57,85	68,90
Gesimsabdeckung, Kupfer, Zuschnitt 666 mm, erneuern	m	0,650	94,00	116,00	134,00
Gesimsabdeckung, Titan-Zink, Zuschnitt 333 mm, erneuern	m	0,700	45,95	52,50	61,10
Gesimsabdeckung, Bleiblech, Zuschnitt 400 mm	m	0,700	51,05	62,75	73,85
Giebelabdeckung, Titan-Zink, Zuschnitt 333 mm, erneuern	m	0,700	55,60	69,10	80,30
Brüstungsabdeckung, Titan-Zink, Zuschnitt 250 mm, erneuern	m	0,650	51,90	61,00	72,75
Brüstungsabdeckung, Titan-Zink, Zuschnitt 333 mm, erneuern	m	0,750	59,20	71,75	81,55

Brüstungsabdeckung, Titan-Zink, Zuschnitt 500 mm, erneuern	m	0,900	57,70	70,15	77,65
Brandmauerabdeckung, Titan-Zink, Zuschnitt 500 mm, erneuern	m	1,200	72,90	88,80	101,80

Dachaufbauten	E	h	von	mittel	bis
Gaubenverblechung, Titan-Zink, ausbessern	m^2	1,300	99,20	107,30	120,80
Gaubenverblechung, Satteldach, Titan-Zink, erneuern	m^2	1,800	115,70	144,60	177,60
Gaubenverblechung, Schleppdach, Titan-Zink, erneuern	m^2	1,600	109,40	132,70	153,30

Fugen	E	h	von	mittel	bis
Verfugung elastisch erneuern, Verblechungen	m	0,220	10,25	12,50	14,55
Anschlussfuge Verblechung, Bleiwolle	m	0,030	2,30	2,70	3,10

13226 Metalldeckung, Fassadenbekleidung

Metalldeckung	E	h	von	mittel	bis
Dachverblechung, Titan-Zink, ausbessern	m^2	0,600	34,45	40,10	46,85
Dachverblechung, Titan-Zink (bis 5 m^2), erneuern	m^2	1,600	103,40	125,50	147,60
Dachverblechung, Titan-Zink (über 5 m^2), erneuern	m^2	1,300	96,25	112,10	135,10
Dachübergang-Verblechung, Titan-Zink, erneuern	m	0,800	62,30	71,60	80,80

Öffnungen/Dachausstiege	E	h	von	mittel	bis
Flachdachausstieg ausbessern	St	1,400	82,40	97,20	119,40
Flachdachausstieg, verzinktes Stahlblech, erneuern	St	4,250	231,80	290,10	359,60

323 Putz- und Stuckarbeiten, Wärmedämmsysteme

13231 Putzarbeiten

Demontage/Abbruch	E	h	von	mittel	bis
Hohlstellen abschlagen, Innenputz	St	0,240	11,20	14,10	16,30
Putz abschlagen, durchfeuchtet, Wand	m^2	0,350	16,80	21,20	23,90
Putz abschlagen, Innenwand	m^2	0,270	12,60	15,90	17,80
Putz abschlagen, in Schichten, Innenwand	m^2	0,150	6,65	8,45	10,30
Putz abschlagen, kleine Flächen, Innenwand	m^2	0,270	13,30	15,50	19,50
Kalkputz, Großflächen abschlagen, Haftemulsion	m^2	0,320	17,00	19,90	23,90
Kalkputz, Kleinflächen abschlagen, Haftemulsion	m^2	0,350	16,10	21,10	24,90
Putz abschlagen, kleine Flächen, Decke	m^2	0,300	14,70	17,80	21,10
Putz abschlagen, große Flächen, Kalkzement, Decke	m^2	0,270	14,40	16,80	19,70
Putz abschlagen, große Flächen, Gipskalk, Decke	m^2	0,250	13,00	15,60	19,50
Putzträger entfernen, Decke	m^2	0,250	13,80	16,10	20,00
Putz und Schilfrohr und Schalung abschlagen, Decke	m^2	0,300	15,50	19,60	23,90
Pinselputz abschlagen, Kellergewölbe	m^2	0,180	7,75	10,30	11,70
Putz abschlagen, Ziegelmauerwerk, Außenwand	m^2	0,250	12,30	15,20	16,90
Putz abschlagen, Fachwerk freilegen, Außenwand	m^2	0,260	12,90	16,10	17,70
Putz abschlagen und vorbehandeln, große Flächen, Außenwand	m^2	0,200	9,80	12,70	14,20
Putz abschlagen und vorbehandeln, kleine Flächen, Außenwand	m^2	0,270	13,90	16,30	20,10
Putz abschlagen, 2- und 3-lagig, Außenwand	m^2	0,320	16,40	20,10	22,30
Putz abschlagen, Fensterleibung, Außenwand	m	0,200	9,00	11,20	12,30

© SIRADOS 01/24

Putzträger entfernen, Wand	m^2	0,200	10,30	13,20	15,00
Putzträger entfernen, Fachwerk freilegen	m^2	0,200	11,50	14,20	17,60
Putz abschlagen, Teilfläche, Sockel	m^2	0,160	8,75	10,40	12,90
Putz abschlagen, Sockel	m^2	0,230	11,10	13,50	16,10
Sockeldämmung entfernen	m^2	0,200	10,90	12,90	15,40
Profil ausbauen, Gebäudetrennfuge	m	0,200	12,10	14,80	17,70
Bewegungsfuge ausräumen	m	0,230	11,40	13,10	15,00
Eckschutzschiene abbrechen	m	0,100	5,05	6,50	7,92
Fensterbänke demontieren	St	0,200	13,80	15,80	19,20
Zwischensparrendämmung entfernen, bis 100 mm	m^2	0,130	7,45	9,15	11,00

Reinigen Untergrund	**E**	**h**	**von**	**mittel**	**bis**
Algen/Pilze entfernen, Putzfassade	m^2	0,120	7,10	8,00	9,60
Fassadenflächen vorbereiten, Pilzbefall	m^2	0,060	5,80	6,85	8,40
Wandfläche reinigen, Fugen auskratzen	m^2	0,100	4,70	5,70	6,95
Wandfläche reinigen, Ziegel ergänzen	m^2	0,200	10,10	12,00	14,70
Untergrund reinigen, Graffiti	m^2	0,030	9,60	12,00	14,40
Trockenstrahlen Fassade	m^2	0,300	19,60	23,40	27,90
Fassadenreinigung, Dampfstrahlen	m^2	0,120	8,15	10,10	12,30

Prüfungen Altputz	**E**	**h**	**von**	**mittel**	**bis**
Wandfläche prüfen, Laser	m^2	0,020	0,93	1,20	1,35
Außenputz prüfen, Hohlstellen, Risse	m^2	0,050	2,00	2,60	3,20
Innenputz prüfen, Hohlstellen, Risse	m^2	0,030	1,20	1,55	1,85
Putz prüfen, Ausblühungen	m^2	0,070	3,80	4,75	5,90
Putz prüfen, Feuchtigkeit	m^2	0,050	2,00	2,60	3,20

Vorbereitende Arbeiten, sonstige	**E**	**h**	**von**	**mittel**	**bis**
Vornässen Putzuntergrund	m^2	0,020	0,89	1,05	1,25

Vorbehandlung/Haftgrund/Tiefgrund	**E**	**h**	**von**	**mittel**	**bis**
Putzfestiger, Altputz	m^2	0,080	5,18	6,08	7,04

Armierung/Putzträger/Verstärkung	**E**	**h**	**von**	**mittel**	**bis**
Streckmetall einbauen	m^2	0,230	15,20	18,70	23,00
Putzträger, verzinkt, Innenwand	m^2	0,200	13,60	16,10	18,90
Putzträger, Schilfrohrgewebe, Decke	m^2	0,260	23,40	30,90	35,60
Putzträger, verzinkt, Unterzüge/Stürze, innen	m^2	0,250	15,50	19,10	22,10
Putzträger, Drahtziegelgewebe, Innenwand	m^2	0,200	12,40	15,70	18,80
Putzträger, Drahtziegelgewebe, Unterzüge/Stürze	m^2	0,280	16,70	20,40	23,30
Putzträger, Holzfachwerk, innen	m	0,200	15,20	17,10	19,40

Ausgleichen Putzgrund	**E**	**h**	**von**	**mittel**	**bis**
Spachtelung Beton, Außenwand	m^2	0,050	2,45	3,00	3,55
Spachtelung Beton, Decke außen	m^2	0,060	2,75	3,60	4,45
Feinspachtelung Wand- und Decke, Beton, Schließen Risse und Poren	m^2	0,110	13,40	16,10	19,90
Mauerwerksfugen verfüllen, Kalkmörtel	m^2	0,230	13,10	16,30	20,10

Anarbeiten/Anschlüsse/Fugen	**E**	**h**	**von**	**mittel**	**bis**
Fensterbrett einputzen, l = bis 1,35 m	St	0,300	17,10	22,70	27,90
Schlitz schließen, bis 20 cm^2	m	0,100	8,45	9,45	10,90

 © SIRADOS 01/24

Schlitz schließen, bis 50 cm^2	m	0,200	12,70	16,80	20,50
Schlitz schließen, bis 100 cm^2	m	0,300	17,60	23,30	28,90

Profile	**E**	**h**	**von**	**mittel**	**bis**
Kantenschutz einbauen	m^2	0,550	36,90	43,50	52,30
Eckschutzschiene, verzinkt, Fassade, erneuern	St	0,130	9,35	10,60	12,70
Gebäudetrennfuge wiederherstellen	m	0,750	85,20	99,90	119,00

Erdberührte Bauteile, innen/Sanierputz	**E**	**h**	**von**	**mittel**	**bis**
Ausblühungen entfernen, Salzbelastung	m^2	0,060	4,20	5,15	6,30
Mauerwerk abbürsten	m^2	0,050	3,15	4,05	4,95
Mauerwerksfugen auskratzen	m^2	0,200	15,20	18,60	23,10
Spritzbewurf für Sanierputzsystem	m^2	0,100	7,30	8,95	10,50
Porengrundputz nach WTA, mittel/hohe Salzbelastung, auf Spritzbewurf	m^2	0,250	17,40	23,20	28,70
Sanierputz nach WTA, geringe Salzbelastung, auf Spritzbewurf	m^2	0,250	31,50	38,30	46,00
Sanierputz nach WTA, mittel/hohe Salzbelastung, auf Porengrundputz	m^2	0,250	31,75	38,70	46,40
Sanierputz nach WTA, mittel/hohe Salzbelastung, 2-lagig	m^2	0,250	32,70	38,30	46,00
Sanierputz nach WTA, hohe Salzbelastung	m^2	0,550	42,90	56,10	64,30
Sanierputz nach WTA, geringe Salzbelastung, d = 20 mm	m^2	0,500	48,40	56,40	69,10
Sanierputz nach WTA, geringe Salzbelastung, d = 25 mm	m^2	0,450	53,20	59,70	71,60

Erdberührte Bauteile, außen/Sanierputz	**E**	**h**	**von**	**mittel**	**bis**
Sockelputz Teilfläche erdberührt abschlagen	m^2	0,160	9,20	11,00	13,00

Kratzputz auf Grundputz, Sanierputz nach WTA, Stütze außen	m	0,380	31,60	31,60	31,60
Reibeputz auf Grundputz, Sanierputz nach WTA, Stütze außen	m	0,400	30,50	30,50	30,50

Außenwandputz, Rissesanierung	**E**	**h**	**von**	**mittel**	**bis**
Einzelriss schlämmen, Beschichtung, E1	m	0,140	7,60	8,85	10,90
Einzelriss starr, schließen, Mörtel, E2	m	0,200	11,20	14,90	18,40
Einzelriss instand setzen, Putz, Fugendichtstoff, E3	m	0,220	15,50	17,20	20,50
Einzelriss freilegen, Putz, 2-lagig, E4	m	0,120	6,15	7,05	8,50
Riss überdecken, Trennlage und Putzträger, E4	m	0,120	9,25	11,30	14,00
Riss schließen/angleichen, Putz, E4	m	0,050	3,78	4,60	5,55
Einzelriss instand setzen, Putzträger, E4	m	0,280	19,90	23,70	28,00
Einzelriss mit Dehnfuge instand setzen, Fugendichtstoff, E5	m	0,300	22,30	26,10	32,60
Einzelriss mit Dehnfugenprofil instand setzen, E6	m	0,320	33,90	39,00	46,70
Rissflächen instand setzen, Putz, F 1	m^2	0,300	18,50	21,60	25,50
Rissflächen instand setzen, Putz, F 2	m^2	0,280	18,60	21,50	25,20
Rissflächen instand setzen, Putz, F 3	m^2	0,280	17,90	21,90	25,90
Rissflächen instand setzen, Putz, F 4	m^2	0,360	25,80	31,90	37,20
Rissflächen instand setzen, Putz, F 5	m^2	0,420	29,70	36,90	44,10
Rissflächen instand setzen, Putz, F 6	m^2	0,420	30,80	37,90	45,40
Rissflächen instand setzen, Putz, F 7	m^2	0,440	44,30	52,50	63,00

Außenwandputz, Instandsetzung	**E**	**h**	**von**	**mittel**	**bis**
Sockelputz ausbessern, Teilflächen	m^2	0,450	27,50	35,80	43,70
Sockelglattputz, 3-lagig, Ziegel, bis 2 m^2, erneuern	m^2	0,520	45,90	53,50	61,10

© SIRADOS 01/24

Sockelrauputz, 2-lagig, Ziegel, bis 2 m², erneuern	m²	0,450	39,50	46,80	53,40
Außenputz ausbessern, bis 1,0 m²	m²	0,650	41,70	48,90	56,80
Außenputz ausbessern, bis 2,5 m²	m²	0,550	37,30	43,30	53,90
Außenputz erneuern, Kalkputz	m²	0,500	36,60	42,30	50,40
Fensterbankumrahmung, reinigen, ausbessern	m	0,300	14,00	18,60	23,20
Bossenputz ausbessern	m²	0,850	48,70	58,10	64,70
Bossenputz erneuern	m²	1,700	106,00	125,50	154,50
Faschenputz ausbessern	m	0,180	10,70	13,70	15,70
Faschenputz erneuern	m	0,250	16,50	20,30	25,40
AW-Oberputz, Kalkzement, d = bis 5 mm, faserverstärkt	m²	0,220	19,20	23,20	28,50
AW-Oberputz, Kalkzement, d = bis 10 mm, faserverstärkt	m²	0,250	24,10	30,50	37,50
Glattputz, 3-lagig, außen, erneuern, bis 2 m²	m²	0,420	39,50	48,70	55,50
Kellenwurfputz, außen, erneuern, bis 2 m²	m²	1,200	83,70	97,50	122,00
Besenspritzputz, außen, erneuern, bis 2 m²	m²	1,300	87,00	102,50	128,00
Kellenputz, gescheibt, außen, erneuern, bis 2 m²	m²	1,500	93,50	110,00	131,50
Rappputz, außen, erneuern, bis 2 m²	m²	1,100	75,20	86,10	105,50
Münchener Rauputz, außen, erneuern, bis 2 m²	m²	1,100	74,90	91,60	109,50
Kratzputz, mittelkörnig, außen, erneuern, bis 2 m²	m²	0,800	43,85	55,30	66,05
Kratzputz, grobkörnig, außen, erneuern, bis 2 m²	m²	1,100	61,60	73,00	84,60
Steinputz, gestockt, Ziegel, erneuern, bis 2 m²	m²	1,700	109,00	126,50	147,00
Steinputz, Rille scharriert, Ziegel, erneuern, bis 2 m²	m²	1,700	95,30	120,50	143,00
Waschputz, auf Ziegel, erneuern, bis 2 m²	m²	1,500	90,00	106,50	126,50
Schlämmputz, auf Ziegel, erneuern, bis 2 m²	m²	0,900	55,40	65,20	74,60
Besenstipp-Putz, auf Ziegel, erneuern, bis 2 m²	m²	0,900	58,60	68,20	79,00
Putzränder verfestigen	m²	0,350	24,10	27,40	32,30
Leibung und Fasche neu verputzen	m	0,300	22,50	28,20	35,20

Schrägglattstrich an Gesimsen/Sohlbänken	m	0,200	14,80	19,00	23,60
Fenster einputzen, außen	m	0,150	8,65	10,30	12,50
Wärmedämmputz ausbessern, mineralische Zuschläge, d = 50 mm	m²	1,000	70,90	81,60	95,70
Wärmedämmputz ausbessern, PS-Zuschlag, d = 50 mm	m²	1,000	71,30	80,50	92,10
Putzsanierung, Spachtelung und Armierung	m²	0,220	11,35	14,60	17,50
Ausbruchstelle Außenputz, Gitterhalterung	St	0,500	34,90	39,90	44,90
Bruchsteinmauerwerk (beschädigt) verputzen	m²	1,300	64,70	82,90	94,70

Außenwand, Putz, außen	**E**	**h**	**von**	**mittel**	**bis**
Unterputz, Kalk-Zementmörtel, Außenwand, 20 mm	m²	0,200	19,60	25,80	30,90

Außenwand, Putz, innen	**E**	**h**	**von**	**mittel**	**bis**
Sanierputz, Wasserschaden, mehrlagig	m²	0,600	50,20	59,70	69,60
Sanierputz, Wasserschaden, Stütze	m	0,700	53,20	60,00	70,10
Sanierputz, Wasserschaden, Leibung	m	0,200	12,70	14,70	17,20
Schimmelflächen vorbereiten, reinigen	m²	0,080	3,70	4,60	5,70
Fungizid, auf befallenes Bauteil	m²	0,050	2,65	3,55	4,45
Desinfektion, Schimmelpilz-Sanierung	m²	0,070	4,95	6,25	7,80

Innenwandputz, Instandsetzung	**E**	**h**	**von**	**mittel**	**bis**
Kalkputz, glatt, Kleinflächen, bis 1 m²	m²	0,300	30,10	34,70	40,60
Kalkputz, Altbauwände, bis 2 m²	m²	0,400	34,90	42,40	50,80
Kalkputz, Altbauwände, bis 5 m²	m²	0,370	26,60	31,50	37,00
Kalkputz, Altbauwände, über 5 m²	m²	0,350	32,90	39,20	45,30
Putzschäden ausbessern	m²	0,300	27,50	33,10	39,50

Fehlstellen verputzen, 0,01 bis 0,1 m^2	St	0,060	3,18	4,00	4,75
Fehlstellen verputzen, 0,1 bis 0,2 m^2	St	0,100	6,00	7,15	8,85
Fehlstellen verputzen, 0,2 bis 0,3 m^2	St	0,120	7,85	9,55	11,00
Sanierung Risse, Innenputz	m	0,250	16,70	20,50	25,60
Sanierung Risse, Innenputz, Wand	m	0,250	13,10	16,30	18,50
Sanierung Risse, Innenputz, Decke	m	0,300	16,50	20,20	23,10
Kalkgipswandputz, Altbauwände	m^2	0,300	26,10	29,30	35,00
Oberputz, Kalkfeinputz, geglättet, Innenwand	m^2	0,300	17,00	20,05	23,70
Glattputz, 3-lagig, innen, erneuern, bis 2 m^2	m^2	0,500	44,60	51,50	63,00
Rappputz, 1-lagig, Ziegel, erneuern	m^2	0,300	23,80	31,50	38,60
Pinselputz, 1-lagig, Ziegel, erneuern	m^2	0,500	31,50	38,60	46,20
Altputzflächen spachteln	m^2	0,200	10,10	13,10	16,40
Randflächen beiputzen	m	0,160	10,90	12,90	15,50
Kellenschnitt, Stoßstellen	m	0,025	1,05	1,40	1,65
Putzanschluss an Fliesen, b = bis 10 cm	m	0,200	12,80	14,70	17,50
Ausgleichsputz auf Ausfachungen	m	0,350	22,40	26,30	31,50

Decken/Gewölbe, Instandsetzung	**E**	**h**	**von**	**mittel**	**bis**
Haarkalkputz, auf Schilfrohr, Decke	m^2	0,600	40,10	48,00	59,90
Oberputz, Kalkfeinputz, geglättet, Decke innen	m^2	0,320	17,20	21,50	25,80
Deckenputz ausgleichen bei Durchbrüchen	m^2	0,500	31,60	38,80	45,10
Deckenputz auf Rohrmatten, erneuern, bis 2 m^2	m^2	0,800	47,90	57,10	70,00
Deckenputz auf Lattung, erneuern, bis 2 m^2	m^2	1,000	56,40	70,50	83,30
Deckenputz auf Holzstabgewebe, erneuern, bis 2 m^2	m^2	0,950	55,10	67,90	84,05
Deckenputz auf Ziegelgewebe, erneuern, bis 2 m^2	m^2	1,100	61,20	76,20	91,65
Kalkzementputz, Altbaudecken, bis 2 m^2	m^2	0,600	34,80	43,40	52,45

Kalkzementputz, Altbaudecken, über 2 m^2	m^2	0,550	32,60	40,80	45,50
Hohlkehle in Deckenputz, Abwicklung bis 100 mm, erneuern	m	0,450	23,80	29,20	34,10
Deckenputz, Kleinflächen, außen, Durchfahrt	m^2	1,100	57,10	67,80	77,30
Putzschäden ausbessern, Kappengewölbe	m^2	1,200	56,00	74,40	92,90
Putzschäden ausbessern, Holzwolleleichtbauplatten, Decke	m^2	1,500	76,60	93,00	110,50
Risse, Deckenputz ausbessern	m	0,350	17,70	22,20	25,90

Fachwerk, Instandsetzung	**E**	**h**	**von**	**mittel**	**bis**
Altputz Fachwerk-Innenseite abschlagen	m^2	0,250	17,90	22,10	27,50
Altputz entfernen, Lehmgefache	m^2	0,200	14,00	18,50	22,20
Altputz entfernen, gemauerte Gefache	m^2	0,200	15,30	17,80	22,20
Teilausräumung Lehmgefache	m^2	0,250	15,90	21,20	25,40
Ausrappen, Fachwerk	m^2	0,120	7,15	8,80	11,00
Nassreinigung, Fachwerk	m^2	0,200	13,60	16,50	20,00
Balken-Zapfenlöcher anbohren	St	0,060	3,25	4,30	5,05
Holzbalken mit Bitumenpapier abdecken	m	0,140	13,70	15,90	19,70
Holzschutzbeschichtung Fachwerkbalken	m	0,100	7,35	9,25	11,30
Holzrisse ausspanen, Fachwerk	m	0,200	12,20	14,80	16,80
Kantenleisten, dreikantig, Gefache	m	0,050	3,95	5,15	6,40
Ausfachungsmörtel, Fachwerkstärke 15 cm	m^2	1,400	76,40	90,80	115,50
Schutzspachtelung, Gefache	m^2	0,200	15,10	18,30	21,80
Fachwerk-Lehmgefache, verputzen	m^2	0,800	44,30	51,30	61,50
Fachwerk-Ausmauerungen, verputzen	m^2	0,700	41,40	50,60	61,20
Holzwolle-Platte, Putzträger im Gefach	m^2	0,200	20,40	26,40	32,90
Schilfrohr-Putzträger Fachwerk, innen	m^2	0,140	21,10	26,00	31,60

© SIRADOS 01/24

Gefachputzträger auf Distanzdübel, außen	m^2	0,280	21,50	25,70	29,10
Putzträger/Bewehrung Distanzdübel, innen	m^2	0,300	19,40	25,90	32,10
Putzträger auf Fachwerk-Balken	m	0,100	11,20	12,90	15,40
Gewebearmierung Fachwerk, vollflächig	m^2	0,300	16,30	21,40	26,70
Wärmedämmputz Fachwerk, Fehlstellen	m^2	0,800	54,70	68,40	80,00
Wärmedämmputz Fachwerk, bis 150 mm	m^2	0,700	46,40	58,60	70,10
Wärmedämm-Oberputz Fachwerk, Armierung, 25 mm	m^2	0,250	21,00	27,90	32,70
Kalkzement-Unterputz Fachwerk, 15 mm	m^2	0,300	24,50	29,10	34,90
Kalk-Zementputz Fachwerk, geglättet	m^2	0,200	12,40	15,80	19,30
Kalk-Zementputz Fachwerk, altdeutsch	m^2	0,220	15,10	19,90	23,90
Edel-Putz Fachwerk, gefilzt	m^2	0,200	15,70	18,50	21,90
Trasskalk-Unterputz Fachwerk, 20 mm	m^2	0,300	20,80	27,60	34,40
Kalkputz Fachwerk, gefilzt	m^2	0,300	21,70	28,80	35,30
Lehmputz, 25 mm, 2-lagig, Außenwand	m^2	0,500	41,00	45,90	53,40
Gipskarton-Beplankung imprägniert und Alu-kaschiert, Fachwerk	m^2	0,350	35,70	42,50	48,10
Gipskarton-Beplankung imprägniert, Fachwerk	m^2	0,200	13,70	16,20	19,10

Profilputz	**E**	**h**	**von**	**mittel**	**bis**
Quaderputz, außen, erneuern	m^2	2,100	113,50	135,00	157,00
Quaderputz, Kanten nicht abgestuft	m^2	1,000	64,90	79,70	92,90
Quaderputz, Kanten 1x abgestuft	m^2	2,100	123,00	142,50	162,50
Diamantquaderputz, Umfassungskanten nicht abgestuft	m^2	2,400	136,50	165,50	180,00
Bossenquaderputz, Umfassungskanten nicht abgestuft	m^2	1,900	109,00	136,00	157,50
Fensterumrahmungsputz erneuern, Abwicklung bis 150 mm	m	0,220	13,90	17,10	20,20

Putzfaschen, t = bis 10 mm, b = bis 50 mm, Glattputz	m	0,350	20,80	25,40	30,40
Putzfaschen, t = bis 10 mm, b = bis 100 mm, Glattputz	m	0,350	22,90	27,00	31,90
Fasche, Außenputz, Spritzputz	m	0,150	12,00	13,30	15,90
Band glatt, ohne Schablone	m	0,250	16,80	20,90	25,00
Pilaster schlicht, ohne Schablone	m	0,350	21,80	26,90	31,40
Hauptgesims, Gurtgesims, mit Schablone	m	0,550	37,70	44,50	53,00
Traufgesimsputz erneuern, Abwicklung bis 600 mm	m	1,300	66,05	83,80	103,60
Lisenen, Kanten nicht abgestuft, Fugen b = bis 20 mm	m^2	1,700	94,20	112,50	122,50
Brüstungsspiegel, vorstehend, außen, Glattputz	m^2	1,500	87,00	100,50	114,00
Brüstungsspiegel, vorstehend, außen, Spritzputz	m^2	1,500	93,20	103,50	115,50

Sonstige Leistungen	**E**	**h**	**von**	**mittel**	**bis**
Telleranker für Dämmplatte, Betondecke	St	0,200	12,40	14,80	18,10
Gerüstankerlöcher schließen	St	0,110	4,65	6,15	7,65
Sonnenschutz wiedermontieren	St	0,450	21,80	27,20	31,00
Fensterbänke kürzen	St	0,160	7,30	9,05	10,95
Wandputz, rau, 1x kalken	m^2	0,120	5,30	7,10	8,55
Wandputz, glatt, 1x kalken	m^2	0,100	4,80	6,00	6,60
Deckenputz, rau, 1x kalken	m^2	0,150	6,60	8,50	9,80
Deckenputz, glatt, 1x kalken	m^2	0,120	5,75	7,15	8,86

13232 Stuckarbeiten

Innenstuck, Ausbesserungsarbeiten	**E**	**h**	**von**	**mittel**	**bis**
Stuckfläche ausbessern, Wände	m^2	0,800	40,10	46,20	53,10
Stuckfläche ausbessern, Decken	m^2	0,900	46,00	53,10	60,90
Reprofilierung, Innenstuck	m	0,500	22,45	27,50	33,00

© SIRADOS 01/24

Innenstuck, Hohlkehlen, Gesimse	E	h	von	mittel	bis
Hohlkehle, glatt, Versetzstuck, Abwicklung bis 180 mm	m	1,500	70,80	85,30	94,50
Hohlkehle mit Wand-/Deckenkante, Abwicklung bis 250 mm	m	1,600	75,30	90,00	107,50

Innenstuck, Ecken	E	h	von	mittel	bis
Ecke, rechtwinklig, Versetzstuck, l = 2x180 mm	St	0,650	42,60	56,80	66,00
Ecke, rund, profiliert, Versetzstuck, Radius = 400 mm	St	0,750	59,60	73,70	88,55
Innenecke, auf Gehrung	St	1,250	56,90	68,90	80,70
Außenecke, auf Gehrung	St	1,300	58,70	73,30	85,10

Innenstuck, Friese, Zierleisten	E	h	von	mittel	bis
Ornamentfries ausbauen, Gips, Abwicklung 300 mm	m	2,600	122,00	147,50	173,00
Ornamentfries ausbauen, Kalkzement, Abwicklung 300 mm	m	2,800	143,00	167,00	188,00
Ornamentfries erneuern, Gips, Abwicklung 300 mm	m	3,200	167,00	196,50	216,00
Ornamentfries erneuern, Kalkzement, Abwicklung 300 mm	m	3,200	178,00	206,00	241,00
Zierleiste, Versetzstuck, b = 50 mm	m	0,550	32,70	40,20	47,50
Wandstab, gerade, profiliert, b = bis 80 mm, t = bis 40 mm	m	1,200	65,20	70,80	81,90
Deckenstab, gerade, profiliert, b = bis 80 mm, t = bis 40 mm	m	1,200	63,50	70,90	82,80
Wandstab, Kreis, profiliert, b = bis 80 mm, t = bis 40 mm	m	1,200	58,05	72,70	85,70
Deckenstab, Kreis, profiliert, b = bis 80 mm, t = bis 40 mm	m	1,500	72,80	88,80	101,00
Stuckleiste, Gips, vorgefertigt, 65/75 mm	m	0,900	43,70	54,40	61,20

Stuckleiste, Gips, vorgefertigt, 120/80 mm	m	1,600	82,10	93,20	105,50
Stuckleiste, Gips, vorgefertigt, 160/100 mm	m	2,100	108,30	123,00	144,00

Innenstuck, Plastische Stuckelemente	**E**	**h**	**von**	**mittel**	**bis**
Stuckrosette aus Gips, vorgefertigt, D = 530 mm	St	1,000	110,50	137,50	170,10
Rosette, Versetzstuck, quadratisch, 1-teilig, 400/400 mm	St	1,200	127,00	149,00	168,00
Rosette, Versetzstuck, rund, 1-teilig, Durchmesser 200 mm	St	1,200	118,50	137,00	158,00
Rosette, Versetzstuck, oval, 1-teilig, 400/200 mm	St	1,300	130,50	151,00	169,00

Sonstige Stuckarbeiten, innen	**E**	**h**	**von**	**mittel**	**bis**
Platten ausbauen, Antragstück, Abwicklung bis 100 mm, t = bis 20 mm	m	0,750	47,80	53,60	61,30
Kanten von Kassettenteilungen erneuern	m	0,600	34,60	40,90	48,10
Unterzug, glatt, mit Kanten, ausbauen, Abwicklung bis 200 mm	m	0,800	54,70	61,30	69,00
Unterzug, profiliert, ausbauen, Abwicklung bis 200 mm	m	0,800	58,70	65,60	74,90
Zahnleiste, profiliert, ausbauen, Gips, h/b = 100/75 mm	m	1,800	117,00	128,00	147,50
Zahnleiste, profiliert, ausbauen, Kalkzement, h/b = 100/75 mm	m	1,800	130,50	142,50	166,00
Zahnleiste, profiliert, erneuern, Gips, h/b = 100/75 mm	m	0,600	159,50	173,50	196,50
Zahnleiste, profiliert, erneuern, Kalkzement, h/b = 100/75 mm	m	0,650	182,00	199,00	233,00
Tischzugschablone herstellen	St		240,00	283,50	332,00

© SIRADOS 01/24

Außenstuck, Fenster	**E**	**h**	**von**	**mittel**	**bis**
Fensterbank, glatt, durchlaufend, ausbauen+neu herstellen, Abwicklung bis 250 mm	m	1,800	122,00	155,50	176,00
Fensterbank, profiliert, durchlaufend, ausbauen+neu herst., Abwicklung bis 250 mm	m	1,900	136,00	175,00	202,50
Fensterbank, glatt, abgeschlossen mit Totlauf, ausbauen+neu, Abwickl. bis 250 mm	m	1,900	146,50	167,50	194,00
Fensterbank, glatt, abgeschlossen, verkröpft, ausbauen+neu, Abwicklung bis 250 mm	m	2,600	168,00	214,50	259,30
Fensterbankkauflager, glatt, ausbauen+neu herstellen, bis 200/150 mm	St	2,300	157,00	198,50	238,70
Fenstereinfassungen, profiliert, ausbauen+neu herstellen, Breite bis 200 mm	m	1,500	107,50	120,50	138,00
Fensterfasche, schräg, Außenstuck	m	1,600	111,50	135,00	153,50

Außenstuck, Verdachung, gerade	**E**	**h**	**von**	**mittel**	**bis**
Verdachung, gerade, profiliert, Abwicklung bis 250 mm	m	2,100	147,00	173,00	187,50
Verdachung, rechteckig, profiliert, Abwicklung 250 mm	St	1,100	62,50	79,10	90,70

Außenstuck, Verdachung, spitz	**E**	**h**	**von**	**mittel**	**bis**
Verdachung, spitz, profiliert, Abwicklung bis 250 mm	m	2,800	196,00	233,00	259,50
Außenstuck überarbeiten, Verdachung spitz	St	1,000	52,10	68,20	78,50

Außenstuck, Verdachung, rund	**E**	**h**	**von**	**mittel**	**bis**
Verdachung, rund, profiliert, Abwicklung bis 250 mm	m	3,000	198,50	248,00	297,00
Außenstuck überarbeiten, Verdachung rund	St	0,900	48,30	60,30	74,05

Außenstuck, Gurtgesims	E	h	von	mittel	bis
Gurtgesims, glatt, Abwicklung bis 290 mm	m	1,700	107,50	133,50	160,40
Gesimsprofil ziehen, Gips, Abwicklung 300-450 mm	m	2,500	162,50	199,00	248,00
Gesimsprofil ziehen, Kalkzement, Abwicklung 300-450 mm	m	2,500	142,50	172,50	194,50
Gurt-/Sockelgesims, Gips, ausbauen, Abwicklung bis 150 mm	m	0,500	26,30	34,80	39,70
Gurt-/Sockelgesims, Kalkzement, ausbauen, Abwicklung bis 150 mm	m	0,500	31,50	37,60	42,70
Gurt-/Sockelgesims, Gips, ausbauen, Abwicklung bis 200 mm	m	0,500	30,90	36,40	45,40
Gurt-/Sockelgesims, Kalkzement, ausbauen, Abwicklung bis 200 mm	m	0,500	30,70	36,60	42,80
Gurt-/Sockelgesims, Gips, ausbauen, Abwicklung bis 250 mm	m	0,550	33,00	41,00	50,95
Gurt-/Sockelgesims, Kalkzement, ausbauen, Abwicklung bis 250 mm	m	0,550	33,30	41,10	46,60
Gurt-/Sockelgesims, Gips, erneuern, Abwicklung bis 150 mm	m	0,250	72,60	82,80	96,40
Gurt-/Sockelgesims, Kalkzement, erneuern, Abwicklung bis 150 mm	m	0,300	89,50	101,00	112,00
Gurt-/Sockelgesims, Gips, erneuern, Abwicklung bis 200 mm	m	0,300	80,90	98,30	114,50
Gurt-/Sockelgesims, Kalkzement, erneuern, Abwicklung bis 200 mm	m	0,350	98,40	116,50	131,00

Gurt-/Sockelgesims, Gips, erneuern, Abwicklung bis 250 mm	m	0,450	119,00	132,50	153,00
Gurt-/Sockelgesims, Kalkzement, erneuern, Abwicklung bis 250 mm	m	0,500	119,50	145,50	174,00

Außenstuck, Hauptgesims	**E**	**h**	**von**	**mittel**	**bis**
Hauptgesims, glatt, Abwicklung bis 400 mm	m	2,700	150,50	199,00	245,00
Hauptgesims, profiliert, Abwicklung bis 400 mm	m	3,000	186,50	231,00	256,00
Hauptgesims überarbeiten, Abwicklung 400 mm	m	1,400	89,50	105,50	124,00

Außenstuck, Sockel	**E**	**h**	**von**	**mittel**	**bis**
Sockel, vorstehend, schräg, glatt, Abwicklung bis 150 mm	m	0,900	56,40	64,40	71,50

Außenstuck, Bänder, Rahmen	**E**	**h**	**von**	**mittel**	**bis**
Bänder, Außenstuck, glatt, b = bis 200 mm, d = bis 25 mm	m	0,900	64,10	72,70	79,00
Wandstab, Außenstuck, Zierrahmen	m	0,900	59,80	67,60	77,40
Rahmenprofil, Außenstuck, b/h = 70/25 mm	m	0,900	60,90	70,60	78,30

Außenstuck, Dekorelemente	**E**	**h**	**von**	**mittel**	**bis**
Dekorelement, Außenstuck, floral	St	0,350	76,10	85,20	98,00
Abschlusskonsole, Außenstuck	St	0,250	44,80	53,20	64,20
Außenstuck überarbeiten, Ornament, 100/70 cm	St	0,700	38,30	48,00	56,60
Außenstuck erneuern, Dekorelement, 100/70 cm	St	7,500	524,00	628,50	762,00

Außenstuck, Pilaster	E	h	von	mittel	bis
Pilaster, profiliert, gezogen, b = bis 400 mm, d = bis 80 mm	m	0,500	93,10	107,50	126,00

Sonstige Stuckarbeiten, außen	E	h	von	mittel	bis
Gipsabdrücke, Stuckgesims, außen, Abwicklung bis 200 mm	St	0,700	47,60	57,30	68,30
Gipsabdrücke, Stuckgesims, außen, Abwicklung bis 300 mm	St	0,750	51,40	64,50	79,70
Gipsabdrücke, Stuckgesims, außen, Abwicklung bis 500 mm	St	0,850	65,70	72,90	80,20

13233 Wärmedämm-Verbundsysteme

Vorbereitende Arbeiten	E	h	von	mittel	bis
WDVS, Algen/Pilz entfernen	m^2	0,120	6,30	8,05	9,60
Reinigung, WDVS	m^2	0,150	8,80	11,60	13,20
Dämmung austrocknen, WDVS	m^2	0,200	19,20	23,30	27,80
Außenwandputz, lose, abschlagen	m^2	0,200	9,65	11,60	14,40
Außenwandputz, lose, abschlagen, Teilflächen	m^2	0,250	10,60	14,10	16,30
Untergrundvorbereitung, WDVS	m^2	0,040	2,00	2,50	3,00
Ausgleichsputz auftragen, WDVS	m^2	0,250	11,80	15,80	19,60
Grundierung, Untergrundverfestigung, WDVS	m^2	0,050	2,40	3,15	3,80

Abbruch WDVS	E	h	von	mittel	bis
WDVS abbrechen, PS bis 60 mm	m^2	0,380	19,50	25,90	31,40
WDVS abbrechen, PS bis 100 mm	m^2	0,400	21,90	28,80	35,60

 © SIRADOS 01/24

WDVS abbrechen, MW bis 60 mm	m²	0,400	21,80	27,80	33,60
WDVS abbrechen, MW bis 100 mm	m²	0,430	26,90	31,70	39,40
WDVS abbrechen, Resol bis 150 mm	m²	0,430	30,80	36,60	45,50
Entsorgung Dämmstoffe, sauber	t		160,40	200,40	250,60
Entsorgung PS-Dämmung, HBCD	t		522,50	784,00	1.568,00

Wärmedämm-Verbundsysteme	**E**	**h**	**von**	**mittel**	**bis**
WDVS bis 8 m, WLG 040, MW 60 mm, mineralisch	m²	0,900	73,70	85,10	97,70
WDVS bis 20 m, MW 80 mm, Klebeverfahren	m²	0,600	49,90	59,20	68,60
WDVS bis 20 m, MW 140 mm, Klebeverfahren	m²	0,700	59,70	68,60	78,90
WDVS bis 20 m, MW 200 mm, Klebeverfahren	m²	0,800	70,30	81,10	93,90
WDVS bis 20 m, PS 80 mm, Klebeverfahren	m²	0,600	54,30	62,60	71,90
WDVS bis 20 m, PS 140 mm, Klebeverfahren	m²	0,700	71,50	82,60	94,90
WDVS bis 20 m, PS 160 mm, Klebeverfahren	m²	0,750	76,20	88,00	101,00
WDVS bis 20 m, PS 200 mm, Klebeverfahren	m²	0,850	88,40	102,00	117,50
WDVS bis 20 m, MW 80 mm, mechanische Befestigung	m²	0,700	60,50	69,70	80,40
WDVS bis 20 m, MW 140 mm, mechanische Befestigung	m²	0,850	77,60	89,20	103,50
WDVS bis 20 m, MW 200 mm, mechanische Befestigung	m²	1,050	98,80	117,00	132,00
WDVS bis 20 m, PS 80 mm, mechanische Befestigung	m²	0,700	68,70	79,30	91,00
WDVS bis 20 m, PS 140 mm, mechanische Befestigung	m²	0,800	84,30	97,40	112,50
WDVS bis 20 m, PS 200 mm, mechanische Befestigung	m²	0,950	102,00	117,50	135,50
WDVS mit PS 120 mm, WLG 035, Aufdoppelung vorhandenes WDVS	m²	0,900	82,30	98,50	116,50
WDVS Aufdopplung, PS 120 mm, WLG 035, gedübelt	m²	1,100	114,50	131,50	152,00
Armierung in Spachtelmasse	m²	0,170	19,00	22,10	27,30
Armierung, stoßgefährdete Bereiche	m²	0,250	14,40	19,10	23,80

Sonstige Begleitarbeiten	E	h	von	mittel	bis
Leibungen dämmen	m	0,120	11,70	14,70	18,40
Armierung, Eckverstärkung, Gewebewinkel, WDVS	m	0,050	6,20	7,80	9,65
Eckausbildung, Kunststoffschiene, WDVS	m	0,100	11,30	12,80	14,90
Eckschutzschiene, Edelstahl, WDVS	m	0,100	17,40	19,50	22,60
Profil, Sockelabschluss, Alu eloxiert, WDVS	m	0,120	11,40	14,00	16,20
Gehrungen, Aluprofil, WDVS	St	0,017	0,73	0,90	1,10
Anschlussfuge, Fugendichtband + Armierung, WDVS	m	0,050	3,75	4,45	5,25
Profil + Dichtlippe, Fenster/Türen, WDVS	m	0,100	6,95	8,70	10,50
Fensterbank unterfüttern, WDVS	m	0,200	17,60	20,90	25,50
Gebäudebewegungsfuge, WDVS	m	0,200	31,30	35,80	40,20
Befestigungspunkte herstellen, WDVS	m^2	0,350	19,50	25,00	28,00
Sockelplatten, PS P-60, geklebt, WDVS	m^2	0,450	49,20	57,10	66,80

Reparatur WDVS	E	h	von	mittel	bis
WDVS, Polystyrol-Platte 60, ausbessern	m^2	1,600	88,50	109,50	125,50
Reparatur Putzträgerplatte, WDVS	m^2	0,300	32,30	39,00	46,80
Reparatur Wandschutzplatten, WDVS	m^2	0,200	30,70	39,40	48,00
Spechtschaden schließen, WDVS	St		220,00	249,50	290,00
Überarbeiten WDVS, nach Hagelschlag, 5 %	m^2	0,200	16,70	19,70	24,50
Überarbeiten WDVS, nach Hagelschlag, 10 %	m^2	0,190	16,40	19,20	23,90
Überarbeiten WDVS, nach Hagelschlag, 15 %	m^2	0,180	15,50	18,70	23,20
Nachverdübelung, WDVS	m^2	0,120	15,40	18,90	23,60

Beschichtungen, WDVS	E	h	von	mittel	bis
Silikatputz, Kratzputz, WDVS-Wand	m^2	0,300	27,70	31,00	33,50

 © SIRADOS 01/24

Kunstharzputz, Kratzputz, WDVS-Wand	m²	0,300	18,05	22,10	26,95
Anti-Pilz, WDVS	m²		4,75	6,05	7,10
Anti-Graffiti, WDVS	m²		18,50	23,00	28,20
Farbzuschlag, Schlussbeschichtung, WDVS	m²		3,65	4,45	5,55
Faschenausbildung, WDVS	m	0,180	10,70	12,70	15,60
Beschichtung, Putz, Dispersion	m²	0,130	9,85	11,90	14,40

324 Fliesen- und Plattenarbeiten

Baustelleneinrichtung	E	h	von	mittel	bis
Baustelleneinrichtung, Kleinaufträge bis 10.000 Euro	psch		269,50	409,00	646,00

Demontage, Abbruch	E	h	von	mittel	bis
Bodenfliesen, Dünnbett, ausbauen, entsorgen, Teilfläche bis 2,5 m²	m²	0,400	23,80	26,60	30,30
Bodenfliesen, Dünnbett, ausbauen, entsorgen	m²	0,400	23,10	26,00	28,90
Bodenfliesen einzeln, Dünnbett, ausbauen, entsorgen	St	0,350	19,20	23,60	27,70
Bodenfliesen, Dickbett, ausbauen, entsorgen	m²	0,400	23,00	26,30	30,90
Bodenfliesen, Dickbett, Estrich, ausbauen, entsorgen	m²	0,450	25,90	31,50	37,70
Bodenfliesen, Treppenbelag, ausbauen, entsorgen	m²	0,400	21,40	25,60	29,00
Fliesenrinne, Bodenfliesen, entfernen, entsorgen	m²	0,250	16,60	18,70	21,80
Sockelfliesen, ausbauen, entsorgen	m	0,150	7,25	8,05	9,40
Bodenbelag, Klinkerplatten, entfernen und entsorgen	m²	0,400	24,10	28,90	31,80
Wandfliesen, Dickbett, entfernen, entsorgen	m²	0,220	15,10	17,60	19,90
Wandfliesen, Dünnbett, entfernen, entsorgen	m²	0,200	13,90	15,70	18,50
Wandfliesen, Dünnbett, entfernen, entsorgen, Teilfläche 2,0-2,5 m²	m²	0,220	13,90	17,30	19,70
Wandfliesen einzeln, Dünnbett, ausbauen, entsorgen	St	0,220	11,40	14,00	16,00
Wandfliesen einzeln, entfernen, seitlich für Wiederverwendung lagern	St	0,270	14,50	16,40	19,30
Wandfliesen, Abdichtung, Putz, entfernen, entsorgen	m²	0,230	14,20	16,70	19,10
Wandfliesen einschneiden	m	0,150	8,20	9,70	11,60
Glasfliesen, Dickbett, entfernen, entsorgen	m²	0,220	14,50	17,70	20,30

WC-Trennwände, gefliest, demontieren, entsorgen	m²	0,300	23,90	29,40	32,80
Wandfliese, Wannenabmauerung, abbrechen und entsorgen	m²	0,300	19,30	23,60	26,00
Wandfliese, Duschwanne, abbrechen und entsorgen	St	0,400	31,40	39,10	46,00
Wannenbekleidung, Kunststoff, abbrechen und entsorgen	m²	0,350	20,00	25,00	31,05
Kantenprofil entfernen, entsorgen	m	0,150	8,08	10,05	12,00
Verkofferung, Fliese, Hartfaserplatte, entfernen, entsorgen	m	0,350	17,90	20,10	21,20
Fassadenfliesen mit Dickbett entfernen	m²	0,380	22,00	24,40	25,60
Balkonrandfliesen geklebt, ausbauen und entsorgen	m	0,130	7,00	8,40	9,65

Vorbereitende Arbeiten	**E**	**h**	**von**	**mittel**	**bis**
Fliesenmörtelreste entfernen, fräsen, Boden	m²	0,250	18,20	22,10	26,30
Fliesenmörtelreste entfernen, fräsen, Wand	m²	0,300	15,40	18,30	21,00
Untergrund reinigen, staubarm, Estrich	m²	0,100	4,95	5,80	6,90
Untergrund reinigen, Kalkzementputz, Innenwand	m²	0,070	3,05	3,50	4,00
Untergrund reinigen, Gipsputz, Innenwand	m²	0,050	2,35	2,70	3,15
Untergrund reinigen, Gipsplatten, Innenwand	m²	0,025	1,45	1,70	2,00

Untergrund ausgleichen	**E**	**h**	**von**	**mittel**	**bis**
Untergrund, spachteln, 100 %, bis 5 mm, nach Rückbau Wandfliesen, Innenwand	m²	0,190	17,20	20,70	24,70
Untergrundausgleich, Hartschaumplatte, 10 mm	m²	0,300	38,70	47,20	53,10

Voranstrich, Grundieren	**E**	**h**	**von**	**mittel**	**bis**
Grundierung, Estrich, Beton, KH-Dispersion, Boden	m²	0,050	2,75	3,20	3,75
Grundierung, Putz, Beton, KH-Dispersion, Innenwand	m²	0,035	2,45	2,95	3,55

Grundierung, Kalkzementputz, Innenwand	m^2	0,035	2,75	3,20	3,80
Grundierung, Gipsputz, Innenwand	m^2	0,040	2,90	3,35	3,85
Grundierung, Gipsplatten, Innenwand	m^2	0,040	2,65	3,10	3,65

Abdichtungen	**E**	**h**	**von**	**mittel**	**bis**
Verbundabdichtung (AIV-F), W0-I, Polymerdispersion (DM), Innenwand	m^2	0,250	18,50	22,80	26,50
Verbundabdichtung (AIV-F), W0-I, Polymerdispersion (DM), Boden	m^2	0,280	19,70	24,00	28,50
Abdichtung, Rohrdurchführung, W3-I, Dichtmanschette, PU, DN 25	St	0,080	6,65	7,60	9,05
Verbundabdichtung (AIV-F), Formstücke Ecken	St	0,050	5,40	6,25	7,50
Dichtband, W0-I bis W3-I, Verbundabdichtung (AIV-F), Boden/Wand	m	0,090	5,25	6,55	7,83
Abdichtung, Bodenrinne, Dichtmanschette, W1-I, mineral. Dichtschl. (CM), DN 120	St	0,350	31,20	38,90	47,95
Abdichtung, Bodenablauf, Dichtmanschette, W1-I, mineral. Dichtschl. (CM), DN 70	St	0,230	20,60	22,90	26,10
Abdichtung, Bodenablauf, Dichtmanschette, W1-I, mineral. Dichtschl. (CM), DN 100	St	0,230	19,80	24,20	29,95

Wandbekleidung, Fliesen/Platten außen	**E**	**h**	**von**	**mittel**	**bis**
Fassadenfliesen, leichte Schäden, ausbessern	m^2	0,800	41,60	49,80	54,40
Fassadenfliesen, starke Schäden, ausbessern	m^2	1,100	64,60	81,00	98,20
Gesimsfliesen austauschen	m	0,400	23,90	28,70	33,20

© SIRADOS 01/24

Wandbekleidung, Fliesen/Platten innen	E	h	von	mittel	bis
Wandfliese, einbauen, 20/20 cm, Einzelfliese	St	0,200	14,90	17,50	20,50
Wandfliesen, ausbessern, bis 15/15 cm	m^2	0,640	50,10	58,60	69,30
Wandfliese, Feinsteinzeug Gr. Ala/Bla, weiß, poliert, 100/100 cm, Innenwand	m^2	2,000	165,00	183,50	215,50
Wandfliese, Feinsteinzeug Gr. Ala/Bla, weiß, poliert, 120/120 cm, Innenwand	m^2	2,200	178,50	193,50	222,50
Wandfliese, Feinsteinzeug Gr. Ala/Bla, weiß, poliert, 150/150 cm, Innenwand	m^2	2,200	166,00	202,00	244,50
Wandfliese, Feinsteinzeug Gr. Ala/Bla, weiß, poliert, 160/160 cm, Innenwand	m^2	2,200	168,10	209,00	253,60

Wandbekleidung, Dekorfliesen	E	h	von	mittel	bis
Dekorband, austauschen, Fliese, glasiert, 3/20 cm	m	0,170	18,70	23,30	27,90
Dekorband, austauschen, Fliese, glasiert, 3/25 cm	m	0,170	23,00	28,70	32,80
Dekorband, austauschen, Fliese, glasiert, 5/20 cm	m	0,200	24,10	30,00	33,60
Dekorband, austauschen, Fliese, glasiert, 5/25 cm	m	0,170	19,90	24,30	26,50
Dekorband, austauschen, Fliese, glasiert, 6/20 cm	m	0,220	25,60	31,40	36,70
Dekorband, austauschen, Fliese, glasiert, 8/25 cm	m	0,200	29,00	35,40	41,50

Bodenbelag, Fliesen/Platten, innen	E	h	von	mittel	bis
Bodenfliesen ausbessern, 10/10 bis 15/15 cm	m^2	0,900	54,40	62,50	73,60
Bodenfliesen ausbessern, 24/24 cm	St	0,650	35,20	42,20	46,60
Bodenfliesen ausbessern, 20/30 cm	St	0,600	38,10	46,00	53,60
Sockelfliesen ausbessern, 10/20 cm	m	0,210	19,30	23,60	27,00
Bordürenfliesen ausbessern	m	0,200	18,40	22,20	26,50

Treppen	E	h	von	mittel	bis
Treppenfliesen, Dickbett, schnell abbindend	m	0,050	9,75	11,90	14,00
Treppenfliesen ausbessern	m	0,500	31,40	34,90	36,80

Fußabstreifer, Sauberlaufzone	E	h	von	mittel	bis
Fußabstreiferrost erneuern, Fliesenarbeiten	St	0,900	104,50	122,50	141,50
Fußabstreiferrahmen mit Kokosmatte, 40/60 cm	St	0,900	105,00	129,00	152,00

Schienen, Profile	E	h	von	mittel	bis
Abschluss-, Eckprofil, Quadratprofil, Edelstahl gebürstet, h = 8 mm, Wandaußenecke	m	0,130	16,00	18,00	20,40
Abschluss-, Eckprofil, Quadratprofil, Edelstahl gebürstet, h = 12,5 mm, Wandbeläge	m	0,130	16,80	18,50	21,00
Abschluss-, Eckprofil, Quadratprofil, Aluminium, h = 8 mm, Wandbeläge	m	0,130	10,30	11,50	13,50
Abschluss-, Eckprofil, Quadratprofil, Aluminium, h = 12,5 mm, Wandbeläge	m	0,130	10,30	13,20	15,70

Fugen	E	h	von	mittel	bis
Fugen, elastisch, erneuern	m	0,180	9,35	11,40	12,90

© SIRADOS 01/24

325 Estricharbeiten

13251 Estriche, mineralische Bindemittel

Prüfungen	E	h	von	mittel	bis
Haftzugprüfung, Rohboden	psch	1,800	114,00	133,50	164,00
Nivellement, Estrich	psch		132,50	172,00	207,50
Holzboden, Festigkeit überprüfen	m²	0,160	7,15	8,35	10,00
Prüfung auf Sonderabfall	t		1.050,00	1.288,00	1.510,00
Prüfung Estrich, PAK	psch		319,50	386,00	458,50

Demontage/Abbruch	E	h	von	mittel	bis
Verbundestrich abbrechen, bis 30 mm	m²	0,200	9,15	11,30	13,90
Verbundestrich abbrechen, d = 40 bis 60 mm	m²	0,250	15,10	17,70	22,10
Verbundestrich abbrechen, d = 60 bis 80 mm	m²	0,400	22,60	28,00	34,90
Verbundestrich auf Balkon/Terrasse abbrechen	m²	0,250	12,50	16,40	19,20
Heizestrich gesamt abbrechen, 70/40 mm	m²	0,500	30,30	35,40	44,00
Schutzestrich abbrechen, d = 80 mm	m²	0,400	23,00	28,10	32,20
Kunstharzestrich abbrechen, Sondermüll	m²	0,170	8,05	9,40	11,40
Hartstoffestrich abbrechen	m²	0,300	17,20	22,30	26,30
Magnesia-Estrich abbrechen	m²	0,200	13,40	16,30	19,60
Estrich/Dämmung abbrechen, d = bis 80 mm	m²	0,350	21,00	25,90	31,80
Estrich, bewehrt + Dämmung abbrechen	m²	0,520	27,90	32,80	39,90
Estrich mit Abdichtung und Dämmung abbrechen	m²	0,450	27,30	31,40	39,20
Estrich und Abdichtung auf Balkon abbrechen	m²	0,300	16,20	20,60	25,50
Estrichaufbau Terrasse abbrechen	m²	0,400	17,30	21,80	26,40

Pflanzkästen demontieren und montieren, Terrasse	St	0,230	7,65	10,20	12,40
Geländer Balkon/Terrasse abbauen	m	0,350	15,90	20,70	25,60
Geländer Balkon demontieren und Neumontage	m	0,600	25,20	31,00	35,70

Untergrundvorbereitung	**E**	**h**	**von**	**mittel**	**bis**
Untergrund maschinell reinigen	m^2	0,100	7,70	9,65	12,00
Vorbehandlung Bestandsestrichflanken	m	0,190	10,10	12,20	14,10
Kratzspachtelung, Lunker, Balkon	m^2	0,230	15,50	19,40	24,20
Unebenheiten Estrich ausgleichen, Leichtmasse, 50 mm	m^2	0,200	15,80	19,10	22,40
Nivellierestrich, 10 mm	m^2	0,250	27,50	31,40	37,70
Nivellierestrich, 20 mm	m^2	0,280	49,90	53,60	59,40
Fehlstellen schließen, in Estrich	m^2	0,330	21,70	28,60	35,70
Reprofilieren Estrich, PCC-Mörtel	St	0,200	19,00	23,00	27,90
Netzrisse schließen, Epoxydharz	m	0,120	9,20	11,40	14,10
Spachtelschicht, 1 mm, Betondecke	m^2	0,100	10,25	12,10	13,90
Holzboden, Grundierung für Spachtelung	m^2	0,100	6,90	8,80	9,95
Holzboden-Armierung, Gewebe	m^2	0,080	5,20	6,25	7,80
Holzboden, Kunstharzausgleich für Estrich	m^2	0,350	21,50	24,90	30,90
Zementestrich ausbessern	m^2	0,500	25,50	30,80	37,40
Strahlen Betonplatte, Strahlmittel	m^2	0,080	5,15	6,25	7,65
Druckwasserstrahlen Estrichoberfläche	m^2	0,100	5,25	6,25	7,80
Schutz von Bauteilen, Folie, Platte	m^2	0,035	3,00	3,95	4,80
Schutz Türen/Fenster, Hartfaserplatten	St	0,200	9,90	12,00	13,30

Trittschalldämmung	**E**	**h**	**von**	**mittel**	**bis**
Randdämmstreifen, PE, Standard, 5/100 mm	m	0,020	0,98	1,25	1,45

© SIRADOS 01/24

Randdämmstreifen, PE, Standard, 8/150 mm	m	0,020	1,15	1,35	1,65
Randdämmstreifen, PE, mit Folienlasche, 5/100 mm	m	0,025	1,30	1,50	1,80
Randdämmstreifen, PE, mit Folienlasche, 8/150 mm	m	0,025	1,45	1,75	2,15

Wärmedämmung	**E**	**h**	**von**	**mittel**	**bis**
Wärmedämmung Sanierung, VIP, 30 mm	m^2	0,270	238,50	310,00	358,00
Wärmedämmung Sanierung, VIP, 40 mm	m^2	0,300	290,00	355,00	427,00

Wärmedämmung trocknen	**E**	**h**	**von**	**mittel**	**bis**
Bohrloch, Trocknung Estrichdämmung	St	0,450	31,70	37,40	45,60
Einrichten Entfeuchtungsgerät, 0,5 kW	St		338,00	417,50	506,50
Betrieb Entfeuchtungsgerät, 0,5 kW	h		42,00	49,30	57,00

Estrich erneuern	**E**	**h**	**von**	**mittel**	**bis**
Zementestrich ergänzen, Teilfläche, bis 1 m^2	St	0,450	25,70	32,30	39,50
Zementestrich ergänzen, Teilfläche, < 3 m^2	St	1,100	75,60	89,40	110,50
Zementestrich ergänzen, Teilfläche, bis 5 m^2	St	1,700	115,00	136,50	167,00
Estrich 50 mm, Fehlstellen nach Abbruch Innenwand ergänzen	m	0,300	15,10	20,00	24,00
Estrich 100 mm, Fehlstellen nach Abbruch Innenwand ergänzen	m	0,300	21,70	28,90	32,70

Estrich auf Massivdecken	**E**	**h**	**von**	**mittel**	**bis**
Dickschichtausgleich, Fließestrich, 40 mm	m^2	0,350	38,10	48,20	57,50
Verbundestrich, Kleinflächen, erneuern	m^2	0,600	34,40	44,30	51,30
Estrich teilweise erneuern, Hartstoff, d = 40 mm	m^2	0,700	43,50	51,70	62,50

Fehlstellen Estrich ergänzen, Trittschalldämmung und Estrich	m	1,150	69,50	78,60	94,00
Instandsetzungsestrich, Kunstharzmörtel	m^2	0,650	62,70	73,70	90,40
Dünnschichtestrich, Blechelemente, 35 mm	m^2	0,300	37,70	47,50	57,90
Calciumsulfatestrich auf Trennlage, C20, 50 mm	m^2	0,230	16,90	19,50	22,30
Calciumsulfatestrich schwimmend, C20, 50 mm	m^2	0,230	17,90	19,70	22,70

Estrich auf Balkon/Terrasse	**E**	**h**	**von**	**mittel**	**bis**
Korrosionsschutz, Estrichbewehrung	m	0,060	3,95	5,25	6,35
Reinigen/Vornässen, Balkonplatte	m^2	0,080	3,40	4,25	5,30
Balkonfläche vorbereiten, Kunstharz-Grundierung	m^2	0,270	17,60	21,60	27,00
Trennlage Balkonestrich, PE 0,2 mm	m^2	0,030	2,35	3,10	3,50
Haftbrücke für PCC-Estrich, Zementmörtel	m^2	0,100	8,25	9,80	12,20
Instandsetzungsestrich, Balkon, PCC	m^2	0,300	71,90	82,00	97,10
Instandsetzungs-Leichtestrich, Balkon, PCC	m^2	0,300	69,40	84,60	95,70
Instandsetzungsestrich, Terrasse, PCC, d = 80 mm	m^2	0,550	124,50	148,00	172,50
Sanierung Balkon, PCC-Estrich und Beschichtung	m^2	1,200	188,00	222,00	254,50
Balkonsanierung, Kunstharzestrich, d = 12 mm	m^2	0,800	96,80	108,50	121,50
Hohlkehle für PCC-Estrich, Kunstharz	m	0,150	13,80	17,60	20,30
Hohlkehle, PUR, Alu-Profil	m	0,450	51,90	62,50	72,20
Estrichaufbau erneuern, Terrasse	m^2	0,600	58,60	71,80	85,30
Dickbeschichtung, PCC-Estrich, Balkon	m^2	0,350	37,50	46,40	54,00
Balkonrandprofil, Aluminium-Beschichtung, T-Profil 50/80 mm, in Estrich	m	0,120	24,10	28,40	34,20
Geländerstützen einfassen	St	0,100	8,50	9,90	11,60
Einstreuung Chips, Balkon/Terrasse	m^2	0,050	3,60	4,80	5,95

© SIRADOS 01/24

Versiegelung Chips-Einstreuung, Balkon	m^2	0,150	10,50	12,90	16,10
Versiegelung Balkonestrich, Dispersion	m^2	0,180	15,20	18,90	22,70

Estrich auf Holzkonstruktionen	**E**	**h**	**von**	**mittel**	**bis**
Calciumsulfat-Fließestrich auf Schwalbenschwanz-Blech, C20 F4, 50 mm	m^2	0,270	20,90	24,50	29,90
Schwalbenschwanz-Platten, verzinkt Stahl, ProfilHöhe 16 mm	m^2	0,170	39,50	46,40	55,40
Mineralwollestreifen, Schwalbenschwanz-Platten, Estrich, StreifenBreite 50 mm	m^2	0,050	2,95	3,45	4,30
PU-Dämmstreifen, Schwalbenschwanz-Platten, Estrich, StreifenBreite 12 mm	m	0,100	12,60	14,90	16,70
Vernagelung, Schwalbenschwanz-Platten, Estrich	m^2	0,230	9,35	11,10	13,70
Aussparung, Schwalbenschwanz-Platten, Estrich	St	0,250	9,15	11,40	13,40
Dünnschichtestrich, Blechelemente, 14 mm	m^2	0,270	30,40	38,00	46,30
Dünnschicht-Heizestrich, Blechelemente, 25 mm	m^2	0,440	59,10	71,70	85,50
Magnesia-Estrich auf Holzbalkendecke, 2-schichtig, Trittschalldämmung	m^2	0,350	36,40	41,20	48,60
Leichtestrich, Verbund, Auffüllung 50 mm	m^2	0,270	19,40	22,80	28,00

Estrich-Sanierung	**E**	**h**	**von**	**mittel**	**bis**
Estrich, Hohlstellen markieren	m^2	0,040	1,75	2,00	2,45
Entlüftungsbohrung, 8 mm, Estrich	m^2	0,060	3,60	4,60	5,75
Estrichinjektion, Pressstelle	St	0,480	44,70	50,80	59,70
Risse einschneiden, füllen, verdübeln, Estrich	m	0,160	11,70	14,30	16,00
Terrazzoboden ergänzen	m^2	1,000	63,40	83,80	100,00

Terrazzoboden schleifen, versiegeln	m^2	0,070	5,40	6,65	8,25
Terrazzoboden reinigen, versiegeln	m^2	0,060	3,45	4,60	5,75

Fugen	**E**	**h**	**von**	**mittel**	**bis**
Bewegungsfuge, nachträglich, für Estrich	m	0,180	9,80	11,70	14,60
Anschlussfuge Estrich, erneuern	m	0,230	13,00	16,30	19,90
Fuge Estrich, nachschneiden, vergießen	m	0,250	11,70	14,90	17,90
Fuge, Estrich und Oberbelag, schneiden, vergießen	m	0,350	16,60	20,20	24,10
Bewegungsfuge Estrich, erneuern	m	1,000	149,00	164,50	186,00
Gebäudebewegungsfuge PCC-Estrich	m	0,180	14,00	16,90	20,60
Randfuge Instandsetzungsestrich	m	0,120	8,50	10,90	12,70
Fugenabdichtung Instandsetzungsestrich	m	0,150	11,10	13,50	16,30

Oberflächenbehandlung	**E**	**h**	**von**	**mittel**	**bis**
Nivellierspachtel, Estrich	m^2	0,120	8,90	10,10	11,50
Kratzspachtelung, Estrich-Lunker	m^2	0,200	16,30	20,20	25,20
Grundierung alter Estrich	m^2	0,150	9,10	11,20	13,80
Beschichtung Estrich, Kunstharz	m^2	0,400	24,30	30,50	38,00
Abstreuen und Versiegeln, Estrichbeschichtung	m^2	0,250	14,30	17,30	21,20
Bodenbeschichtung, Balkoninstandsetzung	m^2	0,250	16,00	19,40	24,00

Einbauteile	**E**	**h**	**von**	**mittel**	**bis**
Bodenablauf Estrich erneuern	St	1,000	308,00	351,00	393,00
Mattenrahmen Estrich erneuern	St	0,900	63,40	72,50	84,10
Trennwinkel in Estrich erneuern	m	0,300	23,30	29,40	34,60
Anschlagwinkel in Estrich erneuern	m	0,300	23,90	30,00	35,80

 © SIRADOS 01/24

13252 Asphaltestriche

Vorbereitende Arbeiten	E	h	von	mittel	bis
Gussasphalt abschleifen, für Neuverlegung	m^2	0,080	4,60	5,45	6,80

Demontage/Abbruch	E	h	von	mittel	bis
Gussasphaltestrich ausbauen, d = bis 50 mm	m^2	0,250	17,70	23,00	28,70

Gussasphaltestriche (AS)	E	h	von	mittel	bis
Gussasphaltestrich auf Trennlage, erneuern	m^2	0,600	35,90	45,20	54,20

Stundensätze	E	h	von	mittel	bis
Stundensatz Meister, Asphaltestriche	h		43,00	50,00	59,00
Stundensatz Vorarbeiter, Asphaltestriche	h		39,00	47,00	56,00
Stundensatz Fachwerker, Asphaltestriche	h		35,00	41,00	48,00
Stundensatz Helfer, Asphaltestriche	h		30,00	35,00	39,00

326 Fenster, Außentüren

Demontage/Abbruch	E	h	von	mittel	bis
Kellerfenster ausbauen, Holz, 700/500 mm	St	0,370	23,20	29,60	36,90
Fenster ausbauen, Holz, bis 1010/1220 mm	St	0,900	44,10	51,30	61,80
Fenster ausbauen, Holz, bis 1200/1300 mm	St	0,700	45,70	57,40	67,20
Fenster ausbauen, Holz, über 1200/1300 mm	St	0,950	71,90	84,60	95,10
Verbundfenster mit Rollladen ausbauen, Holz, bis 1400/1800 mm	St	0,900	69,70	84,30	99,90
Kastenfenster ausbauen, Holz, 1500/2500 mm	St	1,250	59,75	72,30	85,60
Fenstertür, Alu-Holz, bis 4,00 m^2, ausbauen	St	1,250	98,30	120,50	145,50
Fenster ausbauen, Kunststoff, bis 500/950 mm	St	0,800	58,00	68,00	80,90
Fenster ausbauen, Kunststoff, bis 1200/1300 mm	St	0,800	59,30	69,10	84,30
Fenster ausbauen, Kunststoff, über 1200/1300 mm	St	0,950	73,10	84,60	103,00
Fenster ausbauen, Kunststoff, über 1000/1400 mm	St	0,950	71,80	83,50	102,00
Fenstertür, Holz, mit Stock, ausbauen	St	1,200	93,50	117,50	131,00
Hauseingangstür mit Setzstück ausbauen, Kunststoff/Holz	St	1,300	140,50	163,00	196,00
Außentür, Holz, 2-teilig, ausbauen, bis 5,00 m^2	St	0,850	91,80	103,50	115,50
Außentür inkl. Stock ausbauen, Holz	St	1,150	101,50	117,00	135,00
Außentür inkl. Stock ausbauen, Kunststoff	St	1,050	104,00	122,00	146,50
Kelleraußentür, Holz, ausbauen	St	0,450	55,20	66,10	80,80

Fenster, Holz	E	h	von	mittel	bis
Holzfenster prüfen und warten, 1200/1500 mm	St	0,700	42,00	52,80	61,70
Holzfenster instandsetzen, 1200/1500 mm	St	7,500	576,00	650,00	780,00
Holzfenster mit Dreipass erneuern, Isolier-Verglasung	St	2,200	1.533,00	1.747,00	2.026,00

© SIRADOS 01/24

Fenster, Kunststoff	E	h	von	mittel	bis
Fenster, Kunststoff, prüfen und warten, 1200/1500 mm	St	0,700	38,90	47,50	56,20
Fenster erneuern, Kunststoff für Holz, 1-teilig	St	3,100	587,50	716,50	846,50
Fenster erneuern, Kunststoff für Holz, Kastenfenster	St	3,500	1.058,00	1.240,00	1.510,00

Sonstige Leistungen	E	h	von	mittel	bis
Fenster, wiedereinbauen	St	2,200	101,50	113,50	132,00
Dämmprofil, Fensterleibung, innenseitig, WLS 018	m	0,050	54,50	58,90	63,40
Dämmprofil, Fensterleibung, innenseitig, WLS 028	m	0,050	38,40	47,40	58,75
Dämmprofil, Fensterleibung, außenseitig, EPS, WLG 035	m	0,050	34,30	39,40	44,40
Falzlüfter, Kunststoff, verdeckt	St	0,075	28,50	31,80	35,60

327 Tischlerarbeiten

13271 Fenster und Fenstertüren

Demontage/Abbruch	E	h	von	mittel	bis
Fensterbank, Holz, ausbauen, bis 1,40 m	St	0,300	19,00	24,00	28,90
Fensterbank, Holz, ausbauen, 1,40-2,00 m	St	0,350	22,10	28,60	34,70
Fensterbank, Holz, ausbauen, bis 1,50 m	St	0,220	21,00	25,00	30,50
Holzbekleidung, innere Fensterleibung, entfernen	m	0,120	11,00	13,80	16,80

Fensterbänke	E	h	von	mittel	bis
Fensterbank, Fichte, innen, erneuern	St	0,550	56,40	68,70	81,70
Fensterbank, Meranti, innen, erneuern	St	0,550	72,50	86,60	98,70

Fensterläden	E	h	von	mittel	bis
Hirnleiste erneuern, Klappladen, außen	m	0,300	18,40	22,80	28,70
Bretter, gespundet, erneuern, ohne Lichtöffnung	m^2	2,200	123,50	144,50	163,50
Bretter, gespundet, erneuern, mit Lichtöffnung	m^2	2,200	142,50	167,50	186,50
Querleiste erneuern, Klappladen, außen	m	0,300	16,90	24,20	28,70
Holzklappladen mit Rahmen und Füllung, erneuern	St	1,500	144,00	180,00	221,50
Deckleisten erneuern, Klappladen, außen	St	0,300	23,30	27,20	32,70
Jalousiebrettchen erneuern, Klappladen, außen	St	0,450	34,20	42,10	49,40
Lamellenbrett, schräg, erneuern, Klappladen, außen	St	0,400	34,40	42,60	47,00
Riegelschloss, innen befestigen	St	0,320	14,70	19,30	24,10

Renovierung/Instandsetzung	E	h	von	mittel	bis
Holzeinfachfenster, 1-teilig, aufdoppeln	St	3,800	393,50	462,00	510,00
Fenster-Rahmenholz, unten, erneuern	St	1,800	112,50	139,00	167,50
Fenster-Wetterschenkel erneuern	St	0,700	41,85	52,20	64,15
Holzeinfachfenster, 2-teilig, leichte Schäden, ausbessern	St	1,750	88,90	105,50	119,00
Holzeinfachfenster, 2-teilig, starke Schäden, ausbessern	St	3,000	136,50	189,50	216,50
Holzeinfachfenster, 2-teilig, aufdoppeln	St	4,500	494,00	589,00	661,50
Kastenfenster, leichte Schäden, ausbessern	St	2,000	87,90	114,00	152,00
Kastenfenster, starke Schäden, ausbessern	St	4,500	380,50	439,50	520,00
Verbundfenster, leichte Schäden, ausbessern	St	2,300	106,00	130,00	156,00
Verbundfenster, starke Schäden, ausbessern	St	3,500	294,50	373,00	437,00
Wetterschenkel erneuern, Fichte, Kiefer	m	0,200	21,10	27,40	31,70
Fenstersprosse, waagerecht, Fichte, Kiefer, Tanne, erneuern	m	0,260	30,60	37,70	44,60
Flügelholz ausbessern, Einfachfenster	St	0,300	40,20	46,70	51,50
Schlagleiste erneuern, profiliert, 2-flügelig	m	0,240	22,30	25,90	31,40
Kämpfer erneuern, nicht profiliert	m	0,650	53,80	61,10	69,40
Kämpfer erneuern, profiliert	m	0,680	54,30	71,60	88,65
Kämpfer, einfach profiliert, erneuern	St	0,950	71,50	89,10	108,60
Kämpfer, mehrfach profiliert, erneuern	St	0,950	76,30	98,00	110,50
Profilleiste erneuern, Fenster	St	0,250	18,40	22,80	27,30
Dichtungslippen einsetzen, Fenster	m	0,150	10,35	12,90	16,10
Falzdichtung erneuern, Fenster	m	0,150	8,75	10,80	12,60
Flügelrahmenteil erneuern, Einfachfenster	St	2,400	183,50	231,50	286,90
Blendrahmenstück erneuern	St	1,400	83,80	108,50	124,50

Sonstige Leistungen	E	h	von	mittel	bis
Fugendichtband einbauen	m	0,080	5,15	6,95	8,10
Fugenverschluss, außen, FugenBreite bis 10 mm	m	0,050	2,65	3,85	4,80

13272 Türen und Tore

Demontage/Abbruch	E	h	von	mittel	bis
Kelleraußentür, Holz, ausbauen	St	0,450	39,30	47,50	54,70
Außentür, 2-flügelig, ausbauen	St	0,800	50,50	61,60	69,30
Außentür, 2-flg. wiedereinbauen	St	2,280	144,00	163,50	186,00
Wohnungseingangstür ausbauen, 1000/2200 mm	St	0,800	62,60	67,20	74,00
Schiebetoranlage, Holz, ausbauen, 4,00/4,00 m	St	2,500	214,00	248,50	281,50
Garagentor, Holz, 2-teilig, ausbauen	St	0,750	92,50	109,50	129,00
Innentür mit Futter, ausbauen, lagern	St	0,600	38,20	43,10	51,70
Innentür mit Türfutter wiedereinbauen	St	2,300	136,00	158,00	177,50
Türblatt lagernd, wiedereinbauen	St	0,600	31,90	41,20	50,25
Türblatt mit Blendrahmen ausbauen	St	0,500	33,90	42,30	47,30
Innentür mit Futter, Wanddicke bis 200 mm, ausbauen	St	0,600	38,40	45,50	52,90
Innentür mit Futter, Wanddicke bis 400 mm, ausbauen	St	0,600	43,70	48,40	56,10
Innentür, 2-flügelig, ausbauen	St	1,000	80,40	94,70	111,00
Innentür mit Stahlzarge ausbauen, 780/2000 mm	St	0,750	53,20	61,00	72,10
Innentür mit Stahlzarge ausbauen, 1000/2100 mm	St	0,850	57,10	67,60	81,00
Blindstock, Wanddicke bis 200 mm, ausbauen	St	1,000	51,20	64,20	73,60
Blindstock, Wanddicke bis 400 mm, ausbauen	St	1,200	61,60	72,00	82,60
Blockzarge, Holz, ausbauen, ca. 3,00/2,70 m	St	1,100	59,80	79,50	96,25
Innentür mit Blockzarge ausbauen, 1250/2500 mm	St	0,950	41,50	47,70	54,10

© SIRADOS 01/24

Zarge, Holz, mit Oberlicht, ausbauen	St	1,100	60,90	73,30	85,20
Zarge, Holz, mit Oberlicht, ausbauen, ca. 2,90/2,05 m	St	1,100	58,80	86,20	105,50
Schiebetür, Holz, freilaufend, ausbauen, bis 900/2100 mm	St	1,000	58,60	64,50	74,00
Schiebetür, Holz, freilaufend, ausbauen, bis 1500/2100 mm	St	1,100	63,90	71,40	82,80

Außentüren	**E**	**h**	**von**	**mittel**	**bis**
Hauseingangstür, Meranti, erneuern	St	4,200	1.949,00	2.329,00	2.782,00
Hauseingangstür, Rundbogen, 2-teilig, Eiche, erneuern	St	4,800	4.959,00	5.478,00	6.115,00
Hauseingangstür-Anschlag erneuern	St	3,400	349,00	435,00	543,50
Balkontür, Fichte, erneuern	St	4,400	862,50	1.047,00	1.224,00
Balkontür-Kastenkonstruktion, erneuern	St	4,800	1.707,00	2.161,00	2.564,00
Balkontür-Kastenkonstruktion mit Kämpfer durch Kunststoff erneuern	St	3,000	1.580,00	1.778,00	2.079,00
Verbund-Balkontür, 1-teilig, erneuern	St	4,400	1.117,00	1.311,00	1.663,00
Türschwelle, Balkontür, erneuern	St	1,500	103,20	131,00	155,50
Türfüllung, Balkontür, erneuern	St	1,300	117,50	130,50	156,50

Innentüren	**E**	**h**	**von**	**mittel**	**bis**
Türblatt ausbauen, wiedereinbauen, 1,10/2,20 m	St	2,200	104,50	123,50	155,50
Stiltür reparieren, 1-flügelig, 1,20/2,20 m	St	4,500	289,00	351,50	435,50
Stiltür reparieren, 2-flügelig, 2,00/2,40 m	St	6,500	418,00	518,50	623,50
Wohnungseingangstür, 1-teilig, profiliert, erneuern	St	4,150	1.863,00	2.372,00	3.149,00
Wohnungseingangstür, 2-teilig, erneuern	St	4,700	3.593,00	4.068,00	4.695,00
Bekleidung, Wohnungseingangstür, erneuern	St	4,850	589,50	688,50	780,50
Türschwelle, Innentüre, Wanddicke 270 mm, erneuern	St	0,700	69,90	87,90	106,40

Türschwelle, Innentüre, Wanddicke 400 mm, erneuern	St	0,800	83,05	103,50	123,00
Innentür, einfach, erneuern	St	3,100	435,50	507,00	604,50
Innentür, profiliert, erneuern	St	3,450	2.140,00	2.606,00	3.055,00
Türfüllung, Innentür, erneuern	St	1,300	82,45	103,00	127,50
Profilleiste an Innentür etc., erneuern	m	0,150	14,75	18,40	22,55

Renovierung/Instandsetzung	**E**	**h**	**von**	**mittel**	**bis**
Türflügel ausbessern, Außentür	St	2,400	142,00	163,00	187,50
Deckleiste, profiliert, zweiflüglig, Außentür, erneuern	m	0,550	40,30	48,70	58,70
Brett von Brettertür erneuern, b = 120 mm/d = 24 mm, Kiefer	m	0,250	17,10	18,60	21,50
Türfüllung, überschoben, erneuern, Kiefer, Tanne	St	0,850	74,80	91,00	104,00
Balkontür, leichte Schäden, ausbessern	St	2,400	138,00	181,00	226,50
Balkontür, stark beschädigt, ausbessern	St	4,120	296,00	382,00	440,00
Balkontür mit Oberlicht ausbessern	St	3,200	193,50	236,50	289,00
Balkontür aufdoppeln	St	4,300	598,00	742,00	914,00
Balkontür-Kastenkonstruktion, leicht beschädigt, ausbessern	St	2,000	161,50	197,50	255,50
Balkontür-Kastenkonstruktion, stark beschädigt, ausbessern	St	5,600	710,50	792,00	926,50
Verbund-Balkontür, leicht beschädigt, ausbessern	St	2,700	160,70	200,00	239,40
Verbund-Balkontür, stark beschädigt, ausbessern	St	3,700	311,50	415,00	530,00
Wohnungseingangstür, leicht beschädigt, ausbessern	St	1,350	110,50	132,00	168,50
Wohnungseingangstür, stark beschädigt, ausbessern	St	4,950	345,50	418,50	508,50
Oberlicht, Wohnungseingangstür, einfach profiliert, ausbessern	St	0,400	138,00	171,00	205,50

Oberlicht, Wohnungseingangstür, stark profiliert, ausbessern	St	1,200	482,00	561,00	620,50
Wohnungseingangstür, 1-teilig, renovieren	St	3,200	941,00	1.140,00	1.398,00
Fensterfelder, Wohnungseingangstür, reparieren	St	2,300	148,50	193,00	222,50
Innentür, leicht beschädigt, ausbessern	St	2,050	118,00	148,00	177,10
Innentür, stark beschädigt, ausbessern	St	2,750	207,50	239,50	280,50
Innentür, profiliert, leicht beschädigt, ausbessern	St	2,800	190,50	228,00	282,00
Innentür, profiliert, starke Schäden, ausbessern	St	5,200	366,50	466,50	564,50
Innentür, profiliert, renovieren	St	2,500	739,50	922,50	1.083,00
Türschwelle, Innentür, aufdoppeln	St	0,900	62,50	74,00	94,50
Türschwelle erneuern, 150/860/30 mm, Kiefer	St	0,550	44,80	53,30	61,20
Türschwelle erneuern, 270/860/30 mm, Kiefer	St	0,650	58,60	69,70	80,10
Deckleiste, profiliert, für Türfüllungen	m	0,250	24,10	34,90	44,70
Türbekleidung, glatt, erneuern, b = 100 mm/d = 22 mm, Kiefer	m	0,450	44,20	52,90	61,10
Türbekleidung, profiliert, erneuern, b = 105 mm/d = 20 bis 28 mm, Kiefer	m	0,500	68,00	74,20	86,40
Türfüllung, einfache Art, erneuern, d = 20 mm, Kiefer, Tanne	St	0,400	31,30	38,90	45,20
Glasfüllung Tür erneuern	St	2,900	275,50	350,00	438,00
Holzausbesserung an Innentür	St	0,500	36,00	44,20	50,20
Türblatt verlängern	St	0,850	68,80	87,00	105,90
Türblatt kürzen	St	0,300	21,50	25,40	32,30
Türflügel gangbar machen	St	0,400	23,90	29,00	33,30
Schiebetür gangbar machen	St	3,200	183,00	214,50	253,50
Schlosstasche reparieren an Innentür	St	1,600	88,80	101,50	118,00

Türdichtung für Wohnungseingangstür	St	0,300	79,05	100,50	118,00
Türanschlag wechseln, Zarge, innen-außen	St	4,300	277,50	322,50	367,00
Türanschlag wechseln, Türblatt	St	8,500	612,00	669,00	759,50
Schallschutz nachträglich einbauen, Wohnungseingangstür	m	0,650	63,40	79,90	99,50

13273 Trennwände

Holz-/Glas-Trennwände	E	h	von	mittel	bis
Holz-/Glas-Trennwand ausbauen	m²	0,500	31,40	38,50	48,40

13274 Treppenanlagen

Renovierung/Instandsetzung	E	h	von	mittel	bis
Treppenhandlauf aus Holz überarbeiten	m	0,450	30,80	38,90	45,80
Geländerstab Holz, gedrechselt, erneuern	St	0,250	55,20	67,10	78,40
Handlauf, Holz, erneuern	m	0,320	54,30	68,20	81,60

13275 Schaufensteranlagen

Demontage/Abbruch	E	h	von	mittel	bis
Schaufenster, Holz, ausbauen	St	2,300	131,00	166,50	199,00

Renovierung/Instandsetzung	E	h	von	mittel	bis
Schaufenster, Holz, ausbessern	m²	4,000	246,00	294,50	364,50
Schaufenster, Holz, erneuern	m²	6,300	827,50	977,00	1.168,00
Ladentür aus Holz überarbeiten	m²	3,500	340,50	405,50	455,50
Ladentür aus Holz erneuern	St	4,000	3.165,00	3.550,00	3.917,00

© SIRADOS 01/24

13276 Allgemeine Tischlerarbeiten

Demontage/Abbruch	E	h	von	mittel	bis
Einbauschrank lagernd, wiedereinbauen	St	5,000	347,40	445,50	535,50
Unterkonstruktion ausbauen, lagern	m	0,120	8,40	9,90	12,80
Einbauschrank mit Küche ausbauen, lagern	St	5,500	437,00	492,50	590,50
Einbauschrank mit Küche lagernd, wiedereinbauen	St	7,000	517,00	569,00	597,00
Teeküche ausbauen, lagern	St	6,500	419,00	505,00	585,00
Teeküche lagernd, wiedereinbauen	St	8,000	535,50	621,50	721,00
Demontage Küchenzeile	m	1,400	93,50	105,50	123,00
Holzvertäfelung entfernen	m^2	0,220	8,65	13,00	18,90
Wandbekleidung und Sparschalung entfernen	m^2	0,550	26,80	33,60	40,40
Deckenbekleidung und Sparschalung entfernen	m^2	0,450	21,70	27,20	30,60
WC-Kabine ausbauen	m^2	0,600	38,30	45,70	59,60

13279 Kirchenbänke

Kirchenbänke	E	h	von	mittel	bis
Kirchenbank, einfache Ausführung, Kiefer	m	2,300	437,50	532,50	640,50
Kirchenbank ausbauen	m	0,800	34,00	41,30	48,30

Renovierung/Instandsetzung	E	h	von	mittel	bis
Kirchenbank, aus- und einbauen, ausbessern, reinigen	m	1,100	69,90	83,10	104,00
Kirchenbank, mit Kniepodest und Buchablage, aus- und einbauen, reinigen	m	1,400	88,40	102,50	129,00

328 Parkett- und Holzpflasterarbeiten

Demontage/Abbruch	E	h	von	mittel	bis
Fußbodenleisten, ausbauen	m	0,030	1,45	1,65	1,95
Fußbodenleisten, entfernen, seitlich lagern, Wiederverwendung, Holz	m	0,070	2,90	3,50	4,15
Altbelag, auf Parkett/Dielen ausbauen, entsorgen	m²	0,200	8,59	10,90	13,35
Altbelag, Laminat ausbauen, entsorgen	m²	0,200	9,40	11,30	12,90
Parkett verklebt, entfernen	m²	0,270	11,60	13,80	16,30
Parkett genagelt, Schüttung, ausbauen, entsorgen	m²	0,350	15,60	19,40	22,60
Parkett ausbauen, Kleinflächen	m²	0,300	12,90	15,80	18,70
Parkett ausbauen, seitlich lagern, Wiederverwendung	m²	0,400	15,80	19,20	22,10
Parkett, PAK-haltig, ausbauen	m²	0,350	17,80	20,60	24,50
Stab-Parkett ausbauen und seitlich lagern	m²	0,500	19,60	24,40	28,70
Holzdielen ausbauen, seitlich lagern, Wiederverwendung	m²	0,250	11,70	13,60	16,20
Holzpflaster ausbauen	m²	0,400	18,00	21,10	24,90

Vorbereitende Arbeiten	E	h	von	mittel	bis
Prüfung Parkett, Schäden	m²	0,070	2,55	3,10	3,65
Prüfung PAK, Parkettkleber	psch		321,00	371,50	419,50
Unterboden für Parkett vorbereiten	m²	0,650	43,70	49,30	57,20
Balkenlage anschuhen oder aufrippen	m²	0,500	26,00	30,10	35,50
Estrich reinigen, mechanisch, Klebereste	m²	0,033	1,65	1,95	2,25
Estrich abschleifen	m²	0,120	6,80	7,75	9,10
Untergrund egalisieren, vollflächiges Schleifen, feinreinigen, Verlegeplatten	m²	0,070	2,70	3,40	4,00

© SIRADOS 01/24

Estrich spachteln, vollflächig, Parkett	m^2	0,120	5,85	7,20	8,30
Lagerholz, auffüttern	m	0,160	10,80	13,20	15,20
Seitennut nacharbeiten, vorhandenes Parkett	m	0,100	4,45	5,40	6,05
Parkettboden abdecken	m^2	0,080	3,70	4,35	5,10
Parkettboden abdecken, Korkfilzpappe	m^2	0,087	5,30	6,20	7,40
Parkettboden abdecken, Spanplatten	m^2	0,044	4,80	5,55	6,30

Untergründe	**E**	**h**	**von**	**mittel**	**bis**
Blindboden, neu, beidseitig gehobelt, liefern, einbauen	m^2	0,350	27,90	30,60	35,90

Parkett sanieren	**E**	**h**	**von**	**mittel**	**bis**
Holzschutz, chemisch, Instandsetzung, Parkett	m^2	0,120	8,25	9,95	11,90
Mosaik-Parkett, Eiche, ausbessern	m^2	1,800	100,90	125,00	153,50
Parkettstäbe austauschen, einzeln	St	0,200	28,60	35,00	41,70
Stabparkett, Eiche, ausbessern	m^2	2,000	113,50	141,50	169,50
Parkett ausbessern, Kleinflächen	m^2	1,600	134,50	159,50	190,00
Randfries ausbessern, Parkett	m	0,450	45,10	55,70	62,80

Parkett neu	**E**	**h**	**von**	**mittel**	**bis**
Stabparkett, gespundet, Blindboden, Eiche, 45/7/2,5 cm, Kleinflächen, erneuern	m^2	1,300	119,00	130,50	152,50
Stabparkett, gespundet, Blindboden, Eiche, 50/8/2,7 cm, Kleinflächen, erneuern	m^2	1,300	127,50	140,50	165,00
Stabparkett, Nut und Feder, Eiche, 50/8/2,7 cm, Kleinflächen, erneuern	m^2	0,800	110,00	132,50	157,00

Stabparkett, Nut und Feder, Eiche, 45/7/2,5 cm, Kleinflächen, erneuern	m^2	0,800	104,50	123,00	139,50
Tafelparkett, quadratisch, gefalzt, Eiche, 50/50/2,5 cm	m^2	1,300	147,00	178,50	202,00
Tafelparkett, quadratisch, gefalzt, Eiche, 75/75/2,5 cm	m^2	1,300	165,00	194,00	231,00
Tafelparkett, quadratisch, Nut und Feder, Eiche, 50/50/2,5 cm	m^2	1,300	139,50	164,50	197,00
Tafelparkett, quadratisch, Nut und Feder, Eiche, 75/75/2,5 cm	m^2	1,300	163,00	191,00	228,50
Tafelparkett, Rhombusform, Nut und Feder, Eiche, 75/50/2,5 cm	m^2	1,100	292,50	346,50	395,00
Tafelparkett, Rhombus, gefalzt, Eiche, 75/50/2,5 cm	m^2	0,800	251,50	300,00	359,00
Parkett, seitlich gelagert, einbauen	m^2	1,800	83,40	98,50	112,50

Dielenboden	**E**	**h**	**von**	**mittel**	**bis**
Dielenboden entfernen	m^2	0,250	12,50	14,20	16,90
Dielenboden, ausbauen, zwischenlagern	m^2	0,550	22,80	27,80	32,60
Dielenboden verschrauben	m^2	0,100	4,70	5,85	6,65
Dielenboden, Teilflächen	m^2	0,450	41,40	49,70	54,90

Sockelleisten	**E**	**h**	**von**	**mittel**	**bis**
Sockelleisten, ausbauen, ausbessern	m	0,150	9,25	11,00	13,05
Sockelleiste, vorhanden, anbringen	m	0,170	7,80	8,60	10,10
Sockelleiste, ergänzen	m	0,270	17,10	20,40	22,40
Sockelleiste, gerundet, Eiche, 20/50 mm	m	0,120	14,90	16,70	19,60
Sockelleiste, gerundet, Eiche, 20/80 mm	m	0,120	19,70	22,90	27,10
Sockelleiste, gerundet, Viertelstab, Eiche, 20/20 mm	m	0,070	7,10	8,10	9,35

© SIRADOS 01/24

Sockelleiste, Hohlkehle, Kiefer, Fichte, 25/25 mm	m	0,070	6,85	7,75	9,05
Sockelleiste, Einrohr-Heizung	m	0,200	18,90	23,20	26,00

Treppen, Podest	E	h	von	mittel	bis
Podest spachteln und Spanplatte einbauen	m^2	0,800	40,80	48,10	54,40
Podest, Parkettbelag, ausbessern	m^2	1,200	83,60	98,30	116,50
Podest schleifen, versiegeln	m^2	0,750	37,50	46,30	54,00
Trittstufe aufdoppeln, Furniermehrschichtplatte	St	1,750	123,00	136,50	147,50

Oberflächenbehandlung	E	h	von	mittel	bis
Parkettboden schleifen/entstauben	m^2	0,200	11,80	14,20	16,90
Fußleiste, eingebaut, schleifen, Eiche, Buche	m	0,150	5,75	7,00	8,15
Fußleiste, eingebaut, schleifen, Fichte, Kiefer	m	0,090	3,60	4,35	5,20
Fußleiste mit Holzöl streichen	m	0,030	1,55	1,90	2,30
Parkettboden wachsen	m^2	0,100	8,11	10,20	12,30
Parkettboden, Bienenwachsbalsam	m^2	0,100	9,00	11,10	13,10
Dielenboden abschleifen/versiegeln, Naturharz	m^2	0,400	19,80	23,70	26,20
Parkettboden abschleifen, Naturharzöl	m^2	0,400	22,50	27,00	31,20
Dielenboden abschleifen/versiegeln, Wasserlack	m^2	0,400	20,85	25,90	31,50
Parkettoberfläche abschleifen/versiegeln	m^2	0,400	22,90	27,60	30,60
Parkettoberfläche egalisieren, mechanisch	m^2	0,240	11,60	14,40	16,80

Sonstige Leistungen	E	h	von	mittel	bis
Holzartenbestimmung Parkett, visuell	psch		44,30	71,10	120,00
Holzfeuchtebestimmung Altparkett	m^2	0,045	1,70	2,15	2,66
Holzfeuchtebestimmung Parkett, Darrprobe	m^2	0,050	4,70	5,70	7,55

329 Beschlagarbeiten

Demontage/Abbruch	E	h	von	mittel	bis
Türband, eingestemmt, ausbauen	St	0,320	15,90	19,00	22,50
Türdrückergarnitur und Schloss ausbauen	St	0,170	10,80	13,20	15,90

Renovierung/Instandsetzung	E	h	von	mittel	bis
Fensterbeschlag, Dachfenster, erneuern	St	0,400	78,40	94,30	109,50
Fensterbeschlag, Treibriegel reparieren	St	0,600	36,60	43,10	49,50
Fensterbeschlag, Treibriegel erneuern	St	0,950	85,30	105,50	126,00
Fensterband, kunststoffbeschichtet, erneuern	St	0,350	44,70	52,50	62,50
Türschloss erneuern, Standard	St	0,300	38,50	45,40	52,20
Türschloss erneuern, Stiltür	St	0,400	62,00	72,90	84,20
Türbeschlag, Treibriegel reparieren	St	0,700	42,50	52,80	60,80
Türbeschlag, Treibriegel erneuern	St	0,950	126,50	151,50	174,50
Türband erneuern	St	0,400	69,80	84,70	102,00
Drückergarnitur, Messing, Innentür erneuern	St	0,500	107,50	123,00	143,00
Drückergarnitur, Polyamid-Stahl, Innentür, erneuern	St	0,500	64,50	79,10	91,00
Drückergarnitur, Alu-eloxiert, Innentür, erneuern	St	0,500	87,30	105,00	120,50
Türknauf, Messing, Innentür, erneuern	St	0,500	87,20	106,00	121,50
Drückergarnitur, Messing, Wohnungseingangstür, erneuern	St	0,950	135,50	168,00	194,50
Sicherheits-Wechselgarnitur erneuern	St	0,950	157,00	185,00	216,50
Schiebetürbeschlag und Laufrollenschiene erneuern	St	1,400	210,50	247,00	293,50

© SIRADOS 01/24

330 Rollladenarbeiten, Sonnenschutz

Demontage/Abbruch	E	h	von	mittel	bis
Rollladen ausbauen, Holz/Kunststoff, 1,50/2,50 m	St	0,550	23,00	30,70	36,80
Leichtmetall-Rollladen ausbauen, 1,20/2,00 m	St	0,500	50,80	58,00	69,30
Rollladen, Schaufenster, Holz/Kunststoff, ausbauen	St	1,100	50,50	60,20	71,30
Markise, Schaufenster, entfernen, 3,00/4,00 m	St	1,200	51,15	64,90	78,20
Markisoletten ausbauen, 1,00/1,20 m	St	0,550	45,80	55,30	64,50
Gelenkarmmarkise demontieren, Größe bis 3,00/2,50 m	St	0,750	79,80	96,10	115,00
Klappladen, Lamellen, 950/1200 mm, Holz, ausbauen	St	0,120	7,95	9,55	11,20
Außenjalousie, entfernen, 3,00/4,00 m	St	1,000	40,50	54,90	72,90
Sonnenschutz, Stoff, innen, entfernen, 3,00/4,00 m	St	0,500	21,65	27,60	33,10
Verschattung, Wintergarten außen, rückbauen	St	0,750	35,20	41,40	48,90
Rollladen-Gurtwickler ausbauen	St	0,150	10,50	12,20	14,50
Raffstore, außen, demontieren	St	0,800	47,20	52,40	60,00
Verdunklungsanlage demontieren	St	1,300	70,70	83,50	96,40
Sonnenschutz, Metallkonstruktion/Glas, entfernen	St	0,450	16,60	24,00	28,70

Rollläden, Jalousien	E	h	von	mittel	bis
Vorbaurollladen, auf Fenstertür, 1000x2400 mm	St	0,800	289,00	348,00	386,00
Vorbaurollladen, auf Fenster, 1100x1500 mm	St	0,800	280,50	314,00	346,50
Vorbaurollladen, auf Fenster, 1600x1500 mm	St	0,800	250,30	306,00	378,20

Renovierung/Instandsetzung	E	h	von	mittel	bis
Gurtdurchführung, Sanierung	St	0,120	18,00	21,90	26,90
Kunststoff-Rollladen, 1000/1000 mm, erneuern	St	1,550	161,50	190,50	247,50

Kunststoff-Rollladen, 1000/2100 mm, erneuern	St	1,900	210,00	273,50	339,50
Holz-Rollladen ausbessern und dämmen	St	1,500	102,30	129,50	155,50
Holz-Rollladen erneuern	St	2,000	235,00	312,50	419,00
Holz-Rollladen, Schaufensteranlage, ausbessern	St	2,900	264,50	367,50	460,50
Leichtmetall-Rollladen, rollverformt, manuell, erneuern	St	1,600	291,50	375,50	499,50
Leichtmetall-Rollladen, rollverformt, elektrisch, erneuern	St	1,700	455,50	570,50	689,50
Leichtmetall-Rollladen, stranggepresst, manuell, erneuern	St	1,600	273,50	364,00	432,50
Leichtmetall-Rollladen, stranggepresst, elektrisch, erneuern	St	1,700	478,00	582,00	671,00
Rollladenbehang erneuern, 1500/1500 mm	St	0,900	116,50	136,00	165,50
Rollladenbehang erneuern, 2000/1500 mm	St	1,100	152,50	173,50	197,50
Markise, Schaufenster, erneuern	St	1,700	1.296,00	1.515,00	1.659,00
Baldachin, Schaufenster, erneuern	St	6,500	1.343,00	1.612,00	1.883,00
Rollladengurte auswechseln	St	0,400	41,60	49,60	57,60
Rollladenwelle bis 1500 mm erneuern	St	1,000	86,10	99,00	116,50
Rollladenwelle bis 2500 mm erneuern	St	1,200	116,00	137,50	172,50
Übersetzungsgetriebe erneuern	St	1,000	95,30	108,50	125,50
Rollladenführungsschiene erneuern	St	0,250	39,40	47,10	57,40
Rollladenführungsschiene, ausstellbar, erneuern	St	0,500	74,60	86,20	103,50

Dämmung Rollläden	E	h	von	mittel	bis
Dämmung Rollladenkasten, PS, 032, 500/13 mm	St	0,050	25,10	30,50	37,60
Dämmung Rollladenkasten, PS, 032, 500/25 mm	St	0,050	30,80	33,00	35,90
Dämmung Rollladenkasten, PS, 032, 500/30 mm	St	0,050	27,80	33,60	41,70
Dämmung Rollladenkasten, PS, 032, 790/13 mm	St	0,050	35,25	43,10	52,90
Dämmung Rollladenkasten, PS, 032, 790/25 mm	St	0,050	35,85	44,30	54,25
Dämmung Rollladenkasten, PS, 032, 790/30 mm	St	0,050	38,10	46,50	57,05

© SIRADOS 01/24

Dämmung Rollladenkasten, Seitenteil	St	0,050	6,65	8,15	10,30
Dämmung Gurtkasten	St	0,100	18,90	23,00	27,25
Dämmung Rollladenkasten, Holzweichfaser, 40 mm	St	0,300	23,30	27,90	32,30
Rollladenkastendeckel auswechseln	St	0,250	38,80	45,00	52,90

331 Metallbauarbeiten

13311 Schlosserarbeiten/Fenster

Abbruch/Demontage	E	h	von	mittel	bis
Fenstergitter ausbauen	St	0,350	21,50	25,20	32,30
Kellerfenster, Stahl, ausbauen, 750/600 mm	St	0,650	48,40	57,40	66,90
Metallfenster ausbauen, bis 2,0 m^2	St	1,200	76,60	87,30	101,50
Fenster, Alu, ausbauen, bis 3,0 m^2	St	1,500	92,70	109,00	129,00
Fensterelement abbrechen, Stahl	St	1,500	93,50	107,00	122,00
Stahlbauteile aller Art abbrechen	kg	0,030	1,30	2,05	2,70

13312 Stahltreppen, -geländer

Demontage/Abbruch	E	h	von	mittel	bis
Handlauf, Stahlrohr, ausbauen	m	0,220	13,70	16,50	19,30
Geländer, Stahl, ausbauen	m	0,300	16,50	20,40	25,40

13313 Metallblechtüren, -tore

Abbruch/Rückbau	E	h	von	mittel	bis
Stahltür ausbauen, 900/2000 mm	St	1,200	89,30	102,00	121,50
Feuerschutzelement, Tür, ausbauen, bis 1500/2500 mm	St	1,600	101,50	114,00	133,50
Metalltor ausbauen, bis 6 m^2	St	1,800	123,50	148,00	172,00
Stahlumfassungszarge mit Türblatt abbrechen, Maulweite bis 15 cm	St	1,150	63,30	73,60	84,70

© SIRADOS 01/24

Stahlumfassungszarge mit Türblatt abbrechen, Maulweite 15 bis 27 cm	St	1,300	73,40	81,50	96,70
Stahlumfassungszarge mit Türblatt abbrechen, Maulweite 27 bis 40 cm	St	1,350	77,30	87,30	102,50
Außentür 1-flügelig, Alu, abbrechen/entsorgen, bis 3,5 m²	St	3,000	205,00	238,50	281,00
Stahltür abbrechen, 1-teilig, bis 1500/2100 mm	St	1,250	80,00	91,80	105,00
Stahltür abbrechen, 2-teilig, bis 1800/2100 mm	St	1,350	90,60	104,50	125,50

Renovierung/Instandsetzung	E	h	von	mittel	bis
Obentürschließer erneuern	St	1,200	111,50	134,00	160,50

13314 Rekonstruktion

Zier-Einzelteile	E	h	von	mittel	bis
Spitze an Rundstahl, Durchmesser 22 mm, schmieden	St	0,980	55,10	64,20	71,90
Schnecke mit Kopf einrollen, Rundstahl	St	4,000	193,50	241,00	283,00
Schnecke, Flachstahl, einrollen, 16/4 mm	St	1,700	95,70	107,00	121,50
Spirale aus Rundstahl	St	4,200	214,00	255,50	303,00
Zirbel, vierteilig, aus Vierkantstahl	St	1,800	101,00	115,50	134,50
Lochung erneuern, Rundstahl 16 mm	St	0,250	14,50	17,00	19,50

Geländer	E	h	von	mittel	bis
Treppen-/Brüstungs-Geländer korrigieren	m	2,000	101,50	121,00	142,00
Handlauf korrigieren, Flachstahl 50/8 mm	m	2,200	118,00	134,00	159,50
Handlauf gerade, erneuern, Flachstahl 50/8 mm	m	1,200	111,50	129,00	151,50
Handlaufbogen erneuern, Flachstahl 50/8 mm	m	0,700	52,00	62,10	72,40
Geländer, Vierkantstahl 30/30 mm, Höhe 90 cm	m²	1,300	136,00	159,50	185,00

Geländeranker erneuern, Flachstahl 30/10 mm, Länge 300 mm	St	0,700	40,20	48,00	55,60

Gitter, Stahl	**E**	**h**	**von**	**mittel**	**bis**
Fenster- oder Türgitter korrigieren	m^2	2,800	164,50	187,50	222,00
Gitter erneuern, Vierkantstahl, gelocht, 80/100 cm	St	3,000	1.004,00	1.127,00	1.287,00
Gitteranker erneuern, Flachstahl 30/100 mm, Länge 300 mm	St	1,800	107,50	125,50	149,00
Gitteranker erneuern, Rundstahl 30 mm	St	1,500	82,20	94,00	112,50

Fensterbeschläge	**E**	**h**	**von**	**mittel**	**bis**
Zuziehknopf, einfach, mit Holzschraube	St	0,100	9,00	10,20	12,10
Zuziehknopf, profiliert, mit Holzschraube	St	0,100	14,30	16,40	19,20
Streifblech mit 2 Bohrungen, Flachstahl 10/2 mm, Länge 80 mm	St	0,060	5,15	5,90	6,50
Vorreiber, einfach, erneuern	St	0,150	19,10	23,00	26,50
Vorreiber, doppelt, erneuern	St	0,200	28,40	33,60	38,50
Sperrhaken, mit Öse und Schraube	St	0,070	8,60	9,30	10,60
Öse mit Schraube, für Sperrhaken	St	0,040	4,20	4,80	5,70
Scheinecken, Fensterwinkel, Flachstahl 100/16/1,75 mm	St	0,080	6,35	7,20	7,85
Einlassecken, Fensterwinkel, Flachstahl 120/20/2 mm	St	0,100	8,25	9,80	10,90
Winkelband mit Stützkloben	St	0,350	29,90	36,00	40,80
Winkelband mit Lappenkloben	St	0,400	50,40	58,10	69,40

Türbeschläge	**E**	**h**	**von**	**mittel**	**bis**
Längsband, einfach, Blattmotive, Länge ca. 70 cm	St	2,200	150,00	168,00	193,50

 © SIRADOS 01/24

Türband, geschwungen, mit Mittelrolle, Länge ca. 40 cm	St	2,800	200,00	230,50	267,00
Schippenband als Kreuzband, mit Stützkloben	St	4,500	341,00	405,00	470,50
Schippenband, Blattform, mit Einschlagkloben	St	3,000	251,50	300,00	342,50
Spitzkloben, ohne Ansatz	St	0,500	28,00	33,40	39,60
Spitzkloben, mit Ansatz	St	0,600	36,10	42,20	48,80
Stützkloben, T-Form, mit Gewinde	St	0,600	37,10	45,50	53,30
Stützkloben mit Steinanker	St	0,500	28,10	33,60	40,20
Türdrücker, gerundet, mit Hals und Stift	St	2,100	157,50	180,00	215,00
Türdrücker, gerade, mit Hals und Stift	St	1,800	118,50	139,50	151,50

Mauerwerksanker	E	h	von	mittel	bis
Maueranker mit Querstück, T-Form, Flachstahl 40/5 mm	St	0,800	59,10	68,30	80,60
Maueranker mit Querstück, als Zieranker	St	2,600	148,50	182,00	217,50

Schlösser	E	h	von	mittel	bis
Riegelschloss, Schnappschloss warten	St	4,400	210,00	254,50	295,50
Stangenriegelschloss warten	St	4,800	229,00	278,00	328,50

13315 Metallfassadenbau

Demontage/Abbruch	E	h	von	mittel	bis
Metall-Fassaden-Elemente demontieren	m^2	1,000	53,30	64,80	73,70

332 Verglasungsarbeiten

Demontage/Abbruch	E	h	von	mittel	bis
Isolierverglasung Fenster, ausbauen, Abrechnung nach m^2	m^2	0,350	36,10	45,10	53,00
Einscheiben-Verglasung ausbauen	m^2	0,250	20,00	25,20	31,10
Festverglasung, Thermoscheiben, ausbauen	m^2	0,300	33,80	39,70	49,30

Bleiverglasungen	E	h	von	mittel	bis
Glasfläche, bleiverglast, aus- und einbauen	m^2	7,500	496,50	564,00	672,00
Bleiverglasungen, 40 Teile/m^2, Reparatur	m^2	24,000	1.479,00	1.702,00	2.025,00
Bleiverglasungen, 80 Teile/m^2, reparieren	m^2	46,000	2.951,00	3.506,00	4.114,00

Fenster	E	h	von	mittel	bis
Isolierverglasung, Reparatur, Größe 1,0-1,5 m^2, 4+16+4	m^2	2,300	190,50	226,50	255,00
Isolierverglasung, Reparatur, Größe 1,5-2,0 m^2, 4+16+4	m^2	2,300	178,50	214,50	256,50
Floatglas, Reparatur, d = 2 mm, Größe bis 0,25 m^2, Kittfase	St	0,600	51,10	58,90	71,50
Floatglas, Reparatur, d = 2 mm, Größe bis 0,50 m^2, Kittfase	St	0,700	69,30	79,80	90,60
Floatglas, Reparatur, d = 3 mm, Größe bis 0,25 m^2, Kittfase	St	0,600	55,50	65,00	76,50
Floatglas, Reparatur, d = 3 mm, Größe bis 0,50 m^2, Kittfase	St	0,700	66,90	77,10	86,90
Floatglas, Reparatur, d = 3 mm, Größe bis 1,00 m^2, Kittfase	St	1,200	103,00	132,00	186,00

 © SIRADOS 01/24

Floatglas, Reparatur, d = 4 mm, Größe bis 1,00 m², Kittfase	St	1,400	141,50	161,00	178,50
Fensterkitt ausbessern	m	0,050	6,05	7,75	9,38
Kittfase ölen bzw. lackieren	m	0,050	3,20	5,70	8,80
Floatglas, Reparatur, d = 2 mm, Größe bis 0,25 m², Glasleiste	St	0,600	46,40	58,20	70,80
Floatglas, Reparatur, d = 2 mm, Größe bis 0,50 m², Glasleiste	St	0,750	63,60	71,50	83,00
Floatglas, Reparatur, d = 3 mm, Größe bis 0,25 m², Glasleiste	St	0,600	52,70	61,40	73,30
Floatglas, Reparatur, d = 3 mm, Größe bis 0,50 m², Glasleiste	St	0,750	66,20	74,50	85,70
Floatglas, Reparatur, d = 3 mm, Größe bis 1,00 m², Glasleiste	St	1,250	130,00	145,00	166,00
Floatglas, Reparatur, d = 4 mm, Größe bis 1,00 m², Glasleiste	St	1,450	137,00	162,00	189,00

Türen	**E**	**h**	**von**	**mittel**	**bis**
Floatglas, Reparatur, d = 3 mm, Größe bis 0,50 m², Glasleiste	St	0,800	80,60	90,30	104,00
Floatglas, Reparatur, d = 3 mm, Größe bis 1,00 m², Glasleiste	St	1,300	123,00	153,50	172,00
Walzglas, weiß, Reparatur, d = 3 mm, Größe bis 0,50 m², Glasleiste	St	0,800	80,70	92,70	110,50
Walzglas, weiß, Reparatur, d = 3 mm, Größe bis 1,00 m², Glasleiste	St	1,400	153,50	173,50	213,00

Walzglas, farbig, Reparatur, d = 3 mm, Größe bis 0,25 m², Glasleiste	St	0,650	85,10	102,00	114,00
Walzglas, farbig, Reparatur, d = 3 mm, Größe bis 0,50 m², Glasleiste	St	0,850	118,50	135,00	155,50
Walzglas, farbig, Reparatur, d = 3 mm, Größe bis 1,00 m², Glasleiste	St	1,600	170,50	206,50	249,00

Gewölbte Gläser	**E**	**h**	**von**	**mittel**	**bis**
Scheiben gewölbt, Reparaturverglasung, Größe 30/30 cm, Kittfase	St	1,050	113,50	129,50	150,00
Scheiben gewölbt, Reparaturverglasung, Größe 30/40 cm, Kittfase	St	1,200	126,00	153,50	173,50
Scheiben gewölbt, Reparaturverglasung, Größe 40/40 cm, Kittfase	St	1,300	135,50	169,00	205,90

Renovierung/Instandsetzung	**E**	**h**	**von**	**mittel**	**bis**
Schablonierung Schutzverglasung	St	2,350	97,30	115,00	132,00
Schablonierung Bestandsfenster Bleiverglasung	St	2,500	106,50	125,00	144,00
Fensterkitt ausbessern	m	0,050	4,60	5,80	7,60
Versiegelung, außen, erneuern	m	0,040	6,35	7,55	9,75
Verglasung, Floatglas, 3 mm, erneuern	St	0,700	99,10	111,50	134,50
Verglasung, Flachglas, erneuern	St	0,700	135,50	158,00	196,00
Verglasung, Ornamentglas, erneuern	St	0,700	150,00	173,50	216,50
Balkontürverglasung, Floatglas, erneuern	St	0,850	159,50	191,50	224,00
Ladentürverglasung, Verbundglas, erneuern	St	0,850	207,00	235,50	290,00
Ladentürverglasung, Isolierverglasung, erneuern	St	1,300	229,50	277,50	346,00

Oberlicht-Verglasung, Drahtornamentglas, erneuern	St	0,800	201,50	243,00	284,00
Oberlicht-Verglasung, Drahtornamentglas, geschwungen, erneuern	St	0,850	248,00	277,00	330,00
Oberlicht-Verglasung, Floatglas, ND 8 mm, erneuern	St	0,600	137,30	170,50	210,00
Oberlicht-Verglasung, Isolierverglasung, erneuern	St	1,200	158,00	190,50	230,50
Schaufenster-Einfachverglasung erneuern	m^2	1,600	176,50	221,00	270,00
Schaufenster-Isolierverglasung erneuern	m^2	2,200	243,50	295,00	333,00
Flachglas, d = 3 mm, Reparatur	m^2	0,750	57,15	70,60	85,10
Flachglas, d = 5 mm, Reparatur	m^2	0,850	80,10	93,90	106,00
Flachglas, d = 8 mm, Reparatur	m^2	0,850	108,00	123,50	147,00
Flachglas, d = 10 mm, Reparatur	m^2	0,850	124,00	150,00	172,00
Isolierverglasung, Reparatur, Größe bis 0,5 m^2, 4+12+4	m^2	1,800	158,00	196,00	242,00
Isolierverglasung, Reparatur, Größe 0,5 bis 1,0 m^2, 4+12+4	m^2	1,700	148,50	173,50	210,00
Isolierverglasung, Reparatur, Größe 1,0 bis 1,5 m^2, 4+12+4	m^2	1,500	139,50	160,50	189,00
Isolierverglasung, Reparatur, Größe 1,5 bis 2,0 m^2, 4+12+4	m^2	1,300	130,00	151,00	174,50
Dokumentation Bleiverglasung	St	15,000	629,50	740,50	852,00

Glasreinigung	**E**	**h**	**von**	**mittel**	**bis**
Glasfläche reinigen, Wasser mit Zusätzen	m^2	0,040	2,15	2,85	3,95

334 Maler- und Lackierarbeiten

Schutzmaßnahmen, Demontage	E	h	von	mittel	bis
Abdeckung, Bodenflächen, Malerkrepppapier	m^2	0,040	1,90	2,30	2,55
Abdeckung, Bodenflächen, Milchtütenpapier	m^2	0,070	3,75	4,30	4,70
Abdeckung, Treppenflächen, Milchtütenpapier	m^2	0,080	3,85	4,85	5,98
Abdeckung Bodenflächen, Malerabdeckvlies, Innenflächen	m^2	0,035	2,35	2,65	3,10
Abdeckung Einrichtungsgegenstände, Abdeckfolie, PE, Innenflächen	m^2	0,040	2,00	2,35	2,75

Vorbereitende Arbeiten – Innenflächen	E	h	von	mittel	bis
Dübel, Nägel, Haken, entfernen	St	0,045	1,95	2,20	2,65
Dübelloch schließen	St	0,025	1,10	1,40	1,65
Putzschaden ausbessern, Innenputz	m^2	0,300	13,90	17,00	19,10
Untergrund reinigen, nass, Innenputz	m^2	0,050	2,05	2,55	3,00
Untergrund, absäuern, Teilflächen, Putz, Innenwand	m^2	0,065	3,80	4,40	5,20
Untergrund, absäuern, Putz, Leibung ≤ 25 cm	m^2	0,040	2,40	3,00	3,68
Untergrund reinigen, nass, Salmiak, Innenputz, Leibung ≤ 80 cm	m	0,100	4,90	6,05	7,15
Grundierung, Putz, verfestigend, Innenwand	m^2	0,020	1,65	2,00	2,40
Grundierung, Putz, verfestigend, Decke	m^2	0,025	1,75	2,15	2,35
Grundierung, Putz, Leibungen, ≤ 80 cm	m	0,030	2,15	2,65	3,10
Grundbeschichtung, Sandstein	m^2	0,100	4,95	6,35	7,75
Bestandsbeschichtung, haftvermindernd, entfernen	m^2	0,080	2,30	3,60	4,50
Bestandsbeschichtung, Silikat, großflächige Menge lose, entf., spachteln	m^2	0,100	5,95	6,85	8,15

 © SIRADOS 01/24

Bestandsbeschichtung, Ölfarbe, entfernen, Putz	m^2	0,170	6,95	8,65	10,75
Bestandsbeschichtung, Ölfarbe, anschleifen	m^2	0,050	2,40	2,65	3,10
Bestandsbeschichtung, Leimfarbe entfernen	m^2	0,180	5,65	8,05	10,40
Bestandsbeschichtung, innen, anschleifen, vollflächig von Hand	m^2	0,095	4,10	4,70	5,15
Bestandsbeschichtung, innen, anschleifen, vollflächig mit Maschine	m^2	0,035	1,60	1,90	2,25
Bestandsbeschichtung, ausbessern, beispachteln	m^2	0,045	2,05	2,50	2,90
Bodenfläche, abschleifen, Zementestrich	m^2	0,090	4,00	4,90	5,85
Beschlag abbauen und wieder einbauen	St	0,100	8,55	10,30	12,40

Vorbereitende Arbeiten – Außenflächen	**E**	**h**	**von**	**mittel**	**bis**
Bestandsbeschichtung, Außenputz, manuell entfernen	m^2	0,200	8,45	10,70	12,40
Grundierung, Putz, verfestigend, pigmentiert, Außenwand	m^2	0,050	3,95	4,35	4,70
Grundierung, Putz, haftvermittelnd, pigmentiert, Außenwand	m^2	0,060	3,70	4,45	5,00

Untergrundvorbereitung – Druckreinigung	**E**	**h**	**von**	**mittel**	**bis**
Abdecken, Fassade, Druckreinigung	m^2	0,220	12,50	16,20	19,40
Fassade reinigen, Trockenstrahlen	m^2	0,220	10,50	12,70	15,60
Fassade reinigen, Strahlen mit Strahlmittel	m^2	0,250	12,80	16,20	18,00
Fassade reinigen, Druckwasserstrahlen, mit Entsorgung o. Deponiegebühr	m^2	0,090	4,65	5,80	7,00
Außentreppen reinigen, temperiertes Druckwasser, ohne Entsorgung	m^2	0,025	1,75	2,25	2,65

Fassadenreinigung, temperiertes Druckwasser, mit Entsorgung o. Deponiegebühr	m^2	0,108	5,90	6,20	6,45
Untergrundvorbereitung, Betonflächen	m^2	0,100	4,40	5,20	6,15

Untergrundvorbereitung – Spachtelung	**E**	**h**	**von**	**mittel**	**bis**
Spachtelung Putz, 10-30 %, Q2, Innenwand	m^2	0,056	2,80	3,40	3,80
Spachtelung Putz, 10-30 %, Q2, Decke	m^2	0,060	3,20	3,50	4,05
Spachtelung, Putz, 100 %, Q3, Innenwand	m^2	0,226	9,99	12,50	14,85
Spachtelung, Kalkspachtelmasse, 30-50 %, Q2, Wand- und Deckenflächen	m^2	0,045	2,80	3,15	3,65

Fugen erneuern/ausbessern	**E**	**h**	**von**	**mittel**	**bis**
Fugendichtung innen, Silikon, 8 mm	m	0,070	3,70	4,50	5,10
Fugenabdichtung, Acryl, ≤ 10 mm, Innenbereich	m	0,025	1,35	1,60	1,80
Fugendichtung innen, Acryl, bis 20 mm	m	0,080	3,35	4,20	4,75
Fugenbewehrung Gewebe, Spachtelung	m	0,120	4,90	5,95	7,30

Außenflächen, mineralisch	**E**	**h**	**von**	**mittel**	**bis**
Überholungsbeschichtung, mittel getönt, Dispersion, Putz, Außenwand	m^2	0,270	15,70	18,60	21,10
Überholungsbeschichtung, satt, getönt, Dispersion, Außenwand	m^2	0,270	17,20	20,10	22,40
Überholungsbeschichtung, Silikat, Putz, Außenwand, Leibung bis 30 cm	m	0,095	6,00	6,70	8,05
Überholungsbeschichtung, Silikat, Putz, Sockel	m^2	0,220	12,20	14,30	16,20

 © SIRADOS 01/24

Überholungsbeschichtung mit Grundierung, Silikat, Putz, Außenwand	m^2	0,326	17,50	21,40	24,30
Überholungsbeschichtung, Silikat, fluatieren, Putz ausbessern, Außenwand	m^2	0,326	18,00	21,20	24,30
Überholungsbeschichtung mit Fixativ, Silikat, Natursteinflächen, Außenwand	m^2	0,372	23,50	28,60	32,70
Überholungsbeschichtung mit Fixativ, Silikat, Betonwerksteinflächen, außen	m^2	0,365	22,50	27,30	31,80
Überholungsbeschichtung, Dispersions-Silikat, Beton, Außenwand	m^2	0,172	10,90	12,50	14,10
Überholungsbeschichtung, Dispersions-Silikat, Beton, Leibung	m^2	0,060	3,31	4,20	5,00
Überholungsbeschichtung, Dispersions-Silikat, Putz, Leibung < 20 cm	m	0,109	5,80	6,65	7,35
Überholungsbeschichtung mit Grundierung, Kalkfarbe, Putz glatt, außen	m^2	0,210	18,80	21,60	25,50
Überholungsbeschichtung, Kalkmilchanstrich, Putz	m^2	0,200	10,20	11,60	13,30
Erstbeschichtung, Kalkputz, Kalk-Kaseinbeschichtung	m^2	0,350	19,60	22,20	25,90
Erstbeschichtung, Reinacrylat-Dispersion, Beton, Außenfläche	m^2	0,220	14,00	15,50	17,30
Erstbeschichtung, Silikonharzfarbe, fungi- und algizid, Putz, Außenfläche	m^2	0,200	11,90	14,00	16,40

Innenflächen, mineralisch	**E**	**h**	**von**	**mittel**	**bis**
Überholungsbeschichtung, Dispersion, Klasse 2, Beton, Treppenuntersicht	m^2	0,110	5,80	7,10	8,45

Überholungsbeschichtung, Dispersion, Klasse 2, Beton, Treppe Wand	m^2	0,140	6,65	7,85	9,20
Überholungsbeschichtung, Dispersion, Klasse 2, Putz/Beton, Decke	m^2	0,100	5,98	7,55	9,20
Überholungsbeschichtung, Dispersion, Klasse 2, Putz, Leibung, < 60 cm	m	0,070	4,00	5,00	5,85
Überholungsbeschichtung, Dispersion, Klasse 2, Gipsplatten, Innenwand	m^2	0,060	4,10	4,75	5,65
Überholungsbeschichtung, Dispersion, Klasse 2, Gipsplatten, Decke	m^2	0,070	4,75	5,85	6,50
Überholungsbeschichtung, Dispersion, Klasse 3, Beton, Innenwand	m^2	0,065	4,10	5,00	5,85
Überholungsbeschichtung, Dispersion, Klasse 3, Beton, Decke	m^2	0,070	4,85	5,50	6,45
Überholungsbeschichtung, Kaseinfarbe ausbessern, Putz, Innenwand	m^2	0,100	5,10	6,35	7,35
Überholungsbeschichtung, Kalkfarbe, Putz/Beton, Innenwand	m^2	0,100	6,45	7,55	9,00
Überholungsbeschichtung, Kalkfarbe, Putz/Beton, Decke	m^2	0,100	6,50	7,75	9,25
Überholungsbeschichtung, Silikat, Klasse 1, Putz, Innenflächen	m^2	0,170	9,40	11,60	12,80
Überholungsbeschichtung, Silikat, Klasse 2, Putz, Decke, Gewölbe	m^2	0,195	10,00	12,20	14,00
Überholungsbeschichtung, Schlussbeschichtung, Silikat, Sandstein, Innenwand	m^2	0,065	3,65	4,30	4,75

© SIRADOS 01/24

Überholungsbeschichtung, Leimfarbe erneuern, Putz, Innenwand	m²	0,200	10,90	12,60	15,10
Erstbeschichtung, Dispersion Klasse 2, Putz/GKB, Pfeiler, Innenwand	m²	0,105	6,50	7,55	8,10
Erstbeschichtung, Dispersion, Leibung, < 30 cm	m	0,055	3,05	3,65	4,30
Erstbeschichtung, Dispersion, NA-Kl.2, Putz, Gipsplatte, Leibung ≤ 40 cm	m	0,080	3,70	4,45	5,05
Erstbeschichtung, Latex, Klasse 2, Putz/Gipskarton, Wand	m²	0,080	5,40	6,65	7,40
Erstbeschichtung, Latex, Klasse 2, Putz/Gipskarton, Decke	m²	0,085	5,65	6,90	7,95

Innenflächen, Boden/Treppen	**E**	**h**	**von**	**mittel**	**bis**
Holz, Treppenwange, Kunstharzbeschichtung erneuern	m²	0,400	25,70	29,60	31,80
Holz, Treppengeländer, innen, Kunstharzbeschichtung erneuern	m²	0,450	28,10	34,00	40,90
Holz, Handlauf, innen, Kunstharzbeschichtung erneuern	m	0,200	10,40	12,40	14,90
Holz, Fußboden, Kunstharzbeschichtung erneuern	m²	0,300	16,10	20,60	24,90
Holz, Fußleisten, Beschichtung, Naturharzöl	m	0,080	4,35	5,45	6,45

Holzbauteile Außenflächen	**E**	**h**	**von**	**mittel**	**bis**
Grundbeschichtung, Holzbauteile, Leinölfirnis grundieren, Außenfläche	m²	0,300	14,10	18,40	22,00
Balkonbrett ablaugen	m	0,100	4,65	5,80	6,90
Überholungsbeschichtung, Holzbekleidung, Kunstharzbesch. erneuern, Außenfl.	m²	0,300	24,80	29,80	34,40
Überholungsbeschichtung, Haustür, Holz, Lackschicht erneuern, Außenfläche	m²	0,450	27,80	34,70	40,10

Überholungsbeschichtung, Haustür, Holz, Kunstharz erneuern, Außenfläche	m^2	0,550	40,00	45,20	50,40
Überholungsbeschichtung, Haustür mit Glas, Holz, Disp.Lasur erneuern, Außenfl.	m^2	0,460	31,00	38,90	43,80
Überholungsbeschichtung, Dachflächenfenster, Holz, Kunstharzbesch. erneuern	St	0,700	38,90	46,60	54,80
Überholungsbeschichtung, Holzfenster vollst. abschleifen, grundieren	m^2	0,400	19,90	23,80	26,30
Überholungsbeschichtung, Holzfenster, Kunstharzbesch. erneuern, < 2,0 m^2, AF	m^2	0,500	26,80	32,90	40,00
Überholungsbeschichtung, Fensterläden, Holz, Dispersion erneuern	St	0,350	19,90	26,40	30,80
Überholungsbeschichtung, Klappläden, Holz, Kunstharzbeschichtung erneuern	St	0,550	28,40	35,30	40,50
Überholungsbeschichtung, Jalousieladen, Kunstharzbesch. erneuern	St	0,800	36,70	45,60	53,70
Überholungsbeschichtung, Gartenzaun/-tor ablaugen, Holz	m^2	0,450	25,20	30,70	36,80

Holzbauteile Innenflächen	E	h	von	mittel	bis
Fenster ablaugen, Innenfläche	St	0,270	13,50	16,00	18,10
Innentür ablaugen, Innenfläche	m^2	1,200	71,60	78,70	88,30
Innentür gewachst, abschleifen, Innenfläche	m^2	0,270	11,80	14,50	17,80
Hauseingangstür ablaugen, Innenfläche	m^2	1,400	76,00	86,40	97,40
Überholungsbeschichtung, Holzbauteile, Kunstharz, Innenfläche	m^2	0,350	18,90	22,90	26,30

© SIRADOS 01/24

Überholungsbeschichtung, Holztür mit Zarge, Kunstharz, Innenfläche	m²	0,450	23,60	29,80	37,40

Metall Außenflächen	E	h	von	mittel	bis
Metallflächen, trocken reinigen, Außenbereich	m²	0,020	0,62	0,90	1,20
Bestandsbeschichtungen auf Stahlgeländer/-gitter ablaugen	m²	0,250	13,10	15,40	19,10
Bestandsbeschichtungen auf Metall, außen, Beschichtung ausbessern	m²	0,400	32,50	37,40	46,20
Überholungsbeschichtung Fenstergitter, inkl. Demontage	m²	1,900	113,50	132,50	165,00
Überholungsbeschichtung, Stahlgitter, außen, Kunstharzbeschichtung	m²	0,700	35,60	44,50	52,60
Überholungsbeschichtung, Stahlgeländer, außen, Kunstharzbeschichtung	m²	0,400	21,00	24,10	29,30
Überholungsbeschichtung, Stahlkonstruktion Balkon/Treppe, Kunstharzbeschichtung	m²	0,950	53,50	65,30	77,20
Überholungsbeschichtung, Riffelblechabdeckung, Kunstharzbeschichtung	m²	0,450	21,20	25,90	31,30
Überholungsbeschichtung, Kleineisenteile, Kunstharzbeschichtung	St	0,050	3,75	4,70	5,60
Überholungsbeschichtung, Dachrinne, Kunstharzbeschichtung	m	0,250	12,90	15,90	18,90
Überholungsbeschichtung, Fallrohr, Kunstharzbeschichtung	m	0,180	9,75	12,00	14,20

Metall Innenflächen	E	h	von	mittel	bis
Heizkörper, Gussradiatoren, ablaugen	m²	0,150	8,70	11,50	13,70

Metallflächen vollwandig, ablaugen, anschleifen	m^2	0,080	4,05	4,55	5,20
Überholungsbeschichtung, Stahlträger, Korrosionsbeschichtung	m	0,120	6,50	8,30	10,20
Überholungsbeschichtung, Stahlzarge, Kunstharzbeschichtung, MW ≤ 20 cm	m	0,320	14,60	18,90	23,20
Überholungsbeschichtung, Metalltürblatt m. Zarge, Kunstharzbesch., ≤ 5,0 m^2	St	0,650	51,90	63,70	78,30
Überholungsbeschichtung, Heizungsrohre, Stahl, Kunstharzbeschichtung	m	0,080	5,10	6,40	7,85
Überholungsbeschichtung, Heizkörper, Stahl, Kunstharzbeschichtung	m^2	1,200	62,30	82,80	97,40

Anti-Graffiti-Beschichtungen	**E**	**h**	**von**	**mittel**	**bis**
Graffiti, anlösen	m^2	0,080	4,10	5,20	6,05
Graffiti, wiederholtes anlösen	m^2	0,060	3,50	4,20	5,00
Druckwasserstrahlen Graffiti, porös	m^2	0,120	6,19	7,90	9,45
Druckwasserstrahlen Graffiti, glatt	m^2	0,100	5,10	6,10	7,20
Druckwasserstrahlen DWS 50, Anti-Graffiti, temporäres System	m^2	0,120	6,60	7,60	9,05
Druckwasserstrahlen DWS 90, Graffiti, temporäres System	m^2	0,130	7,50	9,15	11,10
Druckwasserstrahlen DWS, abrasiv, Anti-Graffiti	m^2	0,200	14,40	17,90	21,10
Anti-Graffiti, Hydrophobierung, Naturstein	m^2	0,200	12,30	13,20	14,70
Anti-Graffiti, Hydrophobierung, Ziegel	m^2	0,170	8,80	10,40	11,90
Anti-Graffiti, Hydrophobierung, Beton	m^2	0,100	5,30	6,35	7,50
Anti-Graffiti, Hydrophobierung, Waschbeton	m^2	0,170	9,20	11,30	14,00
Anti-Graffiti, Hydrophobierung, Putz	m^2	0,170	8,80	10,80	12,10

 © SIRADOS 01/24

Anti-Graffiti, Grundierung	m²	0,100	6,00	6,85	8,45
Anti-Graffiti-System, temporär, Naturstein	m²	0,200	13,20	15,40	17,80
Anti-Graffiti-System, temporär, Ziegel	m²	0,200	12,00	13,80	17,30
Anti-Graffiti-System, temporär, Beton	m²	0,180	11,80	13,60	16,80
Anti-Graffiti-System, temporär, Waschbeton	m²	0,200	14,20	15,40	17,50
Anti-Graffiti-System, temporär, Putz	m²	0,200	11,30	14,30	17,50
Anti-Graffiti-System, semipermanent, Ziegel	m²	0,150	13,60	16,70	19,20
Anti-Graffiti-System, semipermanent, Beton	m²	0,150	12,10	15,10	17,90
Anti-Graffiti-System, semipermanent, Putz	m²	0,150	14,50	16,70	19,40
Anti-Graffiti-System, semipermanent, Naturstein	m²	0,250	24,70	28,20	33,20
Anti-Graffiti-System, permanent, Ziegel	m²	0,200	21,40	24,70	28,80
Anti-Graffiti-System, permanent, Beton	m²	0,170	16,00	19,10	21,70
Anti-Graffiti-System, permanent, Waschbeton	m²	0,200	19,10	24,00	29,80
Anti-Graffiti-System, permanent, Putz	m²	0,200	18,90	25,10	28,80
Strahlgut/-mittel sammeln	m	0,200	27,10	32,20	36,80
Wanne unter Gerüst, Folie	m²	0,200	12,10	15,10	17,60
Filterflies in Wanne	m²	0,100	5,70	6,45	7,55

Rissesanierung – Instandsetzung	**E**	**h**	**von**	**mittel**	**bis**
Rissflächen instand setzen, Putz, F 1	m²	0,300	18,50	21,60	25,50
Rissflächen instand setzen, Putz, F 2	m²	0,280	18,60	21,50	25,20
Rissflächen instand setzen, Putz, F 3	m²	0,280	17,90	21,90	25,90
Rissflächen instand setzen, Putz, F 4	m²	0,360	25,80	31,90	37,20
Rissflächen instand setzen, Putz, F 5	m²	0,420	29,70	36,90	44,10
Rissflächen instand setzen, Putz, F 6	m²	0,420	30,80	37,90	45,40
Rissflächen instand setzen, Putz, F 7	m²	0,440	44,30	52,50	63,00

Sonstige Leistungen	E	h	von	mittel	bis
Malschichtsicherung, herstellen	cm^2	0,750	70,20	84,80	99,20
Musterfläche, Farbschichten freilegen	m^2	5,000	282,50	340,50	395,00
Dispersionsanstrich, Putz/Ziegel/Beton, erneuern	m^2	0,250	17,30	23,00	27,90
Strich oder Band, Putz/Betonflächen, Größe bis 6 cm	m	0,120	7,35	8,85	10,20
Strich oder Band, Putz/Betonflächen, Größe bis 15 cm	m	0,170	10,10	12,60	15,30

 © SIRADOS 01/24

335 Korrosionsschutzarbeiten

Untergrundvorbereitung	E	h	von	mittel	bis
Druckwasserstrahlen temperiert, Stahlkonstruktion	m²	0,070	3,75	4,80	5,90
Stahlgeländer, beschichtet, mechanisch entrosten	m²	0,120	5,30	6,20	7,30
Stahlgitter/-rost, beschichtet, mechanisch entrosten	m²	0,130	4,95	6,00	7,40
Stahlteile, beschichtet, mechanisch entrosten	m²	0,100	4,20	5,20	6,50
Stahlteile, vollwandig, beschichtet, strahlen, P Sa 2 1/2, ca. 30 %	m²	0,330	18,30	21,90	27,20
Stahlteile, Profile, beschichtet, strahlen, Sa 2 1/2, 100 %	m²	0,500	26,90	33,50	41,55
Stahlgeländer, beschichtet, Trockenstrahlen, P Sa 2 1/2, ca. 30 %	m²	0,350	18,00	23,10	27,70
Stahlgeländer, beschichtet, Trockenstrahlen, PSa 2 1/2, ca. 100 %	m²	0,370	20,50	25,00	30,50
Stahlgitter, beschichtet, Trockenstrahlen, P Sa 2 1/2, ca. 30 %	m²	0,200	12,40	16,30	20,00
Stahl verzinkt, maschinell entrosten, P Ma, ca. 1000-5000 cm², o. Deponiegeb.	St	0,400	17,45	21,80	26,05

Außenflächen	E	h	von	mittel	bis
Ü-Beschichtung Stahl, AK, C2, 120 µm	m²	0,220	14,30	17,50	20,10
Ü-Beschichtung Stahl, AK, C3, 160 µm	m²	0,280	17,60	21,30	23,70

336 Bodenbelagarbeiten

Demontage/Abbruch	E	h	von	mittel	bis
Leisten, Profilleisten, ausbauen, entsorgen	m	0,040	1,50	1,90	2,35
Leisten, Profilleisten, ausbauen, reinigen, seitlich für Wiederverwendung lagern	m	0,080	2,79	3,55	4,31
Sockelleiste, Profile, ausbauen, entsorgen	m	0,040	1,44	1,80	2,20
Sockelleiste, Profile, Linoleum, geklebt, ausbauen, entsorgen	m	0,040	2,05	2,65	3,24
Bodenbelag, Sockelleiste, ausbauen, entsorgen, reinigen	m^2	0,150	7,00	8,20	10,30
Bodenbelag, Sockelleiste, Textilbelag auf Parkett, geklebt, ausbauen, entsorgen	m^2	0,140	4,65	7,15	8,45
Bodenbelag, Sockelleiste, Kork, vollflächig geklebt, ausbauen, entsorgen	m^2	0,130	6,45	7,85	9,45
Bodenbelag, Textilbelag, lose verlegt, ausbauen, entsorgen	m^2	0,080	4,18	5,25	6,25
Bodenbelag, Textilbelag auf Estrich, vollflächig geklebt, ausbauen, entsorgen	m^2	0,140	6,30	7,15	8,20
Bodenbelag, Textilbelag auf Estrich, Stöße geklebt, ausbauen, entsorgen	m^2	0,120	5,85	7,10	9,15
Bodenbelag, PVC-Belag, geklebt, ausbauen, entsorgen	m^2	0,150	6,29	7,95	9,83
Bodenbelag, Spaltplatte, Sockelleiste, vollflächig geklebt, ausbauen, entsorgen	m^2	0,120	5,83	7,35	8,91
Treppenbelag, Teppich, geklebt, ausbauen, entsorgen	St	0,180	6,80	8,95	10,40
Treppenbelag, PVC/Linoleum/Kork, geklebt, ausbauen, entsorgen	St	0,150	5,45	8,20	9,85

Schwingboden, PVC, ausbauen, entsorgen, h = 50 mm, Sportboden	m²	0,400	19,25	24,20	29,85
Schwingboden, PVC, ausbauen, entsorgen, h = 100 mm, Sportboden	m²	0,500	26,40	33,00	40,10

Untergrundvorbereitung	**E**	**h**	**von**	**mittel**	**bis**
Untergrund schleifen, bürsten, absaugen, Haftgrundverbesserung	m²	0,080	3,65	4,30	4,95
Untergrund, Wachsemulsion, entfernen, entsorgen	m²	0,070	3,45	4,25	5,10
Untergrund, Kleber entfernen, Estrich	m²	0,036	1,50	1,85	2,55
Untergrundvorbereitung, Estrich fräsen, grundieren	m²	0,150	9,10	11,90	14,50
Holzboden ganzflächig nachschrauben	m²	0,100	4,80	6,00	7,00
Holzboden überarbeiten, für neuen Belag	m²	0,230	10,35	12,90	15,75
Holztreppe, Beschichtungsreste entfernen, schleifen, reinigen	m²	0,200	9,50	11,30	14,10
Estrichfehlstellen schließen	m²	0,350	18,70	27,20	35,70
Estrich mit Naturharz fixieren	m²	0,038	3,90	4,90	6,35
Ausgleichsmasse, Treppenstufe	m²	0,200	12,00	14,90	17,00
Ausgleichsmasse unter Fußbodenbelag, d = 4 bis 10 mm	m²	0,120	12,40	16,40	20,15
Ausgleichsmasse unter Fußbodenbelag, d = bis 15 mm	m²	0,140	16,25	20,70	25,60
Ausgleichsmasse unter Fußbodenbelag, d = 16 bis 20 mm	m²	0,160	23,75	27,60	29,80
Nivellier-Estrich, Fließestrich, d = 50 mm	m²	0,200	22,00	26,70	34,50
Stufenkante, Holz, begradigen	St	0,100	5,40	6,20	7,00
Stufenkante, Beton, begradigen	St	0,200	11,70	14,10	17,50

Unterböden	E	h	von	mittel	bis
Trockenschüttung, Perlite, 10 mm	m^2	0,060	3,40	5,85	7,55
Trockenschüttung, Perlite, 20 mm	m^2	0,120	10,10	12,60	15,10

Bodenbeläge – Elastomer	E	h	von	mittel	bis
Bodenbelag, Linoleum, Fehlstellen ergänzen	m^2	0,300	33,10	40,80	50,20

Bodenbeläge – Textilien	E	h	von	mittel	bis
Bodenbelag, Textil, ausbauen, seitlich lagern für Wiederverwendung	m^2	0,090	3,20	3,80	4,30
Bodenbelag, Textil, seitlich lagernd, wiedereinbauen	m^2	0,190	7,30	9,10	10,80
Bodenbelag, Textil, Fehlstellen ergänzen	m^2	0,250	28,65	35,70	43,70

Sockelleisten	E	h	von	mittel	bis
Sockelleiste, PVC-hart, 60 mm, erneuern	m	0,150	6,84	8,40	10,05
Sockelleiste, Holz, Eiche geölt, 18/60 mm	m	0,090	9,85	11,80	13,00
Sockelleiste, Holz, Eiche geölt, 18/60 mm, Treppe	m	0,400	20,10	25,10	31,05

Treppen	E	h	von	mittel	bis
Bodenbelag, Holztreppe, Nadelvlies	St	0,300	18,00	22,30	26,60
Bodenbelag, Holztreppe, Podest, Nadelvlies	m^2	0,350	24,60	30,60	37,15
Bodenbelag, Holztreppe, Podest, Nadelvlies, komplett renovieren	m^2	0,500	43,90	51,20	61,00
Wange, Holztreppe, Nadelvlies, Zahnleiste	m	0,200	11,70	14,00	16,30
Sockelleiste, Treppenlauf, Textilbelag, gekettelt, h = 80 mm	m	0,100	12,10	13,90	16,50

 © SIRADOS 01/24

Bodenbelag, Holztreppe geradläufig, Laminat, komplett	St	2,100	128,00	158,00	187,00
Bodenbelag, Holztreppe, Podest, Laminat, komplett	m^2	0,400	46,90	55,80	64,50
Wange, Holztreppe, Laminat	St	0,500	38,30	44,90	53,00
Belagsabschlussprofil, PVC, Treppen	m	0,150	8,10	9,90	11,90
Trittkantenprofil, Alu, Tritt- und Setzstufe	St	0,150	13,05	16,50	20,15
Treppenkanten, Renovierungsprofil, Alu	St	0,150	10,60	12,50	14,30

Sonstige Leistungen	**E**	**h**	**von**	**mittel**	**bis**
Haftzugprüfung, Estrich	St		21,90	28,95	38,85
Anarbeiten, an Rohrleitungen, Linoleum, ≤ 35 mm	St	0,050	1,80	2,15	2,45
Anarbeiten, Fußleiste, aufgehende Bauteile, Linoleum	St	0,045	1,70	1,95	2,15
Belagabschlussprofil, Belagswechsel, Edelstahl, 30/12 mm	m	0,120	9,95	12,50	14,20

337 Tapezierarbeiten

Vorbereitende Arbeiten	E	h	von	mittel	bis
Untergrundreinigung, Tapete	m²	0,050	1,80	2,45	3,05
Sockelleiste, Profile, ausbauen, entsorgen	m	0,040	0,84	2,20	4,35
Dübelloch schließen	St	0,020	1,15	1,80	2,70
Fugen schließen, Betondecke	m	0,260	13,50	16,10	20,30
Riss, RissBreite bis 1,5 mm, schließen	m	0,170	7,30	9,15	10,60
Riss, RissBreite bis 5 mm, schließen	m	0,250	13,80	16,00	19,50
Fugenüberdeckung, Gewebestreifen, Gipsplatten	m	0,240	11,20	13,20	16,30
Spachtelung Betonfläche, Tapete	m²	0,180	7,11	9,05	10,85

Schimmelpilzsanierung	E	h	von	mittel	bis
Persönl. Schutzausrüstung, Schutzoverall, Kategorie III, Typ 5	St		8,15	10,80	24,00
Persönl. Schutzausrüstung, Schutzoverall, Kat. III, Typ 3, chemikalienbeständig	St		31,40	36,30	46,80
Absaugen mit H-Sauger	m²	0,040	3,05	4,70	5,65
Sporenbinder	m²	0,060	2,70	3,30	4,20
Desinfektion, Ethanol/Wasserstoffperoxid	m²	0,050	1,94	2,40	2,88
Chemikalienfreie Behandlung, Trockendampf	m²	0,230	8,00	10,40	14,50
Desinfektion/Vorbeugung gegen Befall	m²	0,050	0,91	2,35	4,45
Bauaustrocknung, Kondensatgerät	Std		49,08	54,65	72,31

Demontage/Abbruch	E	h	von	mittel	bis
Tapete, 1-lagig, entfernen	m²	0,090	3,30	4,95	7,20

Tapete, 1-lagig, beschichtet, entfernen	m^2	0,090	3,05	5,00	7,60
Tapete, mehrlagig, entfernen	m^2	0,150	6,26	7,85	9,68
Tapete, wasserfest, entfernen	m^2	0,160	5,00	8,80	12,00
Tapete, mit Untertapete, entfernen	m^2	0,170	6,60	9,55	12,00
Untertapete/Makulaturtapete entfernen, Tapetenlöser	m^2	0,120	4,60	5,90	7,20
Untertapete/Makulaturtapete entfernen, Heißwasserdampf	m^2	0,120	4,95	6,25	7,60
Tapete, Raufaser, beschichtet, entfernen, Wände	m^2	0,115	2,90	6,55	10,40
Tapete, Textil, entfernen	m^2	0,115	3,40	6,80	10,70
Tapete, Kunststoff, Vinyl, entfernen	m^2	0,090	3,35	4,90	7,70
Gardinenleisten, ausbauen, entsorgen	m	0,100	4,05	4,95	6,40
Vertikalstores mit Schiene, ausbauen	m	0,150	7,65	8,80	10,90
Seitenschals und Stores abbauen, entsorgen	St	0,180	11,90	14,30	18,00
Leuchte demontieren	St	0,080	3,45	4,50	5,25

Zwischenschichten	**E**	**h**	**von**	**mittel**	**bis**
Grundbeschichtung, Streichmakulatur, 1x	m^2	0,050	2,00	2,70	3,95
Grundbeschichtung, Streichmakulatur, 2x	m^2	0,100	4,40	5,20	6,15
Untergrundvorbereitung, Tapezierarbeiten, Makulaturpapier	m^2	0,050	2,75	3,55	4,80
Grundbeschichtung Tapetenwechselgrund, Wand	m^2	0,027	2,70	3,20	4,10
Grundbeschichtung Haftbrücke, Stützen	m^2	0,040	3,15	3,80	4,80
Grundbeschichtung Kleister, Wand und Decke	m^2	0,040	3,05	3,65	4,65
Grundbeschichtung Tiefengrund, wasserverdünnbar, 1x	m^2	0,030	2,05	2,95	3,65
Grundbeschichtung Tiefengrund, wasserverdünnbar, 2x	m^2	0,060	3,80	4,95	6,30

Raufasertapete	**E**	**h**	**von**	**mittel**	**bis**
Raufasertapete, weiß, Wand	m^2	0,120	7,80	9,80	11,70
Raufasertapete, gebleicht, Holzspanstruktur	m^2	0,100	6,20	7,70	9,65
Raufasertapete, Wand schräg	m^2	0,130	6,20	7,45	9,35
Raufasertapete, Decke mit Deckenschräge	m^2	0,150	6,70	7,85	9,45
Raufasertapete, Stütze	m^2	0,170	7,70	8,80	10,90
Raufasertapete, Unterzüge	m^2	0,170	7,85	9,05	10,80
Beschichtung Raufasertapete, Leimfarbe, 2x, matt	m^2	0,130	8,10	9,00	9,95
Beschichtung Raufasertapete, Dispersion, 1x, glänzend	m^2	0,100	5,70	6,55	7,70
Beschichtung Raufasertapete, Dispersion, 1x, matt	m^2	0,100	4,90	6,25	7,65
Beschichtung Raufasertapete, Dispersion, 2x, matt	m^2	0,170	9,60	10,80	12,00
Beschichtung Raufasertapete, Dispersion, 3x, matt	m^2	0,220	11,10	13,30	16,10

Papiertapete	**E**	**h**	**von**	**mittel**	**bis**
Papiertapete, Wand	m^2	0,130	6,00	7,25	9,40
Papiertapete, Decke, Dachschräge	m^2	0,160	6,05	8,05	10,40

Glasgewebetapete	**E**	**h**	**von**	**mittel**	**bis**
Glasgewebetapete, Wand	m^2	0,170	8,30	10,30	12,50
Glasgewebetapete, Beschichtung	m^2	0,220	13,30	15,70	19,20
Glasgewebetapete, papierkaschiert, Rapport	m^2	0,200	22,50	26,30	32,40
Glasvlies-Dekortapete, Wand	m^2	0,180	27,40	32,50	38,40

© SIRADOS 01/24

339 Trockenbauarbeiten

13391 Decken, Dachschrägen

Demontage/Abbruch	E	h	von	mittel	bis
Dämmung oberste Geschossdecke ausbauen	m^2	0,120	7,55	8,90	10,70
GK/GF-Bekleidung abbrechen, ohne Unterkonstruktion, Decke	m^2	0,600	31,80	38,60	50,20
Decke abbrechen, Holz	m^2	0,250	14,60	18,80	23,20
Decke abbrechen, Mineralfaserplatten	m^2	0,300	17,00	21,20	24,90
Mineralfaserdecke demontieren, lagern	m^2	0,350	13,80	17,60	21,30
Unterdecke aus Gipskarton/Gipsfaserplatten/ Mineralfaserplatten abbrechen	m^2	0,270	19,00	26,10	31,70
Aluminium-Lamellendecke demontieren	m^2	0,270	14,50	17,70	21,50
Metallpaneeldecke ausbauen	m^2	0,250	8,20	13,40	18,10
Unterdecke aus Calciumsilikatplatten abbrechen	m^2	0,270	19,70	27,40	33,00
Rasterdecke demontieren, lagern	m^2	0,420	18,30	21,20	25,00
Rasterdecke wiedermontieren	m^2	0,530	23,70	26,50	30,70
Rabitz-Unterdecke abbrechen	m^2	0,300	14,70	17,70	22,10
Dachgeschossbekleidung, Gipskarton/Gipsfaserplatten, abbrechen	m^2	0,250	13,10	18,00	22,10
Revisionsklappe abbrechen T 30	St	0,250	13,85	17,40	21,45

Bekleidung Holzkonstruktionen	E	h	von	mittel	bis
Holzdeckenbekleidung, Calcium-Silikatplatten, 2x10 mm, E 90	m^2	0,600	64,80	80,60	93,20

Brandschutz Holzbalkendecke, 2x20 mm, E 90	m^2	0,550	46,80	56,40	67,20
Brandschutzbekleidung Treppe, Calcium-Silikatplatten, 2x10 mm	m^2	2,200	133,00	162,00	208,00

Dachgeschossausbau nachträglich	**E**	**h**	**von**	**mittel**	**bis**
Reinigung Dachgeschoss, vor Ausbau	m^2	0,075	3,36	4,20	5,06
Dachgeschoss-Ausbau nachträglich, MW 180 mm, GKF 12,5 mm, EI 30	m^2	1,100	79,80	92,80	111,00
Dachgeschoss-Ausbau nachträglich, MW 160 mm, GKF 25 mm, EI 90	m^2	1,100	91,30	109,50	129,00
Dachgeschoss-Ausbau nachträglich, Zellulosedämmung 160 mm, GF 2x10 mm	m^2	1,250	104,50	115,50	127,00
Dachgeschoss-Ausbau nachträglich, Zementplatten + MW 180 mm	m^2	1,100	106,00	116,00	128,50
Bekleidung Giebelwand, Gipskarton+Mineralwolle, Dachgeschoss-Ausbau	m^2	0,600	46,80	57,10	67,60
Dachflächenfenster, Dachgeschoss-Ausbau, Auswechslung	St	10,500	1.371,00	1.592,00	1.940,00

Unterdecken Gipsbauplatten	**E**	**h**	**von**	**mittel**	**bis**
Bekleidung, Teilflächen ergänzen, Decke	m^2	0,600	30,60	37,70	46,00

Unterdecken Mineralwolleplatten	**E**	**h**	**von**	**mittel**	**bis**
Mineralwolle-Decke demontieren, wiederanbringen	m^2	0,140	5,40	6,85	8,65
Abhänger Unterdecke kürzen	m^2	0,080	3,05	3,85	5,35
Platten, 20 % defekt, auswechseln, Unterdecke	m^2	0,200	12,40	17,20	20,10

© SIRADOS 01/24

Dämmungen Decken/Dachschrägen	E	h	von	mittel	bis
PS-Dämmplatte, oberste Geschossdecke, 2 x 200 mm	m^2	0,200	30,50	36,30	43,00
MW-Dämmplatte, oberste Geschossdecke, 200 mm	m^2	0,120	22,50	25,40	31,10
MW-Dämmfilz, oberste Geschossdecke, 200 mm	m^2	0,100	20,60	24,90	30,80
Holzfaserdämmplatte, oberste Geschossdecke, 40 mm	m^2	0,080	11,10	14,40	17,20
Abdeckung, lastverteilender Plattenbelag, OSB-Platte, 10 mm	m^2	0,200	16,10	19,40	22,70
Abdeckung, lastverteilender Plattenbelag, Holz, 24 mm	m^2	0,200	17,10	21,70	26,30
Aufdopplung Deckenbalken	m	0,100	9,95	12,60	15,05

Dampfsperren, dichtende Schichten	E	h	von	mittel	bis
Dampfbremse, variabel, sd-Wert 0,2-5,0 m	m^2	0,060	8,70	10,40	12,80
Dampfbremse, variabel, sd-Wert 0,25 – > 10,0 m	m^2	0,060	11,50	13,60	16,60

Öffnungen	E	h	von	mittel	bis
Rückbau Revisionsöffnung/-klappe	St	0,230	14,50	17,20	21,90
Decke abgehängt, öffnen, schließen, 600/600 mm	St	0,400	24,30	33,60	41,90
Öffnung schließen, Unterdecke, EI 90	m^2	1,500	90,00	108,00	132,50

Fugen und Anschlüsse	E	h	von	mittel	bis
Deckenbefestigung, Klebeanker	m^2	0,200	16,20	19,80	22,60

13392 Wände

Demontage/Abbruch	E	h	von	mittel	bis
Montagewand, 1-lagig beplankt, abbrechen	m^2	0,280	16,50	19,30	24,00
Montagewand, 2-lagig beplankt, abbrechen	m^2	0,280	19,10	23,10	28,30

Gipsplatten-Verkofferung, mit Unterkonstruktion, abbrechen	m^2	0,320	17,00	23,00	29,30
Wandtrockenputz Gipsplatte, 12,5 mm, entfernen	m^2	0,250	13,40	18,10	21,90
Wandtrockenputz mit Dämmung entfernen	m^2	0,250	16,50	20,10	24,70
Vorsatzschale Gipsplatten, entfernen, einfach	m^2	0,180	10,50	12,90	15,50
Vorsatzschale Gipsplatten, entfernen, doppelt	m^2	0,220	14,30	17,00	21,20
Lüftungskanalverkleidung demontieren	m^2	0,550	26,70	32,80	40,80
Dämmung Rückbau, Wiedereinbau	m^2	0,150	6,25	7,65	9,15

Wandbekleidungen	**E**	**h**	**von**	**mittel**	**bis**
GM-F-Brandschutzbekleidung, EI 90, Altbauwand, 15 mm	m^2	0,650	51,90	63,50	74,00
Calcium-Silikatplatten, 30 mm	m^2	0,400	61,30	73,10	83,10
Calcium-Silikatplatten, 50 mm	m^2	0,450	76,50	93,70	113,00
Brandschutzbekleidung Wand, Calcium-Silikatplatten, 30 mm, E90	m^2	0,350	66,60	81,30	99,00
Brandschutzbekleidung Wand, Calcium-Silikatplatten, 2x25 mm, E90	m^2	0,500	97,20	112,00	131,50
Leibungen, Calcium-Silikatplatten, innen	m	0,250	22,20	27,20	34,90
Wandbekleidung öffnen, verschließen mit Gipsplattenbekleidung	m^2	0,450	39,70	47,40	53,90
Bekleidung, Teilflächen ergänzen	m^2	0,500	29,05	36,10	43,35

Montagewände – Brandschutzertüchtigung	**E**	**h**	**von**	**mittel**	**bis**
Brandschutzbeplankung, Montagewand, 12,5 + GKF 15 mm, EI 30	m^2	0,250	35,30	41,90	53,20

 © SIRADOS 01/24

Brandschutzbeplankung, Montagewand, 12,5 + GKF 20 mm, EI 60	m^2	0,250	40,30	50,10	59,50
Brandschutzbeplankung, Montagewand, 2 x 12,5 + GKF 15 mm, EI 90	m^2	0,250	35,50	42,50	51,20
Brandschutzbeplankung, Montagewand, 12,5 + GKF 20 mm, EI 90	m^2	0,250	42,10	52,20	62,80
Brandschutzbeplankung, Montagewand, 2x12,5 + GKF 15 mm, EI 120	m^2	0,400	64,60	77,40	91,40

Öffnungen	E	h	von	mittel	bis
Wanddurchführung, Montagewand, einfach beplankt	St	1,100	47,90	59,50	69,90
Wanddurchführung, Montagewand, doppelt beplankt	St	1,500	70,20	81,20	97,10
Rohrdurchführung, Plattenbekleidung	St	0,350	19,10	24,20	29,90
Rundloch, Elektrosteckdosen	St	0,130	4,95	6,35	8,45

Fugen und Anschlüsse	E	h	von	mittel	bis
Anschluss Decke/Boden für Montagewand, Holz	m	0,180	9,30	11,50	14,15
Plattenfugenriss nachträglich schließen	m	0,150	5,82	7,50	8,85

13393 Innendämmungen

Sonstige Leistungen	E	h	von	mittel	bis
Deckenanschluss, Vorsatzschalendämmung	m	0,220	12,80	15,30	19,50

Innendämmung, Mineraldämmplatten	E	h	von	mittel	bis
Mineraldämmplatten, Porenbeton, 30 mm	m^2	0,350	40,10	46,80	57,90
Mineraldämmplatten, Porenbeton, 50 mm	m^2	0,350	41,20	50,50	60,30

Innendämmung, Mineralwolle	**E**	**h**	**von**	**mittel**	**bis**
Innendämmung, Mineralwolle, WLS 032, 100 mm	m^2	0,150	19,20	23,60	27,40
Innendämmung, Mineralwolle, WLS 032, 140 mm	m^2	0,180	23,40	28,30	33,50
Innendämmung, Mineralwolle, WLS 032, 180 mm	m^2	0,205	29,10	33,10	38,70
Innendämmung, Mehrschichtplatten, mit Mineralwolle, 100 mm	m^2	0,250	30,30	36,20	44,30
Leibungen, Mineralfaserplatten, innen	m	0,250	21,90	25,80	32,80
Leibungen, Innendämmung, Mineralwolle	m	0,200	14,40	16,90	20,30
Leibungen, Innendämmung, mineralisch	m	0,200	15,10	18,20	23,40

Innendämmung, Calcium-Silikatplatten	**E**	**h**	**von**	**mittel**	**bis**
Calcium-Silikatplatten, 60 mm	m^2	0,450	90,70	105,00	120,50

Innendämmung, Perliteplatten	**E**	**h**	**von**	**mittel**	**bis**
Innendämmung, Perliteplatten, 100 mm	m^2	0,300	54,60	66,30	75,60
Innendämmung, Perliteplatten, 140 mm	m^2	0,350	67,00	78,90	89,70

Innendämmung, Schaumglasplatten	**E**	**h**	**von**	**mittel**	**bis**
Innendämmung, Schaumglasplatten, 60 mm	m^2	0,200	40,60	50,00	58,40
Innendämmung, Schaumglasplatten, 80 mm	m^2	0,200	48,20	59,40	72,90
Innendämmung, Schaumglasplatten, 120 mm	m^2	0,220	64,90	77,20	90,10

Innendämmung, PU	**E**	**h**	**von**	**mittel**	**bis**
Innendämmung, Polyurethan, WLS 024, 50 mm	m^2	0,140	23,40	29,30	36,40
Innendämmung, Polyurethan, WLS 024, 80 mm	m^2	0,150	34,30	43,50	52,80

 © SIRADOS 01/24

Innendämmung, Polyurethan- und Calcium-Silikatplatten, 46 mm	m^2	0,230	56,90	68,20	82,90
Innendämmung, Polyurethan- und Calcium-Silikatplatten, 66 mm	m^2	0,260	71,50	86,30	104,00
Innendämmung, Polyurethanplatten mit Mineralfüllung, 50 mm	m^2	0,200	46,40	56,90	72,50
Innendämmung, Polyurethanplatten mit Mineralfüllung, 80 mm	m^2	0,200	64,30	77,10	92,10
Leibungen, Innendämmung, Kunststoff	m	0,200	14,90	18,10	23,30

Innendämmung, Resolharzplatten	**E**	**h**	**von**	**mittel**	**bis**
Innendämmung, Resolharzschaumplatten, 40 mm	m^2	0,150	26,10	31,60	38,70
Innendämmung, Resolharzschaumplatten, 80 mm	m^2	0,200	50,50	59,40	71,10
Innendämmung, Resolharzschaumplatten, 100 mm	m^2	0,200	64,90	76,60	90,50

Innendämmung, EPS	**E**	**h**	**von**	**mittel**	**bis**
Innendämmung, Polystyrol, WLG 035, 60 mm	m^2	0,150	10,30	12,60	16,90
Innendämmung, Polystyrol, WLG 035, 100 mm	m^2	0,150	16,50	19,80	25,50

Innendämmung, pflanzlich	**E**	**h**	**von**	**mittel**	**bis**
Innendämmung, Holzfaserplatten kaschiert, 80 mm	m^2	0,150	17,70	21,10	26,80
Innendämmung, Holzfaserplatten, kaschiert, 140 mm	m^2	0,180	33,00	39,80	50,00
Innendämmung, Holzfaserplatten, Putzuntergrund, 100 mm	m^2	0,170	26,70	33,80	42,80
Innendämmung, Holzfaserplatten, Putzuntergrund, 120 mm	m^2	0,170	29,90	37,40	44,50

Innendämmung, Hanfplatten, 60 mm	m^2	0,180	19,90	23,90	31,70
Innendämmung, Hanfplatten, 100 mm	m^2	0,180	26,90	34,20	42,80

Innendämmung, hochdämmend	**E**	**h**	**von**	**mittel**	**bis**
Innendämmung, Kieselsäureplatte, WLS 021, 50 mm	m^2	0,300	158,00	197,00	236,00
Innendämmung, Wand, VIP-Paneel, EPS-Kaschierung, 40 mm	m^2	0,400	240,00	282,00	364,00
Innendämmung, Wand, VIP-Paneel, EPS-Kaschierung, 50 mm	m^2	0,400	258,00	310,00	386,50
Innendämmung, Wand, VIP-Paneel, 10 mm	m^2	0,350	161,00	195,50	234,00
Innendämmung, Wand, VIP-Paneel, 20 mm	m^2	0,400	223,50	262,00	329,50
Innendämmung, Wand, VIP-Paneel, 40 mm	m^2	0,400	255,50	336,00	421,50
Leibungen, Innendämmung, Vakuum-Isolations-Paneele	m	0,350	80,60	97,30	114,00

Innendämmung mit Bekleidung	**E**	**h**	**von**	**mittel**	**bis**
Innendämmung, Polystyrol mit Gipsplatte, WLS 032, 40 mm	m^2	0,400	35,80	42,90	50,80
Innendämmung, Polystyrol mit Gipsplatte, WLS 032, 80 mm	m^2	0,450	42,80	51,60	61,30
Innendämmung, Spezial-Mineralwolleplatte, mit Gipsfaserplatte, WLS 019, 30 mm	m^2	0,350	221,50	272,00	355,00
Innendämmung, Spezial-Mineralwolleplatte, mit Gipsfaserplatte, WLS 019, 50 mm	m^2	0,350	268,00	323,00	376,00
Leibungen, Innendämmung, Bekleidung	m	0,300	13,20	17,10	19,40

© SIRADOS 01/24

Innendämmung als Vorsatzschale	E	h	von	mittel	bis
Innendämmung, Vorsatzschale, PU+Gipsplatten, 40 mm	m^2	0,350	32,60	39,20	49,80
Innendämmung, Vorsatzschale, PU+Gipsplatten, 70 mm	m^2	0,400	50,30	58,80	69,90

13395 Trockenunter- und Systemböden

Demontage/Abbruch/Vorbereitung	E	h	von	mittel	bis
Trockenestrichelement entfernen	m^2	0,220	10,80	13,00	17,30
Doppelboden demontieren	m^2	0,150	9,81	12,50	14,95
Doppelboden demontieren, lagern	m^2	0,250	9,45	11,80	16,30
Reinigen Doppelboden, Kleberreste	m^2	0,035	1,20	1,85	2,55
Spanplattenboden entfernen	m^2	0,180	9,50	11,40	14,50

Schüttungen	E	h	von	mittel	bis
Trockenschüttung, Perlite, 20 mm	m^2	0,120	10,10	12,60	15,10
Dämmstoffschüttung, gebunden, Polystyrol, 60 mm	m^2	0,400	21,90	28,20	35,10
Dämmstoffschüttung, gebunden, Polystyrol, 100 mm	m^2	0,500	30,40	39,20	48,50

Trockenestrich Gips- und Zementplatten	E	h	von	mittel	bis
Trockenestrich, Gipsfaser-Platten, Fehlboden, Schüttung	m^2	0,750	62,40	73,40	84,50
Trockenestrich, Perlite+Mineralwolle+Gipsfaserplatten, Dachgeschoss-Ausbau	m^2	0,400	49,00	54,70	62,70

Trockenestrich Holzwerkstoffplatten	E	h	von	mittel	bis
Trockenestrich, zementgebundene Holzspanplatte, 22 mm	m^2	0,250	26,80	30,90	36,50
Trockenestrich, OSB/4, 22 mm	m^2	0,250	23,60	26,10	29,60

Trockenestrich mit Spachtelung	E	h	von	mittel	bis
Unterboden, Holzwerkstoffplatten, 19 mm, Spachtelung	m^2	0,400	49,70	59,10	70,50
Unterboden, Holzwerkstoffplatten, 25 mm, Spachtelung	m^2	0,400	57,80	69,30	80,00
Unterboden, Gipsfaser-Element, 20 mm, Spachtelung	m^2	0,400	48,70	59,70	70,10
Unterboden, Gipsfaser-Element, 25 mm, Spachtelung	m^2	0,400	51,40	63,40	73,60

Trockenestrich auf Holzbalkendecken	E	h	von	mittel	bis
Blindboden zwischen Deckenbalken, REI 30	m^2	0,650	38,90	46,80	55,20
Trockenestrich auf Holzbalkendecke, Gipsfaser, 2 x 10 mm, REI 30	m^2	0,350	34,00	42,00	51,90
Trockenestrich auf Holzbalkendecke, Trittschalldämmung, 56 dB	m^2	0,300	55,10	65,80	77,10
Trockenestrich auf Holzbalkendecke, Gipsfaser 2 x 12,5 mm, MW 10 mm, REI 90	m^2	0,430	45,10	54,40	65,60
Trockenestrich auf Holzbalkendecke, Gipsfaser 2 x 10 mm, 30 mm Schüttung, REI 90	m^2	0,400	36,30	46,30	55,30
Trockenestrich, Gipsfaser-Element, 25 mm, Fehlboden-Schüttung	m^2	0,600	80,00	93,00	109,00
Trockenestrich, zementgebundenes Element, 22 mm, Fehlboden-Schüttung	m^2	0,600	88,40	104,00	120,50

Doppelboden	E	h	von	mittel	bis
Doppelboden, lagernd, neu verlegen	m^2	0,750	30,50	39,10	45,60
Doppelboden justieren	m^2	0,100	4,05	5,15	6,16
Bodenbelag entfernen	m^2	0,085	3,40	4,35	5,19
Bodenbelag auf Doppelboden, Einbau	m^2	0,220	8,95	11,30	13,55

 © SIRADOS 01/24

Teppichbelag, Doppelboden	m^2	0,200	25,40	30,60	35,20
Bodenbelag auf Einbauteile, Doppelboden	St	0,100	4,46	5,55	6,81

Kesselanlagen, Brennwerttechnik, Öl/Gas	E	h	von	mittel	bis
Brennwertkessel, Gas, Stahl, ausbauen, 0 bis 30 kW	St	1,740	70,30	91,00	118,50
Brennwertkessel, Gas, Stahl, ausbauen, 31 bis 50 kW	St	2,900	113,50	152,50	190,00
Brennwertkessel, Gas, Stahl, ausbauen, 51 bis 100 kW	St	3,625	145,00	190,00	237,50
Brennwertkessel, Gas, Stahl, ausbauen, 101 bis 150 kW	St	4,060	158,00	209,00	269,00
Brennwertkessel, Gas, Stahl, ausbauen, 151 bis 250 kW	St	4,495	172,00	228,00	282,50
Brennwertkessel, Gas, Stahl, ausbauen, 251 bis 400 kW	St	5,365	214,50	282,50	353,00
Brennwertkessel, Gas, Stahl, ausbauen, 401 bis 650 kW	St	6,090	241,50	321,00	401,00
Brennwertkessel, Gas, Stahl, ausbauen, 651 bis 900 kW	St	6,100	304,00	324,00	388,50
Montagerahmen, Brennwertkessel, ausbauen	St	2,175	85,80	113,50	145,00
Anschlussset, Brennwertkessel, ausbauen	St	1,740	70,30	94,30	118,50
Neutralisation, Brennwertkessel, ausbauen	St	3,045	113,50	152,50	190,00

Kesselanlagen, Öl	E	h	von	mittel	bis
Heizkessel, Öl, Stahl, ausbauen, 0 bis 30 kW	St	2,465	99,70	133,50	168,50
Heizkessel, Öl, Stahl, ausbauen, 31 bis 50 kW	St	4,350	174,50	228,50	290,00
Heizkessel, Öl, Stahl, ausbauen, 51 bis 100 kW	St	5,800	230,00	304,50	381,00
Heizkessel, Öl, Stahl, ausbauen, 101 bis 250 kW	St	7,250	272,00	359,50	453,50
Heizkessel, Öl, Stahl, ausbauen, 251 bis 400 kW	St	8,700	344,00	455,50	570,00
Heizkessel, Öl, Stahl, ausbauen, 401 bis 700 kW	St	10,150	399,00	530,50	662,00
Heizkessel, Öl, Stahl, ausbauen, 701 bis 1000 kW	St	11,600	455,50	608,00	759,00
Heizkessel, Öl, Stahl, ausbauen, 1001 bis 1400 kW	St	13,050	512,50	683,50	853,50
Heizkessel, Öl, Stahl, ausbauen, 1401 bis 1800 kW	St	14,500	570,00	759,00	947,50
Heizkessel, Öl, Guss, ausbauen, 0 bis 30 kW	St	2,900	114,00	154,00	192,00

© SIRADOS 01/24

Heizkessel, Öl, Guss, ausbauen, 31 bis 50 kW	St	4,785	188,00	250,50	314,50
Heizkessel, Öl, Guss, ausbauen, 51 bis 100 kW	St	6,525	260,00	344,00	428,50
Heizkessel, Öl, Guss, ausbauen, 101 bis 250 kW	St	7,975	314,50	417,00	522,00
Heizkessel, Öl, Guss, ausbauen, 251 bis 400 kW	St	9,570	376,50	499,50	626,50
Heizkessel, Öl, Guss, ausbauen, 401 bis 700 kW	St	11,165	441,50	581,00	732,50
Heizkessel, Öl, Guss, ausbauen, 701 bis 1000 kW	St	12,760	505,00	671,00	839,00
Heizkessel, Öl, Guss, ausbauen, 1001 bis 1400 kW	St	14,355	570,00	759,00	947,50
Heizkessel, Öl, Guss, ausbauen, 1401 bis 1800 kW	St	15,950	625,50	833,00	1.041,00

Kesselanlagen, Gas	**E**	**h**	**von**	**mittel**	**bis**
Heizkessel, Gas, Stahl, ausbauen, 0 bis 30 kW	St	2,465	99,50	129,50	167,50
Heizkessel, Gas, Stahl, ausbauen, 31 bis 50 kW	St	4,350	172,00	221,50	282,50
Heizkessel, Gas, Stahl, ausbauen, 51 bis 100 kW	St	5,800	228,00	301,50	377,00
Heizkessel, Gas, Stahl, ausbauen, 101 bis 250 kW	St	7,250	282,50	377,00	471,50
Heizkessel, Gas, Stahl, ausbauen, 251 bis 400 kW	St	8,700	340,50	452,50	566,50
Heizkessel, Gas, Stahl, ausbauen, 401 bis 700 kW	St	10,150	397,50	526,50	658,50
Heizkessel, Gas, Stahl, ausbauen, 701 bis 1000 kW	St	11,600	452,50	604,50	753,00
Heizkessel, Gas, Stahl, ausbauen, 1001 bis 1400 kW	St	13,050	511,00	677,50	848,50
Heizkessel, Gas, Stahl, ausbauen, 1401 bis 1800 kW	St	14,500	566,50	753,00	942,50
Heizkessel, Gas, Guss, ausbauen, 0 bis 30 kW	St	2,900	113,50	152,50	190,00
Heizkessel, Gas, Guss, ausbauen, 31 bis 50 kW	St	4,785	185,00	241,50	308,00
Heizkessel, Gas, Guss, ausbauen, 51 bis 100 kW	St	6,525	257,50	340,50	426,00
Heizkessel, Gas, Guss, ausbauen, 101 bis 250 kW	St	7,975	311,50	415,00	519,00
Heizkessel, Gas, Guss, ausbauen, 251 bis 400 kW	St	9,570	368,50	489,00	613,50
Heizkessel, Gas, Guss, ausbauen, 401 bis 700 kW	St	11,165	439,00	584,50	729,00
Heizkessel, Gas, Guss, ausbauen, 701 bis 1000 kW	St	12,760	497,50	658,50	823,00

Heizkessel, Gas, Guss, ausbauen, 1001 bis 1400 kW	St	14,355	566,50	753,00	942,50
Heizkessel, Gas, Guss, ausbauen, 1401 bis 1800 kW	St	15,950	621,50	828,00	1.034,00

Kesselanlagen, feste Brennstoffe	**E**	**h**	**von**	**mittel**	**bis**
Heizkessel, Feststoff, Stahl, ausbauen, 0 bis 30 kW	St	2,900	114,00	153,00	191,00
Heizkessel, Feststoff, Stahl, ausbauen, 31 bis 50 kW	St	5,075	201,00	257,50	334,00
Heizkessel, Feststoff, Stahl, ausbauen, 51 bis 100 kW	St	6,380	259,50	326,00	428,00
Heizkessel, Feststoff, Stahl, ausbauen, 101 bis 150 kW	St	7,105	283,50	378,50	474,50
Heizkessel, Feststoff, Stahl, ausbauen, 151 bis 200 kW	St	7,975	313,00	417,00	521,50
Heizkessel, Feststoff, Stahl, ausbauen, 201 bis 280 kW	St	9,280	370,50	491,50	617,00
Hackschnitzelzuführung, ausbauen, bis 50 kW	St	6,960	270,50	361,50	449,50
Holzpelletkessel ausbauen, 0 bis 30 kW	St	2,900	114,00	153,00	191,00
Holzpelletkessel ausbauen, 31 bis 50 kW	St	3,335	128,50	172,00	216,50
Holzpelletofen ausbauen	St	1,450	56,90	75,70	94,90

Wärmepumpen	**E**	**h**	**von**	**mittel**	**bis**
Wärmepumpe, Luft/Wasser, ausbauen	St	1,667	64,60	85,70	107,50
Wärmepumpe, Wasser/Wasser, ausbauen	St	1,740	67,30	89,40	112,50
Wärmepumpe, Sole/Wasser, ausbauen	St	1,813	70,10	93,50	117,00
Wärmepumpenregler ausbauen	St	0,435	17,00	22,70	28,10
Diagnosegerät, Wärmepumpe, ausbauen	St	0,362	14,30	19,10	23,60
Raumstation, Diagnosegerät, ausbauen	St	0,392	15,70	20,20	26,00
Verbindungsleitung ausbauen	St	0,145	5,90	7,55	9,60
Wärmepumpensteuerung ausbauen	St	0,725	28,10	37,60	46,90
Heizungsregler ausbauen	St	0,652	25,50	33,80	42,20
Raumtemperaturgeber ausbauen	St	0,507	19,80	26,40	33,00

 © SIRADOS 01/24

Verteiler mit Zubehör, ausbauen	St	2,175	84,10	112,50	141,50
Erdwärmesonde mit Zubehör, ausbauen	St	11,600	447,50	598,00	746,50
Luftkanal mit Zubehör, ausbauen	St	2,900	112,50	151,00	189,50
Speicher, Wärmepumpe, ausbauen	St	3,625	142,50	189,50	236,00
Heizstab, Wärmepumpe, ausbauen	St	0,362	14,30	19,10	28,10

Solaranlagen	**E**	**h**	**von**	**mittel**	**bis**
Kollektor ausbauen, bis 6 m^2	m^2	4,350	170,00	220,00	280,50
Kollektor ausbauen, 6 bis 12,0 m^2	m^2	5,800	227,00	302,50	376,50
Vakuumflachkollektor ausbauen	St	3,770	143,00	190,00	237,50
Vakuumröhrenkollektor ausbauen	St	4,060	157,00	207,00	258,50
Luftkollektor ausbauen	St	3,770	143,00	190,00	237,50
Montagesatz-Indach ausbauen	St	3,335	127,50	170,00	214,00
Erweiterungssatz-Indach ausbauen	St	2,610	101,50	137,00	170,00
Montagesatz-Aufdach ausbauen	St	2,103	82,00	109,00	137,00
Montagesatz-Flachdach ausbauen	St	2,392	92,90	124,50	155,50
Brauchwasserspeicher ausbauen, 0 bis 500 Liter	St	2,146	83,20	111,00	139,50
Brauchwasserspeicher ausbauen, 501 bis 1000 Liter	St	2,871	111,50	148,50	188,00
Brauchwasserspeicher ausbauen, 1001 bis 1500 Liter	St	3,596	140,50	185,50	233,00
Pufferspeicher Solar ausbauen, 0 bis 500 Liter	St	2,175	84,40	113,00	143,00
Pufferspeicher Solar ausbauen, 501 bis 1000 Liter	St	2,900	113,00	152,00	190,00
Pufferspeicher Solar ausbauen, 1001 bis 1500 Liter	St	3,625	143,00	190,00	237,50
Schichtenspeicher ausbauen, 0 bis 500 Liter	St	2,248	87,30	116,50	146,50
Schichtenspeicher ausbauen, 501 bis 1000 Liter	St	2,972	115,50	155,50	193,50
Schichtenspeicher ausbauen, 1001 bis 1500 Liter	St	3,697	145,50	192,00	240,50
Schichtenspeicher ausbauen, 1500 bis 2000 Liter	St	4,422	173,00	229,50	287,00

Kombispeicher ausbauen, 0 bis 500 Liter	St	2,320	89,90	120,50	152,00
Kombispeicher ausbauen, 501 bis 1000 Liter	St	3,045	118,50	158,00	199,50
Kombispeicher ausbauen, 1001 bis 1500 Liter	St	3,770	147,50	197,00	244,00
Wärmetauscher, Rippenrohr, Solar, ausbauen	St	1,087	42,40	56,40	70,30
Wärmetauscher, Platten, Solar, ausbauen	St	1,160	45,10	60,30	75,20
Solarstation ausbauen	St	1,450	56,40	75,20	94,00
Solarsteigleitung ausbauen	m	0,116	4,65	6,15	7,60
Schnellverrohrung, Solaranlage, ausbauen	m	0,145	5,90	7,60	9,60
Pumpengruppe, Solaranlage, ausbauen	St	0,797	31,10	41,40	51,70
Solarregler ausbauen	St	0,652	25,70	34,00	42,40
Wärmemengenzähler, Solaranlage, ausbauen	St	0,362	14,60	19,10	23,70

Speicher, Kesselanlagen Öl/Gas	**E**	**h**	**von**	**mittel**	**bis**
Speicher wandhängend, ausbauen	St	1,160	47,00	60,90	78,30
Speicher untergestellt, ausbauen, 0 bis 100 Liter	St	2,175	88,00	114,00	143,00
Speicher untergestellt, ausbauen, 101 bis 250 Liter	St	2,900	109,00	147,00	184,00
Speicher untergestellt, ausbauen, 251 bis 500 Liter	St	3,625	148,00	191,00	247,50
Speicher stehend, ausbauen, 0 bis 500 Liter	St	2,146	81,80	109,00	137,50
Speicher stehend, ausbauen, 501 bis 1000 Liter	St	2,871	109,00	147,00	184,00
Speicher stehend, ausbauen, 1001 bis 1500 Liter	St	3,596	137,50	184,00	230,00
Speicher stehend, ausbauen, 1501 bis 2000 Liter	St	4,321	165,00	219,50	272,00
Speicher liegend, ausbauen, 0 bis 1000 Liter	St	3,045	117,50	153,50	197,00
Speicher liegend, ausbauen, 1001 bis 2000 Liter	St	3,770	148,00	198,00	247,50
Speicher liegend, ausbauen, 2001 bis 3000 Liter	St	4,495	177,50	236,50	293,00
Pufferspeicher ausbauen, 0 bis 500 Liter	St	2,204	88,00	117,50	148,00
Pufferspeicher ausbauen, 501 bis 1000 Liter	St	2,943	117,50	158,00	198,00

© SIRADOS 01/24

Pufferspeicher ausbauen, 1001 bis 2000 Liter	St	3,842	148,00	198,00	247,50
Pufferspeicher ausbauen, 2001 bis 3500 Liter	St	4,640	191,00	247,50	319,00
Pufferspeicher ausbauen, 3501 bis 5000 Liter	St	5,365	222,50	285,00	366,00

Brenner, Öl/Gas	E	h	von	mittel	bis
Brenner, Öl, ausbauen, 0 bis 100 kW	St	0,725	28,10	37,80	47,10
Brenner, Öl, ausbauen, 101 bis 250 kW	St	1,015	39,80	52,50	65,80
Brenner, Öl, ausbauen, 251 bis 500 kW	St	1,305	50,90	67,70	84,40
Brenner, Öl, ausbauen, 501 bis 750 kW	St	1,595	62,10	82,50	103,50
Brenner, Öl, ausbauen, 751 bis 1000 kW	St	1,885	73,10	98,40	123,00
Brenner, Öl, ausbauen, 1001 bis 1500 kW	St	2,175	84,40	113,00	143,00
Brenner, Öl, ausbauen, 1501 bis 2000 kW	St	2,755	107,00	144,50	181,00
Brenner, Öl, ausbauen, 2001 bis 2500 kW	St	3,625	145,00	187,00	240,50
Brenner, Öl, ausbauen, 2501 bis 3000 kW	St	4,640	185,50	236,50	310,50
Brenner, Gas, ausbauen, 0 bis 100 kW	St	0,652	25,70	34,00	42,40
Brenner, Gas, ausbauen, 101 bis 250 kW	St	0,943	36,80	48,80	61,30
Brenner, Gas, ausbauen, 251 bis 500 kW	St	1,232	48,10	64,00	79,80
Brenner, Gas, ausbauen, 501 bis 750 kW	St	1,523	59,20	78,80	98,60
Brenner, Gas, ausbauen, 751 bis 1000 kW	St	1,813	70,30	93,90	118,00
Brenner, Gas, ausbauen, 1001 bis 1500 kW	St	2,103	82,00	109,00	137,00
Brenner, Gas, ausbauen, 1501 bis 2000 kW	St	2,683	104,00	139,50	175,00
Brenner, Gas, ausbauen, 2001 bis 2500 kW	St	3,553	143,00	185,50	236,00
Brenner, Gas, ausbauen, 2501 bis 3000 kW	St	4,567	185,50	236,50	310,50
Brennerschalldämpferhaube ausbauen	St	0,870	34,00	45,10	56,40

Schalldämmung, Kesselanlagen Öl/Gas	E	h	von	mittel	bis
Kesselunterlage ausbauen	St	1,087	45,10	56,10	69,30
Kesselpodest ausbauen	St	1,740	71,50	93,00	115,50

Dezentrale Wassererwärmungsanl. wassergeführt	E	h	von	mittel	bis
Frischwasserstation, ausbauen	St	1,670	82,40	101,50	122,00
Frischwasserstation mit Zirkulation ausbauen	St	2,000	95,00	122,00	137,50

Wärmetauscher	E	h	von	mittel	bis
Wärmetauscher, Rippenrohr, ausbauen	St	3,335	130,50	173,00	217,00
Wärmetauscher, Platten, ausbauen	St	3,770	147,50	197,00	244,00
Wärmetauscher, Schwimmbad, ausbauen	St	3,987	157,00	207,00	258,50
Wärmetauscher, Abwärme, ausbauen	St	4,060	158,00	211,00	265,50
Wärmetauscher, Dampf, ausbauen	St	4,277	169,00	225,50	277,50

Sonstige Leistungen	E	h	von	mittel	bis
Anzeichnen von Schlitzen und Durchbrüchen	n.A.		55,90	69,50	82,80
Bestehende Anlagenteile einbinden	n.A.		34,10	42,10	49,70

© SIRADOS 01/24

341 Heizflächen, Rohrleitungen, Armaturen

Flachheizkörper	E	h	von	mittel	bis
Flachheizkörper ausbauen, bis 50 kg	St	0,725	30,80	37,40	44,30
Flachheizkörper ausbauen, 50 bis 100 kg	St	1,087	45,60	56,30	66,60
Flachheizkörper ausbauen, über 100 kg	St	1,450	60,50	74,70	89,40

Flachheizkörper, Zubehör	E	h	von	mittel	bis
Stopfen ausbauen	St	0,087	3,60	4,50	5,30
Entlüftungs- und Entleerventil ausbauen	St	0,072	3,10	3,75	4,50

Radiatoren	E	h	von	mittel	bis
Röhrenradiator ausbauen, bis 50 kg	St	0,797	34,40	41,00	47,10
Röhrenradiator ausbauen, 50 bis 100 kg	St	1,160	48,70	59,70	69,90
Röhrenradiator ausbauen, über 100 kg	St	1,523	64,20	78,00	92,70

Konvektoren	E	h	von	mittel	bis
Konvektor ausbauen, bis 50 kg	St	0,725	30,80	37,40	43,70
Konvektor ausbauen, 50 bis 100 kg	St	1,087	45,60	56,30	66,60

Badheizkörper	E	h	von	mittel	bis
Badheizkörper ausbauen, bis 50 kg	St	0,797	34,70	41,40	47,70
Badheizkörper ausbauen, 50 bis 100 kg	St	1,160	49,10	60,20	70,80

Heizflächen, Ventile und Verschraubungen	E	h	von	mittel	bis
Thermostatkopf ausbauen	St	0,043	1,90	2,30	2,60

Thermostatventil ausbauen	St	0,116	4,65	5,75	6,85
Heizkörperverschraubung ausbauen	St	0,072	2,90	3,55	4,20
Anschlussgarnitur ausbauen	St	0,087	3,60	4,50	5,35
Hahnblock ausbauen	St	0,102	4,15	5,10	6,00

Rohrleitungen	**E**	**h**	**von**	**mittel**	**bis**
Gewinderohr, ausbauen, DN 15 bis 25	m	0,218	9,10	11,30	13,40
Gewinderohr, ausbauen, DN 32 bis 50	m	0,334	13,60	16,80	19,70
Gewinderohr, ausbauen, DN 65 bis 100	m	0,478	19,50	23,70	28,00
Stahlrohr nahtlos, ausbauen, D = 42,4 bis 60,3 mm	m	0,348	14,70	17,90	21,40
Stahlrohr nahtlos, ausbauen, D = 63,5 bis 76,1 mm	m	0,406	17,20	20,80	24,60
Stahlrohr nahtlos, ausbauen, D = 82,5 bis 108,0 mm	m	0,536	22,90	27,50	32,40
Stahlrohr, Kunststoffmantel, ausbauen, D = 12 bis 15 mm	m	0,203	8,15	10,10	11,80
Stahlrohr, Kunststoffmantel, ausbauen, D = 18 bis 22 mm	m	0,261	11,00	13,50	15,90
Stahlrohr, Kunststoffmantel, ausbauen, D = 28 bis 35 mm	m	0,362	15,30	18,70	21,90
Stahlrohr, Kunststoffmantel, ausbauen, D = 42 bis 54 mm	m	0,464	19,40	23,80	28,00
Kupferrohr, ausbauen, D = 12 bis 15 mm	m	0,170	7,85	8,80	10,40
Kupferrohr, ausbauen, D = 18 bis 22 mm	m	0,261	11,00	13,20	15,30
Kupferrohr, ausbauen, D = 28 bis 35 mm	m	0,362	15,80	18,90	22,20
Kupferrohr, ausbauen, D = 42 bis 54 mm	m	0,464	20,20	23,50	27,80
Kunststoffrohr, ausbauen, D = 20 bis 32 mm	m	0,300	12,70	15,70	18,70
Verbundrohr, ausbauen, D = 25 bis 32 mm	m	0,320	13,40	16,50	19,70

Verteiler	**E**	**h**	**von**	**mittel**	**bis**
Verteiler ausbauen, bis 6 Heizkreise	St	0,950	41,30	49,90	59,30
Verteiler ausbauen, 6 bis 12 Heizkreise	St	1,450	58,60	72,00	85,60

 © SIRADOS 01/24

Verteiler ausbauen, 12 bis 18 Heizkreise	St	1,740	71,50	88,40	104,50
Verteilerschrank ausbauen	St	2,175	89,40	111,00	130,50

Ventile	**E**	**h**	**von**	**mittel**	**bis**
Strangabsperrventil ausbauen, DN 10 bis 25	St	0,247	10,40	12,90	15,30
Strangabsperrventil ausbauen, DN 32 bis 50	St	0,362	15,40	18,90	21,90
Strangregulierventil ausbauen, DN 10 bis 25	St	0,247	10,20	12,40	14,80
Strangregulierventil ausbauen, DN 32 bis 50	St	0,362	15,40	19,00	22,00
Absperrventil ausbauen, DN 10 bis 25	St	0,362	14,60	17,90	20,90
Absperrventil ausbauen, DN 32 bis 50	St	0,435	18,50	22,70	26,20
Absperrventil ausbauen, DN 65 bis 100	St	0,507	21,50	26,20	30,70
Absperrventil ausbauen, DN 125 bis 200	St	0,580	24,50	30,00	34,70
Rückschlagventil ausbauen, DN 10 bis 25	St	0,362	14,80	18,20	21,30
Rückschlagventil ausbauen, DN 32 bis 50	St	0,435	18,50	22,70	26,20
Rückschlagventil ausbauen, DN 65 bis 100	St	0,507	21,50	26,20	30,70
Rückschlagventil ausbauen, DN 125 bis 200	St	0,580	24,50	30,00	34,70
Schrägsitzventil ausbauen, DN 10 bis 25	St	0,247	10,20	12,30	14,60
Schrägsitzventil ausbauen, DN 32 bis 50	St	0,362	16,00	19,00	22,00
Schrägsitzventil ausbauen, DN 65 bis 100	St	0,435	18,00	22,20	26,30

Schieber, Kugelhähne und Klappen	**E**	**h**	**von**	**mittel**	**bis**
Schieber ausbauen, DN 10 bis 25	St	0,362	16,00	18,70	21,80
Schieber ausbauen, DN 32 bis 50	St	0,435	18,30	22,30	26,20
Schieber ausbauen, DN 65 bis 100	St	0,507	21,90	26,00	30,60
Keilflachschieber ausbauen, DN 32 bis 50	St	0,435	17,90	21,90	26,10
Keilflachschieber ausbauen, DN 65 bis 100	St	0,507	22,30	26,20	30,70

Keilflachschieber ausbauen, DN 125 bis 200	St	0,580	23,90	29,60	34,60
Kugelhahn ausbauen, DN 10 bis 25	St	0,247	10,90	13,00	15,30
Kugelhahn ausbauen, DN 32 bis 50	St	0,362	15,70	18,70	21,80
Kugelhahn ausbauen, DN 65 bis 100	St	0,435	18,30	22,50	26,20
Füll- und Entleerhahn ausbauen, DN 10 bis 25	St	0,247	10,30	12,70	14,80
Absperrklappe ausbauen, DN 10 bis 25	St	0,290	12,30	14,90	17,60
Absperrklappe ausbauen, DN 32 bis 50	St	0,362	15,60	18,70	21,80
Absperrklappe ausbauen, DN 65 bis 100	St	0,435	18,20	22,60	26,20
Absperrklappe ausbauen, DN 125 bis 200	St	0,507	23,00	26,00	30,60
Ringdrosselklappe ausbauen, DN 10 bis 25	St	0,290	12,00	14,50	17,10
Ringdrosselklappe ausbauen, DN 32 bis 50	St	0,362	15,30	18,90	21,90
Ringdrosselklappe ausbauen, DN 65 bis 100	St	0,500	20,70	24,80	29,50
Ringdrosselklappe ausbauen, DN 125 bis 200	St	0,580	25,30	30,00	35,00
Rückschlagklappe ausbauen, DN 10 bis 25	St	0,290	12,30	14,90	17,60
Rückschlagklappe ausbauen, DN 32 bis 50	St	0,362	15,60	18,70	21,80
Rückschlagklappe ausbauen, DN 65 bis 100	St	0,435	18,30	22,50	26,20
Rückschlagklappe ausbauen, DN 125 bis 200	St	0,580	25,50	29,60	34,60

Kompensatoren, Pumpen usw.	**E**	**h**	**von**	**mittel**	**bis**
Kompensator ausbauen, DN 10 bis 25	St	0,362	15,30	18,90	22,30
Kompensator ausbauen, DN 32 bis 50	St	0,435	18,00	22,00	26,10
Kompensator ausbauen, DN 65 bis 100	St	0,507	21,80	26,20	31,10
Umwälzpumpe ausbauen, DN 10 bis 25	St	0,478	20,30	24,50	29,00
Umwälzpumpe ausbauen, DN 32 bis 50	St	0,609	25,30	31,10	36,90
Umwälzpumpe ausbauen, DN 65 bis 100	St	0,725	30,00	36,90	43,80
Pumpengruppe ausbauen	St	0,972	40,10	49,90	59,00

© SIRADOS 01/24

Schmutzfänger ausbauen, DN 10 bis 25	St	0,290	12,10	14,80	17,60
Schmutzfänger ausbauen, DN 32 bis 50	St	0,362	15,70	18,70	22,20
Schmutzfänger ausbauen, DN 65 bis 100	St	0,435	18,30	22,50	26,40
Schmutzfänger ausbauen, DN 125 bis 200	St	0,507	21,50	26,00	31,00
Wärmezähler ausbauen, DN 10 bis 25	St	0,377	15,90	19,40	23,00
Wärmezähler ausbauen, DN 32 bis 50	St	0,450	19,40	23,00	27,20
Wärmezähler ausbauen, DN 65 bis 100	St	0,522	21,70	26,80	31,60
Wärmezähler ausbauen, DN 125 bis 200	St	0,594	25,00	30,40	35,70
Zeigerthermometer ausbauen	St	0,080	3,65	4,15	4,50
Zeigerthermometer mit Tauchhülse ausbauen	St	0,261	10,40	12,80	15,00
Maschinen-Thermometer ausbauen	St	0,087	3,80	4,40	5,20
Maschinenthermometer m. Tauchhülse ausbauen	St	0,275	11,40	13,90	16,30
Manometer ausbauen	St	0,102	4,25	5,25	6,20

Ausdehnungs- und Sicherheitsgefäße	**E**	**h**	**von**	**mittel**	**bis**
Ausdehnungsgefäß, ausbauen, 2 bis 20 Liter	St	0,420	18,10	21,70	25,70
Ausdehnungsgefäß, ausbauen, 20 bis 60 Liter	St	0,566	23,00	28,30	33,90
Ausdehnungsgefäß, ausbauen, 60 bis 150 Liter	St	1,276	52,50	64,80	76,70
Ausdehnungsgefäß, ausbauen, 150 bis 250 Liter	St	1,754	71,70	88,40	104,50
Ausdehnungsgefäß, ausbauen, 250 bis 600 Liter	St	2,798	118,00	144,00	169,50
Entspannungstopf ausbauen, DN 125 bis 200	St	0,725	30,20	36,90	43,70
Entspannungstopf ausbauen, DN 200 bis 400	St	0,797	33,90	40,90	48,10
Entspannungstopf ausbauen, DN 400 bis 600	St	0,870	36,50	44,30	52,40
Entschlammungsbehälter ausbauen, bis 60 Liter	St	0,580	23,80	29,60	34,90
Entschlammungsbehälter ausbauen, 60 bis 150 Liter	St	1,232	51,10	62,90	74,40
Entschlammungsbehälter ausbauen, 150 bis 250 Liter	St	1,740	71,70	88,40	104,50

Entschlammungsbehälter ausbauen, 250 bis 600 Liter	St	1,755	71,70	89,00	106,50
Entschlammungsbehälter ausbauen, 600 bis 1000 Liter	St	3,480	146,00	178,00	211,50
Schnellkupplung ausbauen	St	0,362	15,20	18,70	21,90
Kappenventil ausbauen, DN 10 bis 25	St	0,290	12,00	14,80	17,50
Kappenventil ausbauen, DN 32 bis 50	St	0,362	15,20	18,70	21,90
Kappenventil ausbauen, DN 65 bis 100	St	0,435	19,10	22,50	26,30
Kappenventil ausbauen, DN 125 bis 200	St	0,580	24,20	29,60	34,70

Sicherheitsarmaturen	E	h	von	mittel	bis
Membran-Sicherheitsventil ausbauen, DN 10 bis 25	St	0,319	13,40	16,20	18,10
Membran-Sicherheitsventil ausbauen, DN 32 bis 50	St	0,392	17,10	20,70	23,80
Schwimmerentlüfter ausbauen	St	0,087	3,85	4,50	5,35
Luftabscheider ausbauen, DN 10 bis 25	St	0,334	14,20	16,90	20,20
Luftabscheider ausbauen, DN 32 bis 50	St	0,406	17,10	21,30	24,60
Luftabscheider ausbauen, DN 65 bis 100	St	0,493	21,10	26,00	29,60
Luftabscheider ausbauen, DN 125 bis 200	St	0,609	25,70	31,70	36,90
Thermische Ablaufsicherung ausbauen	St	0,102	4,30	5,15	5,90
Wassermangelsicherung ausbauen	St	0,174	7,15	8,90	10,40
Ablauftrichter, Sicherheitsventil, ausbauen	St	0,116	4,75	5,85	6,75

Heizungsregelung	E	h	von	mittel	bis
Vierwegemischer, Muffe, ausbauen, DN 15 bis 25	St	0,623	25,80	31,60	37,40
Vierwegemischer, Muffe, ausbauen, DN 32 bis 40	St	0,826	34,40	42,40	49,50
Vierwegemischer, Flansch, ausbauen, DN 25 bis 32	St	0,638	27,90	32,80	38,50
Vierwegemischer, Flansch, ausbauen, DN 40 bis 50	St	0,841	34,60	42,90	50,30
Vierwegemischer, Flansch, ausbauen, DN 65 bis 80	St	1,044	42,80	53,30	62,60

Vierwegemischer, Flansch, ausbauen, 100 bis 125	St	1,247	50,30	62,90	73,70
Vierwegemischer, Flansch, ausbauen, 150 bis 200	St	1,450	59,10	73,60	86,60
Dreiwegemischer, Muffe, ausbauen, DN 15 bis 25	St	0,623	25,80	31,60	37,40
Dreiwegemischer, Muffe, ausbauen, DN 32 bis 40	St	0,826	34,40	42,40	49,50
Dreiwegemischer, Flansch, ausbauen, DN 20 bis 32	St	0,580	24,10	29,60	34,70
Dreiwegemischer, Flansch, ausbauen, DN 40 bis 50	St	0,826	34,60	42,70	49,80
Dreiwegemischer, Flansch, ausbauen, DN 65 bis 80	St	0,986	41,30	50,20	59,10
Dreiwegemischer, Flansch, ausbauen, DN 100 bis 125	St	1,189	49,00	60,50	71,00
Dreiwegemischer, Flansch, ausbauen, DN 150 bis 200	St	1,392	56,60	70,60	83,20
Vierwegemischhahn, ausbauen, DN 20 bis 25	St	0,623	25,80	31,60	37,60
Vierwegemischhahn, ausbauen, DN 32 bis 40	St	0,826	34,40	42,40	49,50
Dreiwegemischhahn, ausbauen, DN 15 bis 25	St	0,623	25,50	31,40	37,00
Dreiwegemischhahn, ausbauen, DN 32 bis 40	St	0,826	34,60	42,70	49,80
Stellmotor, ausbauen	St	0,087	3,75	4,50	5,10
Dreiwegeventil ausbauen, DN 10 bis 25	St	0,247	10,10	12,40	14,70
Dreiwegeventil ausbauen, DN 32 bis 50	St	0,304	12,80	15,70	18,40
Dreiwegeventil ausbauen, DN 65 bis 100	St	0,362	15,20	18,70	21,90
Dreiwegeventil ausbauen, DN 125 bis 200	St	0,435	18,00	22,40	26,30
Regelung ausbauen	St	1,087	44,60	55,40	65,20

Fußbodenheizung	**E**	**h**	**von**	**mittel**	**bis**
Noppenplatte ausbauen	m^2	0,058	2,45	3,00	3,45
Trittschalldämmplatte ausbauen	m^2	0,043	1,90	2,15	2,45
Zusatz-Wärmedämmung ausbauen	m^2	0,029	1,35	1,55	1,65
Randdämmstreifen ausbauen	m	0,032	1,35	1,60	1,85
Dämmplatte, Verlegeraster, ausbauen	m^2	0,043	1,95	2,35	2,75

Abdeckfolie ausbauen	m^2	0,014	0,61	0,74	0,87
Rohrhalter ausbauen	St	0,017	0,70	0,88	1,05
Fußbodenheizrohr ausbauen	m	0,058	2,45	2,90	3,30
Heizkreisverteiler ausbauen, 0 bis 6 Heizkreise	St	0,725	30,50	36,70	43,80
Heizkreisverteiler ausbauen, 6 bis 12 Heizkreise	St	1,450	60,20	72,80	86,70
Heizkreisverteiler ausbauen, 12 bis 18 Heizkreise	St	1,885	78,60	96,80	113,00
Verteilerschrank ausbauen, 0 bis 6 Heizkreise	St	1,087	45,50	56,00	65,40
Verteilerschrank ausbauen, 6 bis 12 Heizkreise	St	1,813	75,60	93,10	108,50
Verteilerschrank ausbauen, 12 bis 18 Heizkreise	St	2,538	105,50	131,00	155,00
Einzelraumregelung ausbauen	St	0,261	11,50	13,70	15,80

Sockelleistenheizung	**E**	**h**	**von**	**mittel**	**bis**
Netzrohr ausbauen	St	0,478	19,70	23,80	28,20
Kupferdoppelbogen ausbauen	St	0,029	1,30	1,50	1,60
Metallverkleidung ausbauen	St	0,261	11,00	13,20	15,40
Ecke oder Endstück ausbauen	St	0,014	0,62	0,74	0,88

Wandheizung	**E**	**h**	**von**	**mittel**	**bis**
Klimaelement mit Lehm ausbauen	m^2	5,075	206,50	257,00	302,50

Tankanlagen und Armaturen	**E**	**h**	**von**	**mittel**	**bis**
Heizöltankanlage, ausbauen, bis 3000 Liter	St	20,300	827,00	1.031,00	1.214,00
Heizöltankanlage, ausbauen, bis 10000 Liter	St	50,750	2.067,00	2.576,00	3.030,00
Erdtankanlage ausbauen, 1000 bis 10000 Liter	St	36,250	1.484,00	1.840,00	2.174,00
Erdtankanlage ausbauen, 10000 bis 50000 Liter	St	55,100	2.239,00	2.794,00	3.314,00
Heizölhandpumpe ausbauen	St	0,080	3,40	4,20	4,95

© SIRADOS 01/24

Peilstab ausbauen	St	0,102	4,25	5,25	6,30
Grenzwertgeber ausbauen	St	0,203	8,25	10,30	12,30
Leckanzeigegerät ausbauen	St	0,609	25,10	31,10	36,80
Tankinhaltsanzeige ausbauen	St	0,681	28,40	34,90	40,90
Tankfüllverschluss ausbauen	St	0,725	29,90	36,90	42,80
Entlüftungshaube ausbauen	St	0,043	1,95	2,30	2,70
Stahlrohr ausbauen	m	0,362	15,30	18,70	22,20
Stahlbogen ausbauen	St	0,116	4,90	5,85	7,00
Sicherungsschelle ausbauen	St	0,072	3,15	3,85	4,60
Anschlussstück ausbauen	St	0,102	4,25	5,10	6,00
Füllstutzen ausbauen	St	0,290	12,00	14,90	17,80
Einbautür mit Rahmen ausbauen	St	0,478	19,80	24,60	28,90
Schnellschlussventil ausbauen	St	0,131	5,50	6,85	8,15
Heizölfilter ausbauen	St	0,348	14,60	17,90	21,30
Kupferrohr ausbauen, D = 6 bis 28 mm	m	0,420	17,50	21,70	25,70
Ölschlauch ausbauen	St	0,435	18,90	22,50	26,40

Flüssiggasanlagen und Armaturen	**E**	**h**	**von**	**mittel**	**bis**
Absaugen, Flüssiggas	psch		161,00	200,50	235,50
Lagerbehälter, erdgedeckt, ausbauen	psch		191,00	214,00	255,50
Auftriebsicherungsbänder ausbauen	St	0,290	11,90	14,50	16,50
Betonplatte, Auftriebsicherung, ausbauen	St	1,740	71,00	88,50	104,00
Lagerbehälter, halb oberirdisch, ausbauen	psch		212,00	230,50	273,50
Lagerbehälter, oberirdisch, ausbauen	psch		179,50	202,50	239,00
Fundamentplatte ausbauen	St	0,551	22,90	28,30	32,80
Behälterversorgungsanlage ausbauen	St	0,652	27,00	33,40	39,30

Magnetventil ausbauen	St	0,247	10,10	12,30	14,70
Notversorgungsgarnitur ausbauen	St	0,218	9,05	11,30	13,40
Kupferrohr, AP, ausbauen	m	0,232	10,40	12,10	14,10
Kupferrohr, UP, ausbauen	m	0,319	14,30	16,50	19,50
Kupferrohr, Graben, ausbauen	m	0,290	12,60	14,90	17,80
Rohrschelle ausbauen	St	0,072	3,00	3,55	4,15
Mauerdurchführung ausbauen	St	0,261	11,80	13,50	15,90
Lötübergang ausbauen	St	0,102	4,25	5,25	6,20
Kugelhahn ausbauen	St	0,043	2,10	2,35	2,75
Schnellschlussventil ausbauen	St	0,116	4,70	5,85	7,00
Verschraubung ausbauen	St	0,058	2,50	3,00	3,50
Abblaserohr ausbauen	St	0,087	3,55	4,40	5,25
Thermische Absperreinrichtung ausbauen	St	0,072	3,15	3,85	4,50

Abgasanlage, Edelstahl	**E**	**h**	**von**	**mittel**	**bis**
Abgasrohr, Edelstahl, ausbauen, D = 100 bis 150 mm	m	0,478	19,30	24,00	28,30
Abgasrohr, Edelstahl, ausbauen, D = 160 bis 200 mm	m	0,725	29,30	36,20	42,70
Abgasrohr, Edelstahl, ausbauen, D = 200 bis 300 mm	m	0,972	39,40	49,00	57,20
Abgasrohrbogen, Edelstahl, ausbauen, D = 100 bis 150 mm	St	0,232	9,25	11,50	13,70
Abgasrohrbogen, Edelstahl, ausbauen, D = 160 bis 200 mm	St	0,348	14,20	17,50	20,80
Abgasrohrbogen, Edelstahl, ausbauen, D = 200 bis 300 mm	St	0,464	19,80	23,40	27,40
Schiebestutzen, Edelstahl, ausbauen	St	0,362	15,00	18,30	21,60
Kopfabdeckung, Edelstahl, ausbauen	St	0,725	29,30	36,20	42,70

Kondensatsperre, Edelstahl, ausbauen	St	0,580	23,70	29,10	34,00
Kondensatschale, Edelstahl, ausbauen	St	0,507	20,60	25,50	30,00
Distanzhalter, Edelstahl, ausbauen	St	0,058	2,40	2,95	3,45
Klemmschelle, Edelstahl, ausbauen	St	0,072	3,15	3,85	4,60

Abgasanlage, Aluminium	**E**	**h**	**von**	**mittel**	**bis**
Abgasrohr, Aluminium, ausbauen	m	0,319	13,80	16,10	18,00
Abgasrohrbogen, Aluminium, ausbauen	St	0,160	6,45	8,00	9,55

Abgasanlage, Kunststoff	**E**	**h**	**von**	**mittel**	**bis**
Abgasrohr, Kunststoff, ausbauen	m	0,334	14,50	17,80	21,20
Abgasrohrbogen, Kunststoff, ausbauen	St	0,145	6,25	7,50	9,00
Abstandshalter, Kunststoff, ausbauen	St	0,043	2,00	2,30	2,60

Sonstige Leistungen	**E**	**h**	**von**	**mittel**	**bis**
Anzeichnen von Schlitzen und Durchbrüchen	n.A.		55,90	69,50	82,80
Bestehende Anlagenteile einbinden	n.A.		34,10	42,10	49,70

Rohrleitungen, Edelstahl	E	h	von	mittel	bis
Stahlrohr ausbauen, D = 12 bis 25 mm	m	0,218	8,55	11,40	13,90
Stahlrohr ausbauen, D = 32 bis 50 mm	m	0,290	11,60	14,80	18,70
Stahlrohr ausbauen, D = 65 bis 100 mm	m	0,464	19,90	23,10	29,50

Rohrleitungen, PE-X	E	h	von	mittel	bis
Rohr, PE-X, ausbauen, DN 12 bis 25	m	0,140	5,70	6,95	8,35
Rohr, PE-X, ausbauen, DN 32 bis 50	m	0,300	12,40	14,90	18,50

Rohrleitungen, Gewinderohr verzinkt	E	h	von	mittel	bis
Gewinderohr ausbauen, DN 8 bis 25	m	0,153	6,45	7,55	8,85
Gewinderohr ausbauen, DN 32 bis 50	m	0,200	8,20	9,70	10,70
Gewinderohr ausbauen, DN 65 bis 100	m	0,330	13,10	16,30	18,40

Rohrleitungen, Kupfer	E	h	von	mittel	bis
Kupferrohr ausbauen, D = 6 bis 28 mm	m	0,220	8,75	11,30	14,50
Kupferrohr ausbauen, D = 35 bis 54 mm	m	0,300	12,30	15,20	18,00
Kupferrohr ausbauen, D = 64 bis 108 mm	m	0,500	18,80	24,80	30,50

Rohrleitungen, Druckrohre	E	h	von	mittel	bis
Druckrohr ausbauen, DN 15 bis 40	m	0,250	9,40	12,40	15,70
Druckrohr ausbauen, DN 50 bis 80	m	0,350	13,40	17,50	21,40
Druckrohr ausbauen, DN 100 bis 150	m	0,435	17,50	22,50	27,80

© SIRADOS 01/24

Rohrleitungen, Verbundrohre	E	h	von	mittel	bis
Verbundrohr, ausbauen, DN 12 bis 25	m	0,145	6,00	7,20	9,65
Verbundrohr, ausbauen, DN 32 bis 50	m	0,350	14,70	18,00	23,20

Ventile	E	h	von	mittel	bis
Auslaufventil ausbauen	St	0,145	5,75	7,25	9,25
Auslaufventil, frostsicher, ausbauen	St	0,362	14,90	18,20	23,70
Durchgangsventil ausbauen, DN 15 bis 25	St	0,247	9,85	12,40	16,40
Durchgangsventil ausbauen, DN 32 bis 50	St	0,377	14,50	19,20	23,60
Schrägsitzventil ausbauen, DN 15 bis 25	St	0,261	9,95	13,30	16,50
Schrägsitzventil ausbauen, DN 32 bis 50	St	0,392	15,30	19,90	24,20
Schrägsitzventil ausbauen, DN 65 bis 80	St	0,507	19,60	25,70	30,00

Kugelhähne, Schieber	E	h	von	mittel	bis
Muffenkugelhahn ausbauen, DN 15 bis 25	St	0,290	11,70	14,40	18,70
Muffenkugelhahn ausbauen, DN 32 bis 50	St	0,377	15,10	19,00	24,60
Muffenabsperrschieber ausbauen, DN 15 bis 25	St	0,392	16,10	19,90	25,40
Muffenabsperrschieber ausbauen, DN 32 bis 50	St	0,566	22,80	28,30	36,80

Belüfter, Druckminderer	E	h	von	mittel	bis
Rohrbelüfter ausbauen	St	0,275	11,00	14,00	18,10
Druckminderer ausbauen, DN 15 bis 25	St	0,551	21,90	28,30	34,20
Druckminderer ausbauen, DN 32 bis 50	St	0,943	36,70	48,00	60,00
Manometer ausbauen	St	0,218	8,75	11,00	14,40

Schmutzfänger	E	h	von	mittel	bis
Schmutzfänger ausbauen, DN 15 bis 25	St	0,270	9,50	13,80	18,70
Schmutzfänger ausbauen, DN 32 bis 50	St	0,380	14,70	19,20	22,60
Flansch-Schmutzfänger ausbauen, DN 15 bis 32	St	0,520	20,60	26,00	31,80
Flansch-Schmutzfänger ausbauen, DN 40 bis 80	St	0,920	35,90	45,70	51,60
Flansch-Schmutzfänger ausbauen, DN 100 bis 150	St	1,760	69,30	87,20	106,00
Gasfilter ausbauen, DN 15 bis 25	St	0,270	10,10	13,50	17,60
Gasfilter ausbauen, DN 32 bis 50	St	0,390	15,10	19,50	25,20
Gasfilter, mit Flansch, ausbauen, DN 15 bis 32	St	0,520	21,80	26,10	31,90
Gasfilter, mit Flansch, ausbauen, DN 40 bis 80	St	0,920	33,40	45,70	59,70
Gasfilter, mit Flansch, ausbauen, DN 100 bis 150	St	1,770	67,90	87,60	102,00

Rückflussverhinderer, Rohrtrenner	E	h	von	mittel	bis
Rückflussverhinderer ausbauen, DN 15 bis 25	St	0,275	10,90	14,30	17,00
Rückflussverhinderer ausbauen, DN 32 bis 50	St	0,406	16,00	20,50	25,60
Rohrtrenner ausbauen, DN 15 bis 25	St	0,290	11,20	15,00	18,00
Rohrtrenner ausbauen, DN 32 bis 50	St	0,420	16,30	21,30	26,40

Wasserzähler	E	h	von	mittel	bis
Wasserzähler ausbauen	St	0,667	26,40	34,30	42,50
Hauswasserzähler ausbauen, DN 20 bis 40	St	0,681	27,10	35,00	43,50

Rohrbegleitheizung	E	h	von	mittel	bis
Rohrbegleitheizung mit Zubehör ausbauen	m	0,362	14,60	18,30	23,30

© SIRADOS 01/24

Mehrsparten-Hausanschlussschränke	E	h	von	mittel	bis
Hausanschlussschrank ausbauen	St	2,900	111,50	146,50	185,50

Sonstige Leistungen	E	h	von	mittel	bis
Anzeichnen von Schlitzen und Durchbrüchen	n.A.		55,90	69,50	82,80
Bestehende Anlagenteile einbinden	n.A.		34,10	42,10	49,70
Elektrische Anlagenüberprüfung für Dritte	n.A.		53,95	67,10	80,00
Funktionsmessung von GWA-Anlagen	n.A.		53,80	67,10	80,00
Hydraulischer Abgleich Trinkwasser	n.A.		53,80	67,10	80,00
Wasseranalyse mit Gutachten	St		75,00	89,00	105,00
Legionellenuntersuchung mit Gutachten	St		52,00	65,00	78,00

344 Abwasserinstallation – Leitungen, Abläufe

Rohrleitungen, Guss	E	h	von	mittel	bis
Rohr, Guss, ausbauen, DN 40 bis 100	m	0,478	19,70	24,50	29,20
Rohr, Guss, ausbauen, DN 125 bis 200	m	0,609	24,80	30,90	36,80

Rohrleitungen, Stahl	E	h	von	mittel	bis
Rohr, Stahl, ausbauen, DN 40 bis 100	m	0,377	15,40	19,20	22,90
Rohr, Stahl, ausbauen, DN 125 bis 200	m	0,507	20,20	25,10	30,10

Rohrleitungen, HT, PP	E	h	von	mittel	bis
HT-Rohr, PP, ausbauen, DN 40 bis 100	m	0,392	16,25	20,20	24,00
HT-Rohr, PP, ausbauen, DN 125 bis 200	m	0,522	21,40	26,60	31,50

Rohrleitungen, PE	E	h	von	mittel	bis
Rohr, PE, ausbauen, DN 40 bis 100	m	0,362	14,60	18,20	21,60
Rohr, PE, ausbauen, DN 125 bis 200	m	0,493	20,20	25,10	30,00

Bögen, Guss	E	h	von	mittel	bis
Bogen, Guss, ausbauen, DN 40 bis 100	St	0,116	4,85	6,05	7,20
Bogen, Guss, ausbauen, DN 125 bis 200	St	0,174	7,10	8,80	10,50
Doppelbogen, Guss, ausbauen, DN 40 bis 100	St	0,145	6,00	7,40	8,85
Doppelbogen, Guss, ausbauen, DN 125 bis 200	St	0,203	8,80	11,00	13,10
Objektanschlussbogen, Guss, ausbauen	St	0,072	3,15	3,90	4,60
WC-Bogen, Guss, ausbauen	St	0,131	5,45	6,70	7,90

 © SIRADOS 01/24

Bögen, HT, PP	E	h	von	mittel	bis
HT-Bogen ausbauen, DN 40-100	St	0,058	2,60	3,10	3,70
HT-Bogen ausbauen, DN 125 bis 200	St	0,087	3,60	4,50	5,30

Abzweige und Übergänge, Guss	E	h	von	mittel	bis
Abzweig, Guss, ausbauen, DN 40 bis 100	St	0,275	11,20	13,90	16,60
Abzweig, Guss, ausbauen, DN 125 bis 200	St	0,334	13,70	17,10	20,30
Übergangsrohr, Guss, ausbauen, DN 40 bis 100	St	0,116	4,85	6,00	7,10
Übergangsrohr, Guss, ausbauen, DN 125 bis 200	St	0,174	7,10	8,80	10,40

Abzweige und Übergänge, HT, PP	E	h	von	mittel	bis
HT-Abzweig ausbauen, DN 40 bis 100	St	0,247	10,00	12,50	14,95
HT-Abzweig ausbauen, DN 125 bis 200	St	0,304	12,40	15,50	18,40
HT-Anschlussstück ausbauen, DN 40 bis 100	St	0,131	5,40	6,65	7,85
HT-Anschlussstück ausbauen, DN 125 bis 200	St	0,160	6,65	8,10	9,65
HT-Übergangsrohr ausbauen, DN 40 bis 100	St	0,116	4,85	6,00	7,10
HT-Übergangsrohr ausbauen, DN 125 bis 200	St	0,174	7,15	8,85	10,50

Passrohre und Anschlussstücke, Guss	E	h	von	mittel	bis
Anschlussstück, Guss, ausbauen, DN 40 bis 100	St	0,334	13,60	16,80	19,70
Anschlussstück, Guss, ausbauen, DN 125 bis 200	St	0,392	16,40	20,20	24,00

Muffen, HT usw., PP	E	h	von	mittel	bis
HT-Doppelmuffe ausbauen, DN 40 bis 100	St	0,102	4,50	5,55	6,65
HT-Doppelmuffe ausbauen, DN 125 bis 200	St	0,145	5,85	7,20	8,55
HT-Aufsteckmuffe ausbauen, DN 40 bis 100	St	0,131	5,80	7,10	8,45

HT-Aufsteckmuffe ausbauen, DN 125 bis 200	St	0,160	6,65	8,10	9,65
HT-Sifonwinkel ausbauen	St	0,087	3,65	4,50	5,30

Verbindungen usw., Guss	**E**	**h**	**von**	**mittel**	**bis**
CV-Verbindungen ausbauen, DN 40 bis 100	St	0,043	1,95	2,35	2,80
CV-Verbindungen ausbauen, DN 125 bis 200	St	0,072	3,05	3,75	4,50
Konfix-Verbindung ausbauen, DN 40 bis 100	St	0,058	2,50	3,05	3,65
Konfix-Verbindung ausbauen, DN 125 bis 200	St	0,102	4,15	5,10	6,00

Dunstrohre, Einfassungen usw.	**E**	**h**	**von**	**mittel**	**bis**
Dunstrohr ausbauen	St	1,087	44,90	56,00	67,00
Dunstrohreinfassung ausbauen	St	1,015	41,20	51,20	61,30
Verbindungsstück ausbauen	St	0,116	4,85	6,00	7,10
Übergangsstück ausbauen	St	0,087	3,65	4,50	5,30

Bodenentwässerung	**E**	**h**	**von**	**mittel**	**bis**
Bodenablauf freilegen, DN 40 bis 70	St	1,450	57,40	71,40	85,55
Bodenablauf freilegen, DN 100	St	1,929	77,70	97,10	116,25
Bodenablauf ausbauen, DN 40 bis 70	St	0,478	19,60	24,10	28,80
Bodenablauf ausbauen, DN 100	St	0,507	20,80	26,00	31,00

Mauerdurchführungen	**E**	**h**	**von**	**mittel**	**bis**
Durchführung ausbauen, Wanddicke 20 cm, DN 40 bis 100	St	0,392	16,30	20,20	23,70
Durchführung ausbauen, Wanddicke 20 cm, DN 125 bis 200	St	0,420	17,30	21,50	25,60

© SIRADOS 01/24

Durchführung ausbauen, Wanddicke 30 cm, DN 40 bis 100	St	0,450	18,40	22,90	27,20
Durchführung ausbauen, Wanddicke 30 cm, DN 125 bis 200	St	0,478	19,40	24,10	28,80
Durchführung ausbauen, Wanddicke 40 cm, DN 40 bis 100	St	0,507	20,80	26,00	31,00
Durchführung ausbauen, Wanddicke 40 cm, D N 125 bis 200	St	0,536	21,80	27,10	32,50
Durchführung ausbauen, Wanddicke 50 cm, DN 40 bis 100	St	0,566	23,10	28,80	34,40
Durchführung ausbauen, Wanddicke 50 cm, DN 125 bis 200	St	0,500	20,80	26,00	31,00
Mehrsparten-Hauseinführung, Wand, ausbauen	St	2,175	88,05	110,00	132,00

Sonstige Leistungen	**E**	**h**	**von**	**mittel**	**bis**
Anzeichnen von Schlitzen und Durchbrüchen	n.A.		55,90	69,50	82,80
Bestehende Anlagenteile einbinden	n.A.		34,10	42,10	49,70

345 GWA – Einrichtung, Sanitärausstattung

13451 Sanitärausstattung, Einrichtungsgegenstände

Montageelemente, Bade- und Brausewannen	**E**	**h**	**von**	**mittel**	**bis**
Montageelement, Badewanne, ausbauen	St	1,276	47,80	62,70	77,90
Montageelement, Duschwanne, ausbauen	St	1,377	51,60	66,10	83,40

Montageelemente, Waschtische	**E**	**h**	**von**	**mittel**	**bis**
Montageelement, Waschtisch, ausbauen	St	1,131	42,60	55,60	68,80
Installationsregister Waschtisch, ausbauen	St	0,900	32,40	42,90	52,90

Montageelemente, WC	**E**	**h**	**von**	**mittel**	**bis**
Montageelement, WC, ausbauen	St	1,247	52,90	61,20	69,40
Betätigungsplatte ausbauen	St	0,029	1,20	1,45	1,65

Montageelemente, Urinale	**E**	**h**	**von**	**mittel**	**bis**
Montageelement, Urinal, ausbauen	St	0,972	36,50	47,90	59,50

Montageelemente, Sitzwaschbecken	**E**	**h**	**von**	**mittel**	**bis**
Montageelement, Sitzwaschbecken, ausbauen	St	0,696	26,20	34,40	42,70

Wannenträger, Verkleidung, Füße usw.	**E**	**h**	**von**	**mittel**	**bis**
Wannenträger, Badewanne, ausbauen	St	0,580	23,30	28,60	33,10
Wannenträger, Duschwanne, ausbauen	St	0,392	16,10	19,30	20,60
Wannenfuß ausbauen	St	0,218	9,65	10,80	12,70

© SIRADOS 01/24

Bade- und Brausewannen	E	h	von	mittel	bis
Badewanne ausbauen	St	2,900	109,00	144,00	177,50
Duschwanne ausbauen	St	1,813	67,70	89,00	111,00
Badewanne aus- und wieder einbauen	St	5,400	243,00	314,50	388,50
Duschwanne aus- und wieder einbauen	St	4,000	169,00	221,50	280,50

Waschtische und Waschtischsäulen	E	h	von	mittel	bis
Handwaschbecken ausbauen	St	0,797	32,20	37,90	45,10
Waschtisch ausbauen	St	0,957	38,30	46,20	53,80
Doppelwaschtisch ausbauen	St	1,247	51,30	61,20	71,70
Handwaschbecken aus- und wieder einbauen	St	2,600	124,00	152,00	173,00
Waschtisch aus- und wieder einbauen	St	2,800	124,50	150,50	177,00
Doppelwaschtisch aus- und wieder einbauen	St	3,000	140,00	171,50	204,50

WC, Urinale und Sitzwaschbecken	E	h	von	mittel	bis
WC-Anlage ausbauen	St	0,725	27,40	35,60	44,50
WC-Sitz ausbauen	St	0,290	10,80	14,30	18,00
Spülkasten ausbauen	St	0,362	14,00	18,00	22,20
Urinal ausbauen	St	0,754	28,40	37,40	46,00
Sitzwaschbecken ausbauen	St	0,972	36,50	47,90	59,50
WC-Anlage aus- und wieder einbauen	St	3,200	137,50	172,50	221,50
Urinal aus- und wieder einbauen	St	2,700	120,00	153,00	195,50
Sitzwaschbecken aus- und wieder einbauen	St	3,400	147,00	189,00	237,00

Spülbecken, Unterschränke usw.	E	h	von	mittel	bis
Spüle ausbauen, l = bis 1000 mm	St	0,870	35,00	42,80	51,30

Spüle ausbauen, l = bis 1500 mm	St	1,160	46,90	57,40	66,00
Unterschrank, Spüle, ausbauen	St	0,725	30,90	35,60	42,20
Ausgussbecken ausbauen	St	0,841	34,50	41,50	48,10
Spüle aus- und wieder einbauen, l = bis 1000 mm	St	2,175	89,10	108,00	120,00
Spüle aus- und wieder einbauen, l = bis 1500 mm	St	2,465	99,10	122,50	145,00
Ausgussbecken aus- und wieder einbauen	St	3,335	142,50	171,50	189,50

Armaturen, Bade- und Brausewannen	**E**	**h**	**von**	**mittel**	**bis**
Badebatterie, ausbauen	St	0,247	9,20	12,10	15,30
Wanneneinlauf ausbauen	St	0,174	6,45	8,75	10,80
Brausebatterie, ausbauen	St	0,247	9,40	12,00	15,50
Kopfbrause ausbauen	St	0,493	18,70	24,60	30,50
Brausegarnitur ausbauen	St	0,218	8,30	10,60	13,50
Badebatterie, aus- und wieder einbauen	St	1,200	51,30	67,30	83,30
Wanneneinlauf, aus- und wieder einbauen	St	0,600	28,40	37,40	46,00
Brausebatterie, aus- und wieder einbauen	St	1,200	51,20	65,60	83,10
Kopfbrause aus- und wieder einbauen	St	0,650	29,90	39,20	48,40
Brausegarnitur aus- und wieder einbauen	St	0,550	23,90	31,10	38,60

Armaturen, Waschtische	**E**	**h**	**von**	**mittel**	**bis**
Waschtischbatterie ausbauen	St	0,623	23,60	30,80	38,20
Standventil ausbauen	St	0,450	16,80	22,20	27,50
Waschtischbatterie aus- und wieder einbauen	St	1,100	50,50	64,20	82,10
Standventil aus- und wieder einbauen	St	0,700	32,20	39,10	52,40

 © SIRADOS 01/24

Armaturen, WC, Urinale, Sitzwaschbecken	E	h	von	mittel	bis
WC-Spüler ausbauen	St	0,203	7,60	10,20	12,70
Urinal-Spüler ausbauen	St	0,450	16,90	21,60	28,10
Sitzwaschbeckenbatterie ausbauen	St	0,667	25,10	32,90	40,90
WC-Spüler aus- und wieder einbauen	St	0,550	24,70	32,20	40,00
Urinal-Spüler aus- und wieder einbauen	St	1,000	43,10	56,50	70,00
Sitzwaschbeckenbatterie, aus- und wieder einbauen	St	1,100	47,40	62,30	77,20

Armaturen, Spültische	E	h	von	mittel	bis
Spültischbatterie ausbauen	St	0,696	26,20	34,40	42,70
Spültischbatterie aus- und wieder einbauen	St	1,700	65,00	92,40	106,50

Armaturen, Elektronik	E	h	von	mittel	bis
Brausebatterie, Elektronik, ausbauen	St	0,725	27,40	35,00	44,50
Waschtischbatterie, Elektronik, ausbauen	St	0,681	25,80	33,60	41,60
WC-Spülbatterie, Elektronik, ausbauen	St	0,797	29,90	39,30	48,70
Urinal-Spülbatterie, Elektronik, ausbauen	St	0,870	32,70	42,80	53,60

Niederdruck-Armaturen, Warmwassergeräte	E	h	von	mittel	bis
Badebatterie ausbauen	St	0,420	15,90	21,10	25,90
Brausebatterie ausbauen	St	0,435	16,50	21,60	26,80
Waschtischbatterie ausbauen	St	0,450	16,80	22,20	27,50
Spültischbatterie ausbauen	St	0,464	17,60	23,00	28,60
Badebatterie aus- und wieder einbauen	St	1,400	56,40	74,10	91,70
Brausebatterie aus- und wieder einbauen	St	1,350	55,70	73,40	91,30

Waschtischbatterie aus- und wieder einbauen	St	1,100	49,10	64,50	79,80
Spültischbatterie aus- und wieder einbauen	St	1,100	45,10	59,20	73,10

Anschlussventile	**E**	**h**	**von**	**mittel**	**bis**
Eckventil ausbauen	St	0,116	4,45	5,65	7,05
Eckventil aus- und wieder einbauen	St	0,370	15,60	20,60	25,60

Ab- und Überlaufgarnituren	**E**	**h**	**von**	**mittel**	**bis**
Ab- und Überlaufgarnituren ausbauen	St	1,450	53,60	71,10	89,00
Geruchsverschluss ausbauen	St	0,334	12,70	15,90	20,60
Fertigablauf ausbauen	St	0,450	16,80	22,20	27,50
Waschgerätesifon ausbauen	St	1,667	62,40	82,20	101,50

Bade-, WC- und Waschraumeinrichtungen	**E**	**h**	**von**	**mittel**	**bis**
Handtuchhalter ausbauen	St	0,087	3,40	4,35	5,35
Handtuch- oder Mantelhaken ausbauen	St	0,102	4,05	4,80	6,25
Badetuchhalter ausbauen	St	0,203	7,60	10,20	12,70
Wannengriff ausbauen	St	0,189	7,05	9,30	11,80
Papierrollenhalter ausbauen	St	0,087	3,40	4,35	5,35
WC-Bürstengarnitur ausbauen	St	0,102	4,05	4,80	6,25
Spiegel ausbauen	St	0,348	13,20	17,40	21,60
Ablageplatte ausbauen	St	0,145	5,65	6,85	9,20
Seifenablage ausbauen	St	0,072	2,85	3,75	4,45
Glashalter ausbauen	St	0,131	4,95	6,45	8,30
Seifenspender ausbauen	St	0,420	15,90	21,10	25,90
Handtuchspender ausbauen	St	0,493	18,70	23,90	30,20

 © SIRADOS 01/24

Hände- Warmlufttrockner ausbauen	St	0,435	16,50	21,20	26,80
Haartrockner ausbauen	St	0,406	15,50	20,20	24,90
Duschvorhangstangen ausbauen	St	0,580	21,80	28,60	35,40
Urinal-Trennwand ausbauen	St	0,652	24,70	32,20	40,00

Warmwassergeräte, Elektro	**E**	**h**	**von**	**mittel**	**bis**
Kochendwassergerät ausbauen	St	0,667	28,60	32,90	38,50
Warmwasserspeicher ausbauen	St	0,681	28,20	33,60	39,50
Durchlauferhitzer ausbauen	St	1,117	42,00	55,20	65,80
Standspeicher ausbauen	St	2,610	97,60	130,00	159,00
Kochendwassergerät aus- und wieder einbauen	St	2,000	85,00	112,00	140,50
Warmwasserspeicher aus- und wieder einbauen	St	1,500	66,50	84,20	108,50
Durchlauferhitzer aus- und wieder einbauen	St	2,200	191,00	251,50	313,50

Warmwassergeräte, Gas	**E**	**h**	**von**	**mittel**	**bis**
Gas-Wasserheizer ausbauen	St	3,016	112,50	149,50	186,50
Heißwasserspeicher ausbauen	St	3,045	114,50	150,50	189,00

Badeöfen	**E**	**h**	**von**	**mittel**	**bis**
Badeofen und Unterofen ausbauen	St	2,320	86,60	114,50	143,00

Abgasanschlüsse, Warmwassergeräte	**E**	**h**	**von**	**mittel**	**bis**
Abgasrohr ausbauen, bis 1000 mm	St	0,247	9,30	12,00	15,30
Abgasrohr-Bogen ausbauen	St	0,218	8,30	10,80	13,50
Abgasrohr-T-Stück ausbauen	St	0,232	8,75	11,70	14,30

Duschabtrennungen, Duschkabinen	E	h	von	mittel	bis
Duschabtrennung, Gleittür, ausbauen	St	0,696	26,40	34,40	40,80
Duschabtrennung, Seitenteil, ausbauen	St	0,580	22,10	28,60	35,40
Duschabtrennung, Runddusche, ausbauen	St	2,117	78,40	103,50	130,00
Duschabtrennung, Badewanne, ausbauen	St	0,812	30,50	40,00	49,50
Duschkabine ausbauen	St	2,175	81,00	106,50	135,00

Sonstige Leistungen	E	h	von	mittel	bis
Anzeichnen von Schlitzen und Durchbrüchen	n.A.		55,90	69,50	82,80
Bestehende Anlagenteile einbinden	n.A.		34,10	42,10	49,70

13452 Sanitärausstattung, medizinischer Bereich

Sonstige Leistungen	E	h	von	mittel	bis
Anzeichnen von Schlitzen und Durchbrüchen	n.A.		55,90	69,50	82,80
Bestehende Anlagenteile einbinden	n.A.		34,10	42,10	49,70

© SIRADOS 01/24

346 GWA – Betriebseinrichtung

Hauswasserstationen	E	h	von	mittel	bis
Hauswasserstation ausbauen, DN 15 bis 25	St	0,910	38,70	47,40	56,60
Hauswasserstation ausbauen, DN 32 bis 50	St	1,650	72,10	86,60	99,50

Wasseraufbereitung	E	h	von	mittel	bis
Feinfilter ausbauen	St	0,638	26,70	33,20	39,40

Hebeanlagen	E	h	von	mittel	bis
Hebeanlage, Unterflurinstallation, ausbauen	St	1,500	62,50	77,70	92,90
Hebeanlage, Überflurinstallation, ausbauen	St	0,400	17,20	21,40	25,40
Fäkalien-Hebeanlage ausbauen	St	2,500	105,50	131,50	157,00
Verbindung, elastisch, ausbauen	St	0,050	2,35	2,80	3,15
Rückschlagklappe ausbauen	St	0,070	3,05	3,75	4,50
Keilflachschieber ausbauen	St	0,080	3,55	4,20	5,00
Hosenrohr ausbauen	St	0,100	4,20	5,20	6,20
Handmembranpumpe ausbauen	St	0,300	12,90	15,80	18,80
Fäkalien-Zerkleinerer ausbauen	St	0,420	17,70	22,00	26,40

Regenwassersammelanlagen	E	h	von	mittel	bis
Hausspeicher ausbauen	St	0,870	36,40	45,30	54,10
Filtersammler ausbauen	St	0,797	33,40	41,50	49,50
Regenwasserversorgungsanlagen ausbauen	St	0,972	40,80	50,70	60,30
Erdspeicher ausbauen, bis 10 m^3	St	3,625	151,00	187,50	225,00

Erdspeicher ausbauen, 11 bis 25 m^3	St	4,350	178,50	223,00	266,00
Erdspeicher ausbauen, 26 bis 50 m^3	St	5,075	213,50	265,50	318,00

Sonstige Leistungen	**E**	**h**	**von**	**mittel**	**bis**
Anzeichnen von Schlitzen und Durchbrüchen	n.A.		55,90	69,50	82,80
Bestehende Anlagenteile einbinden	n.A.		34,10	42,10	49,70
Elektrische Anlagenüberprüfung für Dritte	n.A.		53,95	67,10	80,00
Funktionsmessung von GWA-Anlagen	n.A.		53,80	67,10	80,00
Hydraulischer Abgleich Trinkwasser	n.A.		53,80	67,10	80,00
Wasseranalyse mit Gutachten	St		75,00	89,00	105,00
Legionellenuntersuchung mit Gutachten	St		52,00	65,00	78,00

© SIRADOS 01/24

347 Dämmarbeiten – betriebstechnische Anlagen

13471 Dämmarbeiten, Sanitär

Dämmschalen, Rohrleitungen, Sanitär	E	h	von	mittel	bis
Dämmschale, Kunststoff-Mantel, ausbauen	m	0,070	3,00	3,70	4,30
Dämmbogen, Kunststoff-Mantel, ausbauen	St	0,030	1,25	1,55	1,80
Dämmschale, Steinwolle, ausbauen	m	0,070	3,00	3,70	4,30
Endmanschette ausbauen	St	0,015	0,66	0,81	0,96

Dämmschlauch, Rohrleitungen, Sanitär	E	h	von	mittel	bis
Dämmschlauch ausbauen	m	0,058	2,15	2,65	2,90
Dämmplatte ausbauen	m^2	0,087	3,30	4,05	4,85
Wickelstreifen ausbauen	m	0,043	1,65	2,05	2,40

Dämmung, Armaturen, Sanitär	E	h	von	mittel	bis
Dämmkappe, Armaturen, ausbauen	St	0,072	2,95	3,65	4,05

Dämmung, Rohrleitungen, Abwasser	E	h	von	mittel	bis
Dämmschlauch ausbauen	m	0,058	2,25	2,75	3,25
Dämmbogen ausbauen	St	0,029	1,15	1,35	1,65
Dämmabzweig ausbauen	St	0,043	1,65	2,00	2,40

13472 Dämmarbeiten, Heizung

Dämmschalen, Rohrleitungen, Heizung	E	h	von	mittel	bis
Dämmschale, Kunststoff-Mantel, ausbauen	m	0,060	2,50	3,05	3,60

Dämmbogen, Kunststoff-Mantel, ausbauen	St	0,030	1,25	1,55	1,80
Endmanschette ausbauen	St	0,016	0,67	0,81	0,97

Dämmschlauch, Rohrleitungen, Heizung	**E**	**h**	**von**	**mittel**	**bis**
Dämmschlauch ausbauen	m	0,058	2,30	2,75	2,95
Dämmplatte ausbauen	m^2	0,087	3,65	4,45	5,25
Wickelstreifen ausbauen	m	0,043	1,70	2,05	2,20

Dämmung, Rohrleitungen, Heizung	**E**	**h**	**von**	**mittel**	**bis**
Dämmschale, Stahlmantel, ausbauen	m	0,072	2,85	3,50	4,10
Dämmschlauch, UV-beständig, ausbauen	m	0,058	2,25	2,70	3,25

Dämmung, Armaturen, Heizung	**E**	**h**	**von**	**mittel**	**bis**
Dämmkappe, Armaturen, ausbauen	St	0,072	2,95	3,55	3,95

 © SIRADOS 01/24

349 Feuerlöschanlagen und -geräte

Tragbare Feuerlöscher	E	h	von	mittel	bis
Feuerlöscher entfernen und entsorgen	St	0,030	1,30	1,65	1,90
Wandhalter für Feuerlöscher ausbauen	St	0,100	4,35	5,30	6,30

Feuerlöscher-Wandschränke und -ständer	E	h	von	mittel	bis
Einbauschrank für Feuerlöscher ausbauen	St	0,300	13,40	16,60	19,80
Aufputzschrank für Feuerlöscher ausbauen	St	0,170	7,80	9,30	11,20
Doppelaufputzschrank, Feuerlöscher, ausbauen	St	0,350	15,60	19,30	22,40
Fußständer für Feuerlöscher ausbauen	St	0,040	1,75	2,15	2,50

Fahrbare Feuerlöschgeräte	E	h	von	mittel	bis
Löschgerät ausbauen	St	0,050	2,15	2,65	3,10

Wandhydranten, Hydrantenstandrohre	E	h	von	mittel	bis
Wandschrank ausbauen	St	0,170	7,65	9,55	11,20
Einbauschrank ausbauen	St	0,300	13,40	16,60	19,80

Manuelle Brandbekämpfungsmittel	E	h	von	mittel	bis
Löschdecke entfernen	St	0,030	1,30	1,65	1,90

Schilder für den Brandschutz	E	h	von	mittel	bis
Schild ausbauen	St	0,200	8,20	10,20	12,10

Rauchmelder	**E**	**h**	**von**	**mittel**	**bis**
Rauchmelder, demontieren	St	0,200	8,50	10,50	12,40

 © SIRADOS 01/24

350 Blitzschutz-, Erdungsanlagen, Überspannungsschutz

13501 Erdung, Schutzpotentialausgleich

Leitungskomponenten	E	h	von	mittel	bis
Fundamenterder ausbauen	m	0,080	5,75	7,10	8,50
Verbindungsleitungen ausbauen	m	0,070	4,35	5,20	6,10
Leitungshalter ausbauen	St	0,050	2,60	3,20	3,80
Verbindungsklemme ausbauen	St	0,050	2,55	3,05	3,65

Wanddurchführungen	E	h	von	mittel	bis
Wanddurchführung mit Flanschplatte ausbauen, bis 50 cm	St	0,100	5,75	7,15	8,55
Wanddurchführung mit Flanschplatte ausbauen, bis 70 cm	St	0,130	6,70	8,30	9,55

Staberder	E	h	von	mittel	bis
Profilstaberder ausbauen, bis 2 m	St	0,330	16,30	19,70	23,60
Tiefenerder ausbauen, Durchmesser bis 25 mm	St	0,330	16,40	20,40	23,20

Fang- und Erdeinführungsstangen	E	h	von	mittel	bis
Erdeinführungsstange ausbauen, bis 2 m	St	0,400	19,60	24,20	27,70

Schutz-, Trennfunkenstrecken	E	h	von	mittel	bis
Trennfunkenstrecke ausbauen	St	0,250	10,40	12,80	15,30
Schutzfunkenstrecke ausbauen	St	0,250	11,60	14,20	17,00

Schutzpotentialausgleich	E	h	von	mittel	bis
Potentialausgleichsschienen, für Innenbereich ausbauen	St	0,650	31,50	39,20	47,00

Erdungsschellen	E	h	von	mittel	bis
Erdungsbandschelle ausbauen	St	0,090	4,50	5,55	6,35
Erdungsschelle ausbauen	St	0,080	4,00	4,90	5,65

Trennstellenkästen/Zubehör	E	h	von	mittel	bis
Unterputz-Trennstellenkasten ausbauen	St	0,400	17,65	21,95	26,30

13502 Äußerer Blitzschutz

Leitungskomponenten	E	h	von	mittel	bis
Runddraht ausbauen, bis 10 mm	m	0,070	4,45	4,85	5,80
Leitungshalter ausbauen	St	0,050	2,60	3,20	3,75

Fangeinrichtungen	E	h	von	mittel	bis
Abstandshalter, ausbauen	St	0,250	11,00	13,70	16,40
Auffang- und Ableitungen ausbauen	m	0,230	10,10	12,60	15,00

Dachleitungshalter/Dachdurchführungen	E	h	von	mittel	bis
Dachleitungshalter ausbauen	St	0,070	3,60	4,35	4,85
Dachdurchführung ausbauen	St	0,110	5,90	7,25	8,60

Anschlüsse, Verbindungs-, Trennstellen	E	h	von	mittel	bis
Wasser-, Heizleitung, Anschlüsse ausbauen	St	0,060	2,75	3,40	4,05
Regenrinnen, Anschluss ausbauen	St	0,070	3,55	4,20	5,00
Schneefanggitter, Anschluss ausbauen	St	0,080	3,85	4,75	5,70
Antennen-Standrohre, Anschluss ausbauen	St	0,070	3,40	4,20	4,95

© SIRADOS 01/24

Schutz-, Trennfunkenstrecken	E	h	von	mittel	bis
Trennfunkenstrecke ausbauen	St	0,250	11,00	13,70	16,40
Schutzfunkenstrecke ausbauen	St	0,250	11,40	14,00	16,80

Rohrschellen	E	h	von	mittel	bis
Rohrschelle ausbauen	St	0,080	4,15	5,10	6,10

Bauteile weiche Dächer	E	h	von	mittel	bis
Holzpfahl ausbauen	St	0,650	30,65	38,25	45,85
Traufstütze aus Stahl ausbauen	St	0,600	28,18	35,20	42,20

13503 Überspannungsschutz

Überspannungsschutz, Stromversorgung AC	E	h	von	mittel	bis
Überspannungs-Ableiter ausbauen	St	0,150	6,75	8,30	9,90
Blitzstrom-Ableiter ausbauen	m	0,034	1,55	1,90	2,20
Kombiableiter ausbauen	St	0,034	1,78	2,21	2,64

Überspannungsschutz, Photovoltaik	E	h	von	mittel	bis
Photovoltaik-Überspannungsableiter ausbauen	St	0,034	1,78	2,21	2,64

13504 EX-Blitzschutz, Überspannungsschutz

EX-Blitzschutz, Erdung	E	h	von	mittel	bis
EX-Rohrbandschelle ausbauen	St	0,080	3,80	4,70	5,40
EX-Leitungshalter ausbauen	St	0,050	2,55	3,15	3,75

EX-Schutzpotentialausgleich	E	h	von	mittel	bis
Ex-Potentialausgleichsschienen ausbauen	St	0,650	32,60	38,20	43,60

EX-Überspannungsschutz	E	h	von	mittel	bis
EX-Reihenschutzgerät ausbauen	St	0,035	1,85	2,30	2,75

© SIRADOS 01/24

353 Niederspannungsanlagen – Kabel, Verlegesysteme

13531 Niederspannungsanlagen – Kabel, Verlegesysteme

Kabel	E	h	von	mittel	bis
Kabel, ausbauen, 1,5 bis 240 mm^2	m	0,080	4,20	5,20	6,10
Erdkabel, ausbauen, 1,5 bis 240 mm^2	m	0,150	7,05	8,60	10,20

Leitungen	E	h	von	mittel	bis
Leitung, ausbauen, 1,5 bis 35 mm^2	m	0,060	2,45	3,00	3,55

Verlegesysteme	E	h	von	mittel	bis
Kabelrinne mit Zubehör ausbauen	m	0,150	6,75	7,70	8,80

Installationskanäle	E	h	von	mittel	bis
Leitungsführungs-Kanal mit Zubehör, ausbauen	m	0,100	3,95	4,90	5,85
Fensterbankkanal mit Zubehör, ausbauen	m	0,120	4,75	5,85	6,90
Fensterbankkanaldose ausbauen	St	0,070	2,75	3,40	3,95
Brüstungskanal mit Zubehör, ausbauen	m	0,160	6,45	7,95	9,35
Brüstungskanaldose ausbauen	St	0,080	3,15	3,80	4,40

Installationsrohre	E	h	von	mittel	bis
Isolierrohr, ausbauen, D = 16 bis 63 mm	m	0,014	0,55	0,69	0,77
Panzerrohr, ausbauen, D = 16 bis 63 mm	m	0,055	2,15	2,65	3,10
Schutzrohr, ausbauen	m	0,120	5,05	6,25	7,50
Fundamentrohr, ausbauen	m	0,170	8,25	10,30	12,30

Potentialausgleich	E	h	von	mittel	bis
Potential-Ausgleichsschiene ausbauen	St	0,650	29,35	36,50	43,75
Potentialausgleichskasten ausbauen	St	0,080	3,70	4,60	5,45
Wasseruhrüberbrückung ausbauen	St	0,060	2,85	3,50	4,05
Wannenanschluss ausbauen	St	0,050	2,40	2,85	3,35
Potentialausgleichsverbindung ausbauen	St	0,030	1,50	1,80	2,10
Erdungsbandschelle ausbauen	St	0,090	4,20	5,20	6,15
Erdungsrohrschelle ausbauen	m	0,080	3,80	4,60	5,45

Brandschutzkabel	E	h	von	mittel	bis
Brandschutzkabel ausbauen	m	0,036	1,50	1,75	2,05

Schalter/Taster/Dimmer	E	h	von	mittel	bis
Schalter oder Taster, unter Putz (UP), ausbauen	St	0,070	3,40	4,10	4,90
Heizungsnotschalter, unter Putz (UP), ausbauen	St	0,100	4,75	5,85	6,90
Schalter oder Taster, auf Putz (AP), ausbauen	St	0,040	2,00	2,45	2,85
Heizungsnotschalter, auf Putz (AP), ausbauen	St	0,120	5,70	7,00	8,35
Dimmer, unter Putz (UP), ausbauen	St	0,090	4,25	5,20	6,15

Steckdosen	E	h	von	mittel	bis
Steckdose, unter Putz (UP), ausbauen	St	0,130	6,35	7,90	9,00
Steckdose, auf Putz (AP), ausbauen	St	0,150	6,75	8,25	9,85
Hängesteckdose ausbauen	St	0,070	3,60	4,40	4,90
CEE-Steckdose, auf Putz (AP), ausbauen	St	0,200	9,85	12,20	14,40
Bewegungsmelder ausbauen	St	0,080	4,10	5,00	5,95

 © SIRADOS 01/24

Installationsdosen	E	h	von	mittel	bis
Gerätedose, unter Putz (UP), ausbauen	St	0,140	6,60	8,10	9,65
Geräteverbindungsdose, unter Putz (UP), ausbauen	St	0,130	6,00	7,50	8,90
Abzweigkasten, unter Putz (UP), ausbauen	St	0,065	3,40	4,10	4,90
Wandleuchtenanschlussdose, unter Putz (UP), ausbauen	St	0,120	5,70	7,00	8,35
Abzweigkasten, Feuchtraum, ausbauen	St	0,075	4,15	5,15	6,15
Gerätedose, Hohlwand, ausbauen	St	0,070	3,40	4,10	4,90
Wandleuchtenanschlussdose, Hohlwand ausbauen	St	0,080	3,80	4,60	5,45
Gerätedose, in Beton, ausbauen	St	0,160	7,50	9,15	10,90
Abzweigkasten, in Beton, ausbauen	St	0,140	6,60	8,10	9,65
Deckengroßrohrdose, in Beton, ausbauen	St	0,200	9,35	11,50	13,70
Deckenleuchtenanschlussdose, in Beton, ausbauen	St	0,170	8,00	9,90	11,80
Wandleuchtenanschlussdose, in Beton, ausbauen	St	0,150	6,90	8,60	10,20
Herdanschlussdose, unter Putz (UP), ausbauen	St	0,210	9,80	12,20	14,40

Sonstige Leistungen	E	h	von	mittel	bis
Hauseinführung ausbauen	St	0,180	8,35	10,40	12,30

13532 Photovoltaik

Solarmodule	E	h	von	mittel	bis
Solargenerator ausbauen	m^2	0,750	35,10	43,80	52,30

Strangkoppler	E	h	von	mittel	bis
Strangkoppler ausbauen	St	0,250	12,00	14,90	17,60

DC-Freischalter	**E**	**h**	**von**	**mittel**	**bis**
DC-Freischaltstelle ausbauen	St	0,080	3,85	4,70	5,50
Wechselrichter	**E**	**h**	**von**	**mittel**	**bis**
Wechselrichter ausbauen	St	0,170	8,20	10,10	11,90
Befestigungen	**E**	**h**	**von**	**mittel**	**bis**
Aufständergestell, Solargenerator, ausbauen	m^2	0,500	23,60	29,30	35,10
Blitzschutz	**E**	**h**	**von**	**mittel**	**bis**
Überspannungsschutz ausbauen	St	0,260	12,40	15,40	18,30
Erdung/Potentialausgleich ausbauen	St	0,520	24,50	30,40	36,30
Leitungen	**E**	**h**	**von**	**mittel**	**bis**
Gleichstromleitung ausbauen	m	0,050	2,35	2,75	3,20
Zähler- und Hausanschluss	**E**	**h**	**von**	**mittel**	**bis**
Zählerkasten ausbauen	St	0,270	12,90	15,90	18,80
Batteriemodule	**E**	**h**	**von**	**mittel**	**bis**
Batteriemodul bis 10 kWh, ausbauen	St	1,000	152,50	189,00	226,00
Ladestationen	**E**	**h**	**von**	**mittel**	**bis**
Fahrzeugladestation bis 22 kWh, ausbauen	St	0,180	8,25	10,25	12,20
Balkonkraftwerk	**E**	**h**	**von**	**mittel**	**bis**
Solargenerator ausbauen	m^2	0,750	35,10	43,80	52,30

 © SIRADOS 01/24

Wechselrichter ausbauen	St	0,170	8,20	10,10	11,90
Einspeisesteckdose ausbauen	St	0,080	3,90	4,80	5,70

354 Niederspannungsanlagen, Verteilersysteme, Einbaugeräte

Verteilersysteme	**E**	**h**	**von**	**mittel**	**bis**
Verteiler, ausbauen	St	0,300	14,00	17,40	20,80
Verteilerschrank mit Zubehör, ausbauen	St	0,600	27,65	34,40	41,20
Patch-Verbindungskabel ausbauen	St	0,080	3,70	4,60	5,50
Schaltschrank mit Zubehör, ausbauen	St	0,500	23,40	28,80	34,45

Zählersysteme	**E**	**h**	**von**	**mittel**	**bis**
Zählerschrank mit Zubehör, ausbauen	St	0,750	34,55	43,10	51,65

Einbaugeräte, Verteiler und Zähler	**E**	**h**	**von**	**mittel**	**bis**
Leitungsschutzschalter, ausbauen	St	0,046	2,30	2,80	3,30
Fehlerstromschutzschalter, ausbauen	St	0,030	1,50	1,75	2,05

Flächenheizungen	**E**	**h**	**von**	**mittel**	**bis**
Flächenheizung, ausbauen	m^2	0,500	23,65	29,40	35,15

Sicherungsmaterial, Lasttrennschalter	**E**	**h**	**von**	**mittel**	**bis**
Sicherungsautomat, ausbauen	St	0,070	3,35	4,15	4,95
Hauptsicherungsautomat, ausbauen	St	0,080	3,70	4,60	5,45
Sicherungssockel, Diazed/Neozed, ausbauen	St	0,100	4,70	5,85	7,00
NH-Sicherungsunterteil, ausbauen	St	0,040	1,90	2,35	2,70
NH-Sicherungstrenner, ausbauen	St	0,060	2,85	3,55	4,25
Sicherungskasten mit Zubehör, ausbauen	St	0,340	15,80	19,70	23,55

 © SIRADOS 01/24

Einbauschalter, -steckdosen	E	h	von	mittel	bis
Installationsschalter, ausbauen	St	0,110	5,20	6,45	7,65
Installationssteckdose, ausbauen	St	0,120	5,65	7,00	8,40

Dimmer, Fernschalter, Zeitschalter	E	h	von	mittel	bis
Dämmerungsschalter, ausbauen	St	0,060	2,90	3,55	4,20
Schaltrelais ausbauen	St	0,100	4,75	5,85	7,00
Nachlaufschalter ausbauen	St	0,120	5,65	7,00	8,40
Stromstoßschalter, ausbauen	St	0,100	4,85	5,85	7,00

Schaltuhren	E	h	von	mittel	bis
Zeitschaltuhr, ausbauen	St	0,080	3,70	4,60	5,35

Elektrizitätszähler	E	h	von	mittel	bis
Zähler für Wechselstrom, ausbauen	St	0,250	11,65	14,50	17,35
Zähler für Drehstrom, ausbauen	St	0,350	16,15	20,10	24,10
Elektronischer Haushaltszähler, ausbauen	St	0,200	10,25	12,70	15,20

358 Leuchten und Lampen

Innenleuchten	E	h	von	mittel	bis
Rastereinbauleuchte, ausbauen	St	0,170	7,80	9,65	11,50
Downlight, ausbauen	St	0,250	11,20	14,00	16,70
Einbauscheinwerfer, ausbauen	St	0,270	12,10	15,00	17,90
Rasteranbauleuchte, ausbauen	St	0,200	8,95	11,10	12,90
Pendelleuchte, ausbauen	St	0,260	11,70	14,50	17,40
Hängeleuchte, ausbauen	St	0,250	11,40	14,00	16,70
Wannenleuchte, ausbauen	St	0,180	8,40	10,40	12,40
Lichtbandleuchte, ausbauen	St	0,200	9,45	11,70	13,80
Sekundärleuchte, ausbauen	St	0,120	5,45	6,75	8,00
Wand- und Deckenleuchte, ausbauen	St	0,170	7,80	9,65	11,50
Ovalleuchte, ausbauen	St	0,160	7,15	8,85	10,50
Stehleuchte, ausbauen	St	0,190	8,60	10,70	12,50

Feuchtraumleuchten	E	h	von	mittel	bis
Feuchtraum-Wannenleuchte, ausbauen	St	0,270	12,10	15,00	17,90
Feuchtraum-Lichtleiste, ausbauen	St	0,230	10,70	13,10	15,70

Leuchten für Flutlicht und Anstrahlung	E	h	von	mittel	bis
Hausnummernleuchte, ausbauen	St	0,150	6,45	7,95	9,45
Hinweisleuchte, ausbauen	St	0,180	8,05	10,00	11,90
Außenstrahler, ausbauen	St	0,190	8,90	11,10	13,20

 © SIRADOS 01/24

Sonstige Leistungen	E	h	von	mittel	bis
Leuchtstofflampe mit Vorschaltgerät, ausbauen	St	0,100	4,00	4,95	5,80
Leuchtmittel, ausbauen	St	0,100	4,20	5,20	6,15
Leuchtmittel, einbauen	St	0,100	4,50	5,45	6,50

359 Sicherheitsbeleuchtungsanlagen

Sicherheitsleuchten	E	h	von	mittel	bis
Orientierungsleuchte ausbauen	St	0,150	7,30	9,05	10,80
Not-Rettungswegleuchte, Fluchtweg, ausbauen	St	0,160	7,70	9,45	11,15
Notausganghinweisleuchte ausbauen	St	0,160	7,80	9,45	11,25

Stundensätze	E	h	von	mittel	bis
Stundensatz Meister, Elektro	h		53,50	60,70	65,65
Stundensatz Obermonteur, Elektro	h		50,15	58,10	63,25
Stundensatz Monteur, Elektro	h		48,05	56,80	62,00
Stundensatz Helfer, Elektro	h		39,60	49,50	57,00

© SIRADOS 01/24

360 Elektroakustische Anlagen – Sprechanlagen

Wechselsprechanlagen	E	h	von	mittel	bis
Türstation, ausbauen	St	0,220	10,70	13,10	15,70
Netzgerät, ausbauen	St	0,080	4,10	5,05	5,85
Türöffner, ausbauen	St	0,300	14,70	18,00	21,30
Läutewerk, ausbauen	St	0,200	10,60	12,00	14,20

Gegensprechanlagen	E	h	von	mittel	bis
Haus- oder Wohnungsstation, ausbauen	St	0,270	13,00	16,10	18,90

361 Kommunikationsnetze

Kabel	E	h	von	mittel	bis
Fernmeldekabel, ausbauen	m	0,090	4,20	5,20	6,05
Fernmeldeerdkabel, ausbauen	m	0,150	6,75	8,40	10,00

Zubehör, Fernmeldekabel	E	h	von	mittel	bis
Anschlussdose, Fernmeldeanlage (FM), ausbauen	St	0,050	2,40	2,95	3,50
Verteilergehäuse, Fernmeldeanlage (FM), ausbauen	St	0,250	11,40	14,20	17,00
Anschlussleiste, Fernmeldeanlage (FM), ausbauen	St	0,060	2,85	3,50	4,15
Telefonanlage, ISDN, ausbauen	St	0,330	15,15	18,90	22,60

Kabel und Leitungen, Kupfer (Cat.)	E	h	von	mittel	bis
Datenleitung, ausbauen	m	0,022	0,95	1,15	1,35

Systemzubehör, Kupfer (Cat.)	E	h	von	mittel	bis
Datenanschlussdose, ausbauen	St	0,100	4,90	5,65	6,50

Koaxialkabel für außen	E	h	von	mittel	bis
Koaxialerdkabel ausbauen	m	0,150	7,35	8,50	9,60

Koaxialkabel für innen	E	h	von	mittel	bis
Koaxialkabel, ausbauen	m	0,090	4,45	5,10	5,90

Zubehör, Koaxialkabel, Antennen	E	h	von	mittel	bis
Einzelanschlussdose, ausbauen	St	0,050	2,40	2,95	3,50

Richtkopplerdose, ausbauen	St	0,060	2,85	3,50	4,15
Abschlusswiderstand, ausbauen	St	0,030	1,45	1,75	2,05
F-Connector, ausbauen	St	0,040	2,00	2,40	2,85
IEC-Stecker, ausbauen	St	0,023	0,94	1,15	1,30
Abzweiger ausbauen	St	0,050	2,30	2,80	3,30
Verteiler ausbauen	St	0,070	3,05	3,80	4,35
Verstärker, ausbauen	St	0,100	4,25	5,30	6,30
Umschaltmatrix, ausbauen	St	0,050	2,34	2,90	3,45
Durchschleifmatrix, ausbauen	St	0,060	2,85	3,50	4,15
Antenne mit Zubehör, ausbauen	St	1,700	78,25	97,70	117,15
Satellitenempfangsantenne, ausbauen	St	1,000	46,75	57,80	69,25
Antennenmast, ausbauen	St	0,500	23,45	29,00	34,75
Wandbefestigung, ausbauen	St	0,100	4,65	5,75	6,85
Azimut-/Elevations-Halterung, ausbauen	St	0,080	3,70	4,55	5,40
Speisesystem, ausbauen	St	0,250	11,65	14,30	17,00
Receiver, ausbauen	St	0,180	8,30	10,30	12,30

363 Gefahrmeldeanlagen

Brandmeldezentrale	**E**	**h**	**von**	**mittel**	**bis**
Brandmeldezentrale, ausbauen	St	1,000	46,40	57,80	69,10

Brandmelder	**E**	**h**	**von**	**mittel**	**bis**
Druckknopf-Brandmelder, ausbauen	St	0,100	4,80	5,95	7,05
Rauchmelder, ausbauen	St	0,080	3,80	4,70	5,55
Wärmemelder, ausbauen	St	0,090	4,25	5,25	6,30

Brandmeldezentrale, Einzelerkennung, Zubehör	**E**	**h**	**von**	**mittel**	**bis**
Feuerwehrbedienfeld, ausbauen	St	0,330	16,60	20,70	24,10
Feuerwehrschlüsselkasten, ausbauen	St	0,420	19,60	24,40	29,20
Feuerwehrorientierungsleuchte, ausbauen	St	0,080	4,00	4,95	5,85

Signalgeber	**E**	**h**	**von**	**mittel**	**bis**
Warntongeber ausbauen	St	0,060	2,85	3,55	4,20

Meldungsübertragungsgeräte	**E**	**h**	**von**	**mittel**	**bis**
Telefonwählgerät, ausbauen	St	0,070	3,45	4,20	5,00

Einbruchmeldezentrale	**E**	**h**	**von**	**mittel**	**bis**
Einbruchmeldezentrale, ausbauen	St	1,500	70,30	87,70	105,15

Überfall-, Einbruchmelder, Zubehör	**E**	**h**	**von**	**mittel**	**bis**
Batterie, ausbauen	St	0,330	15,40	19,10	22,40

© SIRADOS 01/24

Blockschloss, ausbauen	St	0,170	8,05	9,90	11,80
Magnetkontakt, ausbauen	St	0,100	4,80	5,95	7,05
Glasbruchsensor, ausbauen	St	0,030	1,35	1,60	1,85
Riegelschaltkontakt, ausbauen	St	0,070	3,40	4,15	4,85

Notrufmelder	**E**	**h**	**von**	**mittel**	**bis**
Notruf-Kompakt-Set ausbauen	St	0,150	7,05	8,75	10,40

Funkalarmzentrale	**E**	**h**	**von**	**mittel**	**bis**
Funk-Bus-Alarmzentrale ausbauen	St	1,000	38,90	48,60	58,00
Funk-Bewegungsmelder ausbauen	St	0,200	8,05	10,00	11,90
Funk-Öffnungsmelder ausbauen	St	0,100	4,00	5,00	5,90

369 Aufzüge, Parksysteme, Fahrtreppen

13691 Aufzugsanlagen

Personenaufzug, elektrisch betrieben	**E**	**h**	**von**	**mittel**	**bis**
Personenaufzug, elektrisch, ausbauen und entsorgen	St	24,000	2.194,00	2.687,00	3.009,00

Personenaufzug, hydraulisch betrieben	**E**	**h**	**von**	**mittel**	**bis**
Personenaufzug, hydraulisch, ausbauen und entsorgen	St	27,000	2.827,00	3.391,00	4.069,00

Stahlgerüst für Aufzuganlage	**E**	**h**	**von**	**mittel**	**bis**
Schachtgerüst, Aufzug, 1 Halt, ausbauen und entsorgen	St	20,000	1.239,00	1.352,00	1.581,00

Sonderausstattungen	**E**	**h**	**von**	**mittel**	**bis**
Aufzugportal ausbauen und entsorgen	St	4,500	302,50	366,50	432,50
Schachtabschlusstür, Edelstahl, ausbauen und entsorgen	St	2,500	171,50	211,50	250,00

13692 Parksysteme

Parkbühnen	**E**	**h**	**von**	**mittel**	**bis**
Parkbühne ausbauen und entsorgen	St	20,000	1.386,00	1.679,00	1.921,00

Hydraulik-Aggregat, Anschlüsse	**E**	**h**	**von**	**mittel**	**bis**
Hydraulikaggregat, Parkbühne, ausbauen und entsorgen	St	2,700	171,00	208,50	244,00
Schallschluckhaube ausbauen und entsorgen	St	0,500	32,50	40,10	47,30

 © SIRADOS 01/24

375 Raumlufttechnische Anlagen

Wohnraumlüftung Lüfter	E	h	von	mittel	bis
Wandlüfter, unter Putz (UP), ausbauen	St	0,429	19,10	23,70	28,30
Fensterrahmenventil ausbauen	St	0,400	18,10	22,20	24,90
Sommerbypass ausbauen	St	0,300	14,60	16,60	19,30
Wandlüfter, auf Putz (AP), ausbauen	St	0,325	14,50	17,90	21,30
Nachlaufschalter, ausbauen	St	0,195	8,75	10,90	12,90
Türschlossschalter, ausbauen	St	0,208	9,15	11,40	13,55
Drehzahl- und Betriebsschalter, ausbauen	St	0,221	9,85	12,20	14,60

Wohnraumlüftung Aggregate	E	h	von	mittel	bis
Zentralentlüftungsbox, ausbauen	St	0,600	26,40	33,00	39,30
Abluftventilator, ausbauen	St	0,600	26,80	33,30	39,90
Dezentrales Einzelraum-Lüftungsgerät ausbauen	St	0,750	32,40	40,50	47,40
Heiz-/Kühlgebläsekonvektor, ausbauen	St	0,600	26,60	32,70	39,10

Rohre, rund/Stahl	E	h	von	mittel	bis
Wickelfalzrohr, ausbauen, DN 80 bis 200	m	0,078	3,55	4,35	5,15
Wickelfalzrohr, ausbauen, DN 200 bis 350	m	0,117	5,20	6,45	7,60

Rohrbögen, rund/Stahl	E	h	von	mittel	bis
Rohrbogen, ausbauen, DN 80 bis 200	St	0,078	3,75	4,55	5,45
Rohrbogen, ausbauen, DN 200 bis 350	St	0,117	5,10	6,25	7,40

Abzweige, rund/Stahl	**E**	**h**	**von**	**mittel**	**bis**
Rohrabzweig, ausbauen, DIN 80 bis 200	St	0,078	3,75	4,55	5,20
Rohrabzweig, ausbauen, DIN 200 bis 350	St	0,117	5,10	6,25	7,40

Reduzierungen, rund/Stahl	**E**	**h**	**von**	**mittel**	**bis**
Reduzierung, ausbauen, DN 80 bis 200	St	0,082	3,75	4,55	5,45

Enddeckel, rund/Stahl	**E**	**h**	**von**	**mittel**	**bis**
Enddeckel, ausbauen, DN 80 bis 200	St	0,056	2,50	3,10	3,60
Enddeckel, ausbauen, DN 200 bis 350	St	0,065	3,00	3,70	4,35

Reinigungsöffnungen, rund/Stahl	**E**	**h**	**von**	**mittel**	**bis**
Reinigungsöffnung, ausbauen, DN 200 bis 350	St	0,117	5,20	6,45	7,65

Muffen, Steckverbinder, rund/Stahl	**E**	**h**	**von**	**mittel**	**bis**
Muffe/Steckverbinder, ausbauen, DN 80 bis 200	St	0,052	2,40	2,85	3,40
Muffe/Steckverbinder, ausbauen, DN 200 bis 350	St	0,065	2,90	3,60	4,25

Zubehör, Wickelfalzrohre, rund/Stahl	**E**	**h**	**von**	**mittel**	**bis**
Lüftungsrohrschelle, ausbauen, DN 80 bis 200	St	0,052	2,40	2,85	3,40
Lüftungsrohrschelle, ausbauen, DN 200 bis 350	St	0,065	2,90	3,60	4,25

Rohre, rund/Aluminium	**E**	**h**	**von**	**mittel**	**bis**
Lüftungsrohr flexibel, ausbauen, DN 50 bis 200	m	0,091	4,10	5,10	5,95

Regel- und Feuerschutzklappen	**E**	**h**	**von**	**mittel**	**bis**
Brandschutzklappe ausbauen	St	0,715	31,00	38,70	46,10

© SIRADOS 01/24

Fort- und Außenluftdurchlässe/Stahl	E	h	von	mittel	bis
Wetterschutzgitter, ausbauen	St	0,195	8,45	10,50	12,50
Ausblas-/Ansaugstutzen, ausbauen, DN 80 bis 200	St	0,234	10,20	12,60	15,10
Ausblas-/Ansaugstutzen, ausbauen, DN 200 bis 350	St	0,260	11,40	14,00	16,70
Ausblas-/Ansaugstutzen, ausbauen, DN 350 bis 500	St	0,286	12,80	16,00	19,10
Ausblas-/Ansaugstutzen, ausbauen, DN 500 bis 800	St	0,312	14,00	17,50	20,70
Ausblas-/Ansaugstutzen, ausbauen, DN 800 bis 1100	St	0,390	17,40	21,60	25,90
Ausblas-/Ansaugstutzen, ausbauen, DN 1100 bis 1500	St	0,520	22,60	28,10	33,50
Ansaughaube, ausbauen, DN 200 bis 350	St	0,260	11,30	14,00	16,70
Dachhaube, ausbauen, DN 80 bis 200	St	0,247	10,80	13,30	15,90
Dachhaube, ausbauen, DN 200 bis 350	St	0,260	11,40	14,00	16,70
Deflektorhaube, ausbauen, DN 80 bis 200	St	0,234	10,50	12,90	15,30
Deflektorhaube, ausbauen, DN 200 bis 350	St	0,260	11,40	14,00	16,70
Deflektorhaube, ausbauen, DN 350 bis 500	St	0,286	12,90	16,00	19,10
Deflektorhaube, ausbauen, DN 500 bis 800	St	0,312	14,10	17,60	20,80
Deflektorhaube, ausbauen, DN 800 bis 1100	St	0,390	17,10	21,30	25,20
Deflektorhaube, ausbauen, DN 1100 bis 1500	St	0,520	22,70	28,30	33,90

Luftdurchlässe	E	h	von	mittel	bis
Lüftungsgitter, ausbauen	St	0,091	4,20	5,10	6,00
Tellerventil, ausbauen	St	0,120	5,45	6,75	8,10

Schalldämpfer	E	h	von	mittel	bis
Gummidämmnoppen ausbauen	m^2	0,070	3,15	3,90	4,55

Dämmung	E	h	von	mittel	bis
Dämmung ausbauen	m^2	0,065	3,15	3,80	4,50

© SIRADOS 01/24

380 Straßen, Wege, Plätze

Abbruch/Rückbau	E	h	von	mittel	bis
Ziegelpflaster entfernen, Sockelbereich	m^2	0,200	11,30	13,80	16,10
Betonsteinpflaster aufnehmen, lagern	m^2	0,250	11,30	13,30	15,90
Betonsteinpflaster ausbauen, beseitigen	m^2	0,300	15,20	18,30	21,90
Bitumensplittbelag entfernen, d = bis 10 cm	m^2	0,120	12,60	15,50	18,40
Mosaikpflaster aufnehmen, lagern	m^2	0,160	8,55	10,10	11,80
Betonfläche aufbrechen, d = 20 cm	m^2	0,180	19,10	22,70	26,60
Plattenbelag ausbauen, Geh-/Radweg	m^2	0,240	11,10	13,30	15,20
Bordstein, Natur, ausbauen	m	0,130	9,90	11,90	13,80
Betonstraße aufnehmen, entsorgen	m^2	0,170	8,75	10,50	12,20
Bitumenbelag einschneiden/abkanten	m	0,150	8,25	10,10	11,60
Bitumenbelag, d = 3 bis 5 cm, aufbrechen, Fahrbahn	m^2	0,100	12,50	14,80	17,70
Bitumenbelag/Straßenaufbruch schließen, d = 10-15 cm	m^2	0,800	61,60	74,10	84,60
Wegaufbruch, ungebundene Befestigung, aufnehmen	m^2	0,037	1,90	2,35	2,70
Ortbeton, maschinell zertrümmern	m^2	0,050	3,90	4,80	5,40
Natursteinpflaster, Bitumenverguss, ausbauen und entsorgen	m^2	0,140	7,40	9,00	10,80
Entwässerungsrinne mit Rost, in Splitt, ausbauen, h = 160 mm	St	0,650	31,50	38,90	46,20
Entwässerungsrinne mit Rost, in Splitt, ausbauen, h = 250 mm	St	0,800	41,50	49,00	53,80
Entwässerungsrinne mit Rost, in Beton, ausbauen, h = 160 mm	St	0,800	38,50	46,50	55,70

Entwässerungsrinne mit Rost, in Beton, ausbauen, h = 250 mm	St	0,950	49,80	56,70	66,40

Oberbauschichten ohne Bindemittel	E	h	von	mittel	bis
Schotter-, Kies-, Sand-Tragschicht einbauen und verdichten	m^2	0,130	10,30	12,85	15,15
Sandtragschicht einbauen und verdichten	m^2	0,120	10,15	12,35	13,55
Frostschutzschicht 40 cm, Gehweg, von Hand	m^3	0,800	57,10	65,90	77,10

Oberbauschichten mit hydraulischem Bindemittel	E	h	von	mittel	bis
Bordstein, Betonbett, ohne Rückenstütze, ausbauen	m	0,140	6,43	7,82	8,96
Bordstein, Betonbett, beidseitige Rückenstütze, niedrig, ausbauen	m	0,200	9,86	11,75	13,40
Bordstein, Betonbett, 1-seitige Rückenstütze, ausbauen	m	0,180	8,83	10,85	12,50
Bordstein, Betonbett, beidseitige Rückenstütze, hoch, ausbauen	m	0,250	12,60	15,50	18,35

Oberbauschichten aus Asphalt	E	h	von	mittel	bis
Bitumenbelag fräsen, t = 2 bis 4 cm	m^2	0,160	11,30	13,25	15,55
Deckschichtoberfläche reinigen, Kehrmaschine	m^2	0,010	0,46	0,58	0,69

Oberbauschichten, Pflaster, Plattenbeläge	E	h	von	mittel	bis
Bordstein (A1, F, Inselrandstein) in Kies, ausbauen, lagern	m	0,180	9,11	10,90	13,00
Bordstein (B6, B7, T) in Kies, ausbauen, lagern	m	0,180	8,69	10,85	12,90
Tiefbord, Naturstein ausbauen, lagern	m	0,180	9,09	11,30	13,20
Hochbord, Naturstein ausbauen, lagern	m	0,200	10,55	12,15	14,45
Einfassstein, Beton, Betonbett, aufnehmen/lagern	m	0,120	6,96	8,70	10,25

Betonsteinpflaster aufnehmen/lagern	m^2	0,250	10,75	13,30	15,85
Verbundpflaster aufnehmen/lagern	m^2	0,140	6,52	7,80	8,90
Kleinsteinpflaster aufnehmen/lagern	m^2	0,150	8,77	10,30	12,15
Kopfsteinpflaster aufnehmen/lagern	m^2	0,120	7,34	8,76	10,25
Großsteinpflaster aufnehmen/lagern	m^2	0,220	11,20	13,90	16,65
Kleinsteinpflaster, Naturstein, in Sand, ausbauen, lagern	m^2	0,150	8,54	10,30	12,00
Großsteinpflaster, Naturstein, in Sand, ausbauen, lagern	m^2	0,120	7,16	8,76	10,10
Gehwegplatten, Beton, 500/500 mm, ausbauen, lagern	m^2	0,130	8,30	9,84	11,60
Schottertragschicht ausbauen, Körnung 0/100	m^3	0,250	19,90	23,50	27,50
Hochbord, Garageneinfahrt, absenken	m	0,300	19,65	23,10	27,00
Kleinsteinpflaster, Garageneinfahrt, absenken	m^2	0,400	20,90	25,65	28,60
Großsteinpflaster, Garageneinfahrt, absenken	m^2	0,300	19,10	22,05	25,05
Plattenbelag, Beton, Garageneinfahrt, absenken	m^2	0,270	16,40	19,10	22,10
Rasengitterplatten aufnehmen, säubern	m^2	0,080	4,49	5,61	6,95
Gerinne, Großsteinpflaster, 1-zeilig	m	0,350	36,15	45,15	52,60
Gerinne, Großsteinpflaster, 2-zeilig	m	0,540	61,20	70,00	75,30
Gerinne, Großsteinpflaster, 3-zeilig	m	0,900	95,50	108,70	120,60
Gerinne, Kleinsteinpflaster, 1-zeilig	m	0,450	37,65	44,80	50,55
Gerinne, Kleinsteinpflaster, 2-zeilig	m	0,650	56,95	68,45	79,70
Gerinne, Kleinsteinpflaster, 3-zeilig	m	0,750	69,95	86,35	99,75
Gerinneeinlaufkasten heben	St	0,700	48,40	56,50	67,65
Gerinne, Mosaikpflaster, 3-zeilig	m	0,800	51,85	62,85	69,00
Absenkung Großsteinpflaster beseitigen, bis 1 m^2	m^2	0,900	51,85	58,45	63,30
Absenkung Kleinsteinpflaster beseitigen, bis 1 m^2	m^2	1,200	61,65	74,35	87,70
Absenkung Mosaikpflaster beseitigen, bis 1 m^2	m^2	1,400	73,05	85,55	100,90
Absenkung Plattenbelag beseitigen, bis 1 m^2	m^2	0,750	45,80	51,30	55,05

Straßenablauf, Hebung/Absenkung, beseitigen	St	1,600	95,20	108,10	119,90
Gehwegplatte, Granit, 1,0/0,5 m, erneuern	m²	0,650	120,50	133,70	151,30
Pflaster reinigen, transportieren, abladen, stapeln	m²	0,300	15,00	18,35	20,80
Natursteinpflaster, 90 mm, Rollstuhlrampe, Brechsand-Splitt	m²	1,550	153,80	185,20	216,70
Pflasterdecke versickerungsfähig	m²	0,470	34,95	43,10	50,20
Beton-Rasenfugenpflasterdecke	m²	0,650	40,50	47,45	55,50

© SIRADOS 01/24

384 Abbruch- und Rückbauarbeiten

Dachdeckungs- und Dachabdichtungsarbeiten	E	h	von	mittel	bis
Flachdachaufbau, historisch, Abbruch	m^2	0,500	25,20	31,20	37,40
Presskies auf Flachdach abhobeln	m^2	0,180	6,50	8,50	10,70
Dachdeckung, Pfannen, Ziegel, entfernen	m^2	0,120	8,55	10,30	12,30
Dachdeckung, Betonsteine, entfernen	m^2	0,100	7,55	9,55	11,50
Dachdeckung, Biberschwanz, Plattenziegel entfernen	m^2	0,210	13,70	16,40	19,30
Dachziegel aussortieren, lagern	St	0,010	0,43	0,53	0,58
Dachdeckung, Biberschwanz, aufnehmen aussortieren, seitlich lagern	m^2	0,400	18,00	22,50	25,90
Dachdeckung, Schiefer, mit Unterkonstruktion entfernen	m^2	0,300	15,30	19,10	22,70
Dachdeckung, Schiefer, entfernen und zur Wiederverwendung seitlich lagern	m^2	0,400	20,00	22,50	26,90
Dachdeckung, Unterdeckung, Bitumenschindeln, entfernen	m^2	0,180	9,75	12,50	14,20
Dachdeckung, FZ-Doppeldeckung entfernen	m^2	0,120	10,80	13,70	16,40
Deckung, Holzschindel, entfernen	m^2	0,350	18,00	22,50	25,40
First-/Gratziegel entfernen, gemörtelt	m	0,120	6,10	7,25	8,80
Dachlattung entfernen	m^2	0,055	2,45	3,10	3,75
Wandlattung, Holz, entfernen	m^2	0,050	2,50	3,10	3,70
Dachabdichtung, Bitumenbahn, 1-lagig, auf Holzschalung, entfernen	m^2	0,200	9,85	12,40	15,40
Dachabdichtung, Bitumenbahn, 2-lagig, auf Holzschalung, entfernen	m^2	0,240	13,90	17,10	19,40
Dachschalung mit Unterdeckung entfernen	m^2	0,370	17,20	21,40	25,20

Dachschalung, entfernen, entsorgen	m²	0,200	10,60	13,00	14,30
Ortganggesims entfernen	m²	0,200	10,50	13,20	16,00
Dachfenster ausbauen, 400/600 mm, verschließen	St	0,950	65,50	78,30	91,40
Dachluke/-fenster entfernen, entsorgen, bis 540/830 mm	St	0,500	30,30	36,40	43,50
Dachfenster entfernen, entsorgen, bis 700/1300 mm	St	0,600	40,70	50,70	56,90
Dachdeckung, Hohlpfannen entfernen, aussortieren, zur Wiederverwendung lagern	m²	0,350	16,00	20,40	24,00
Fassadenbekleidung, Bitumen, entfernen, entsorgen	m²	0,180	9,30	11,60	13,40
Fassadenbekleidung, Faserzementplatten entfernen	m²	0,150	12,00	15,10	17,30
Fassadenbekleidung, Schiefer, entfernen	m²	0,300	17,30	22,50	25,90
Schneefanggitter entfernen und entsorgen	m	0,080	4,40	5,15	6,10
Laufbrettanlage, Lichtgitterroste, entfernen	m	0,150	12,00	13,90	16,80
Laufbrettanlage, Holzbohlen, entfernen	m	0,200	12,20	15,10	18,00
Dachabdichtung, provisorisch, entfernen	m²	0,100	5,10	5,85	7,00
Dachabdichtung entfernen, Bitumen, 1-lagig	m²	0,100	6,05	7,35	8,80
Dachabdichtung entfernen, Bitumen, 2-lagig	m²	0,170	13,60	17,00	21,15
Blasen abstoßen, Bitumenabdichtung	m²	0,060	2,60	3,00	3,60
Dachabdichtung und Dämmung entfernen, bis 150 mm	m²	0,185	16,70	20,70	24,90
Trennlage entfernen	m²	0,150	7,95	9,95	11,90
Kiesschüttung entfernen < 50 mm	m²	0,150	8,80	10,10	11,30
Kiesschicht säubern	m³	1,800	87,30	100,50	119,00
Rieselschutzmatte entfernen	m²	0,120	5,63	7,00	8,70
Dachbelag aus Platten entfernen	m²	0,250	14,20	17,60	20,80
Dachbegrünung entfernen, SchüttHöhe 10 cm	m²	0,500	24,60	30,50	35,40
Dachbegrünung entfernen, SchüttHöhe 30-50 cm	m²	1,500	70,70	88,10	106,50
Dachbegrünung entfernen, SchüttHöhe 50-100 cm	m²	2,900	135,00	169,00	193,50

Dachfläche von Bewuchs säubern	m^2	0,120	5,30	6,55	7,60
Dachablauf entfernen	St	0,320	15,90	17,80	21,40
Entlüftungsrohr entfernen	St	0,200	10,10	12,60	14,60
Dachrandabschluss entfernen	m	0,150	6,62	8,15	9,73
Lichtkuppel + Bohle, < 150/150 cm, entfernen	St	1,500	96,00	117,50	144,50
Dachausstiegsluke entfernen, 80/60 cm	St	0,900	53,10	66,40	79,60
Dachausstiegsluke Flachdach, entfernen	St	1,400	109,00	125,00	146,50
Dachleiter, entfernen, entsorgen	m	0,400	26,70	33,30	39,30
Dachrandabschluss entfernen	m	0,150	6,62	8,15	9,73

Klempnerarbeiten, Blitzschutzanlagen	**E**	**h**	**von**	**mittel**	**bis**
Dachrinne vorgehängt, halbrund, demontieren, entsorgen	m	0,150	6,20	7,75	8,85
Dachrinne innenliegend, kastenförmig, demontieren, entsorgen	m	0,250	12,90	14,90	17,20
Schneefanggitter entfernen und entsorgen	m	0,080	4,40	5,15	6,10
Stütze Schneefangitter, demontieren, entsorgen	St	0,050	2,55	2,95	3,20
Rinnenhalter, demontieren, entsorgen	St	0,040	1,85	2,05	2,20
Fallrohr, rund, demontieren, entsorgen, DN 100	m	0,130	5,70	6,90	8,20
Standrohr, demontieren, entsorgen, Gusseisen, bis DN 100, mit Erdarbeiten	St	0,200	8,20	9,50	10,40
Anschlussmuffe für Standrohr ausstemmen	St	0,300	12,40	14,90	17,25
Traufblech, demontieren, entsorgen, $Z \leq 500$ mm	m	0,140	5,80	7,10	8,20
Winkelkehle, demontieren, entsorgen	m	0,130	7,10	8,85	10,10
Verwahrung, Brustblech, demontieren, entsorgen	m	0,160	8,70	9,80	11,00
Ortgangverblechung, demontieren, entsorgen	m	0,130	7,55	8,30	9,60

Wandanschlussprofil, demontieren, entsorgen, Aluminium (Al), Titanzink (Zn)	m	0,150	9,10	10,15	12,00
Fensterbankabdeckung, demontieren, entsorgen	m	0,130	6,25	7,10	7,95
Mauerabdeckung, demontieren, entsorgen, Z ≤ 600 mm	m	0,120	6,50	7,70	8,75
Standrost, demontieren, entsorgen	St	0,190	10,35	12,30	14,30
Schornsteinkopfverkleidung, Metall, demontieren, entsorgen, 40/40 bis 40/80 cm	m	0,350	16,05	18,35	21,50
Gaubenverkleidung, Metall, demontieren, entsorgen	m^2	0,150	7,60	9,10	10,75
Dachlukenzarge, demontieren, entsorgen	m	0,350	16,60	20,20	23,85
Vorstoßblech, demontieren, entsorgen, Z ≤ 150 mm	m	0,130	5,90	6,70	7,60
Metalldachdeckung, demontieren, entsorgen, < 30°	m^2	0,160	9,10	11,20	13,00
Verkleidung, Metall, demontieren, entsorgen	m^2	0,300	13,90	16,75	19,00
Trennlage, ausbauen, entsorgen	m^2	0,050	2,25	2,80	3,30
Entlüftungsrohre, demontieren, entsorgen	St	0,140	7,05	8,90	10,50
Flachdacheinlauf, demontieren, entsorgen	St	0,210	13,60	16,75	19,95

Zimmer- und Holzbauarbeiten	**E**	**h**	**von**	**mittel**	**bis**
Wandbekleidung, Holz etc. entfernen	m^2	0,180	8,55	10,90	13,50
Wandbekleidung, Holzschindeln entfernen	m^2	0,220	10,70	13,30	17,40
Außenwandbekleidung, Holz, entfernen	m^2	0,250	12,95	16,30	20,00
Dämmung, MW, Außenwand, ausbauen, entsorgen	m^2	0,100	8,05	9,30	11,60
Zwischensparrendämmung MF, bis 100 mm, entfernen, entsorgen	m^2	0,150	8,60	9,95	12,20
Dachflächenfenster entfernen	St	1,400	78,10	96,90	110,00
Lichtkuppel entfernen	St	2,000	245,50	297,50	343,50
Wand abbrechen, Brettstapel, bis 20 cm	m^2	0,500	29,60	37,30	44,65

 © SIRADOS 01/24

Wand, Holzständer, abbrechen, entsorgen	m^2	0,300	16,60	20,40	26,80
Wand abbrechen, Blockbauwand	m^2	0,450	26,70	31,00	36,40
Wand abbrechen, Holzständer, bis 200 mm	m^2	0,400	24,40	28,90	31,30
Wand abbrechen, BSH-Rahmen, bis 20 cm	m^2	0,400	24,90	27,00	29,40
Wand abbrechen, Holzrahmen, bis 20 cm	m^2	0,400	21,20	27,20	30,30
Wand abbrechen, HS-Rahmen, bis 20 cm	m^2	0,350	19,30	24,60	28,30
Wand abbrechen, Metallständer, nicht tragend	m^2	0,300	17,30	20,90	25,70
Treppe mit Geländer, Holz, entfernen	St	3,300	145,50	187,00	231,50
Bodenschiebetreppe ausbauen	St	1,200	55,90	63,80	75,70
Trittstufen aus Holz, Stahltreppe, entfernen	m^2	0,250	16,90	21,50	25,70
Holzleiter ausbauen, entsorgen	St	0,150	9,70	12,70	16,30
Bodentreppe, Scherentreppe, Aluminium, ausbauen	St	1,200	59,60	67,10	79,10
Handlauf, Holz, ausbauen, entsorgen	m	0,180	8,30	10,70	14,10
Fußbodenbretter entfernen	m^2	0,180	8,32	10,60	13,10
Fußbodenbretter mit Lagerhölzer ausbauen	m^2	0,220	10,70	13,30	15,00
Fußbodenbretter aufnehmen, lagern	m^2	0,300	12,55	16,00	19,10
Spanplattenboden abbrechen, bis 25 mm	m^2	0,300	16,90	20,00	25,10
Gipsplatten, Dach, ausbauen, entsorgen	m^2	0,320	17,50	22,40	26,40
Holzstegträger-Stützen abbrechen	m	0,500	47,70	60,40	74,70
BSH-Stützen abbrechen, Durchmesser bis 20 cm	m	0,500	52,10	64,80	73,40
BSH-Stützen abbrechen, Breite oder Durchmesser über 20 cm	m	0,650	58,30	69,30	84,80
Stahlstützen abbrechen, Durchmesser bis 15 cm	m	0,500	58,20	67,90	80,20
Fußbodenbretter aufnehmen, lagern	m^2	0,300	12,55	16,00	19,10
Unterdecke, Putzträger/Schalung entfernen	m^2	0,350	25,20	31,60	40,60
Holzwolle-Leichtbauplatten mit Putz entfernen	m^2	0,250	14,80	17,50	22,70

Holzwerkstoff-Bauplatten entfernen	m²	0,150	9,90	12,40	15,70
Holzdecke bzw. Gipskartondecke entfernen	m²	0,250	17,70	22,40	27,80
Metall-Paneel-Decke entfernen	m²	0,250	14,80	18,20	22,70
Metall-Kassetten-Decke entfernen	m²	0,300	17,00	21,70	26,90
Schüttung und Bodenabdichtung entfernen	m²	0,190	11,45	14,30	17,45
Schüttung, 12-18 cm, Zellulose, entfernen	m²	0,300	17,20	21,00	24,40
Schüttung, 10-15 cm, entfernen, Holzbalkendecke	m²	0,350	19,10	24,20	30,20
Flachdacheinlauf, demontieren, entsorgen	St	0,210	13,60	16,75	19,95
Fehlboden entfernen	m²	0,220	9,95	13,10	16,90
Belag, Unterboden, Schüttung, entfernen	m²	0,480	23,50	28,80	38,00
Trockenestrich, Holzspanplatten + Mineralwolle, entfernen, entsorgen	m²	0,350	15,70	21,90	25,40
Trockenestrich, Ziegelplatten, Mineralwolle, entfernen	m²	0,400	20,90	25,70	30,80
Trockenestrichelemente, Schüttung, entfernen	m²	0,390	20,90	24,40	29,50
Trockenestrich, Holzfaserplatten, entfernen	m²	0,250	13,70	16,60	19,90
Trockenestrich, Gipsfaserplatten + Mineralwolle, entfernen und entsorgen	m²	0,350	17,10	21,60	26,70
Holzlattenrost, Balkon, entfernen	m²	0,250	11,70	14,30	18,80
Holzboden, Schüttung, Fehlboden, entfernen	m²	0,550	26,85	34,20	41,80
Einblasdämmstoff entfernen, lagern	m²	0,210	9,65	11,30	12,40
Zwischendämmung entfernen, bis 160 mm	m²	0,140	9,15	10,80	13,70
Dämmung, Mineralfaser, bis 200 mm, Zwischendämmung, entfernen	m²	0,080	7,85	9,80	12,20
Dämmung, MW, 40-80 mm, ausbauen, entsorgen, Deckenbekleidung	m²	0,250	12,50	15,90	21,00
Deckenbalken entfernen	m	0,150	9,80	12,70	15,85

© SIRADOS 01/24

Unterzug Holz, 750-1000 cm^2, entfernen	m	0,150	23,30	27,20	32,80
Fachwerkträger entfernen	m	0,150	13,60	15,40	18,20
Träger, Fünfschichtplatte entfernen	m	0,170	14,30	18,50	24,50
Brettstapeldecke komplett ausbauen, entsorgen	m^2	0,800	54,10	67,40	81,10
Holzbalkendecke komplett ausbauen	m^2	0,230	31,90	41,20	49,50
Bauholz entfernen, verschiedene Querschnitte	m	0,250	11,20	14,60	18,20

Fenster, Außentüren	**E**	**h**	**von**	**mittel**	**bis**
Kellerfenster ausbauen, Holz, 700/500 mm	St	0,370	23,20	29,60	36,90
Dachflächenfenster entfernen	St	1,400	78,10	96,90	110,00
Fenster ausbauen, Holz, bis 1200/1300 mm	St	0,700	45,70	57,40	67,20
Fenster ausbauen, Holz, über 1200/1300 mm	St	0,950	71,90	84,60	95,10
Fenstertür, Holz, mit Stock, ausbauen	St	1,200	93,50	117,50	131,00
Fenster, Alu, mit Glaslamellen, ausbauen	St	0,450	36,30	43,60	49,10
Fenstertür ausbauen, Holz, 2200/1500 mm	St	1,100	91,15	113,50	141,00
Verbundfenster mit Rollladen ausbauen, Holz, bis 1400/1800 mm	St	0,900	69,70	84,30	99,90
Fenstertür, Alu-Holz, bis 4,00 m^2, ausbauen	St	1,250	105,00	130,50	155,00
Fenster ausbauen, Kunststoff, bis 1200/1300 mm	St	0,800	59,30	69,10	84,30
Fenstertür, Kunststoff, mit Stock, ausbauen	St	1,050	96,40	121,50	138,00
Schaufenster entfernen, bis 6,00 m^2	St	1,250	120,00	143,00	167,00
Schaufenster entfernen, über 6,00 m^2	St	1,300	132,00	161,50	192,50
Kelleraußentür, Holz, ausbauen	St	0,450	55,20	66,10	80,80
Außentür, Holz, 2-teilig, ausbauen, bis 5,00 m^2	St	0,850	91,80	103,50	115,50
Wohnungseingangstür ausbauen, 1000/2200 mm	St	0,800	62,60	67,20	74,00
Außentür inkl. Stock ausbauen, Holz	St	1,150	101,50	117,00	135,00

Außentür inkl. Stock ausbauen, Kunststoff	St	1,050	104,00	122,00	146,50
Hauseingangstür mit Setzstück ausbauen, Kunststoff/Holz	St	1,300	140,50	163,00	196,00
Schiebetoranlage, Holz, ausbauen, 4,00/4,00 m	St	2,500	214,00	248,50	281,50
Garagentor, Holz, 2-teilig, ausbauen	St	0,750	92,50	109,50	129,00
Türblatt mit Blendrahmen ausbauen	St	0,500	33,90	42,30	47,30

Verglasungsarbeiten, Rollladenarbeiten	**E**	**h**	**von**	**mittel**	**bis**
Isolierverglasung Fenster, ausbauen, Abrechnung nach m^2	m^2	0,350	36,10	45,10	53,00
Einscheiben-Verglasung ausbauen	m^2	0,250	20,00	25,20	31,10
Festverglasung, Thermoscheiben, ausbauen	m^2	0,300	33,80	39,70	49,30
Kunststoffverglasung ausbauen, Abrechnung nach m^2	m^2	0,300	27,70	35,30	43,10
Isolierverglasung, Dachverglasung mit Presslatte, ausbauen, Abrechnung nach m^2	m^2	0,370	33,90	46,70	58,00
Rollladen ausbauen, Holz/Kunststoff	m^2	0,300	25,20	33,60	39,60
Rollladen-Gurtwickler ausbauen	St	0,150	10,50	12,20	14,50
Gelenkarmmarkise demontieren, Größe bis 3,00/2,50 m	St	0,750	79,80	96,10	115,00
Klappladen, Lamellen, 950/1200 mm, Holz, ausbauen	St	0,120	7,95	9,55	11,20
Außenjalousie, entfernen	m^2	0,350	21,90	28,90	35,00

Putz- und Stuckarbeiten, Tapezierarbeiten	**E**	**h**	**von**	**mittel**	**bis**
Putz abschlagen, Innenwand	m^2	0,270	12,60	15,90	17,80
Pinselputz abschlagen, Kellergewölbe	m^2	0,180	7,75	10,30	11,70
Putz abschlagen, Ziegelmauerwerk, Außenwand	m^2	0,250	12,30	15,20	16,90
Außenputz abschlagen, Naturstein-Mauerwerk	m^2	0,350	14,30	17,20	19,50
Putz abschlagen, Fachwerk freilegen, Außenwand	m^2	0,260	12,90	16,10	17,70

 © SIRADOS 01/24

Putz abschlagen und vorbehandeln, große Flächen, Außenwand	m^2	0,200	9,80	12,70	14,20
Putz abschlagen und vorbehandeln, kleine Flächen, Außenwand	m^2	0,270	13,90	16,30	20,10
Putz abschlagen, 2- und 3-lagig, Außenwand	m^2	0,320	16,40	20,10	22,30
Putz abschlagen, durchfeuchtet, Wand	m^2	0,350	16,80	21,20	23,90
Putz abschlagen, Sockel	m^2	0,230	11,10	13,50	16,10
Putz abschlagen, große Flächen, Kalkzement, Decke	m^2	0,270	14,40	16,80	19,70
Putz abschlagen, große Flächen, Gipskalk, Decke	m^2	0,250	13,00	15,60	19,50
Putz abschlagen, kleine Flächen, Decke	m^2	0,300	14,70	17,80	21,10
Putz und Schilfrohr und Schalung abschlagen, Decke	m^2	0,300	15,50	19,60	23,90
WDVS abbrechen, PS bis 60 mm	m^2	0,380	19,50	25,90	31,40
WDVS abbrechen, PS bis 100 mm	m^2	0,400	21,90	28,80	35,60
WDVS abbrechen, PS bis 150 mm	m^2	0,400	26,40	32,80	40,30
WDVS abbrechen, PS bis 300 mm	m^2	0,400	31,60	39,50	48,00
WDVS abbrechen, MW bis 60 mm	m^2	0,400	21,80	27,80	33,60
WDVS abbrechen, MW bis 100 mm	m^2	0,430	26,90	31,70	39,40
WDVS abbrechen, MW bis 150 mm	m^2	0,430	31,30	37,00	46,10
WDVS abbrechen, MW bis 300 mm	m^2	0,430	37,80	44,10	51,90
WDVS abbrechen, WF bis 100 mm	m^2	0,430	27,00	32,80	38,60
WDVS abbrechen, WF bis 150 mm	m^2	0,430	31,20	38,20	44,00
WDVS abbrechen, WF bis 200 mm	m^2	0,430	36,20	42,50	48,10
WDVS abbrechen, WF bis 300 mm	m^2	0,430	41,30	47,40	52,90
Putzträger entfernen, Wand	m^2	0,200	10,30	13,20	15,00
Putzträger entfernen, Fachwerk freilegen	m^2	0,200	11,50	14,20	17,60
Putzträger entfernen, Decke	m^2	0,250	13,80	16,10	20,00

Eckschutzschiene abbrechen	m	0,100	5,05	6,50	7,92
Wand- oder Deckenstuck abbauen	m^2	0,700	27,50	33,20	37,40
Wandstuck, außen, abbauen	m^2	1,000	41,20	47,10	53,20
Fensterbänke demontieren	St	0,200	13,80	15,80	19,20
Tapete, 1-lagig, entfernen	m^2	0,090	4,80	5,40	5,95
Tapete, 1-lagig, beschichtet, entfernen	m^2	0,090	4,20	5,00	6,00
Tapete, mehrlagig, entfernen	m^2	0,150	6,90	8,30	9,20
Tapete, wasserfest, entfernen	m^2	0,160	7,20	8,90	10,20
Tapete, mit Untertapete, entfernen	m^2	0,170	8,50	9,90	11,60
Tapete, Raufaser, beschichtet, entfernen, Wände	m^2	0,115	2,90	6,55	10,40
Tapete, Textil, entfernen	m^2	0,115	5,90	7,20	8,50
Tapete, Kunststoff, Vinyl, entfernen	m^2	0,090	4,20	5,20	6,10
Gardinenleisten, ausbauen, entsorgen	m	0,100	4,25	5,30	6,05
Vertikalstores mit Schiene, ausbauen	m	0,150	7,10	9,00	11,15
Seitenschals und Stores abbauen, entsorgen	St	0,180	11,90	14,30	18,00

Mauerarbeiten, Trockenbauarbeiten	E	h	von	mittel	bis
Fachwerksausfachung, Lehmstakenfüllung, abbrechen	m^2	0,450	21,90	27,00	33,70
Fachwerkausfachung, Mauerwerk, abbrechen	m^2	0,550	25,70	33,30	37,60
Fachwerkausfachung, Mauerwerk, abbrechen, lagern	m^2	0,650	27,80	35,60	43,25
Kachelofen abbrechen	St	2,000	122,50	149,00	186,00
Dauerbrandofen, transportabel, ausbauen und entsorgen	St	1,000	61,10	76,20	90,80
Kachelofenschachtheizung abbrechen	St	2,200	139,50	173,00	209,50
Wärmeaustrittsöffnung, Kachelofen, abbrechen	St	0,920	48,10	58,10	70,90
Küchenofen, gemauert, ausbauen und entsorgen	St	1,300	102,00	123,00	148,00
Waschkessel, gemauert, abbrechen	St	1,600	124,00	145,50	172,50

© SIRADOS 01/24

Weinregalziegel ausbauen	St	0,110	5,15	6,75	8,40
Winkelziegel, 45°, ausbauen	St	0,080	4,30	5,25	5,90
Winkelziegel, 90°, ausbauen	St	0,081	3,95	5,25	6,55
Gesimsziegel abgeschrägt, ausbauen	St	0,081	4,30	5,20	6,50
Gesimsziegel, Hohlkehle, Klinker, ausbauen	m	0,500	23,40	27,90	33,90
Handlaufziegel, Klinker, ausbauen	St	0,090	4,60	5,90	7,35
Leibungsziegel, Klinker, Rundstab, ausbauen	St	0,120	5,20	6,95	8,30
Lüftungsziegel ausbauen	St	0,220	9,60	12,50	15,70
Mauerabdeckung, Rundbogen, Klinker, ausbauen	St	0,170	8,10	10,20	12,70
Mauerabdeckung, Klinker, Dachform flach, ausbauen	St	0,180	8,45	10,40	13,00
Rollladen-Gurtwickler ausbauen	St	0,250	13,00	16,00	19,80
Ziegelblenden ausbauen, d = 6 cm	m	0,360	17,00	22,60	27,00
Schalungsplanziegel ausbauen, 49,7/23,8/24 cm	m	0,400	18,00	22,90	28,60
Fensterbrüstung abbrechen und entsorgen, d = 28-53 cm	m^2	1,700	90,80	108,00	127,50
Mehrschichtplatte abbrechen, bis 12,5 cm	m^2	0,230	12,10	16,00	20,00
Ziegelmauerwerk abbrechen, entsorgen, Sockel, 25-45 cm	m^2	1,200	71,90	84,60	102,00
Mauerkronen abräumen	m^2	2,200	111,00	125,00	150,00
Innenwand abbrechen, entsorgen, Gipswandbauplatte, 10 cm	m^2	0,300	25,90	31,00	38,50
Ziegelmauerwerk abbrechen, entsorgen, Sockel, 25-45 cm	m^2	1,200	71,90	84,60	102,00
Außenwand abbrechen, entsorgen, Ziegel, verputzt, 40-60 cm	m^3	1,100	70,00	88,10	105,00
Außenstützen, Ziegel, rechteckig, abbrechen	m	1,000	59,90	67,60	78,10
Außenstützen, Ziegel, rund, abbrechen	m	1,000	50,00	63,90	77,70
Außenwand abbrechen, entsorgen, Glasbausteine, < 20 cm	m^2	0,600	29,60	39,20	46,80

Innenwand abbrechen, entsorgen, Ziegel, verputzt, bis 40 cm	m^3	0,924	79,10	97,80	116,50
Außenwand abbrechen, alte Formate, seitlich lagern für Wiederverwendung, < 50 cm	m^3	2,600	128,00	157,50	175,00
Innenwand abbrechen, entsorgen, Ziegel, verputzt, über 50 cm	m^3	1,150	105,00	118,00	141,50
Verblendmauerwerk, Kalksandstein, abbrechen, entsorgen	m^2	0,800	39,05	49,20	58,45
Verblendmauerwerk, Vollmauerziegel, Wärmedämmung, abbrechen, entsorgen	m^2	0,900	46,50	57,80	66,90
Verblendmauerwerk, Vollmauerziegel, abbrechen, entsorgen	m^2	0,850	42,10	53,30	64,70
Verblendmauerwerk, Hochlochziegel, Wärmedämmung, abbrechen, entsorgen	m^2	0,900	49,80	56,70	65,60
Verblendmauerwerk, Hochlochziegel, abbrechen, entsorgen	m^2	0,850	42,10	53,10	62,80
Außenwand abbrechen, entsorgen, Ziegel, Kleinflächen bis 24 cm	m^2	0,700	36,50	44,50	52,20
Innenwand abbrechen, entsorgen, Ziegel, Kleinflächen, bis 14 cm	m^2	0,500	27,30	33,30	40,40
Innenwand abbrechen, entsorgen, Ziegel, Kleinflächen, bis 27 cm	m^2	0,600	32,30	40,50	50,70
Innenwand abbrechen, entsorgen, Ziegel, verputzt, gefliest (2-seitig), bis 15 cm	m^2	0,800	42,15	53,00	62,90
Innenwand abbrechen, entsorgen, Ziegel, verputzt, gefliest (1-seitig), bis 15 cm	m^2	0,750	39,48	47,30	56,70

© SIRADOS 01/24

Innenwand abbrechen, entsorgen, Ziegel, verputzt, gefliest (2-seitig), bis 28 cm	m^2	0,650	35,30	43,50	51,40
Kellerboden, Ziegelstein, abbrechen	m^2	0,350	20,10	26,60	33,20
Rabitzdecke ausbauen, entsorgen	m^2	0,600	29,50	35,70	41,60
Lehm-/Strohdecke ausbauen und entsorgen	m^2	0,300	16,70	19,40	24,40
Natursteinmauerwerk abbrechen, seitlich lagern für Wiederverwendung Feldstein, bis 80 cm	m^3	3,200	149,50	184,00	213,00
Natursteinmauerwerk abbrechen, seitlich lagern, < 80 cm	m^3	3,200	155,50	180,00	224,50
Kugel, Naturstein, d ≤ 30 cm, ausbauen	m	0,550	28,90	33,50	41,50
Schlackenbetonsteinwand abbrechen, entsorgen	m^2	0,900	51,00	62,80	77,50
Lehmstampfbauwand abbrechen, entsorgen, bis 40 cm	m^2	0,800	45,70	53,60	60,10
Kalkstampfbauwand abbrechen, entsorgen, bis 40 cm	m^2	0,800	46,50	54,90	64,60
Fensterbank, Metall, ausbauen	m	0,180	9,50	11,80	14,30
Zählerkasten ausbauen	St	0,700	35,00	43,70	51,40
Elt-Unterverteilung ausbauen	St	0,354	19,80	25,40	31,70
Preußische Kappendecke 1/2 Stein, ausbauen und entsorgen, bis 14 cm	m^2	1,200	60,10	80,00	96,00
Preußische Kappendecke, 1-Stein, ausbauen und entsorgen bis 25 cm	m^2	1,200	73,60	86,40	97,10
Preußische Kappendecke, Stahlträger und Auflager, ausbauen, entsorgen	m	0,900	55,40	65,80	80,80
Hohldielendecke, ausbauen, entsorgen, 15 cm	m^2	0,700	46,00	54,70	64,50
Gewölbe ausbauen, reinigen, seitlich lagern für Wiederverwendung, Naturstein, bis 25 cm	m^2	1,600	94,10	110,50	131,00
Gewölbe ausbauen, reinigen, seitlich lagern für Wiederverwendung, gebr. Stein, bis 25 cm	m^2	1,700	95,50	112,00	126,50

Sandfüllung ausbauen, entsorgen, Gewölbedecke, i.M. 8 cm	m^2	0,200	13,20	17,10	21,20
Rheinische Formsteinstückdecke ausbauen, entsorgen	m^2	1,400	76,80	92,20	103,00
Kleinesche Decke ausbauen, entsorgen	m^2	1,400	77,40	91,50	102,00
Ackermanndecke ausbauen, entsorgen	m^2	2,700	134,50	169,00	209,50
Klingel-/Wechselsprechanlage ausbauen	St	0,350	21,90	26,10	32,70
Gerätesockel abbrechen	m^2	1,700	107,00	125,00	138,50
Lichtschachtgitter mit Rahmen, < 1,0 m^2 ausbauen, entsorgen	St	0,250	12,60	16,80	21,00
Fußabstreifer mit Bodenwanne ausbauen, < 0,5 m^2	St	0,470	25,60	32,70	37,00
Gewände, Naturstein, ausbauen	m	0,650	34,00	41,60	52,00
Schlussstein ausbauen	m	1,500	70,00	82,30	90,10
Gesims, Naturstein auskragend, ausbauen	m	0,800	39,60	49,50	59,60
Treppenstufe gemauert, abbrechen	m	0,550	27,40	34,40	39,50
Lichtgitterrost ausbauen, Höhe 25 mm	m^2	0,100	5,05	6,60	7,65
Innenwand abbrechen, entsorgen, Ziegel, verputzt, gefliest, bis 10 cm	m^2	0,270	17,60	22,00	27,30
Innenwand abbrechen, entsorgen, Ziegel, verputzt, gefliest, 10-20 cm	m^2	0,300	18,60	24,60	30,50
Innenwand abbrechen, entsorgen, Gipswandbauplatte, Zarge, Türblatt, bis 10 cm	m^2	0,550	32,30	36,60	43,10
Innenwand abbrechen, Glasbausteine bis 12 cm	m^2	0,280	18,25	24,30	30,30
Innenwand abbrechen, entsorgen, Gasbeton	m^2	0,280	20,10	25,50	31,60
Innenwand abbrechen, entsorgen, Porenbetonstein, 24-40 cm	m^3	1,800	105,50	127,50	159,50
Trennwand, HWL-Platte, abbrechen, 12 cm	m^2	0,240	13,80	16,40	19,80

 © SIRADOS 01/24

Natursteinmauerwerk abbrechen, entsorgen, Bruchstein, bis 80 cm	m^3	2,200	136,00	164,50	200,50
Wand abbrechen, Metallständer, nicht tragend	m^2	0,300	17,30	20,90	25,70
Gipsplatten, Dach, ausbauen, entsorgen	m^2	0,400	16,00	18,50	19,90
Trockenestrichelement entfernen	m^2	0,220	10,80	13,00	17,30
Gesimsziegel, Hohlkehle, Klinker, ausbauen	m	0,500	23,40	27,90	33,90
Montagewand, 1-lagig beplankt, abbrechen	m^2	0,280	16,50	19,30	24,00
Montagewand, 2-lagig beplankt, abbrechen	m^2	0,280	19,10	23,10	28,30
Gipsplatten-Verkofferung, mit Unterkonstruktion, abbrechen	m^2	0,320	17,00	23,00	29,30
Decke abbrechen, Holz	m^2	0,250	14,60	18,80	23,20
Dachgeschossbekleidung, Gipskarton/Gipsfaserplatten, abbrechen	m^2	0,250	13,10	18,00	22,10
Wandtrockenputz Gipsplatte, 12,5 mm, entfernen	m^2	0,250	13,40	18,10	21,90
Wandtrockenputz mit Dämmung entfernen	m^2	0,250	16,50	20,10	24,70
Decke abbrechen, Mineralfaserplatten	m^2	0,300	17,00	21,20	24,90
Mineralfaserdecke demontieren, lagern	m^2	0,350	13,80	17,60	21,30
Unterdecke aus Gipskarton/Gipsfaserplatten/ Mineralfaserplatten abbrechen	m^2	0,270	19,00	26,10	31,70
Metallpaneeldecke ausbauen	m^2	0,250	8,20	13,40	18,10
Montagewand, Holzständer, HWL-Platten, abbrechen	m^2	0,400	25,60	30,70	35,00
Montagewand, Holzständer, Span/OSB-Platten, abbrechen	m^2	0,450	26,50	31,40	35,20

Fliesen, Platten, Natur-/Betonwerkstein	**E**	**h**	**von**	**mittel**	**bis**
Dachgeschossbekleidung, Gipskarton/Gipsfaserplatten, abbrechen	m^2	0,250	13,10	18,00	22,10

Bodenfliesen, Dickbett, ausbauen, entsorgen	m^2	0,400	23,00	26,30	30,90
Sockelfliesen, ausbauen, entsorgen	m	0,150	7,25	8,05	9,40
Sockel, Naturstein, ausbauen, entsorgen	m	0,150	7,05	8,25	9,80
Bodenfliesen, Treppenbelag, ausbauen, entsorgen	m^2	0,400	21,40	25,60	29,00
Bodenfliesen, Dickbett, Estrich, ausbauen, entsorgen	m^2	0,450	25,90	31,50	37,70
Wandfliesen, Abdichtung, Putz, entfernen, entsorgen	m^2	0,230	14,20	16,70	19,10
Fliesenrinne, Bodenfliesen, entfernen, entsorgen	m^2	0,250	16,60	18,70	21,80
WC-Trennwände, gefliest, demontieren, entsorgen	m^2	0,300	23,90	29,40	32,80
Fassadenfliesen mit Dickbett entfernen	m^2	0,380	22,00	24,40	25,60
Wandfliese, Wannenabmauerung, abbrechen und entsorgen	m^2	0,300	19,30	23,60	26,00
Wannenbekleidung, Kunststoff, abbrechen und entsorgen	m^2	0,350	20,00	25,00	31,05
Wandfliesen, Dünnbett, entfernen, entsorgen	m^2	0,200	13,90	15,70	18,50
Wandfliesen, Dickbett, entfernen, entsorgen	m^2	0,220	15,10	17,60	19,90
Verkofferung, Fliese, Hartfaserplatte, entfernen, entsorgen	m	0,350	17,90	20,10	21,20
Bodenbelag, Klinkerplatten, entfernen und entsorgen	m^2	0,400	24,10	28,90	31,80
Fassadenbekleidung, einschließlich Metall-Unterkonstruktion, VHF, entfernen	m^2	0,390	19,70	25,50	30,40
Fassadenbekleidung, einschließlich Metall-Unterkonstruktion, Wärmedämmung, entfernen	m^2	0,450	27,20	34,10	39,30
Fassadenbekleidung, FZ-Platten, Holz-Unterkonstruktion, WD, VHF, entfernen	m^2	0,450	33,50	36,90	40,00
Fassadenbekleidung, FZ-Platten, Metall-Unterkonstruktion, WD, VHF, entfernen	m^2	0,420	33,50	36,00	40,00
Fassadenbekleidung, Holzzementtafel, Metall-Unterkonstruktion, WD, VHF, entfernen	m^2	0,470	32,90	37,50	44,40

Plattenbelag in Mörtelbett abbrechen	m^2	0,300	17,50	21,50	25,60
Plattenbelag mit Dämmung abbrechen	m^2	0,250	14,90	19,40	21,70
Plattenbelag mit Unterbeton abbrechen	m^2	1,000	52,20	64,50	78,10
Bodenbelag, Naturstein, aufnehmen/lagern	m^2	0,600	26,75	34,50	42,10
Treppenbelag, Naturstein, abbrechen	m	0,750	36,20	45,20	52,90
Trittstufe, Naturstein, ausbauen	St	1,200	63,00	80,00	99,40
Sockelleiste, Naturstein, ausbauen/lagern	m	0,150	6,65	7,90	9,40
Plattenbelag, Naturstein, mit Unterbau, abbrechen/entsorgen	m^2	1,000	50,90	64,20	77,00
Fensterbank, außen, Naturstein, ausbauen, 30/3 cm	m	0,250	12,10	13,70	16,40
Fensterbank, innen, Naturstein, ausbauen	St	0,300	14,10	17,70	21,40
Pfeilerabdeckplatte ausbauen	St	0,270	12,30	15,30	17,70
Natursteinblockstufen, ausbauen/lagern, bis 1,20 m	St	1,200	60,30	76,10	91,30
Natursteinflächenbelag außen, Unkraut entfernen	m^2	0,500	21,05	27,10	32,50
Natursteinfassade abbrechen	m^2	0,700	35,00	45,60	55,10
Treppenbelag, Naturstein, abbrechen	m	0,750	36,20	45,20	52,90
Treppenbelag, Betonwerkstein, abbrechen	m	0,400	25,50	31,00	36,50
Podestbelag, Betonwerkstein, abbrechen, d = bis 5 cm	m^2	0,400	25,50	30,50	36,40
Bodenbelag, Betonwerkstein, abbrechen, d = bis 12 cm	m^2	0,500	32,10	38,20	46,30
Sockelbekleidung, Betonwerkstein, abbrechen, d = bis 6 cm	m^2	0,120	7,60	8,50	10,00
Fensterbank, Betonwerkstein, außen, ausbauen	m	0,200	11,90	13,90	16,90
Gehwegplatten ausbauen	m^2	0,120	9,00	11,10	12,90
Betonwerksteinplatten aufnehmen, 40/40/5 cm	m^2	0,250	16,40	21,30	25,20
Betonwerksteinplatten ausbauen/entsorgen, 50/50/5 cm	m^2	0,250	12,70	16,00	19,60
Sockelleiste, Profile, ausbauen, entsorgen	m	0,040	1,65	2,05	2,47

Bodenbelag, Spaltplatte, Sockelleiste, vollflächig geklebt, ausbauen, entsorgen	m^2	0,120	6,02	7,50	9,09
Bodenbelag, Sockelleiste, ausbauen, entsorgen, reinigen	m^2	0,150	6,80	8,40	9,95
Bodenbelag, Sockelleiste, Textilbelag auf Parkett, geklebt, ausbauen, entsorgen	m^2	0,140	6,35	7,85	9,30
Bodenbelag, Textilbelag auf Estrich, vollflächig geklebt, ausbauen, entsorgen	m^2	0,140	6,19	7,85	9,60
Bodenbelag, Asphaltplatten, ausbauen, entsorgen	m^2	0,150	10,60	12,10	13,90
Bodenbelag, PVC-Belag, geklebt, ausbauen, entsorgen	m^2	0,150	7,35	8,30	9,85
Bodenplatten, Kunststoff, verklebt, ausbauen und entsorgen	m^2	0,120	6,00	7,05	7,80
Bodenbelag, Textilbelag, lose verlegt, ausbauen, entsorgen	m^2	0,080	4,60	5,65	6,80
Bodenbelag, Sockelleiste, Kork, vollflächig geklebt, ausbauen, entsorgen	m^2	0,130	6,60	8,25	9,15
Schwingboden, PVC, ausbauen, entsorgen, h = 50 mm, Sportboden	m^2	0,400	22,80	26,60	30,50
Schwingboden, PVC, ausbauen, entsorgen, h = 100 mm, Sportboden	m^2	0,500	27,90	34,80	39,00
Treppenbelag, Teppich, geklebt, ausbauen, entsorgen	St	0,180	8,45	10,10	12,00
Bodenbelag, Textilbelag auf Estrich, Stöße geklebt, ausbauen, entsorgen	m^2	0,120	6,25	7,45	8,90
Treppenbelag, PVC/Linoleum/Kork, geklebt, ausbauen, entsorgen	St	0,150	7,60	9,20	11,00
Leisten, Profilleisten, ausbauen, entsorgen	m	0,040	1,80	2,05	2,25
Leisten, Profilleisten, ausbauen, reinigen, seitlich für Wiederverwendung lagern	m	0,080	3,35	3,85	4,45

© SIRADOS 01/24

Sauberlaufzone, Mattenrahmen, Einlage ausbauen, entsorgen	m^2	0,180	16,00	20,10	23,30
Parkett verklebt, entfernen	m^2	0,270	12,50	15,10	17,50
Parkett genagelt, Schüttung, ausbauen, entsorgen	m^2	0,350	15,60	19,40	22,60
Altbelag, auf Parkett/Dielen ausbauen, entsorgen	m^2	0,200	8,59	10,90	13,35
Stab-Parkett ausbauen und seitlich lagern	m^2	0,500	19,60	24,40	28,70
Parkett ausbauen, Kleinflächen	m^2	0,300	12,90	15,80	18,70
Fußbodenleisten, ausbauen	m	0,030	1,45	1,65	1,95
Holzdielen ausbauen, seitlich lagern, Wiederverwendung	m^2	0,250	12,60	15,10	17,40
Parkett ausbauen, seitlich lagern, Wiederverwendung	m^2	0,400	18,50	21,20	23,70
Holzpflaster ausbauen	m^2	0,400	18,00	21,80	24,90
Altbelag, Laminat ausbauen, entsorgen	m^2	0,200	9,40	11,30	12,90
Fußbodenleisten, entfernen, seitlich lagern, Wiederverwendung, Holz	m	0,070	2,90	3,50	4,15
Messingprofil demontieren	m	0,040	2,20	2,60	3,10

Beton-, Estrich-, Abdichtungsarbeiten	**E**	**h**	**von**	**mittel**	**bis**
Kellerlichtschacht, Stahlbeton, abbrechen	St	2,000	162,80	197,50	225,00
Fundamentabbruch, Beton, unbewehrt, ohne Keller	m^3	10,000	519,60	616,50	722,00
Fundament, Stahlbeton, abbrechen	m^3	30,000	1.430,00	1.814,00	2.237,00
Bodenplatte, Beton, unbewehrt, abbrechen	m^3	10,000	537,60	653,10	768,60
Bodenplatte aus Stahlbeton, abbrechen	m^3	25,000	1.184,00	1.398,00	1.647,00
Kellerböden, Stahlbeton, abbrechen	m^3	25,000	1.210,00	1.460,00	1.672,00
Kellerböden, Beton, unbewehrt, abbrechen	m^2	2,000	103,20	120,20	140,00
Kellerfußboden, Beton, unbewehrt, abbrechen, Dicke 20-30 cm	m^2	3,000	159,60	196,90	229,50

Außentreppenstufen, Beton, abbrechen	St	4,000	197,40	228,40	259,40
Kelleraußenwände, Beton, abbrechen	m³	15,000	735,50	883,10	1.046,00
Kelleraußenwände, Stahlbeton, abbrechen	m³	35,000	1.768,00	2.059,00	2.382,00
Balkon, Stahlbeton, abbrechen, bis 3,00/1,50 m	St	8,000	722,90	897,20	1.072,00
Außenwände, Stahlbeton, abbrechen	m³	30,000	1.472,00	1.675,00	1.994,00
Innenwände, Stahlbeton, abbrechen, bis 15 cm	m³	28,000	1.450,00	1.678,00	1.926,00
Innenwände, Stahlbeton, abbrechen, 15-25 cm	m³	30,000	1.486,00	1.786,00	1.990,00
Innenwände, Stahlbeton, abbrechen, 25-50 cm	m³	32,000	1.602,00	1.818,00	2.050,00
Innenwände, Stahlbeton, abbrechen, über 50 cm	m³	30,000	1.419,00	1.691,00	1.933,00
Stahlbetonstützen abbrechen	m³	40,000	1.928,00	2.334,00	2.757,00
Stahlbetonstützen abbrechen, 24/24 cm	m	2,500	104,10	132,40	155,50
Stahlbetonstützen abbrechen, 30/30 cm	m	3,600	180,30	217,30	253,40
Stahlbetonstützen abbrechen, 40/40 cm	m	6,400	286,30	352,30	412,50
Stahlbetonstützen abbrechen, 40/25 cm	m	4,000	199,30	241,00	277,90
Stahlbetonstützen, rund, abbrechen, 30 cm	m	3,000	136,20	166,40	192,90
Stahlbetonstützen, rund, abbrechen, 40 cm	m	5,000	224,60	276,10	328,10
Stahlbetonstützen, rund, abbrechen, 50 cm	m	8,000	376,00	465,40	550,20
Betonbelag, Dachboden, abbrechen	m²	1,250	61,90	75,50	88,60
Geschossdecke, Stahlbetonhohldielen, mit Aufbau, abbrechen	m²	7,500	354,60	423,30	497,10
Geschossdecke, Stahlbetonhohldielen, ohne Aufbau, abbrechen	m²	3,500	167,40	199,70	234,30
Geschossdecke, Stahlbeton, abbrechen	m³	32,500	1.576,00	1.929,00	2.143,00
Geschossdecke, Stahlbeton, abbrechen, mit Aufbau	m³	30,000	1.453,00	1.727,00	2.016,00
Fertigteildecke, Porenbeton, abbrechen	m³	15,000	712,40	877,20	1.006,00
Fertigteildecke, Filigran, abbrechen	m³	30,000	1.528,00	1.790,00	2.081,00

 © SIRADOS 01/24

Fertigteildecke, Betonhohlkörper, abbrechen	m^3	25,000	1.155,00	1.419,00	1.666,00
Geschossdecke, Hohlkörpersteine, abbrechen	m^3	20,000	1.025,00	1.243,00	1.440,00
Steildach, Stahlbeton, abbrechen	m^3	45,000	2.129,00	2.495,00	2.854,00
Stürze, Unterzüge, abbrechen	m^3	50,000	2.463,00	2.826,00	3.220,00
Stahlbetontreppen abbrechen	St	40,000	2.066,00	2.470,00	2.820,00
Betonblockstufen, gerade, abbrechen	m	1,550	81,35	97,35	112,30
Betonblockstufen, Keilstufen, abbrechen	m	1,650	78,85	94,55	112,60
Einzelfundament, Keller, abbrechen, entsorgen	m^3	35,000	1.649,00	2.048,00	2.551,00
Einzelfundament außen, abbrechen, entsorgen	m^3	1,000	130,00	157,10	187,40
Ofenfundament bewehrt, abbrechen, entsorgen, Dicke 0,15 m	m^3	12,500	611,50	753,00	896,50
EPS-Dämmung abbrechen, Gründung	m^3	1,000	57,60	71,15	84,45
XPS-Dämmung abbrechen, Gründung	m^3	1,000	52,00	64,40	76,25
PU-Dämmstoff abbrechen, Gründung	m^3	1,000	58,55	72,60	84,65
Schaumglasdämmstoff abbrechen, Gründung	m^3	1,200	102,50	125,80	149,20
Schaumglasschotter abbrechen, Gründung	m^3	0,900	87,35	101,60	119,60
Kunstharzestrich abbrechen, Sondermüll	m^2	0,170	7,60	9,50	10,70
Hartstoffestrich abbrechen	m^2	0,300	17,20	22,30	26,30
Magnesia-Estrich abbrechen	m^2	0,200	13,40	16,30	19,60
Verbundestrich abbrechen, bis 30 mm	m^2	0,200	9,65	11,60	13,10
Verbundestrich abbrechen, d = 40 bis 60 mm	m^2	0,250	15,10	17,70	22,10
Verbundestrich abbrechen, d = 60 bis 80 mm	m^2	0,400	22,60	28,00	34,90
Estrich/Dämmung abbrechen, d = bis 80 mm	m^2	0,350	21,00	25,90	31,80
Estrich, bewehrt + Dämmung abbrechen	m^2	0,520	28,30	34,50	39,70
Heizestrich gesamt abbrechen, 70/40 mm	m^2	0,500	30,30	35,40	44,00
Heizestrich gesamt abbrechen, 70/40 mm	m^2	0,500	30,30	35,40	44,00

Schutzestrich abbrechen, d = 80 mm	m^2	0,400	23,00	28,10	32,20
Heizestrich, bewehrt, abbrechen	m^2	0,600	33,10	39,50	45,60
Estrich mit Abdichtung und Dämmung abbrechen	m^2	0,450	27,30	31,40	39,20
Estrich und Unterbeton, Keller, abbrechen, entsorgen	m^2	0,600	33,20	39,70	47,40
Balkonbodenaufbau abbrechen, entsorgen	m^2	0,600	32,30	38,10	42,90
Bitumenbeschichtung entfernen, Kelleraußenwand	m^2	0,180	8,75	10,10	11,90
Kunststoff-Noppenbahn entfernen, Kelleraußenwand	m^2	0,150	7,71	9,70	11,45

Entwässerungskanalarbeiten	**E**	**h**	**von**	**mittel**	**bis**
Abwassergrundleitung entfernen, DN 100-150	m	0,250	20,40	23,10	26,00
Abwassergrundleitung entfernen, DN 200	m	0,350	25,60	29,00	31,30
Abwassergrundleitung entfernen, bis DN 300	m	0,500	35,80	40,30	44,20
Abzweig Steinzeug entfernen, DN 100	m	0,100	9,15	10,40	11,60
Abzweig Steinzeug entfernen, DN 125-150	m	0,150	12,50	13,90	15,40
Abzweig Steinzeug entfernen, DN 200	m	0,200	15,20	17,20	18,70
Abzweig Steinzeug entfernen, DN 250	m	0,250	18,40	20,70	23,00
Schmutzwasserpumpe entfernen	St	2,000	117,50	133,50	149,50
Kellersinkkasten mit Deckel, entfernen, DN 100	St	2,000	99,90	112,00	126,00
Bodenablauf Guss entfernen, DN 70	St	1,000	47,70	55,80	61,00
Bodenablauf Guss entfernen, DN 100	St	1,250	60,30	69,60	76,70
Rückstaukasten Beton entfernen, DN 100	St	1,500	74,30	84,70	95,20
Rückstaukasten Beton entfernen, DN 150	St	1,750	84,70	95,80	110,00
Rückstaudoppelverschluss entfernen, DN 100	St	1,250	62,90	73,60	79,30
Fäkalienhebeanlage entfernen, bis 150 Liter	St	3,000	214,00	245,00	273,00
Revisionsschacht entfernen, DN 1000	St	2,000	324,50	365,50	403,00
Straßenablauf, niedrig, ausbauen, 500/500 mm	St	1,000	56,60	63,90	71,30

Straßenablauf, hoch, ausbauen, 500/500 mm	St	1,500	84,30	96,50	108,50
Sicker- und Dränleitungen entfernen, bis DN 200	St	0,500	49,10	57,10	64,10
Kanal, Klinker, ausbauen, bis DN 1000	m^3	6,000	360,00	403,00	453,50
Straßenablauf Guss, ausbauen	St	2,000	163,50	188,00	213,00
Betonabdeckung ausbauen	St	0,500	43,10	49,30	55,70
Betonkonus ausbauen	St	0,750	63,10	71,80	79,70
Entwässerungsfertigteilschacht ausbauen	St	4,000	356,50	408,50	451,00
Regenwasserschacht ausbauen	St	3,750	312,50	360,00	406,00
Schutzabdeckung herstellen	St	0,500	40,40	45,80	51,90

Tischlerarbeiten	**E**	**h**	**von**	**mittel**	**bis**
Fensterbank, Holz, ausbauen, bis 1,40 m	St	0,300	17,90	22,50	26,80
Fensterbank, Holz, ausbauen, 1,40-2,00 m	St	0,350	22,10	28,60	34,70
Fensterbank, Holz, ausbauen, bis 1,50 m	St	0,220	21,00	25,00	30,50
Holzbekleidung, innere Fensterleibung, entfernen	m	0,120	11,00	13,80	16,80
Innentür mit Futter, Wanddicke bis 400 mm, ausbauen	St	0,600	41,20	45,30	52,90
Blindstock, Wanddicke bis 200 mm, ausbauen	St	1,000	51,20	64,20	73,60
Blindstock, Wanddicke bis 400 mm, ausbauen	St	1,200	61,60	72,00	82,60
Zarge, Holz, mit Oberlicht, ausbauen	St	1,100	60,90	73,30	85,20
Schiebetür, Holz, freilaufend, ausbauen, bis 900/2100 mm	St	1,000	58,60	64,50	74,00
Innentür, Seitenteil festverglast, ausbauen	St	1,000	61,10	72,00	88,90
Holz-/Glas-Trennwand ausbauen	m^2	0,500	29,60	36,70	43,60
Holzvertäfelung entfernen	m^2	0,220	8,65	13,00	18,90
Wandbekleidung und Sparschalung entfernen	m^2	0,550	26,80	33,60	40,40
Deckenbekleidung und Sparschalung entfernen	m^2	0,450	21,70	27,20	30,60

Türband, eingestemmt, ausbauen	St	0,320	15,20	17,90	19,90
Türdrückergarnitur und Schloss ausbauen	St	0,170	10,80	13,20	15,90

Metallbauarbeiten	**E**	**h**	**von**	**mittel**	**bis**
Fenstergitter ausbauen	St	0,350	21,10	23,90	28,50
Lüftungsgitter, Blechlamellen, ausbauen	St	0,400	21,70	24,60	29,40
Kellerfenster, Stahl, ausbauen, 750/600 mm	St	0,650	47,50	54,30	65,70
Metallfenster ausbauen, bis 2,0 m^2	St	1,200	76,60	87,30	101,50
Fenster, Alu, ausbauen, bis 3,0 m^2	St	1,500	92,70	109,00	129,00
Fensterelement abbrechen, Stahl	St	1,500	91,80	103,00	119,50
Stahlbauteile aller Art abbrechen	kg	0,030	1,65	1,80	1,95
Stahltreppen abbrechen	St	7,000	401,00	471,00	547,00
Stahltreppen, Gitterroststufen, abbrechen	St	7,000	413,50	464,50	559,00
Stahltreppen, Spindel, abbrechen	St	6,600	376,20	429,50	513,60
Handlauf, Stahlrohr, ausbauen	m	0,220	11,50	14,20	16,95
Geländer, Stahl, ausbauen	m	0,300	16,50	20,40	25,40
Stahl-Unterzug, ausbauen	m	1,500	81,20	101,80	121,10
Stahltür ausbauen, 900/2000 mm	St	1,200	89,30	102,00	121,50
Feuerschutzelement, Tür, ausbauen, bis 1500/2500 mm	St	1,600	101,50	114,00	133,50
Metalltor ausbauen, bis 6 m^2	St	1,800	123,50	148,00	172,00
Metalltor ausbauen, bis 10 m^2	St	3,000	192,50	224,00	267,00
Schrankenanlage ausbauen	St	2,800	180,00	214,50	251,50
Stahlumfassungszarge mit Türblatt abbrechen, Maulweite bis 15 cm	St	1,150	63,30	73,60	84,70
Stahlumfassungszarge mit Türblatt abbrechen, Maulweite 15 bis 27 cm	St	1,300	73,40	81,50	96,70

Stahlumfassungszarge mit Türblatt abbrechen, Maulweite 27 bis 40 cm	St	1,350	77,30	87,30	102,50
Außentür 1-flügelig, Alu, abbrechen/entsorgen, bis 3,5 m^2	St	3,000	205,00	238,50	281,00
Stahltür abbrechen, 1-teilig, bis 1500/2100 mm	St	1,250	80,00	91,80	105,00
Stahltür abbrechen, 2-teilig, bis 1800/2100 mm	St	1,350	89,00	98,50	116,00
Metalltür mit Verglasung, abbrechen, 1-teilig	St	1,800	118,00	139,50	159,00
Metalltür mit Verglasung, abbrechen, 2-teilig	St	2,400	174,50	204,00	241,50
Stahlstützen abbrechen, d = bis 15 cm	m	0,900	48,70	59,50	65,60
Stahlstützen abbrechen, d = über 15 cm	m	1,000	56,40	69,80	77,30
Fluchtleiter, außen, demontieren	m		32,00	38,00	44,50
Steigeisen demontieren	St		12,00	14,50	17,30
Ausstieghilfe demontieren, seitlich lagern	St		95,20	113,00	132,00
Schiebetürbeschlag ausbauen und entsorgen	St	1,500	69,30	78,90	91,90

Heizanlagen & zentrale Wassererwärmungsanlag.	**E**	**h**	**von**	**mittel**	**bis**
Heizkessel, Öl, Stahl, ausbauen, 0 bis 30 kW	St	2,465	99,70	133,50	168,50
Heizkessel, Öl, Stahl, ausbauen, 31 bis 50 kW	St	4,350	174,50	228,50	290,00
Heizkessel, Öl, Stahl, ausbauen, 51 bis 100 kW	St	5,800	230,00	304,50	381,00
Heizkessel, Öl, Stahl, ausbauen, 101 bis 250 kW	St	7,250	272,00	359,50	453,50
Heizkessel, Öl, Stahl, ausbauen, 251 bis 400 kW	St	8,700	344,00	455,50	570,00
Heizkessel, Öl, Stahl, ausbauen, 401 bis 700 kW	St	10,150	399,00	530,50	662,00
Heizkessel, Öl, Stahl, ausbauen, 701 bis 1000 kW	St	11,600	455,50	608,00	759,00
Heizkessel, Öl, Stahl, ausbauen, 1001 bis 1400 kW	St	13,050	512,50	683,50	853,50
Heizkessel, Öl, Stahl, ausbauen, 1401 bis 1800 kW	St	14,500	570,00	759,00	947,50
Heizkessel, Öl, Guss, ausbauen, 0 bis 30 kW	St	2,900	114,00	154,00	192,00
Heizkessel, Öl, Guss, ausbauen, 31 bis 50 kW	St	4,785	188,00	250,50	314,50

Heizkessel, Öl, Guss, ausbauen, 51 bis 100 kW	St	6,525	260,00	344,00	428,50
Heizkessel, Öl, Guss, ausbauen, 101 bis 250 kW	St	7,975	314,50	417,00	522,00
Heizkessel, Öl, Guss, ausbauen, 251 bis 400 kW	St	9,570	376,50	499,50	626,50
Heizkessel, Öl, Guss, ausbauen, 401 bis 700 kW	St	11,165	441,50	581,00	732,50
Heizkessel, Öl, Guss, ausbauen, 701 bis 1000 kW	St	12,760	505,00	671,00	839,00
Heizkessel, Öl, Guss, ausbauen, 1001 bis 1400 kW	St	14,355	570,00	759,00	947,50
Heizkessel, Öl, Guss, ausbauen, 1401 bis 1800 kW	St	15,950	625,50	833,00	1.041,00
Heizkessel, Gas, Stahl, ausbauen, 0 bis 30 kW	St	2,465	99,50	129,50	167,50
Heizkessel, Gas, Stahl, ausbauen, 31 bis 50 kW	St	4,350	172,00	221,50	282,50
Heizkessel, Gas, Stahl, ausbauen, 51 bis 100 kW	St	5,800	228,00	301,50	377,00
Heizkessel, Gas, Stahl, ausbauen, 101 bis 250 kW	St	7,250	282,50	377,00	471,50
Heizkessel, Gas, Stahl, ausbauen, 251 bis 400 kW	St	8,700	340,50	452,50	566,50
Heizkessel, Gas, Stahl, ausbauen, 401 bis 700 kW	St	10,150	397,50	526,50	658,50
Heizkessel, Gas, Stahl, ausbauen, 701 bis 1000 kW	St	11,600	452,50	604,50	753,00
Heizkessel, Gas, Stahl, ausbauen, 1001 bis 1400 kW	St	13,050	511,00	677,50	848,50
Heizkessel, Gas, Stahl, ausbauen, 1401 bis 1800 kW	St	14,500	566,50	753,00	942,50
Heizkessel, Gas, Guss, ausbauen, 0 bis 30 kW	St	2,900	113,50	152,50	190,00
Heizkessel, Gas, Guss, ausbauen, 31 bis 50 kW	St	4,785	185,00	241,50	308,00
Heizkessel, Gas, Guss, ausbauen, 51 bis 100 kW	St	6,525	257,50	340,50	426,00
Heizkessel, Gas, Guss, ausbauen, 101 bis 250 kW	St	7,975	311,50	415,00	519,00
Heizkessel, Gas, Guss, ausbauen, 251 bis 400 kW	St	9,570	368,50	489,00	613,50
Heizkessel, Gas, Guss, ausbauen, 401 bis 700 kW	St	11,165	439,00	584,50	729,00
Heizkessel, Gas, Guss, ausbauen, 701 bis 1000 kW	St	12,760	497,50	658,50	823,00
Heizkessel, Gas, Guss, ausbauen, 1001 bis 1400 kW	St	14,355	566,50	753,00	942,50
Heizkessel, Gas, Guss, ausbauen, 1401 bis 1800 kW	St	15,950	621,50	828,00	1.034,00
Heizkessel, Feststoff, Stahl, ausbauen, 0 bis 30 kW	St	2,900	114,00	153,00	191,00

© SIRADOS 01/24

Heizkessel, Feststoff, Stahl, ausbauen, 31 bis 50 kW	St	5,075	201,00	257,50	334,00
Heizkessel, Feststoff, Stahl, ausbauen, 51 bis 100 kW	St	6,380	259,50	326,00	428,00
Heizkessel, Feststoff, Stahl, ausbauen, 101 bis 150 kW	St	7,105	283,50	378,50	474,50
Heizkessel, Feststoff, Stahl, ausbauen, 151 bis 200 kW	St	7,975	313,00	417,00	521,50
Heizkessel, Feststoff, Stahl, ausbauen, 201 bis 280 kW	St	9,280	370,50	491,50	617,00
Hackschnitzelzuführung, ausbauen, bis 50 kW	St	6,960	270,50	361,50	449,50
Holzpelletkessel ausbauen, 0 bis 30 kW	St	2,900	114,00	153,00	191,00
Holzpelletkessel ausbauen, 31 bis 50 kW	St	3,335	128,50	172,00	216,50
Holzpelletofen ausbauen	St	1,450	56,90	75,70	94,90
Brennwertkessel, Gas, Stahl, ausbauen, 0 bis 30 kW	St	1,740	70,30	91,00	118,50
Brennwertkessel, Gas, Stahl, ausbauen, 31 bis 50 kW	St	2,900	113,50	152,50	190,00
Brennwertkessel, Gas, Stahl, ausbauen, 51 bis 100 kW	St	3,625	145,00	190,00	237,50
Brennwertkessel, Gas, Stahl, ausbauen, 101 bis 150 kW	St	4,060	158,00	209,00	269,00
Brennwertkessel, Gas, Stahl, ausbauen, 151 bis 250 kW	St	4,495	172,00	228,00	282,50
Brennwertkessel, Gas, Stahl, ausbauen, 251 bis 400 kW	St	5,365	214,50	282,50	353,00
Brennwertkessel, Gas, Stahl, ausbauen, 401 bis 650 kW	St	6,090	241,50	321,00	401,00
Brennwertkessel, Gas, Stahl, ausbauen, 651 bis 900 kW	St	6,100	261,40	324,00	388,50
Montagerahmen, Brennwertkessel, ausbauen	St	2,175	85,80	113,50	145,00
Anschlussset, Brennwertkessel, ausbauen	St	1,740	70,30	94,30	118,50
Neutralisation, Brennwertkessel, ausbauen	St	3,045	113,50	152,50	190,00
Brenner, Öl, ausbauen, 0 bis 100 kW	St	0,725	28,10	37,80	47,10
Brenner, Öl, ausbauen, 101 bis 250 kW	St	1,015	39,80	52,50	65,80
Brenner, Öl, ausbauen, 251 bis 500 kW	St	1,305	50,90	67,70	84,40
Brenner, Öl, ausbauen, 501 bis 750 kW	St	1,595	62,10	82,50	103,50
Brenner, Öl, ausbauen, 751 bis 1000 kW	St	1,885	73,10	98,40	123,00
Brenner, Öl, ausbauen, 1001 bis 1500 kW	St	2,175	84,40	113,00	143,00

Brenner, Öl, ausbauen, 1501 bis 2000 kW	St	2,755	107,00	144,50	181,00
Brenner, Öl, ausbauen, 2001 bis 2500 kW	St	3,625	145,00	187,00	240,50
Brenner, Öl, ausbauen, 2501 bis 3000 kW	St	4,640	185,50	236,50	310,50
Brenner, Gas, ausbauen, 0 bis 100 kW	St	0,652	25,70	34,00	42,40
Brenner, Gas, ausbauen, 101 bis 250 kW	St	0,943	36,80	48,80	61,30
Brenner, Gas, ausbauen, 251 bis 500 kW	St	1,232	48,10	64,00	79,80
Brenner, Gas, ausbauen, 501 bis 750 kW	St	1,523	59,20	78,80	98,60
Brenner, Gas, ausbauen, 751 bis 1000 kW	St	1,813	70,30	93,90	118,00
Brenner, Gas, ausbauen, 1001 bis 1500 kW	St	2,103	82,00	109,00	137,00
Brenner, Gas, ausbauen, 1501 bis 2000 kW	St	2,683	104,00	139,50	175,00
Brenner, Gas, ausbauen, 2001 bis 2500 kW	St	3,553	143,00	185,50	236,00
Brenner, Gas, ausbauen, 2501 bis 3000 kW	St	4,567	185,50	236,50	310,50
Brennerschalldämpferhaube ausbauen	St	0,870	34,00	45,10	56,40
Kesselunterlage ausbauen	St	1,087	45,10	56,10	69,30
Kesselpodest ausbauen	St	1,740	71,50	93,00	115,50
Speicher wandhängend, ausbauen	St	1,160	47,00	60,90	78,30
Speicher untergestellt, ausbauen, 0 bis 100 Liter	St	2,175	88,00	114,00	143,00
Speicher untergestellt, ausbauen, 101 bis 250 Liter	St	2,900	109,00	147,00	184,00
Speicher untergestellt, ausbauen, 251 bis 500 Liter	St	3,625	148,00	191,00	247,50
Speicher stehend, ausbauen, 0 bis 500 Liter	St	2,146	81,80	109,00	137,50
Speicher stehend, ausbauen, 501 bis 1000 Liter	St	2,871	109,00	147,00	184,00
Speicher stehend, ausbauen, 1001 bis 1500 Liter	St	3,596	137,50	184,00	230,00
Speicher stehend, ausbauen, 1501 bis 2000 Liter	St	4,321	165,00	219,50	272,00
Speicher liegend, ausbauen, 0 bis 1000 Liter	St	3,045	117,50	153,50	197,00
Speicher liegend, ausbauen, 1001 bis 2000 Liter	St	3,770	148,00	198,00	247,50
Speicher liegend, ausbauen, 2001 bis 3000 Liter	St	4,495	177,50	236,50	293,00

Pufferspeicher ausbauen, 0 bis 500 Liter	St	2,204	88,00	117,50	148,00
Pufferspeicher ausbauen, 501 bis 1000 Liter	St	2,943	117,50	158,00	198,00
Pufferspeicher ausbauen, 1001 bis 2000 Liter	St	3,842	148,00	198,00	247,50
Pufferspeicher ausbauen, 2001 bis 3500 Liter	St	4,640	191,00	247,50	319,00
Pufferspeicher ausbauen, 3501 bis 5000 Liter	St	5,365	222,50	285,00	366,00
Kollektor ausbauen, bis 6 m^2	m^2	4,350	170,00	220,00	280,50
Kollektor ausbauen, 6 bis 12,0 m^2	m^2	5,800	227,00	302,50	376,50
Vakuumflachkollektor ausbauen	St	3,770	143,00	190,00	237,50
Vakuumröhrenkollektor ausbauen	St	4,060	157,00	207,00	258,50
Luftkollektor ausbauen	St	3,770	143,00	190,00	237,50
Montagesatz-Indach ausbauen	St	3,335	127,50	170,00	214,00
Erweiterungssatz-Indach ausbauen	St	2,610	101,50	137,00	170,00
Montagesatz-Aufdach ausbauen	St	2,103	82,00	109,00	137,00
Montagesatz-Flachdach ausbauen	St	2,392	92,90	124,50	155,50
Brauchwasserspeicher ausbauen, 0 bis 500 Liter	St	2,146	83,20	111,00	139,50
Brauchwasserspeicher ausbauen, 501 bis 1000 Liter	St	2,871	111,50	148,50	188,00
Brauchwasserspeicher ausbauen, 1001 bis 1500 Liter	St	3,596	140,50	185,50	233,00
Pufferspeicher Solar ausbauen, 0 bis 500 Liter	St	2,175	84,40	113,00	143,00
Pufferspeicher Solar ausbauen, 501 bis 1000 Liter	St	2,900	113,00	152,00	190,00
Pufferspeicher Solar ausbauen, 1001 bis 1500 Liter	St	3,625	143,00	190,00	237,50
Schichtenspeicher ausbauen, 0 bis 500 Liter	St	2,248	87,30	116,50	146,50
Schichtenspeicher ausbauen, 501 bis 1000 Liter	St	2,972	115,50	155,50	193,50
Schichtenspeicher ausbauen, 1001 bis 1500 Liter	St	3,697	145,50	192,00	240,50
Schichtenspeicher ausbauen, 1500 bis 2000 Liter	St	4,422	173,00	229,50	287,00
Kombispeicher ausbauen, 0 bis 500 Liter	St	2,320	89,90	120,50	152,00
Kombispeicher ausbauen, 501 bis 1000 Liter	St	3,045	118,50	158,00	199,50

Kombispeicher ausbauen, 1001 bis 1500 Liter	St	3,770	147,50	197,00	244,00
Wärmetauscher, Rippenrohr, Solar, ausbauen	St	1,087	42,40	56,40	70,30
Wärmetauscher, Platten, Solar, ausbauen	St	1,160	45,10	60,30	75,20
Solarstation ausbauen	St	1,450	56,40	75,20	94,00
Solarsteigleitung ausbauen	m	0,116	4,65	6,15	7,60
Schnellverrohrung, Solaranlage, ausbauen	m	0,145	5,90	7,60	9,60
Pumpengruppe, Solaranlage, ausbauen	St	0,797	31,10	41,40	51,70
Solarregler ausbauen	St	0,652	25,70	34,00	42,40
Wärmemengenzähler, Solaranlage, ausbauen	St	0,362	14,60	19,10	23,70
Wärmepumpe, Luft/Wasser, ausbauen	St	1,667	64,60	85,70	107,50
Wärmepumpe, Wasser/Wasser, ausbauen	St	1,740	67,30	89,40	112,50
Wärmepumpe, Sole/Wasser, ausbauen	St	1,813	70,10	93,50	117,00
Wärmepumpenregler ausbauen	St	0,435	17,00	22,70	28,10
Diagnosegerät, Wärmepumpe, ausbauen	St	0,362	14,30	19,10	23,60
Raumstation, Diagnosegerät, ausbauen	St	0,392	15,70	20,20	26,00
Verbindungsleitung ausbauen	St	0,145	5,90	7,55	9,60
Wärmepumpensteuerung ausbauen	St	0,725	28,10	37,60	46,90
Heizungsregler ausbauen	St	0,652	25,50	33,80	42,20
Raumtemperaturgeber ausbauen	St	0,507	19,80	26,40	33,00
Wärmetauscher, Rippenrohr, ausbauen	St	3,335	130,50	173,00	217,00
Wärmetauscher, Platten, ausbauen	St	3,770	147,50	197,00	244,00
Wärmetauscher, Schwimmbad, ausbauen	St	3,987	157,00	207,00	258,50
Wärmetauscher, Abwärme, ausbauen	St	4,060	158,00	211,00	265,50
Wärmetauscher, Dampf, ausbauen	St	4,277	169,00	225,50	277,50
Flachheizkörper ausbauen, bis 50 kg	St	0,725	30,80	37,40	44,30
Flachheizkörper ausbauen, 50 bis 100 kg	St	1,087	45,60	56,30	66,60

© SIRADOS 01/24

Flachheizkörper ausbauen, über 100 kg	St	1,450	60,50	74,70	89,40
Stopfen ausbauen	St	0,087	3,60	4,50	5,30
Entlüftungs- und Entleerventil ausbauen	St	0,072	3,10	3,75	4,50
Röhrenradiator ausbauen, bis 50 kg	St	0,797	34,40	41,00	47,10
Röhrenradiator ausbauen, 50 bis 100 kg	St	1,160	48,70	59,70	69,90
Röhrenradiator ausbauen, über 100 kg	St	1,523	64,20	78,00	92,70
Konvektor ausbauen, bis 50 kg	St	0,725	30,80	37,40	43,70
Konvektor ausbauen, 50 bis 100 kg	St	1,087	45,60	56,30	66,60
Badheizkörper ausbauen, bis 50 kg	St	0,797	34,70	41,40	47,70
Badheizkörper ausbauen, 50 bis 100 kg	St	1,160	49,10	60,20	70,80
Thermostatkopf ausbauen	St	0,043	1,90	2,30	2,60
Thermostatventil ausbauen	St	0,116	4,65	5,75	6,85
Heizkörperverschraubung ausbauen	St	0,072	2,90	3,55	4,20
Anschlussgarnitur ausbauen	St	0,087	3,60	4,50	5,35
Hahnblock ausbauen	St	0,102	4,15	5,10	6,00

Gas-, Wasserinstallationen, Leitungen, Armaturen	**E**	**h**	**von**	**mittel**	**bis**
Stahlrohr ausbauen, D = 12 bis 25 mm	m	0,218	8,55	11,40	13,90
Stahlrohr ausbauen, D = 32 bis 50 mm	m	0,290	11,60	14,80	18,70
Stahlrohr ausbauen, D = 65 bis 100 mm	m	0,464	19,90	23,10	29,50
Rohr, PE-X, ausbauen, DN 12 bis 25	m	0,140	5,70	6,95	8,35
Rohr, PE-X, ausbauen, DN 32 bis 50	m	0,300	12,40	14,90	18,50
Gewinderohr ausbauen, DN 8 bis 25	m	0,153	6,45	7,55	8,85
Gewinderohr ausbauen, DN 32 bis 50	m	0,200	7,90	9,50	11,20
Gewinderohr ausbauen, DN 65 bis 100	m	0,330	13,10	16,30	18,40
Kupferrohr ausbauen, D = 6 bis 28 mm	m	0,220	8,75	11,30	14,50

Kupferrohr ausbauen, D = 35 bis 54 mm	m	0,300	12,30	15,20	18,00
Kupferrohr ausbauen, D = 64 bis 108 mm	m	0,500	18,80	24,80	30,50
Druckrohr ausbauen, DN 15 bis 40	m	0,250	9,40	12,40	15,70
Druckrohr ausbauen, DN 50 bis 80	m	0,350	13,40	17,50	21,40
Druckrohr ausbauen, DN 100 bis 150	m	0,435	17,50	22,50	27,80
Verbundrohr, ausbauen, DN 12 bis 25	m	0,145	5,76	7,20	8,88
Verbundrohr, ausbauen, DN 32 bis 50	m	0,350	14,70	18,00	23,20
Auslaufventil ausbauen	St	0,145	5,75	7,25	9,25
Auslaufventil, frostsicher, ausbauen	St	0,362	14,90	18,20	23,70
Durchgangsventil ausbauen, DN 15 bis 25	St	0,247	9,85	12,40	16,40
Durchgangsventil ausbauen, DN 32 bis 50	St	0,377	14,50	19,20	23,60
Schrägsitzventil ausbauen, DN 15 bis 25	St	0,261	9,95	13,30	16,50
Schrägsitzventil ausbauen, DN 32 bis 50	St	0,392	15,30	19,90	24,20
Schrägsitzventil ausbauen, DN 65 bis 80	St	0,507	19,60	25,70	30,00
Muffenkugelhahn ausbauen, DN 15 bis 25	St	0,290	11,70	14,40	18,70
Muffenkugelhahn ausbauen, DN 32 bis 50	St	0,377	15,10	19,00	24,60
Muffenabsperrschieber ausbauen, DN 15 bis 25	St	0,392	16,10	19,90	25,40
Muffenabsperrschieber ausbauen, DN 32 bis 50	St	0,566	22,80	28,30	36,80
Rohrbelüfter ausbauen	St	0,275	11,00	14,00	18,10
Druckminderer ausbauen, DN 15 bis 25	St	0,551	21,90	28,30	34,20
Druckminderer ausbauen, DN 32 bis 50	St	0,943	36,70	48,00	60,00
Manometer ausbauen	St	0,218	8,75	11,00	14,40
Schmutzfänger ausbauen, DN 15 bis 25	St	0,270	9,50	13,80	18,70
Schmutzfänger ausbauen, DN 32 bis 50	St	0,380	14,70	19,20	22,60
Flansch-Schmutzfänger ausbauen, DN 15 bis 32	St	0,520	20,60	26,00	31,80
Flansch-Schmutzfänger ausbauen, DN 40 bis 80	St	0,920	35,90	45,70	51,60

© SIRADOS 01/24

Flansch-Schmutzfänger ausbauen, DN 100 bis 150	St	1,760	69,30	87,20	106,00
Gasfilter ausbauen, DN 15 bis 25	St	0,270	10,10	13,50	17,60
Gasfilter ausbauen, DN 32 bis 50	St	0,390	15,10	19,50	25,20
Gasfilter, mit Flansch, ausbauen, DN 15 bis 32	St	0,520	21,80	26,10	31,90
Gasfilter, mit Flansch, ausbauen, DN 40 bis 80	St	0,920	33,40	45,70	59,70
Gasfilter, mit Flansch, ausbauen, DN 100 bis 150	St	1,770	67,90	87,60	102,00
Rückflussverhinderer ausbauen, DN 15 bis 25	St	0,275	10,90	14,30	17,00
Rückflussverhinderer ausbauen, DN 32 bis 50	St	0,406	16,00	20,50	25,60
Rohrtrenner ausbauen, DN 15 bis 25	St	0,290	11,20	15,00	18,00
Rohrtrenner ausbauen, DN 32 bis 50	St	0,420	16,30	21,30	26,40
Wasserzähler ausbauen	St	0,667	26,40	34,30	42,50
Hauswasserzähler ausbauen, DN 20 bis 40	St	0,681	27,10	35,00	43,50
Rohrbegleitheizung mit Zubehör ausbauen	m	0,362	14,60	18,30	23,30
Hausanschlussschrank ausbauen	St	2,900	111,50	146,50	185,50
Rohr, Guss, ausbauen, DN 40 bis 100	m	0,478	19,70	24,50	29,20
Rohr, Guss, ausbauen, DN 125 bis 200	m	0,609	24,80	30,90	36,80
Rohr, Stahl, ausbauen, DN 40 bis 100	m	0,377	15,40	19,20	22,90
Rohr, Stahl, ausbauen, DN 125 bis 200	m	0,507	21,80	23,50	26,70
HT-Rohr, PP, ausbauen, DN 40 bis 100	m	0,392	16,25	20,20	24,00
HT-Rohr, PP, ausbauen, DN 125 bis 200	m	0,522	21,40	26,60	31,50
Rohr, PE, ausbauen, DN 40 bis 100	m	0,362	14,60	18,20	21,60
Rohr, PE, ausbauen, DN 125 bis 200	m	0,493	20,20	25,10	30,00
Bogen, Guss, ausbauen, DN 40 bis 100	St	0,116	4,85	6,05	7,20
Bogen, Guss, ausbauen, DN 125 bis 200	St	0,174	7,10	8,80	10,50
Doppelbogen, Guss, ausbauen, DN 40 bis 100	St	0,145	6,00	7,40	8,85
Doppelbogen, Guss, ausbauen, DN 125 bis 200	St	0,203	8,80	11,00	13,10

Objektanschlussbogen, Guss, ausbauen	St	0,072	3,15	3,90	4,60
WC-Bogen, Guss, ausbauen	St	0,131	5,45	6,70	7,90
HT-Bogen ausbauen, DN 40-100	St	0,058	2,60	3,10	3,70
HT-Bogen ausbauen, DN 125 bis 200	St	0,087	3,60	4,50	5,30
Abzweig, Guss, ausbauen, DN 40 bis 100	St	0,275	11,20	13,90	16,60
Abzweig, Guss, ausbauen, DN 125 bis 200	St	0,334	13,70	17,10	20,30
Übergangsrohr, Guss, ausbauen, DN 40 bis 100	St	0,116	4,85	6,00	7,10
Übergangsrohr, Guss, ausbauen, DN 125 bis 200	St	0,174	7,10	8,80	10,40
HT-Abzweig ausbauen, DN 40 bis 100	St	0,247	10,00	12,50	14,95
HT-Abzweig ausbauen, DN 125 bis 200	St	0,304	12,40	15,50	18,40
HT-Anschlussstück ausbauen, DN 40 bis 100	St	0,131	5,40	6,65	7,85
HT-Anschlussstück ausbauen, DN 125 bis 200	St	0,160	6,65	8,10	9,65
HT-Übergangsrohr ausbauen, DN 40 bis 100	St	0,116	4,85	6,00	7,10
HT-Übergangsrohr ausbauen, DN 125 bis 200	St	0,174	7,15	8,85	10,50
Anschlussstück, Guss, ausbauen, DN 40 bis 100	St	0,334	13,60	16,80	19,70
Anschlussstück, Guss, ausbauen, DN 125 bis 200	St	0,392	16,40	20,20	24,00
HT-Doppelmuffe ausbauen, DN 40 bis 100	St	0,102	4,50	5,55	6,65
HT-Doppelmuffe ausbauen, DN 125 bis 200	St	0,145	5,15	6,80	7,65
HT-Aufsteckmuffe ausbauen, DN 40 bis 100	St	0,131	5,80	7,10	8,45
HT-Aufsteckmuffe ausbauen, DN 125 bis 200	St	0,160	6,65	8,10	9,65
HT-Sifonwinkel ausbauen	St	0,087	3,65	4,50	5,30
CV-Verbindungen ausbauen, DN 40 bis 100	St	0,043	1,95	2,35	2,80
CV-Verbindungen ausbauen, DN 125 bis 200	St	0,072	3,05	3,75	4,50
Konfix-Verbindung ausbauen, DN 40 bis 100	St	0,058	2,50	3,05	3,65
Konfix-Verbindung ausbauen, DN 125 bis 200	St	0,102	4,15	5,10	6,00
Dunstrohr ausbauen	St	1,087	44,90	56,00	67,00

Dunstrohreinfassung ausbauen	St	1,015	41,20	51,20	61,30
Verbindungsstück ausbauen	St	0,116	4,85	6,00	7,10
Übergangsstück ausbauen	St	0,087	3,65	4,50	5,30
Bodenablauf freilegen, DN 40 bis 70	St	1,450	59,60	69,50	76,20
Bodenablauf freilegen, DN 100	St	1,929	77,70	97,10	116,25
Bodenablauf ausbauen, DN 40 bis 70	St	0,478	19,60	24,10	28,80
Bodenablauf ausbauen, DN 100	St	0,507	20,80	26,00	31,00
Durchführung ausbauen, Wanddicke 20 cm, DN 40 bis 100	St	0,392	16,30	20,20	23,70
Durchführung ausbauen, Wanddicke 20 cm, DN 125 bis 200	St	0,420	17,30	21,50	25,60
Durchführung ausbauen, Wanddicke 30 cm, DN 40 bis 100	St	0,450	18,40	22,90	27,20
Durchführung ausbauen, Wanddicke 30 cm, DN 125 bis 200	St	0,478	19,40	24,10	28,80
Durchführung ausbauen, Wanddicke 40 cm, DN 40 bis 100	St	0,507	20,80	26,00	31,00
Durchführung ausbauen, Wanddicke 40 cm, DN 125 bis 200	St	0,536	21,80	27,10	32,50
Durchführung ausbauen, Wanddicke 50 cm, DN 40 bis 100	St	0,566	23,10	28,80	34,40
Durchführung ausbauen, Wanddicke 50 cm, DN 125 bis 200	St	0,500	20,80	26,00	31,00
Mehrsparten-Hauseinführung, Wand, ausbauen	St	2,175	88,05	110,00	132,00
Montageelement, Badewanne, ausbauen	St	1,276	47,80	62,70	77,90
Montageelement, Duschwanne, ausbauen	St	1,377	51,30	62,60	74,50

Montageelement, Waschtisch, ausbauen	St	1,131	42,60	55,60	68,80
Installationsregister Waschtisch, ausbauen	St	0,900	35,70	41,30	48,50
Montageelement, WC, ausbauen	St	1,247	52,90	61,20	69,40
Betätigungsplatte ausbauen	St	0,029	1,20	1,45	1,65
Montageelement, Urinal, ausbauen	St	0,972	36,50	47,90	59,50
Montageelement, Sitzwaschbecken, ausbauen	St	0,696	26,20	34,40	42,70
Wannenträger, Badewanne, ausbauen	St	0,580	23,30	28,60	33,10
Wannenträger, Duschwanne, ausbauen	St	0,392	15,45	19,30	23,70
Wannenfuß ausbauen	St	0,218	9,65	10,80	12,70
Badewanne ausbauen	St	2,900	109,00	144,00	177,50
Duschwanne ausbauen	St	1,813	67,70	89,00	111,00
Handwaschbecken ausbauen	St	0,797	32,20	37,90	45,10
Waschtisch ausbauen	St	0,957	38,30	46,20	53,80
Doppelwaschtisch ausbauen	St	1,247	51,30	61,20	71,70
WC-Anlage ausbauen	St	0,725	27,40	35,60	44,50
WC-Sitz ausbauen	St	0,290	10,80	14,30	18,00
Spülkasten ausbauen	St	0,362	14,00	18,00	22,20
Urinal ausbauen	St	0,754	28,40	37,40	46,00
Sitzwaschbecken ausbauen	St	0,972	36,50	47,90	59,50
Spüle ausbauen, l = bis 1000 mm	St	0,870	35,00	42,80	51,30
Spüle ausbauen, l = bis 1500 mm	St	1,160	46,90	57,40	66,00
Unterschrank, Spüle, ausbauen	St	0,725	30,90	35,60	42,20
Ausgussbecken ausbauen	St	0,841	34,50	41,50	48,10
Badebatterie, ausbauen	St	0,247	9,20	12,10	15,30
Wanneneinlauf ausbauen	St	0,174	6,45	8,75	10,80
Brausebatterie, ausbauen	St	0,247	9,40	12,00	15,50

© SIRADOS 01/24

Kopfbrause ausbauen	St	0,493	18,70	24,60	30,50
Brausegarnitur ausbauen	St	0,218	8,30	10,60	13,50
Waschtischbatterie ausbauen	St	0,623	23,60	30,80	38,20
Standventil ausbauen	St	0,450	16,80	22,20	27,50
WC-Spüler ausbauen	St	0,203	7,60	10,20	12,70
Urinal-Spüler ausbauen	St	0,450	17,50	21,60	25,70
Sitzwaschbeckenbatterie ausbauen	St	0,667	25,10	32,90	40,90
Spültischbatterie ausbauen	St	0,696	26,20	34,40	42,70
Brausebatterie, Elektronik, ausbauen	St	0,725	29,10	34,10	40,80
Waschtischbatterie, Elektronik, ausbauen	St	0,681	25,80	33,60	41,60
WC-Spülbatterie, Elektronik, ausbauen	St	0,797	29,90	39,30	48,70
Urinal-Spülbatterie, Elektronik, ausbauen	St	0,870	32,70	42,80	53,60
Badebatterie ausbauen	St	0,420	15,90	21,10	25,90
Brausebatterie ausbauen	St	0,435	16,50	21,60	26,80
Waschtischbatterie ausbauen	St	0,450	16,80	22,20	27,50
Spültischbatterie ausbauen	St	0,464	17,60	23,00	28,60
Eckventil ausbauen	St	0,116	4,45	5,65	7,05
Ab- und Überlaufgarnituren ausbauen	St	1,450	53,60	71,10	89,00
Geruchsverschluss ausbauen	St	0,334	11,60	15,50	18,90
Fertigablauf ausbauen	St	0,450	16,80	22,20	27,50
Waschgerätesifon ausbauen	St	1,667	62,40	82,20	101,50
Handtuchhalter ausbauen	St	0,087	3,40	4,35	5,35
Handtuch- oder Mantelhaken ausbauen	St	0,102	4,05	4,80	6,25
Badetuchhalter ausbauen	St	0,203	7,60	10,20	12,70
Wannengriff ausbauen	St	0,189	7,05	9,30	11,80
Papierrollenhalter ausbauen	St	0,087	3,40	4,35	5,35

WC-Bürstengarnitur ausbauen	St	0,102	4,05	4,80	6,25
Spiegel ausbauen	St	0,348	13,20	17,40	21,60
Ablageplatte ausbauen	St	0,145	6,15	7,60	8,40
Seifenablage ausbauen	St	0,072	2,85	3,75	4,45
Glashalter ausbauen	St	0,131	4,95	6,45	8,30
Seifenspender ausbauen	St	0,420	15,90	21,10	25,90
Handtuchspender ausbauen	St	0,493	18,70	23,90	30,20
Hände- Warmlufttrockner ausbauen	St	0,435	16,50	21,20	26,80
Haartrockner ausbauen	St	0,406	15,50	20,20	24,90
Duschvorhangstangen ausbauen	St	0,580	21,80	28,60	35,40
Urinal-Trennwand ausbauen	St	0,652	24,70	32,20	40,00
Kochendwassergerät ausbauen	St	0,667	28,60	32,90	38,50
Warmwasserspeicher ausbauen	St	0,681	28,20	33,60	39,50
Durchlauferhitzer ausbauen	St	1,117	42,00	55,20	65,80
Standspeicher ausbauen	St	2,610	97,60	130,00	159,00
Gas-Wasserheizer ausbauen	St	3,016	112,50	149,50	186,50
Heißwasserspeicher ausbauen	St	3,045	114,50	150,50	189,00
Badeofen und Unterofen ausbauen	St	2,320	86,60	114,50	143,00
Abgasrohr ausbauen, bis 1000 mm	St	0,247	9,30	12,00	15,30
Abgasrohr-Bogen ausbauen	St	0,218	8,30	10,80	13,50
Abgasrohr-T-Stück ausbauen	St	0,232	8,75	11,70	14,30
Duschabtrennung, Gleittür, ausbauen	St	0,696	26,40	34,40	40,80
Duschabtrennung, Seitenteil, ausbauen	St	0,580	22,10	28,60	35,40
Duschabtrennung, Runddusche, ausbauen	St	2,117	78,40	103,50	130,00
Duschabtrennung, Badewanne, ausbauen	St	0,812	30,50	40,00	49,50
Duschkabine ausbauen	St	2,175	81,00	106,50	135,00

 © SIRADOS 01/24

Badewanne ausbauen	St	2,400	105,50	141,00	174,00
Sitzbadewanne ausbauen	St	2,175	79,00	104,00	131,00
Badewannenlifter ausbauen	St	0,362	13,60	17,70	21,60
Duschwanne ausbauen	St	1,813	70,50	86,60	98,60
Liftanlage, Waschtisch, ausbauen	St	0,725	26,50	34,80	43,30
Wandgestell, Waschtisch, ausbauen	St	0,652	24,60	29,80	35,00
WC-Anlage ausbauen	St	0,725	26,50	35,00	43,40
WC-Anlage, automatisch, ausbauen	St	1,232	45,00	59,20	73,20
WC-Sitzerhöhung mit Deckel ausbauen	St	0,290	10,60	14,00	17,30
Eingriff-Batterie ausbauen	St	0,580	21,50	27,90	34,50
Haltegriff ausbauen	St	0,362	13,60	17,70	21,60
Stützgriff ausbauen	St	0,392	14,70	19,10	23,40
Konsolengriff ausbauen	St	0,435	16,00	21,20	26,20
Duschstange ausbauen	St	0,218	8,05	10,60	13,00
Duschhandlauf ausbauen	St	0,334	12,40	16,10	20,10
Strickleiter-Set ausbauen	St	0,290	11,00	13,50	15,80
Aufrichthilfe ausbauen	St	0,450	17,10	20,80	24,40
Umsetzhilfe ausbauen	St	0,507	22,00	24,10	27,90
Klappsitz ausbauen	St	0,348	14,80	16,40	19,30
Kippspiegel-Beschlag ausbauen	St	0,334	13,30	15,70	18,40
Hauswasserstation ausbauen, DN 15 bis 25	St	0,910	38,70	47,40	56,60
Hauswasserstation ausbauen, DN 32 bis 50	St	1,650	72,10	86,60	99,50
Feinfilter ausbauen	St	0,638	26,70	33,20	39,40
Wasseraufbereitungsanlage Schwimmbad ausbauen	St	32,000	1.354,00	1.691,00	2.028,00
Hebeanlage, Unterflurinstallation, ausbauen	St	1,500	62,50	77,70	92,90
Hebeanlage, Überflurinstallation, ausbauen	St	0,400	17,20	21,40	25,40

Fäkalien-Hebeanlage ausbauen	St	2,500	105,50	131,50	157,00
Verbindung, elastisch, ausbauen	St	0,050	2,35	2,80	3,15
Rückschlagklappe ausbauen	St	0,070	3,05	3,75	4,50
Keilflachschieber ausbauen	St	0,080	3,55	4,20	5,00
Hosenrohr ausbauen	St	0,100	4,20	5,20	6,20
Handmembranpumpe ausbauen	St	0,300	12,90	15,80	18,80
Fäkalien-Zerkleinerer ausbauen	St	0,420	17,70	22,00	26,40
Hausspeicher ausbauen	St	0,870	36,40	45,30	54,10
Filtersammler ausbauen	St	0,797	33,40	41,50	49,50
Regenwasserversorgungsanlagen ausbauen	St	0,972	40,80	50,70	60,30
Erdspeicher ausbauen, bis 10 m^3	St	3,625	151,00	187,50	225,00
Erdspeicher ausbauen, 11 bis 25 m^3	St	4,350	178,50	223,00	266,00
Erdspeicher ausbauen, 26 bis 50 m^3	St	5,075	213,50	265,50	318,00
Dämmschale, Kunststoff-Mantel, ausbauen	m	0,070	3,00	3,70	4,30
Dämmschlauch ausbauen	m	0,058	2,14	2,65	3,25
Dämmplatte ausbauen	m^2	0,087	3,30	4,05	4,85
Wickelstreifen ausbauen	m	0,043	1,63	1,98	2,29
Dämmkappe, Armaturen, ausbauen	St	0,072	2,95	3,65	4,05
Dämmschlauch ausbauen	m	0,058	2,15	2,65	3,09
Dämmbogen ausbauen	St	0,029	1,20	1,50	1,79
Dämmabzweig ausbauen	St	0,043	1,65	2,00	2,40
Dämmschale, Kunststoff-Mantel, ausbauen	m	0,060	2,50	3,05	3,60
Dämmbogen, Kunststoff-Mantel, ausbauen	St	0,030	1,25	1,55	1,80
Endmanschette ausbauen	St	0,016	0,67	0,81	0,97
Dämmschlauch ausbauen	m	0,058	2,10	2,65	3,25
Dämmplatte ausbauen	m^2	0,087	3,65	4,45	5,25

© SIRADOS 01/24

Wickelstreifen ausbauen	m	0,043	1,65	1,98	2,39
Dämmschale, Stahlmantel, ausbauen	m	0,072	2,85	3,50	4,10
Dämmschlauch, UV-beständig, ausbauen	m	0,058	2,25	2,70	3,25
Dämmkappe, Armaturen, ausbauen	St	0,072	2,95	3,55	3,95

Niederspannungsanlagen, Kabel, Verlegesysteme	**E**	**h**	**von**	**mittel**	**bis**
Isolierrohr, ausbauen, D = 16 bis 63 mm	m	0,014	0,55	0,69	0,77
Panzerrohr, ausbauen, D = 16 bis 63 mm	m	0,055	2,15	2,65	3,10
Leitungsführungs-Kanal mit Zubehör, ausbauen	m	0,100	3,95	4,90	5,85
Kabelrinne mit Zubehör ausbauen	m	0,150	6,75	7,70	8,80
Kabel, ausbauen, 1,5 bis 240 mm^2	m	0,080	4,20	5,20	6,10
Erdkabel, ausbauen, 1,5 bis 240 mm^2	m	0,150	7,05	8,60	10,20
Leitung, ausbauen, 1,5 bis 35 mm^2	m	0,060	2,45	3,00	3,55
Datenleitung, ausbauen	m	0,022	0,95	1,15	1,35
Potential-Ausgleichsschiene ausbauen	St	0,650	29,35	36,50	43,75
Erdungsrohrschelle ausbauen	m	0,080	3,80	4,60	5,45
Erdungsbandschelle ausbauen	St	0,090	4,20	5,20	6,15
Potentialausgleichskasten ausbauen	St	0,080	3,70	4,60	5,45
Wannenanschluss ausbauen	St	0,050	2,40	2,85	3,35
Wasseruhrüberbrückung ausbauen	St	0,060	2,85	3,50	4,05
Potentialausgleichsverbindung ausbauen	St	0,030	1,50	1,80	2,10
Abzweigkasten, unter Putz (UP), ausbauen	St	0,065	3,40	4,10	4,90
Abzweigkasten, Feuchtraum, ausbauen	St	0,075	4,15	5,15	6,15
Geräteverbindungsdose, unter Putz (UP), ausbauen	St	0,130	6,00	7,50	8,90
Gerätedose, unter Putz (UP), ausbauen	St	0,140	6,60	8,10	9,65
Wandleuchtenanschlussdose, unter Putz (UP), ausbauen	St	0,120	5,70	7,00	8,35

Wandleuchtenanschlussdose, Hohlwand ausbauen	St	0,080	3,80	4,60	5,45
Gerätedose, Hohlwand, ausbauen	St	0,070	3,40	4,10	4,90
Gerätedose, in Beton, ausbauen	St	0,160	7,50	9,15	10,90
Wandleuchtenanschlussdose, in Beton, ausbauen	St	0,150	6,90	8,60	10,20
Deckenleuchtenanschlussdose, in Beton, ausbauen	St	0,170	8,00	9,90	11,80
Deckengroßrohrdose, in Beton, ausbauen	St	0,200	9,35	11,50	13,70
Herdanschlussdose, unter Putz (UP), ausbauen	St	0,210	9,80	12,20	14,40
Brüstungskanaldose ausbauen	St	0,080	3,15	3,80	4,40
Datenanschlussdose, ausbauen	St	0,100	4,90	5,65	6,50
Schalter oder Taster, unter Putz (UP), ausbauen	St	0,070	3,40	4,10	4,90
Schalter oder Taster, auf Putz (AP), ausbauen	St	0,040	2,00	2,45	2,85
Heizungsnotschalter, auf Putz (AP), ausbauen	St	0,120	5,70	7,00	8,35
Leitungsschutzschalter, ausbauen	St	0,046	2,30	2,80	3,30
Installationsschalter, ausbauen	St	0,110	5,20	6,45	7,65
Dimmer, unter Putz (UP), ausbauen	St	0,090	4,25	5,20	6,15
Steckdose, unter Putz (UP), ausbauen	St	0,130	6,35	7,90	9,00
Steckdose, auf Putz (AP), ausbauen	St	0,150	6,75	8,25	9,85
CEE-Steckdose, auf Putz (AP), ausbauen	St	0,200	9,85	12,20	14,40
Hängesteckdose ausbauen	St	0,070	3,60	4,40	4,90
Dämmerungsschalter, ausbauen	St	0,060	2,90	3,55	4,20
Zeitschaltuhr, ausbauen	St	0,080	3,70	4,60	5,35
Stromstoßschalter, ausbauen	St	0,100	4,85	5,85	7,00
Bewegungsmelder ausbauen	St	0,080	4,10	5,00	5,95
Schaltrelais ausbauen	St	0,100	4,75	5,85	7,00
Nachlaufschalter ausbauen	St	0,120	5,65	7,00	8,40
Zähler für Wechselstrom, ausbauen	St	0,250	11,65	14,50	17,35

© SIRADOS 01/24

Zähler für Drehstrom, ausbauen	St	0,350	16,15	20,10	24,10
Hauseinführung ausbauen	St	0,180	8,35	10,40	12,30
Solargenerator ausbauen	m^2	0,750	35,10	43,80	52,30
Strangkoppler ausbauen	St	0,250	12,00	14,90	17,60
DC-Freischaltstelle ausbauen	St	0,080	3,85	4,70	5,50
Wechselrichter ausbauen	St	0,170	8,20	10,10	11,90
Aufständergestell, Solargenerator, ausbauen	m^2	0,500	23,60	29,30	35,10
Überspannungsschutz ausbauen	St	0,260	12,40	15,40	18,30
Erdung/Potentialausgleich ausbauen	St	0,520	24,50	30,40	36,30
Gleichstromleitung ausbauen	m	0,050	2,35	2,75	3,20
Zählerkasten ausbauen	St	0,270	12,90	15,90	18,80
Verteilerschrank mit Zubehör, ausbauen	St	0,600	27,65	34,40	41,20
Patch-Verbindungskabel ausbauen	St	0,080	3,70	4,60	5,50
Schaltschrank mit Zubehör, ausbauen	St	0,500	23,40	28,80	34,45
Sicherungskasten mit Zubehör, ausbauen	St	0,340	15,80	19,70	23,55
Fehlerstromschutzschalter, ausbauen	St	0,030	1,50	1,75	2,05
NH-Sicherungsunterteil, ausbauen	St	0,040	1,90	2,35	2,70
NH-Sicherungstrenner, ausbauen	St	0,060	2,85	3,55	4,25
Sicherungssockel, Diazed/Neozed, ausbauen	St	0,100	4,70	5,85	7,00
Hauptsicherungsautomat, ausbauen	St	0,080	3,70	4,60	5,45
Rastereinbauleuchte, ausbauen	St	0,170	7,80	9,65	11,50
Rasteranbauleuchte, ausbauen	St	0,200	8,95	11,10	12,90
Ovalleuchte, ausbauen	St	0,160	7,15	8,85	10,50
Wannenleuchte, ausbauen	St	0,180	8,40	10,40	12,40
Hängeleuchte, ausbauen	St	0,250	11,40	14,00	16,70
Wand- und Deckenleuchte, ausbauen	St	0,170	7,80	9,65	11,50

Sekundärleuchte, ausbauen	St	0,120	5,45	6,75	8,00
Lichtbandleuchte, ausbauen	St	0,200	9,45	11,70	13,80
Pendelleuchte, ausbauen	St	0,260	11,70	14,50	17,40
Hausnummernleuchte, ausbauen	St	0,150	6,45	7,95	9,45
Hinweisleuchte, ausbauen	St	0,180	8,05	10,00	11,90
Außenstrahler, ausbauen	St	0,190	8,90	11,10	13,20
Feuchtraum-Lichtleiste, ausbauen	St	0,230	10,70	13,10	15,70
Feuchtraum-Wannenleuchte, ausbauen	St	0,270	12,10	15,00	17,90
Leuchtmittel, ausbauen	St	0,100	4,20	5,20	6,15
Türstation, ausbauen	St	0,220	10,70	13,10	15,70
Haus- oder Wohnungsstation, ausbauen	St	0,270	13,00	16,10	18,90
Netzgerät, ausbauen	St	0,080	4,10	5,05	5,85
Anschlussdose, Fernmeldeanlage (FM), ausbauen	St	0,050	2,40	2,95	3,50
Läutewerk, ausbauen	St	0,200	10,60	12,00	14,20
Türöffner, ausbauen	St	0,300	14,70	18,00	21,30
Fernmeldekabel, ausbauen	m	0,090	4,20	5,20	6,05
Verteilergehäuse, Fernmeldeanlage (FM), ausbauen	St	0,250	11,40	14,20	17,00
Anschlussleiste, Fernmeldeanlage (FM), ausbauen	St	0,060	2,85	3,50	4,15
Telefonanlage, ISDN, ausbauen	St	0,330	15,15	18,90	22,60
Verstärker, ausbauen	St	0,100	4,25	5,30	6,30
Abzweiger ausbauen	St	0,050	2,30	2,80	3,30
Verteiler ausbauen	St	0,070	3,05	3,80	4,35
Umschaltmatrix, ausbauen	St	0,050	2,34	2,90	3,45
Einzelanschlussdose, ausbauen	St	0,050	2,40	2,95	3,50
Richtkopplerdose, ausbauen	St	0,060	2,85	3,50	4,15
Abschlusswiderstand, ausbauen	St	0,030	1,45	1,75	2,05

F-Connector, ausbauen	St	0,040	2,00	2,40	2,85
IEC-Stecker, ausbauen	St	0,023	0,94	1,15	1,30
Koaxialerdkabel ausbauen	m	0,150	7,35	8,50	9,60
Satellitenempfangsantenne, ausbauen	St	1,000	46,75	57,80	69,25
Azimut-/Elevations-Halterung, ausbauen	St	0,080	3,70	4,55	5,40
Wandbefestigung, ausbauen	St	0,100	4,65	5,75	6,85
Antennenmast, ausbauen	St	0,500	23,45	29,00	34,75
Speisesystem, ausbauen	St	0,250	11,65	14,30	17,00
Receiver, ausbauen	St	0,180	8,30	10,30	12,30
Brandmeldezentrale, ausbauen	St	1,000	46,40	57,80	69,10
Feuerwehrbedienfeld, ausbauen	St	0,330	16,60	20,70	24,10
Feuerwehrschlüsselkasten, ausbauen	St	0,420	19,60	24,40	29,20
Feuerwehrorientierungsleuchte, ausbauen	St	0,080	4,00	4,95	5,85
Druckknopf-Brandmelder, ausbauen	St	0,100	4,80	5,95	7,05
Warntongeber ausbauen	St	0,060	2,85	3,55	4,20
Notruf-Kompakt-Set ausbauen	St	0,150	7,05	8,75	10,40
Telefonwählgerät, ausbauen	St	0,070	3,45	4,20	5,00
Brandschutzkabel ausbauen	m	0,036	1,50	1,75	2,05
Einbruchmeldezentrale, ausbauen	St	1,500	70,30	87,70	105,15
Batterie, ausbauen	St	0,330	15,40	19,10	22,40
Blockschloss, ausbauen	St	0,170	8,05	9,90	11,80
Magnetkontakt, ausbauen	St	0,100	4,80	5,95	7,05
Glasbruchsensor, ausbauen	St	0,030	1,35	1,60	1,85
Riegelschaltkontakt, ausbauen	St	0,070	3,40	4,15	4,85

Raumlufttechnische Anlagen	E	h	von	mittel	bis
Luftfilterbox ausbauen, DN 100 bis 200	St	0,500	22,30	27,80	33,20
Luftfilterbox ausbauen, DN 200 bis 350	St	0,600	26,60	33,10	39,50
Luftfilterbox ausbauen, DN 350 bis 500	St	0,650	28,60	35,40	42,40
Lufterhitzer, ausbauen	St	0,871	38,20	47,60	57,10
Konsole, ausbauen	St	0,650	28,60	35,40	42,30
Drehstromsteuerung, ausbauen	St	0,260	11,40	14,10	16,90
Thermostat, ausbauen	St	0,286	12,80	16,00	19,10
Schaltuhr, ausbauen	St	0,312	14,00	17,50	20,70
Drehstromschalter, ausbauen	St	0,338	15,20	18,70	22,20
Zwischenklemmkasten, ausbauen	St	0,364	16,10	20,10	23,90
Luftverteiler, ausbauen	St	0,221	9,85	12,20	14,50
Radialrohrventilator, ausbauen, DN 100 bis 200	St	0,585	25,90	32,10	38,30
Radialrohrventilator, ausbauen, DN 200 bis 350	St	0,650	28,60	35,40	42,30
Dachventilator, ausbauen	St	1,950	85,25	106,50	127,50
Zuluftautomat, ausbauen	St	1,300	57,00	70,70	84,80
Plattenwärmetauscher, ausbauen	St	0,910	40,10	49,70	59,50
Wärmerückgewinnungsgerät, ausbauen	St	0,871	38,30	47,60	57,10
Montageset, ausbauen	St	0,260	11,40	14,10	16,50
Schalldämpfer, ausbauen	St	0,299	13,40	16,60	19,80
Schaltschrank, ausbauen	St	0,325	14,60	18,10	21,60
Rohrschalldämpfer, ausbauen, DN 100 bis 200	St	0,390	17,10	21,30	25,40
Rohrschalldämpfer, ausbauen, DN 200 bis 350	St	0,429	19,10	23,70	28,20
Rohrschalldämpfer, ausbauen, DN 350 bis 500	St	0,520	22,90	28,60	34,10
Rohrschalldämpfer, ausbauen, DN 500 bis 800	St	0,546	24,00	29,80	35,50

 © SIRADOS 01/24

Telefonieschalldämpfer, ausbauen, DN 100 bis 200	St	0,390	17,50	21,70	26,00
Telefonieschalldämpfer, ausbauen, DN 200 bis 350	St	0,429	19,10	23,70	28,20
Telefonieschalldämpfer, ausbauen, DN 350 bis 500	St	0,533	23,60	29,20	34,90
Wickelfalzrohr, ausbauen, DN 80 bis 200	m	0,078	3,55	4,35	5,15
Wickelfalzrohr, ausbauen, DN 200 bis 350	m	0,117	5,20	6,45	7,60
Wickelfalzrohr, ausbauen, DN 350 bis 500	m	0,156	7,00	8,75	10,30
Wickelfalzrohr, ausbauen, DN 500 bis 800	m	0,182	8,10	10,00	12,00
Wickelfalzrohr, ausbauen, DN 800 bis 1100	m	0,221	9,90	12,30	14,60
Wickelfalzrohr, ausbauen, DN 1100 bis 1500	m	0,260	11,60	14,40	17,00
Lüftungsrohr flexibel, ausbauen, DN 50 bis 200	m	0,091	4,10	5,10	5,95
Lüftungsrohr flexibel, ausbauen, DN 200 bis 350	St	0,117	5,15	6,30	7,50
Lüftungsrohr flexibel, ausbauen, DN 350 bis 500	m	0,156	7,00	8,75	10,30
Lüftungsrohr flexibel, ausbauen, DN 500 bis 800	m	0,182	8,05	9,95	11,90
Rohrbogen, ausbauen, DN 80 bis 200	St	0,078	3,75	4,55	5,45
Rohrbogen, ausbauen, DN 200 bis 350	St	0,117	5,10	6,25	7,40
Rohrbogen, ausbauen, DN 350 bis 500	St	0,156	6,95	8,55	10,10
Rohrbogen, ausbauen, DN 500 bis 800	St	0,182	8,05	9,85	11,80
Rohrbogen, ausbauen, DN 800 bis 1100	St	0,221	9,70	12,00	14,20
Rohrbogen, ausbauen, DN 1100 bis 1500	St	0,260	11,20	13,90	16,50
Rohrabzweig, ausbauen, DIN 80 bis 200	St	0,078	3,75	4,55	5,20
Rohrabzweig, ausbauen, DIN 200 bis 350	St	0,117	5,10	6,25	7,40
Rohrabzweig, ausbauen, DIN 350 bis 500	St	0,156	6,95	8,55	10,10
Rohrabzweig, ausbauen, DIN 500 bis 800	St	0,182	8,00	9,85	11,70
Rohrabzweig, ausbauen, DIN 800 bis 1100	St	0,221	9,65	12,00	14,40
Rohrabzweig, ausbauen, DIN 1100 bis 1500	St	0,260	11,30	13,90	16,60
Reduzierung, ausbauen, DN 80 bis 200	St	0,082	3,75	4,55	5,45

Reduzierung, ausbauen, DN 200 bis 350	St	0,117	5,10	6,25	7,40
Reduzierung, ausbauen, DN 350 bis 500	St	0,156	6,95	8,45	10,00
Reduzierung, ausbauen, DN 500 bis 800	St	0,182	8,00	9,85	11,80
Reduzierung, ausbauen, DN 800 bis 1100	St	0,221	9,65	12,00	14,20
Reduzierung, ausbauen, DN 1100 bis 1500	St	0,260	12,20	15,20	18,00
Enddeckel, ausbauen, DN 80 bis 200	St	0,056	2,50	3,10	3,60
Enddeckel, ausbauen, DN 200 bis 350	St	0,065	3,00	3,70	4,35
Enddeckel, ausbauen, DN 350 bis 500	St	0,082	3,75	4,55	5,45
Enddeckel, ausbauen, DN 500 bis 800	St	0,091	4,00	4,85	5,75
Enddeckel, ausbauen, DN 800 bis 1100	St	0,104	4,70	5,75	6,90
Enddeckel, ausbauen, DN 1100 bis 1500	St	0,117	5,20	6,30	7,50
Reinigungsöffnung, ausbauen, DN 80 bis 200	St	0,078	3,60	4,35	5,15
Reinigungsöffnung, ausbauen, DN 200 bis 350	St	0,117	5,20	6,45	7,65
Reinigungsöffnung, ausbauen, DN 350 bis 500	St	0,156	6,95	8,55	10,20
Reinigungsöffnung, ausbauen, DN 500 bis 800	St	0,182	8,05	9,85	11,80
Reinigungsöffnung, ausbauen, DN 800 bis 1100	St	0,221	9,65	12,00	14,40
Reinigungsöffnung, ausbauen, DN 1100 bis 1500	St	0,260	11,30	13,90	16,60
Muffe/Steckverbinder, ausbauen, DN 80 bis 200	St	0,052	2,40	2,85	3,40
Muffe/Steckverbinder, ausbauen, DN 200 bis 350	St	0,065	2,90	3,60	4,25
Muffe/Steckverbinder, ausbauen, DN 350 bis 500	St	0,078	3,55	4,25	5,00
Muffe/Steckverbinder, ausbauen, DN 500 bis 800	St	0,091	4,05	5,00	5,95
Muffe/Steckverbinder, ausbauen, DN 800 bis 1100	St	0,104	4,50	5,55	6,65
Muffe/Steckverbinder, ausbauen, DN 1100 bis 1500	St	0,117	5,10	6,25	7,40
Lüftungsgitter, ausbauen	St	0,091	4,20	5,10	6,00
Deckenluftauslass, ausbauen	St	0,104	4,70	5,75	6,90
Drallauslass, ausbauen	St	0,117	5,15	6,30	7,45

© SIRADOS 01/24

Tellerventil, ausbauen	St	0,120	5,45	6,75	8,10
Ansaughaube, ausbauen, DN 80 bis 200	St	0,234	10,50	12,90	15,30
Ansaughaube, ausbauen, DN 200 bis 350	St	0,260	11,30	14,00	16,70
Ansaughaube, ausbauen, DN 350 bis 500	St	0,286	12,90	16,00	19,10
Ansaughaube, ausbauen, DN 500 bis 800	St	0,312	14,00	17,50	20,70
Dachhaube, ausbauen, DN 80 bis 200	St	0,247	10,80	13,30	15,90
Dachhaube, ausbauen, DN 200 bis 350	St	0,260	11,40	14,00	16,70
Dachhaube, ausbauen, DN 350 bis 500	St	0,286	12,90	16,00	19,10
Dachhaube, ausbauen, DN 500 bis 800	St	0,312	14,10	17,60	20,70
Dachhaube, ausbauen, DN 800 bis 1100	St	0,390	17,40	21,60	25,60
Dachhaube, ausbauen, DN 1100 bis 1500	St	0,520	22,70	28,30	33,90
Jalousieklappe, ausbauen	St	0,650	28,20	35,20	42,20
Brandschutzklappe ausbauen	St	0,715	31,00	38,70	46,10
Dämmung ausbauen	m^2	0,065	3,15	3,80	4,50
Wandlüfter, unter Putz (UP), ausbauen	St	0,429	19,10	23,70	28,30
Wandlüfter, auf Putz (AP), ausbauen	St	0,325	14,50	17,90	21,30
Nachlaufschalter, ausbauen	St	0,195	8,75	10,90	12,90
Türschlossschalter, ausbauen	St	0,208	9,15	11,40	13,55
Drehzahl- und Betriebsschalter, ausbauen	St	0,221	9,85	12,20	14,60
Zentralentlüftungsbox, ausbauen	St	0,600	26,40	33,00	39,30
Lüftungsrohrschelle, ausbauen, DN 80 bis 200	St	0,052	2,40	2,85	3,40
Lüftungsrohrschelle, ausbauen, DN 200 bis 350	St	0,065	2,90	3,60	4,25
Lüftungsrohrschelle, ausbauen, DN 350 bis 500	St	0,078	3,60	4,35	5,15

Abscheider- und Kleinkläranlagen	**E**	**h**	**von**	**mittel**	**bis**
Benzinabscheider, Beton, ausbauen, bis 2 t	St	2,550	188,10	234,50	280,80

Benzinabscheider, Beton, ausbauen, bis 3 t	St	2,700	210,50	249,10	297,70
Benzinabscheider, Beton, ausbauen, bis 6 t	St	3,000	231,60	278,70	331,90
Benzinabscheider, Beton, ausbauen, bis 9 t	St	3,400	264,10	325,10	386,60
Benzinabscheider, Guss, ausbauen, bis 0,5 t	St	2,000	153,40	177,60	209,80
Benzinabscheider, Guss, ausbauen, bis 1 t	St	3,200	207,50	255,80	302,50
Alarmanlage, Benzinabscheider, ausbauen	St	1,400	81,10	100,20	118,70
Koaleszenzabscheider, Beton, ausbauen, bis 2 t	St	2,550	189,60	234,20	280,60
Koaleszenzabscheider, Beton, ausbauen, bis 3 t	St	2,700	198,90	244,50	285,00
Koaleszenzabscheider, Beton, ausbauen, bis 6 t	St	3,300	240,00	289,20	345,30
Koaleszenzabscheider, Beton, ausbauen, bis 9 t	St	3,400	256,00	318,20	380,90
Koaleszenzabscheider, Beton, ausbauen, bis 12 t	St	4,000	314,70	362,60	435,10
Koaleszenzabscheider, Guss, ausbauen, bis 0,5 t	St	2,000	143,20	177,70	211,10
Koaleszenzabscheider, Guss, ausbauen, bis 1 t	St	3,200	208,60	257,00	304,50
Fettabscheider, Beton, ausbauen, bis 3 t	St	2,700	210,20	250,60	300,20
Fettabscheider, Beton, ausbauen, bis 6 t	St	3,000	232,20	284,90	337,10
Fettabscheider, Beton, ausbauen, bis 9 t	St	3,400	260,20	324,00	387,70
Fettabscheider, Beton, ausbauen, 10-13 t	St	4,000	311,60	383,80	458,40
Fettabscheideranlagen, Kunststoff, ausbauen, bis 0,2 t	St	2,200	144,70	180,80	214,20
Fettabscheideranlagen, Kunststoff, ausbauen, bis 0,4 t	St	2,600	179,20	223,10	265,40
Schlammfang, Beton, ausbauen, bis 3 t	St	2,700	157,60	196,60	233,00
Schlammfang, Beton, ausbauen, bis 6 t	St	3,000	175,80	216,30	255,30
Schlammfang, Beton, ausbauen, bis 9 t	St	3,500	198,40	245,80	293,80
Schlammfang, Beton, ausbauen, bis 12 t	St	6,100	325,20	404,00	478,20
Schlammfang, Beton, ausbauen, bis 15 t	St	6,700	361,30	441,20	514,10
Probenahmeschacht, Beton, ausbauen, bis 2 t	St	2,600	141,60	176,10	210,60
Probenahmeschacht, Beton, ausbauen, bis 4 t	St	3,300	178,00	220,80	264,70

 © SIRADOS 01/24

Probenahmeschacht, Kunststoff, ausbauen, 0,2 t	St	0,750	42,90	53,15	63,30
Kleinkläranlage ausbauen, bis 4 t	St	2,800	224,10	275,60	328,10
Kleinkläranlage ausbauen, bis 6 t	St	3,000	264,10	329,70	389,00
Kleinkläranlage ausbauen, bis 9 t	St	3,400	294,70	366,80	434,60
Kleinkläranlage ausbauen, bis 12 t	St	4,200	351,20	436,80	516,60

Landschaftsbauarbeiten	**E**	**h**	**von**	**mittel**	**bis**
Maschendrahtzaun, 1,00 m, abbrechen	m	0,150	9,30	11,70	13,50
Maschendrahtzaun, 1,00 m, ohne Stützen, abbrechen	m	0,100	5,30	6,85	8,10
Maschendrahtzaun, 2,50 m, abbrechen	m	0,250	13,30	15,90	18,70
Zaun, Schmiedeeisen, 1,30 m, ohne Stützen, abbrechen	m	0,160	9,35	11,50	13,80
Holzzaun, Beton-/Stahlpfosten, abbrechen	m	0,800	39,90	49,40	55,50
Stahlzaunstütze ausbauen	St	0,700	39,50	47,90	53,15
Betonquadrat- und Rechtecksteine ausbauen	m^2	0,350	16,50	19,90	22,00
Rasengittersteine ausbauen	m^2	0,250	10,40	12,90	14,30
Beton-Zaunpfahl, 2,50 m, abbrechen	St	0,900	48,50	57,90	60,65
Zarge aus Mauerwerk, 24 cm, ausbauen	m	0,500	27,20	33,80	39,50
Zarge aus Mauerwerk, 36,5 cm, ausbauen	m	0,550	29,20	35,60	41,40
Kinderrutsche abbauen	m	2,500	138,00	172,00	197,50
Klettergerüst, gerade, abbauen	m	1,150	71,10	86,60	104,00
Klettergerüst, schräg, abbauen	m^2	1,500	83,80	102,50	127,10
Kettenschaukel abbauen	m	1,100	70,00	82,90	95,80
Blumentrog Stahlbeton, entsorgen	St	1,100	72,20	95,30	117,30
Fahrradbügelständer entsorgen	St	0,500	35,70	43,20	49,10
Außentreppenstufen, Beton, abbrechen	St	1,900	106,50	136,00	167,90
Grillkamin, transportabel, abbrechen	St	2,200	116,50	148,50	180,60

Sandkasten abbauen	m²	1,300	77,00	92,40	108,50
Kinderrutsche abbauen	m²	1,500	72,00	88,00	102,50
Carport abbrechen	m²	4,800	256,00	324,00	403,80
Kletterpflanzen, Fassadenflächen, entfernen	m²	0,170	6,90	9,20	10,40
Pflanzkübel entfernen	St	0,280	17,55	21,50	24,70
Mülltonnen-Stellplatz abbrechen	m²	2,100	102,00	129,00	157,20

Straßen, Wege, Plätze	**E**	**h**	**von**	**mittel**	**bis**
Wegaufbruch, ungebundene Befestigung, aufnehmen	m²	0,037	1,58	2,15	2,50
Betonsteinpflaster aufnehmen, lagern	m²	0,250	11,30	13,30	15,90
Entwässerungsrinne mit Rost, in Splitt, ausbauen, h = 160 mm	St	0,650	27,00	35,30	39,55
Entwässerungsrinne mit Rost, in Splitt, ausbauen, h = 250 mm	St	0,800	41,50	49,00	53,80
Betonfläche aufbrechen, d = 20 cm	m²	0,180	19,10	22,70	26,60
Betonstraße aufnehmen, entsorgen	m²	0,170	8,75	10,50	12,20
Ortbeton, maschinell zertrümmern	m²	0,050	3,90	4,80	5,40
Entwässerungsrinne mit Rost, in Beton, ausbauen, h = 160 mm	St	0,800	32,65	41,50	47,35
Entwässerungsrinne mit Rost, in Beton, ausbauen, h = 250 mm	St	0,950	43,05	51,05	57,45
Bitumensplittbelag entfernen, d = bis 10 cm	m²	0,120	12,60	15,50	18,40
Bitumenbelag einschneiden/abkanten	m	0,150	8,25	10,10	11,60
Bitumenbelag, d = 3 bis 5 cm, aufbrechen, Fahrbahn	m²	0,100	12,50	14,80	17,70
Natursteinpflaster, Bitumenverguss, ausbauen und entsorgen	m²	0,140	6,18	8,10	9,88

© SIRADOS 01/24

Ziegelpflaster entfernen, Sockelbereich	m^2	0,200	9,68	12,80	15,80
Mosaikpflaster aufnehmen, lagern	m^2	0,160	8,55	10,10	11,80
Betonsteinpflaster ausbauen, beseitigen	m^2	0,300	12,85	16,55	18,60
Plattenbelag ausbauen, Geh-/Radweg	m^2	0,240	11,10	13,30	15,20
Bordstein, Natur, ausbauen	m	0,130	9,90	11,90	13,80

398 Winterbau-Schutzmaßnahmen

Winterbau-Schutzmaßnahmen	E	h	von	mittel	bis
Winterbau-Heizanlage (elektrisch)	StMt		229,00	291,00	344,00
Winterbau-Heizanlage, Betrieb elektrisch	h		1,40	1,95	3,00
Winterbau-Heizanlage, Gas	StMt		73,40	86,00	108,00
Winterbau-Heizanlage, Betrieb, Gas	St		36,00	43,20	50,60
Bauaustrocknung, Kondensatgerät	Std		49,08	54,65	72,31
Bauaustrocknungsgerät, Betriebskosten	h		2,76	3,86	5,68
Wintersicherung, Dämmmatte	m^2		8,20	10,00	12,70
Einhausung Bauwasserverteiler, Kunststoff	St		96,30	126,00	160,00
Wintersicherung, Folienzelt	m^2	0,150	9,79	13,49	19,80
Wasserentnahmestelle schützen	St	1,050	83,60	105,80	126,80